はじめての離散数学

小倉久和 著

The DISCRETE MATHEMATICS for the first time
by Hisakazu OGURA

近代科学社

◆ 読者の皆さまへ ◆

小社の出版物をご愛読くださいまして，まことに有り難うございます．

おかげさまで，(株)近代科学社は 1959 年の創立以来，2009 年をもって 50 周年を迎えることができました．これも，ひとえに皆さまの温かいご支援の賜物と存じ，衷心より御礼申し上げます．

この機に小社では，全出版物に対して UD（ユニバーサル・デザイン）を基本コンセプトに掲げ，そのユーザビリティ性の追究を徹底してまいる所存でおります．

本書を通じまして何かお気づきの事柄がございましたら，ぜひ以下の「お問合せ先」までご一報くださいますようお願いいたします．

お問合せ先：reader@kindaikagaku.co.jp

なお，本書の制作には，以下が各プロセスに関与いたしました：

・企画：小山　透
・編集：小山　透
・組版：LaTeX／藤原印刷
・印刷：藤原印刷
・製本：藤原印刷
・資材管理：藤原印刷
・カバー・表紙デザイン：川崎デザイン
・広報宣伝・営業：山口幸治，東條風太

・本書の複製権・翻訳権・譲渡権は株式会社近代科学社が保有します．
・ JCOPY 〈(社)出版者著作権管理機構 委託出版物〉
本書の無断複写は著作権法上での例外を除き禁じられています．
複写される場合は，そのつど事前に(社)出版者著作権管理機構
(https://www.jcopy.or.jp，e-mail: info@jcopy.or.jp) の許諾を得てください．

まえがき

　離散数学は，離散的な対象についての数学である．数論をはじめとして集合論や代数学など古くからある数学の諸分野からなっていて，大学初年度の微分積分や線形代数と比べると，取っ付きやすい数学の分野である．しかし，取っ付きは良くてもなかなか先に進めないという声もしばしば聞いている．著者もいくつかの入門書を著してきたが，さらに分かりやすい記述をという要望があり，また，大学における数学教育について考え試行錯誤してきたこともあって再度挑戦し，まとめたものが本書である．理工系はもちろん，文系の学生諸氏にとっても，離散数学に取り掛かりやすくするというところに目標を置いた．教科書としても独習書としても利用していただけるのではないかと思っている．

　本書は，大学の初年度の理工系の諸氏をはじめ，広く情報科学・情報工学・情報技術に関心をもつ文系の学生諸氏までを対象に，離散数学の基礎的内容をまとめた．前提とする数学知識は，高校数学の数学 A，数学 I，および数学 B と数学 II の一部である．それらの内容についても，必要に応じて復習を兼ねて説明し，まとめてある．

　本書は 12 章からなり，それぞれ離散数学の分野を対象としている．前半の章は高校数学を基礎として取り組める分野・内容とし，後半の章はそれを発展させる分野・内容とした．各章はできるだけ独立した記述としたので，それぞれ関心のある章を選んで学習できると思う．それぞれの章は本文 9 ページ，コラム 1 ページを基本とし，見開き 2 ページでいくつかの項目についてまとまった記述となるように工夫した．また，本文の記述を簡潔にするため，本文の補足的説明は各ページの側註として記述した．章末には見開き 2 ページの演習問題を付け，その直ぐ後のページに，すべての問題について，略解ではなく，できる限り完全解を記述した．演習問題は星 1 つ☆から星 3 つ☆☆☆までのグレードに分けて，学習の便宜を図った．

　本書を授業で使う場合は半期講義として各章を原則 1 回で行い，演習問題をレポートとして課すことで，効果をあげることができると思う．すべての演習問題には完全解を付けたが，予習・復習を中心とする自己学習の報告としてのレポートになろう．単位認定の厳格化と自己学習量を測ることが認証評価などで求められており，その対応にも役立つと思われる．通

年ならば各章について2回ずつ行えるので，演習問題のいくつかを講義中に説明することができ，より効果的になろう．

なお，行列についての学習が既に済んでいれば6章は飛ばしてよい．また，5章と7章は，離散代数系の導入として，ざっと済ませてもよいだろう．

離散数学の分野には，ブール代数，オートマトン，計算論，符号理論など，近世・近代に花開いた新しい分野が多数含まれており，これらの分野は，20年あまり前までは，日本では情報科学分野における「情報数学」という名前のもとに包含されていた．情報科学は極めて広い背景をもっており，離散数学は情報科学のさまざまな分野で，それぞれに理論的基礎を構成している．情報科学自身はコンピュータの出現以来の科学で新しい分野であるが，離散数学には数論のように極めて古い分野もある．コンピュータによる情報処理技術が理工系のみならず，広く文系の諸分野にも浸透しつつある中で，情報科学の基礎としての離散数学を学ぶ機会が増えてきているように思う．本書で説明した諸分野は，これらのなかのごく一部であるが，さらに進んだ離散数学・情報科学への橋渡しができれば幸いである．

各章は比較的独立した記述としたが，それでもある程度は関連する分野の知識を前提とするので，初学者のために各章の分野の簡単な依存関係を学習マップとして図示しておこう．

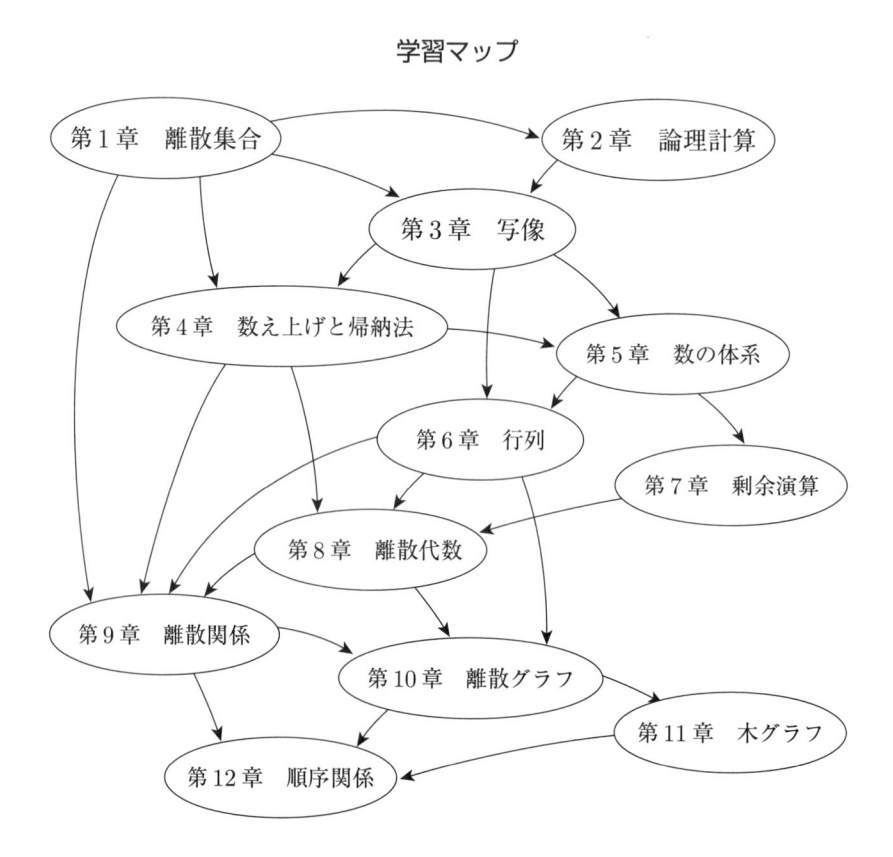

学習マップ

本書の作成に当たっては多くの方々のお世話になった．数年前から大学の管理運営上の仕事が重くなってなかなか時間が割けないため，企画から出版に至るまで3年掛りになってしまったが，近代科学社の小山 透社長には，企画から出版にいたるまで全面的にお世話になった．出版界の状況が悪くなる中で本書を出版していただくことができたことを心より感謝する．また，原稿を作成するに当たって，諏訪いずみ氏の手を煩わせた．前田陽一郎氏には原稿のチェックをしていただいた．これらの方々にも深く感謝する．

　なお，校正の段階で，千葉工業大学社会システム科学部の高木 徹准教授と高木研の大学院生 本名友里恵氏に原稿と演習問題のチェックをして頂いたことに感謝する．

　最後に，大学ではほとんど原稿作成ができなかったため，ほとんどの休日を原稿作成で費やしてしまった著者を許し，励ましてくれた妻の富貴子に感謝する．

2011年2月
小倉 久和

目　次

1章　離散集合 1
　　集合 2
　　離散集合 3
　　部分集合と包含関係 4
　　ベキ集合 5
　　集合演算 6
　　集合演算の性質 7
　　包除原理 8
　　集合の直和と直和分割 9
　　集合の直積 10
　　1章　演習問題・解 12

2章　論理計算 19
　　命題 20
　　全称命題と存在命題 20
　　述語 21
　　否定 21
　　選言と連言 22
　　条件付き命題 22
　　排他的選言と同値 23
　　複合命題の否定 24
　　論理演算の性質 25
　　逆・裏・対偶 26
　　必要条件・十分条件 27
　　論理と証明 28
　　2章　演習問題・解 30

3章　写像 35
　　関数 36
　　写像 36

	全射・単射・全単射	38
	逆写像と逆関数	39
	写像（関数）の合成	40
	中の全単射	40
	置換	42
	多変数関数・陰関数・媒介変数（発展課題）	44
	集合の比較と全単射（発展課題）	44
	3 章　演習問題・解	46

4 章　数え上げと帰納法　53

　　数える　54
　　順列　55
　　組合せ　56
　　数学的帰納法　58
　　漸化式　58
　　数式を帰納的に定義する　60
　　帰納的アルゴリズム　60
　　ユークリッドの互除法　61
　　ハノイの塔（発展課題）　62
　　4 章　演習問題・解　64

5 章　数の体系　71

　　数　72
　　記数法　73
　　循環小数　74
　　基数の変換　75
　　10^4 進法での加算と乗算　76
　　2 進法での加算と乗算　77
　　数の四則演算　78
　　素数と約数　80
　　5 章　演習問題・解　82

6 章　数の拡張：行列　87

　　行列　88
　　行列の和・定数倍・積　89
　　線形写像と行列の演算（発展課題）　90
　　行列演算の性質　91
　　正方行列　91

	行列式	92
	行列式の余因子展開	93
	逆行列	94
	正則行列は数の拡張	95
	連立1次方程式の解法（発展課題）	96
	6章 演習問題・解	98

7章　剰余演算　103

	除法定理	104
	合同	105
	剰余演算	105
	累乗と累乗根	106
	剰余の累乗と累乗根	106
	剰余類と剰余系	108
	剰余系における加法	109
	剰余系における乗法	110
	剰余系での逆数（発展課題）	112
	7章 演習問題・解	114

8章　離散代数　121

	演算	122
	代数系	122
	演算の性質	123
	群	124
	等式と演算	125
	逆元の演算	125
	置換群	126
	巡回群	127
	体	128
	環	129
	多項式の代数系（発展課題）	130
	8章 演習問題・解	132

9章　離散関係　137

	2項関係	138
	関係グラフと関係行列	139
	逆関係	139
	関係の和	140

viii　目　次

　　関係の合成 ……………………………………………………………………… 140
　　中の関係の合成 ………………………………………………………………… 141
　　中の関係の性質 ………………………………………………………………… 142
　　同値関係 ………………………………………………………………………… 143
　　同値類 …………………………………………………………………………… 144
　　同値関係の階層性（発展課題）………………………………………………… 146
　　9章　演習問題・解 …………………………………………………………… 148

10章　離散グラフ ……………………………………………………… 153
　　離散グラフ ……………………………………………………………………… 154
　　同型グラフ ……………………………………………………………………… 155
　　離散グラフの特徴 ……………………………………………………………… 156
　　離散無向グラフ ………………………………………………………………… 157
　　隣接行列 ………………………………………………………………………… 158
　　隣接行列の和 …………………………………………………………………… 158
　　隣接行列の積 …………………………………………………………………… 159
　　多重グラフの隣接行列 ………………………………………………………… 160
　　オイラーグラフ ………………………………………………………………… 161
　　10章　演習問題・解 ………………………………………………………… 164

11章　木グラフ ………………………………………………………… 169
　　木 ………………………………………………………………………………… 170
　　根付き木 ………………………………………………………………………… 170
　　順序木 …………………………………………………………………………… 172
　　構文木 …………………………………………………………………………… 173
　　構文木のリスト表現 …………………………………………………………… 174
　　グラフの探索と探索木 ………………………………………………………… 175
　　横型探索と縦型探索（発展課題）……………………………………………… 176
　　最適探索（発展課題）…………………………………………………………… 178
　　11章　演習問題・解 ………………………………………………………… 180

12章　順序の数学 ……………………………………………………… 185
　　順序関係 ………………………………………………………………………… 186
　　順序集合のグラフと関係行列 ………………………………………………… 187
　　いくつかの順序関係の例 ……………………………………………………… 188
　　上限と下限 ……………………………………………………………………… 190
　　順序集合上の演算（発展課題）………………………………………………… 192
　　分配律と補元（発展課題）……………………………………………………… 193

ブール代数 B_2（発展課題） ·································· 194
　　12 章　演習問題・解 ··· 196

参考図書 ··· 201
索　引 ··· 205

コラム

　　包除原理 ·· 11
　　条件付き命題と対偶 ··· 29
　　あみだくじ ·· 45
　　帰納的アルゴリズム ··· 63
　　数詞 ··· 80
　　行列とディジタル通信 ·· 97
　　孫氏の剰余定理 ·· 113
　　抽象代数系 ··· 131
　　関係の合成と関数の合成 ··· 147
　　ハミルトン閉路 ·· 163
　　ダイクストラのアルゴリズム ··· 179
　　ブール代数 B_2 の回路モデル ······································· 195

1章　離散集合

[ねらい]

この章は，離散集合と集合演算についての基本的な性質を理解することを目的としている．前提となる知識は高校数学の数学Aの関連する部分である．高校数学の内容も含めて入門的に記述してあるので，直感的に理解できるだろう．

集合は数学における基礎概念である．離散数学の基礎は離散集合である．離散というのは，要素が互いに離れている，ばらばらである，ということを意味している．要素数が有限個の有限集合は，ばらばらに配置することができるから，離散集合である．自然数の集合は無限集合であるが，自然数は数直線上ではばらばらに配置できるから，離散集合である．この章では，おもに有限集合を対象として，離散集合を考える．

[この章の項目]

集合
離散集合
部分集合と包含関係
ベキ集合
集合演算
集合演算の性質
包除原理
集合の直和と直和分割
集合の直積

■ 集合

対象とするものの集まり（ドメイン，関心領域）があって，その一部分が次の性質の要件を満たすものを **集合** という．

(A) ある対象が集合に属するかどうか明確に判断できる．
(B) 集合に属する2つの対象が同一のものかどうか判断できる．

(A)の性質は，集合の内と外の間に境界があること，(B)の性質は，1つの集合には「同じ対象」は1つしかないこと，を示している．集合に属する個々の対象を **要素** あるいは **元(げん)** という．集合を大文字の英字で表そう．

ある対象 a が集合 A に属することを次のように表す．

$$a \in A$$

属さないことは $a \notin A$ と書く．集合は，それに属する要素を特定することによって，定義できる．要素の特定方法には，大きく2つの方法がある．その要素を明示的に書き並べて表す **外延的(がいえんてき)記法**，および，要素の要件や条件を明示する **内包的(ないほうてき)記法** である．内包的記法では任意の要素を表す変数記号を使って条件を明示したりする．

外延的記法　$A = \{1, 2, 3, 4, 5\}$

内包的記法　$B = \{n | n \text{ は } n^2 - 5n - 6 < 0 \text{ を満たす自然数}\}$

外延的記法では要素を書く順序には依存しない．同じ要素が複数現れたら1つに集約する．内包的表現で複数の条件を書くときには，「かつ」「または」などの論理的表現が必要となる．

$$B = \{n | n \text{ は自然数 かつ } n^2 - 5n - 6 < 0\}$$

いくつかの条件を「かつ」でならべて書く場合は「かつ」を省略し，

$$B = \{n | n \text{ は自然数}, n^2 - 5n - 6 < 0\}$$

のように，","で区切って書くことが多い．

属している要素の数が有限な集合を **有限集合** という．上の集合 A, B は有限集合である．有限集合 A の要素の個数を，

$$n(A) \text{ あるいは } |A|$$

と表す．たとえば，$|\{1, 3, 5\}| = 3$ である．要素を1つも含まない集合を **空(くう)集合** という．空集合は

$$\{\} \text{ あるいは } \emptyset$$

で表す．空集合も有限集合である．

$$n(\emptyset) = 0$$

▶[集合の満たす条件]
内包的表現では，「100以下の自然数の集まり」は集合であるが，「大きな数の集まり」は，たとえば100が大きい数かどうかは不明だから集合ではない．

▶[外延と内包]
外延も内包も，もともと哲学用語である．ここでは，集合を定義する方法を表す．要素を列挙して特定してしまったものが **外延** で，要素が共通にもつ性質を明示したものが **内包** である．

▶[外延的記法]
外延的記法は，**列挙法** あるいは **枚挙法** とも呼ばれる．

▶[内包的記法]
内包的表現の一般形は，

$$A = \{x | P(x)\}$$

の形をしている．x は任意の要素を表す変数記号で，$P(x)$ は各要素 x についての条件・性質・属性などを示す．

▶[集合 B]
集合 B の条件は，

$$n^2 - 5n - 6 = (n-6)(n+1) < 0$$

となるから $-1 < n < 6$ である．これを満たす自然数を列挙すれば，

$$B = \{1, 2, 3, 4, 5\}$$

であるから，B は A と同じ集合である．

▶[集合の要素数]
たとえば，$A = \{1, 2, 3, 4, 5\}$ については

$n(A) = 5$,
$|A| = 5$

である．

要素が無限にある集合を **無限集合** という．**自然数** の集合を N とすると，N は無限集合である．

$$N = \{1, 2, 3, \ldots\}$$

整数 の集合 Z も無限集合で，自然数と 0 と負の整数からなる．

$$Z = \{\ldots, -3, -2, -1, 0, 1, 2, 3, \ldots\}$$

この N や Z の表現は外延的記法を援用した表現である．「$\ldots$」の部分が明確ならば $\{1, 2, \ldots, 9\}$ などと有限集合でも用いられる．

無限集合については要素の個数は定義できないが，その大きさを **濃度** と呼ぶ．N の濃度は $|N|$ で表す．

なお，同じ要素がいくつも存在することを認めた集まりを考えることがある．そのような集まりを **多重集合** という．

■ 離散集合

離散集合 は，とびとびの（互いに離れた）要素からなる集合という意味である．有限集合は，要素を 1 つずつばらばらに配置できるから，離散的である．自然数の集合 N，整数の集合 Z は無限集合であるが，数直線上に表すととびとびの点からなるから，離散的である．

有理数 の集合 Q も無限集合であるが，数直線上に表すと，密に存在していて互いに離れていない（これを **稠密** であるという）から，離散的ではない．ところで，有理数は 2 つの整数の比 p/q $(q \neq 0)$ で表される数である．$p, q \geq 1$ の有理数を図のように平面状に配置すれば離散的に表すことができる．$1/2 = 2/4 = 3/6$ のように同じ数が繰り返し現われるが，1 つだけ残してあとは空白にしておけばよい．このように扱えば有理数の集合 Q も離散的である．

$p \backslash q$	1	2	3	4	5	$\cdots$
1	1/1	1/2	1/3	1/4	1/5	$\cdots$
2	2/1	2/2	2/3	2/4	2/5	$\cdots$
3	3/1	3/2	3/3	3/4	3/5	$\cdots$
4	4/1	4/2	4/3	4/4	4/5	$\cdots$
5	5/1	5/2	5/3	5/4	5/5	$\cdots$

有理数 p/q の平面的離散配置

実数 の集合 R は，有理数と **無理数** からなる無限集合である．実数を離散的に配置する方法はない．任意の実数は数直線上の点に対応し，逆に数直線上の任意の点は実数に対応する．これは実数の **連続性** を示している．連続無限集合は離散的ではなく，実数の集合は離散集合ではない．

無限集合は，離散的な場合もあるし，離散的でない場合もある．

▶ [数直線]

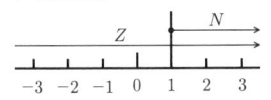

$$\underset{-3\ -2\ -1\ 0\ 1\ 2\ 3}{\xrightarrow{Z|N}}$$

▶ [自然数の集合の濃度]

自然数の集合の濃度は **アレフゼロ** と呼ばれていて，

$$|N| = \aleph_0$$

と表記される．$\aleph$ はヘブライ文字である．

▶ [多重集合]

同じ要素を含んだ集合

$$A = \{1, 1, 2, 1, 3, 2, 4\}$$

は多重集合である．もし，これを通常の集合とみれば

$$A = \{1, 2, 3, 4\}$$

である．

▶ [有理数の稠密性]

数直線上に有理数が稠密に存在することは，任意の異なる 2 つの有理数の間には第 3 の有理数が存在することからも分かる．実際，a, b $(a \neq b)$ を有理数とすれば，

$$c = (a+b)/2$$

は，数直線上で a と b の間に存在する有理数である．

無理数も数直線上に稠密に存在するが，2 つの異なる無理数 a, b の間の無理数を $(a+b)/2$ という操作で作ることはできない．たとえば，$a = \sqrt{2}$, $b = 2 - \sqrt{2}$ とすると，$(a+b)/2 = 1$ となる．

▶ [部分集合の包含記号]
A が B の部分集合であることを，

$A \subseteq B$

と表すことがある．また，A が B の真部分集合であることを，次のように表す．

$A \subsetneq B$

■ 部分集合と包含関係

集合 A のすべての要素が B の要素でもあるとき，A は B の **部分集合** であるという．このとき，B は A を **包含** する，あるいは A は B に包含されるといい，$A \subset B$ または $B \supset A$ のように表す．

$A \subset B$　任意の $a \in A$ について $a \in B$

容易に分かるように，B が A 自身であってもこの部分集合の要件を満たすから，任意の集合 A は A 自身の部分集合である．

$A \subset A$

空集合は任意の集合の部分集合である．

$\emptyset \subset A, \emptyset \subset \emptyset$

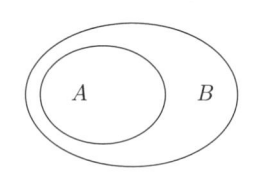

右図のように集合を表現した図を **ベン図**（あるいは **オイラー図**）という．

部分集合 $A \subset B$

【レオンハルト・オイラー】
Leonhard Euler, 1707–1783 数学者・物理学者，天文学者（天体物理学者）スイスのバーゼルに生まれ，現在のロシアのサンクトペテルブルクにて死去．数学，物理学の分野に多大な功績があり，彼の名を冠した手法・公式などが多数ある．

2つの集合 A, B について，互いに同じ要素を含むときかつそのときに限り，A と B は等しいといい，$A = B$ と書く．このとき，異なった記号 A, B で同じ集合を表している．

$A = B$　$A \subset B$ かつ $B \subset A$

$A \subset B$ かつ $A \neq B$ のとき，A は B の **真部分集合** であるという．

A, B がともに有限集合のときは，その大きさについて次の大小関係が成立することが容易に分かる．

$B \subset A$ ならば $n(B) \leq n(A)$

▶ [$K = N$]
$K = \{n | n$ は，整数 x, y によって $3x + 5y = n$ と表せる正の整数 $\}$ について $K \subset N$ かつ $N \subset K$ を示す．

x, y が整数ならば $3x + 5y$ も整数である．正の整数は自然数だから $K \subset N$ である．

任意の自然数を k として，$x = 2k, y = -k$ とすると $k = 3x + 5y$ と表せるから，$N \subset K$ である．

よって，$K = N$ である．

集合 A が無限集合であっても以上のことはほぼ同じである．たとえば，自然数の集合 N に対し，偶数の集合 $E = \{2, 4, 6, \ldots\}$ は N の真部分集合である．また，$K = \{n | n$ は，整数 x, y によって $3x + 5y = n$ と表せる正の整数 $\}$ については，$K \subset N$ かつ $N \subset K$ を示せるから，$K = N$ である．

しかし無限集合の大きさ（濃度）については，真部分集合であっても大小関係が成立するとは限らない．2つの無限集合の比較は，それぞれの要素間の対応で行うことができる．偶数の集合 E は自然数の集合 N の真部分集合であるが，N から E へ次のように1対1対応させることができるから，E は N と同じ大きさ（濃度）であることが分かる．

▶ [N から E への1対1対応]
任意の $x \in N$ に対して，$y \in E$ を $y = 2x$ によって対応させると，N のすべての要素に E のすべての要素が1対1対応をする．

E は N の真部分集合であるにもかかわらず大きさ（濃度）は N と同じである．

$|E| = |N|$

N	1	2	3	4	$\cdots$	k	$\cdots$
E	2	4	6	8	$\cdots$	$2k$	$\cdots$

包含関係 ⊂ はその定義から次の性質をもつ．A, B, C を集合として，

反射律　　　$A \subset A$

反対称律　　$(A \subset B$ かつ $B \subset A)$ ならば $A = B$

推移律　　　$(A \subset B$ かつ $B \subset C)$ ならば $A \subset C$

有限集合の場合は，これらの性質はほとんど自明であろう．無限集合についても成立する．

■ ベキ集合

集合の集まりを **集合族**(しゅうごうぞく) という．集合族も集合の要件 (A), (B) を満たせば，集合を要素とする集合となる．次の集合族は3つの集合を要素とする集合である．

$$\{\{a\}, \{a, b\}, \{a, b, c\}\}$$

なお，$\{\emptyset\}$ は空集合 $\emptyset = \{\}$ を要素とする集合（集合族）である．$n(\emptyset) = 0$ であるが，$n(\{\emptyset\}) = 1$ である．

集合 A のすべての部分集合からなる集合族は集合である．この集合族を A の **ベキ集合** といい，$\mathscr{P}(A)$ あるいは 2^A などと表す．ベキ集合には A 自身と空集合も含まれる．

たとえば，$A = \{a, b, c\}$ とすると，

$$\mathscr{P}(A) = \{\{\}, \{a\}, \{b\}, \{c\}, \{a, b\}, \{a, c\},$$
$$\{b, c\}, \{a, b, c\}\}$$

所属表

a	b	c	部分集合
0	0	0	{}
0	0	1	{c}
0	1	0	{b}
0	1	1	{b,c}
1	0	0	{a}
1	0	1	{a,c}
1	1	0	{a,b}
1	1	1	{a,b,c}

である．これは，表のように，A の要素のそれぞれの部分集合への所属表を考えれば分かりやすい．

一般に，有限集合 A の要素の数が $n(A) = k$ のとき，A のベキ集合の要素の数は有限で，次のようになる．

$$n(\mathscr{P}(A)) = 2^{n(A)} = 2^k$$

A が無限集合の場合にも，そのすべての部分集合からなるベキ集合が定義でき，同様に $\mathscr{P}(A), 2^A$ と書く．このベキ集合はもちろん無限集合である．集合の大きさ（濃度）については，たとえば，自然数の集合 N は離散的な無限集合であるが，そのベキ集合 $\mathscr{P}(N)$ は連続無限集合となり，実数の集合と同じ濃度となることが示せる．つまり，N は離散集合であるが，N のベキ集合 $\mathscr{P}(N)$ は離散集合ではない．

▶[包含関係の性質]
反射律
"任意の $x \in A$ ならば $x \in A$" であるから，$A \subset A$ である．

反対称律
$A \subset B$ かつ $B \subset A$
　ならば $A = B$ である．
　（これは "$A = B$" の定義）

推移律
"$A \subset B$: 任意の $x \in A$ ならば $x \in B$"
　かつ
"$B \subset C$: 任意の $x \in B$ ならば $x \in C$"
　のときは
"任意の $x \in A$ について $x \in C$"
　であるから，$A \subset C$ である．

▶[部分集合の所属表]
部分集合の所属表は，集合 A の各要素について，部分集合にも含まれている場合は 1，含まれていない場合は 0 とした表である．

有限集合 A, $|A| = k$ について，部分集合の可能性は，各要素について「含まない (0)」または「含む (1)」の2通りあるから，可能な部分集合の数は，2^k 通りある．

■ 集合演算

集合を扱うとき，前提とする全体の集合 U を考えて，U の部分集合として扱うのが普通である．U を **全体集合** という．A, B を U の部分集合 $A, B \in \mathscr{P}(U)$ として，U において次の 3 つの演算を定義する．

和　　$A \cup B = \{x | x \in A \text{ または } x \in B\}$

積　　$A \cap B = \{x | x \in A \text{ かつ } x \in B\}$

補　　$\overline{A} = \{x | x \in U, x \notin A\}$

$\overline{A}$ の代わりに A^c と書くこともある．演算結果の集合もすべて U の部分集合で，$\mathscr{P}(U)$ の要素である．このことを，演算は $\mathscr{P}(U)$ に **閉じている** という．

和演算の結果は **和集合** で，A と B の要素をすべて併せた集合である．
積演算の結果は **積集合** で，A と B に共通な要素からなる集合である．
補演算の結果は **補集合** で，U のうち A に含まれない要素の集合である．
これらの演算結果はベン図で表せば理解しやすい．

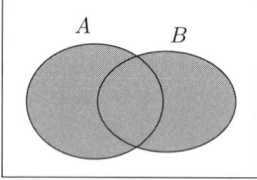

和 $A \cup B$ 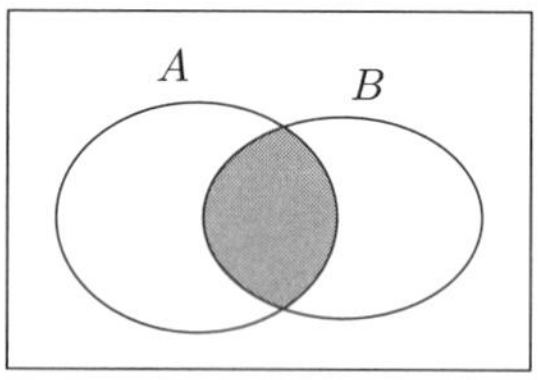　　積 $A \cap B$ 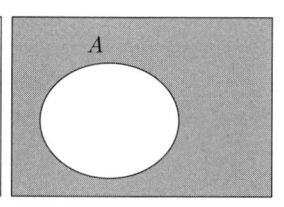　　補 $\overline{A}$

差の演算 $A - B$ を使うこともある．これは次のような定義である．

差　　$A - B = \{x | x \in A \text{ かつ } x \notin B\}$

$A - B$ は A から B の要素を除いた集合である．差の演算は次のように表せる．

$$A - B = A \cap \overline{B}$$

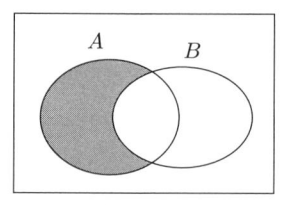

差 $A - B$

A と B に共通の要素がないときは $A \cap B = \emptyset$ である．そのとき A と B は **互いに素** であるという．

A, B が互いに素　　$A \cap B = \emptyset$

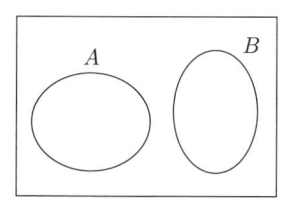

互いに素な A, B

▶ [全体集合]
　全体集合を明示しない場合もあるが，その場合は，暗黙のうちにある全体集合が想定されているのが普通である．

▶ [積集合の内包的記法]
　積集合の定義で，条件部の "かつ" を省略してカンマとすることも多い．

$$A \cap B := \{x | x \in A, x \in B\}$$

▶ [基本集合演算]
　和集合は，結び，合併集合などとも呼ぶ．積集合は，交わり，共通集合 などとも呼ぶ．

全体集合を $U = \{x | x \text{ は } 10 \text{ 未満の自然数}\}$ として，

$A = \{1, 3, 5, 7, 9\}$,
$B = \{1, 4, 7\}$

に対し

$A \cup B = \{1, 3, 4, 5, 7, 9\}$
$A \cap B = \{1, 7\}$
$\overline{A} = \{2, 4, 6, 8\}$
$\overline{A \cup B} = \overline{\{1, 3, 4, 5, 7, 9\}}$
　　　　$= \{2, 6, 8\}$
$\overline{A \cap B} = \overline{\{1, 7\}}$
　　　　$= \{2, 3, 4, 5, 6, 8, 9\}$
$A - B = \{3, 5, 9\}$

となる．

▶ [演算と演算結果]
　和，積，補，差は演算結果である．対応する演算は，たとえば和演算あるいは加算，加法などと呼ぶ．しかし，和演算を簡単に和と呼ぶことも多い．
　実際，$a + b$ と書くとこれは加法の演算を表すが，演算した結果である和を示す場合にもこの表記を用いる．

【オーガスタス・ド・モルガン】Augustus de Morgan, 1806–1871 インド生まれのイギリスの数学者．

■ 集合演算の性質

空集合 $\emptyset$ と全体集合 U についての次の性質は自明であろう．

$A \cup \emptyset = A, \quad A \cap \emptyset = \emptyset$

$A \cup U = U, \quad A \cap U = A$

$\overline{U} = \emptyset, \overline{\emptyset} = U$

次の性質は定義から明らかであるが，論理的には重要な性質で **相補律** と呼ばれている基本的な性質である．

相補律 $\quad A \cup \overline{A} = U \quad$ (排中律)

$\qquad\qquad A \cap \overline{A} = \emptyset \quad$ (矛盾律)

相補律は2つの性質，**排中律** と **矛盾律** の総称である．

集合演算では，和と積についてそれぞれ分配律が成立する．

$\cup$ の $\cap$ に関する分配律 $\quad A \cup (B \cap C) = (A \cup B) \cap (A \cup C)$

$\cap$ の $\cup$ に関する分配律 $\quad A \cap (B \cup C) = (A \cap B) \cup (A \cap C)$

前者の $\cup$ の $\cap$ に関する分配律で，左辺 $= A \cup (B \cap C)$ と右辺 $= (A \cup B) \cap (A \cup C)$ とをそれぞれベン図で表すと図のようになるから，両辺が同じ集合に対応していることが分かる．$\cap$ の $\cup$ に関する分配律も同様である．

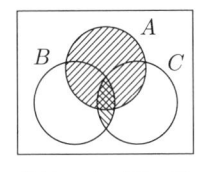

左辺 $= A \cup (B \cap C)$　　右辺　$=$　$(A \cup B)$　$\cap$　$(A \cup C)$

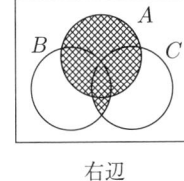

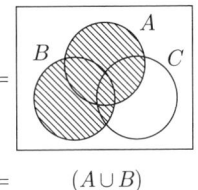

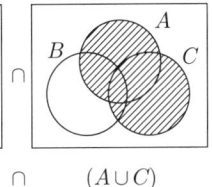

和集合あるいは積集合に対する補演算では，次の **ド・モルガン律** が成立する．これも，両辺のベン図を描いてみれば容易に確認できる．和集合の補集合はそれぞれの補集合の積集合，積集合の補集合はそれぞれの補集合の和集合となる．

ド・モルガン律 $\quad \overline{A \cup B} = \overline{A} \cap \overline{B},$

$\qquad\qquad\qquad \overline{A \cap B} = \overline{A} \cup \overline{B}$

その他の代表的な性質もまとめておく．

交換律	$A \cup B = B \cup A, \quad A \cap B = B \cap A$
結合律	$A \cup (B \cup C) = (A \cup B) \cup C,$
	$A \cap (B \cap C) = (A \cap B) \cap C$
吸収律	$A \cup (A \cap B) = A, \quad A \cap (A \cup B) = A$
ベキ等律	$A \cup A = A, \quad A \cap A = A$
対合律（二重否定）	$\overline{\overline{A}} = A$

▶ [相補律]

排中律は，U は A か A でない要素だけからなり，中間の要素はない（中を排する），という意味である．

矛盾律は，U には A であってかつ A でない，という要素は存在しない．もしそういう要素があったら矛盾である，という意味である．

▶ [分配律]

通常の数の演算では，

$a \times (b + c) = a \times b + a \times c$

と展開できるが，これを積の（和に関する）分配律という．

集合演算でも積の分配律が成立する．さらに，集合演算では，和の（積に関する）分配律も成立する．

▶ [ド・モルガン律]

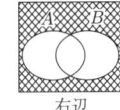

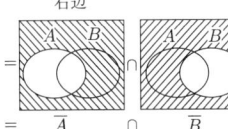

▶ [吸収律]

「吸収」律は，

$A \cup (A \cap B) = A$

のように左辺の B が A に吸収されてしまうことを表す．ベン図を描けば，ほとんど自明であることが分かる．

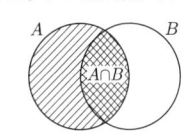

■ 包除原理

U が有限集合のとき，U の部分集合の集合演算結果の要素数について，次の関係が成立する．

$$n(A \cup B) = n(A) + n(B) - n(A \cap B)$$

$$n(A \cup B) \quad = \quad n(A) + n(B) \quad - \quad n(A \cap B)$$

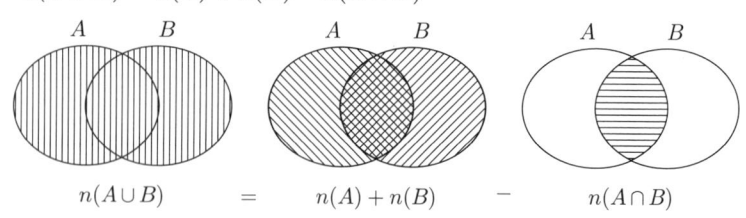

これは，A と B のそれぞれの和から重複している部分を引けばよいことを示している．

A と B が互いに素ならば，$A \cap B = \emptyset$ だから

$$n(A \cup B) = n(A) + n(B)$$

となる．

▶ [$n = 1, 2$ の包除原理]

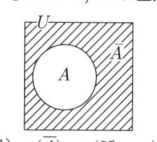

(i) $n(\overline{A}) = n(U) - n(A)$

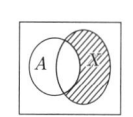

(ii) $n(\overline{A} \cap X)$
$= n(X) - n(A \cap X)$

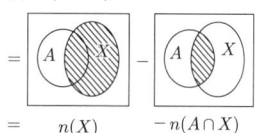

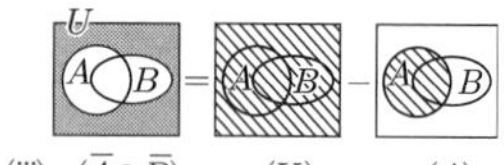

(iii) $n(\overline{A} \cap \overline{B}) = n(U) - n(A) - n(B) + n(A \cap B)$

この関係を一般化しよう．一般化は，上の関係ではなく，$n(\overline{A} \cap \overline{B})$ を対象に行う．一般化したものは **包除原理**（ほうじょ）と呼ばれている．

まず，次の関係が成立することは自明であろう．

$$n(\overline{A}) = n(U) - n(A)$$

全体集合 U を明示的に表せば $n(U \cap \overline{A}) = n(U) - n(U \cap A)$ である．この表現では，U を U の任意の部分集合 X で置き換えてよい．

(*) $n(X \cap \overline{A}) = n(X) - n(X \cap A)$

次に，この (*) を繰り返し適用すると，

$$n(\overline{A} \cap \overline{B}) = n(\overline{A}) - n(\overline{A} \cap B) = (n(U) - n(A)) - (n(B) - n(A \cap B))$$
$$= n(U) - n(A) - n(B) + n(A \cap B)$$

が得られる．また，$\overline{A} \cap \overline{B} = \overline{A \cup B}$ だから，$n(A \cup B)\ (= n(U) - n(\overline{A \cup B}))$ の関係も導ける．

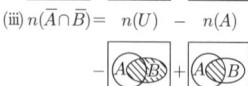

▶ [例題：24 と互いに素な数]

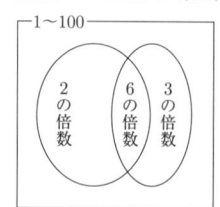

[例題] 100 以下の自然数で，24 と互いに素な数はいくつあるか（「互いに素である」とは，共通の約数（公約数）が 1 だけであること）．

[解答] $24 = 2^3 \times 3$ だから，求めるものは 2 の倍数と 3 の倍数以外の数の個数である．全体集合を $U = \{x | x \text{ は } 100 \text{ 以下の自然数}\}$，$U$ の部分集合を $A = \{x | x \text{ は } 2 \text{ の倍数}\}$，$B = \{x | x \text{ は } 3 \text{ の倍数}\}$ とすると，24 と共通の約数をもつ数の集合は $A \cup B$ であるから，共通の約数をもたない数の集合 $\overline{A \cup B}$ の個数は，

$$n(\overline{A \cup B}) = n(\overline{A} \cap \overline{B}) = n(U) - n(A) - n(B) + n(A \cap B)$$

である．$A \cap B$ は 6 の倍数である．$n(U) = 100, n(A) = 50, n(B) = 33, n(A \cap B) = 16$ を代入すると，$n(\overline{A \cup B}) = 100 - 50 - 33 + 16 = 33$ ∎

この関係を3つの部分集合に拡張すると，次のようになる．

$$n(\overline{A} \cap \overline{B} \cap \overline{C}) = n(U) - n(A) - n(B) - n(C)$$
$$+ n(A \cap B) + n(B \cap C) + n(A \cap C) - n(A \cap B \cap C)$$
$$n(A \cup B \cup C) = n(A) + n(B) + n(C)$$
$$- n(A \cap B) - n(B \cap C) - n(A \cap C) + n(A \cap B \cap C)$$

この関係もベン図によって確認できる．4つ以上の部分集合に拡張するのも容易であるが，ベン図で確認するのは少々困難になる．

[例題] 100人の学生についてA, B, Cの授業科目の受講状況を調査した．その結果によると，40人がA，45人がB，35人がCを受講していた．また，15人がAとBを，20人がAとCを，10人がBとCを両方受講していた．3つとも受講しているのが7人いた．3科目とも受講していないのは何人か．

[解答] A, B, Cそれぞれを受講している学生の集合を A, B, C とする．求めるものは，$n(\overline{A} \cap \overline{B} \cap \overline{C})$ である．

$n(U) = 100, n(A) = 40, n(B) = 45, n(C) = 35, n(A \cap B) = 15, n(B \cap C) = 10,$
$n(A \cap C) = 20, n(A \cap B \cap C) = 7$ だから，包除原理より，
$n(\overline{A} \cap \overline{B} \cap \overline{C}) = 100 - 40 - 45 - 35 + 15 + 10 + 20 - 7 = 18$ ∎

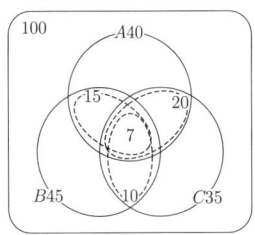

■ 集合の直和と直和分割

U の部分集合 A, B が互いに素（$A \cap B = \emptyset$）であるとき，$n(A \cup B) = n(A) + n(B)$ である．このような A と B の和集合を **直和** といい，次のように書く．

　　直和　$A + B$

直和の要素数は，それぞれの要素数の和である．

$$n(A + B) = n(A) + n(B)$$

任意の部分集合 A, B について次の直和の関係は自明であろう．

$$B = B \cap A + B \cap \overline{A}$$

一般に，集合 C をいくつかの空でない集合の直和で表すことを C の **直和分割** という．

$$C = C_1 + C_2 + \cdots + C_i + \cdots + C_n, \quad C_i \neq \emptyset, \quad C_i \cap C_j = \emptyset, \quad i \neq j$$

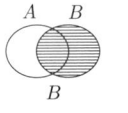

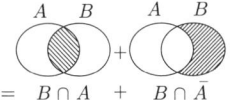

[例題] x_1, x_2 を自然数として，$x_1 + 2x_2 \leq 7$ を満たす解 (x_1, x_2) はいくつあるか．

[解答] 条件を満たす解の集合を A，$x_1 + 2x_2 = k$ を満たす解の集合を A_k とすると，$A = A_3 + A_4 + A_5 + A_6 + A_7$ である．

$A_3 = \{(1,1)\}, A_4 = \{(2,1)\}, A_5 = \{(3,1),(1,2)\},$
$A_6 = \{(4,1),(2,2)\}, A_7 = \{(5,1),(3,2),(1,3)\}$

だから $n(A_3 + A_4 + A_5 + A_6 + A_7) = 1 + 1 + 2 + 2 + 3 = 9$ ∎

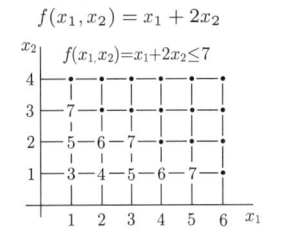

■ 集合の直積

xy 平面で座標を (a,b) と書くが，a は x の表す数の集合 X の要素 $(a \in X)$，b は y の表す数の集合 Y の要素 $(b \in Y)$ である．一般に集合 A の要素 a と集合 B の要素 b を (a,b) のように表したものを **順序対** あるいは **2項組** といい，a を第 1 成分，b を第 2 成分という．

集合 A と B の要素からなるすべての可能な順序対の集合を A と B の **直積** といい，$A \times B$ と書く．

直積 $\quad A \times B = \{(x,y) | x \in A, y \in B\}$

▶[上着とズボン]
$A = \{$白 T シャツ, 茶上着, 紺のブレザー, 黒ジーンズ$\}$

$B = \{$濃紺ジーパン, 白綿パン, ベージュパンツ$\}$

$A \times B = \{$(白 T シャツ, 濃紺ジーパン), (白 T シャツ, 白綿パン), (白 T シャツ, ベージュパンツ), (茶上着, 濃紺ジーパン), (茶上着, 白綿パン), (茶上着, ベージュパンツ), (紺のブレザー, 濃紺ジーパン), (紺のブレザー, 白綿パン), (紺のブレザー, ベージュパンツ), (黒ジーンズ, 濃紺ジーパン), (黒ジーンズ, 白綿パン), (黒ジーンズ, ベージュパンツ)$\}$

A, B がともに有限集合のとき，直積集合 $A \times B$ の要素の数はそれぞれの要素の数の積である．

$$n(A \times B) = n(A)n(B)$$

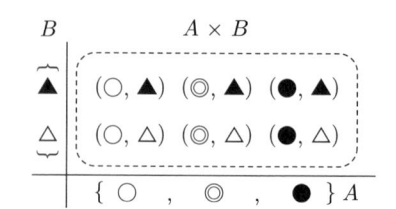

$A = B$ のとき，つまり，A と A 自身との直積は A^2 と書く．

$$A^2 = A \times A = \{(x,y) | x, y \in A\}, \quad n(A^2) = n(A)^2$$

2 項組の概念を拡張すると n 項組が得られる．n 項組は，n 個の順序付けられた成分の組で，n 個の集合の直積はすべての n 項組の集合である．

$$A_1 \times \cdots \times A_n = \{(a_1, \ldots, a_n) | a_1 \in A_1, \ldots, a_n \in A_n\}$$
$$A^n = A^{n-1} \times A = \{(a_1, \ldots, a_n) | a_1, \ldots, a_n \in A\}$$

$A = \{$ 白い T シャツ, 茶色のカジュアル上着, 紺のブレザー, 黒のジーンズの上着 $\}$, $B = \{$ 濃紺のジーパン, 白い綿のパンツ, ベージュのカジュアルパンツ $\}$ とすると，$A \times B$ は上着とズボンの組合せで，$n(A \times B) = n(A) \times n(B) = 4 \times 3 = 12$ 通りある．

$N_6 = \{1, 2, 3, 4, 5, 6\}$ として，1 個のサイコロの出目の集合は N_6 である．A, B 2 個のサイコロを同時に投げたときの出目の集合は，A と B の出目の 2 項組で表せるから，直積集合

$$N_6^2 = N_6 \times N_6 = \{(1,1), (1,2), (1,3), \ldots, (6,5), (6,6)\}$$
$$n(N_6^2) = n(N_6)^2 = 6^2 = 36$$

▶[サイコロの出目]
A, B 2 個のサイコロの出目は，2 項組の集合 $N_6 \times N_6$

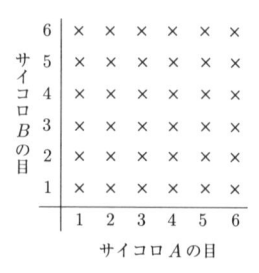

サイコロ B の目	1	2	3	4	5	6
6	×	×	×	×	×	×
5	×	×	×	×	×	×
4	×	×	×	×	×	×
3	×	×	×	×	×	×
2	×	×	×	×	×	×
1	×	×	×	×	×	×

サイコロ A の目

である．これは，1 個のサイコロを 2 回続けて投げたときの出目の集合と同じである．3 個のサイコロならば 3 項組の集合となる．

$$N_6^3 = N_6 \times N_6 \times N_6 = \{(1,1,1), (1,1,2), \ldots, (6,6,5), (6,6,6)\}$$
$$n(N_6^3) = 6^3 = 216$$

> **〈包除原理〉**
>
> 包除原理の一般形は容易に想像が付くが，それを本章で紹介した方法で直接書き下ろすのは少々やっかいである．代数的な方法を紹介しよう．
>
> 有限集合 U を全体集合として，U の部分集合 A を表すのに **特性関数** $\chi_A(x)$ による方法がある．$\chi_A(x)$ は次のように定義される．x の変域は U である．
>
> $$\chi_A(x) = \begin{cases} 1 & x \in A \\ 0 & x \notin A \end{cases}$$
>
> すべての $x \in U$ について $\chi_A(x)$ を加えると $n(A)$ となる．$U = \{a_1, a_2, \ldots, a_s\}$ とすると，
>
> $$n(A) = \chi_A(a_1) + \chi_A(a_2) + \cdots + \chi_A(a_s)$$
>
> である．右辺の U の要素 s 個についての和の形式を簡単に $\mathrm{Sum}(\chi_A(x))$ と書こう．（Sum は和の記号 $\sum$ を使うと，$\sum_{i=1}^{s} \chi_A(a_i)$ あるいは $\sum_{x \in U} \chi_A(x)$ と書ける．）
>
> $$n(A) = \mathrm{Sum}(\chi_A(x))$$
>
> 特性関数を使うと
>
> $$A = \{x \mid \chi_A(x) = 1\}, \quad A \cap B = \{x \mid \chi_A(x)\chi_B(x) = 1\}, \quad \overline{A} = \{x \mid 1 - \chi_A(x) = 1\}$$
>
> などと表せるから，次の表現を得る．
>
> $$\overline{A} \cap \overline{B} = \{x \mid (1 - \chi_A(x))(1 - \chi_B(x)) = 1\} = \{x \mid 1 - \chi_A(x) - \chi_B(x) + \chi_A(x)\chi_B(x) = 1\}$$
>
> よって，
>
> $$\begin{aligned} n(\overline{A} \cap \overline{B}) &= \mathrm{Sum}(1 - \chi_A(x) - \chi_B(x) + \chi_A(x)\chi_B(x)) \\ &= \mathrm{Sum}(1) - \mathrm{Sum}(\chi_A(x)) - \mathrm{Sum}(\chi_B(x)) + \mathrm{Sum}(\chi_A(x)\chi_B(x)) \\ &= n(U) - n(A) - n(B) + n(A \cap B) \end{aligned}$$
>
> が得られる．特性関数の積で表される各項が対応する積集合の要素数を表す．
>
> n 個の部分集合に拡張するのは容易である．C_i の特性関数を $\chi_i(x)$ として，
>
> $$\overline{C_1} \cap \overline{C_2} \cap \cdots \cap \overline{C_n} = \{x \mid (1 - \chi_1(x))(1 - \chi_2(x)) \cdots (1 - \chi_n(x)) = 1\}$$
>
> であるから，特性関数の式を多項式に展開して，それぞれの項に対応する積集合とすれば，$n(\overline{C_1} \cap \overline{C_2} \cap \cdots \cap \overline{C_n})$ の表現が得られる．

[1 章のまとめ]

この章では，
1. 離散数学の基礎としての離散集合の考え方を学んだ．
2. ベキ集合上における集合演算の定義とその基本的な性質を学んだ．
3. 数え上げの基本として，包除原理について学んだ．
4. 集合の直和と直積の考え方について学んだ．

1章　演習問題

[演習1]☆　全体集合 U を 9 以下の自然数とし，U の部分集合を $A = \{1,2,3,4,5\}$, $B = \{4,5,6,7\}$, $C = \{6,7,8,9\}$, $D = \{2,4,6\}$ として，次の集合を求めよ．
(1) $\overline{A}$　　　(2) $A - B$　　　(3) $B - A$　　　(4) $A - (B \cup D)$
(5) $\overline{(A \cup C)}$　　　(6) $(A - D) - (B \cap C)$　　　(7) $\mathscr{P}(D)$

[演習2]☆　$P = \{x | x \text{ は } 10 \text{ 進 1 桁の奇数}\}$, $Q = \{x | x \text{ は } 10 \text{ 進 1 桁の素数}\}$, $R = \{0, 1\}$ として，次の集合 A〜H をそれぞれ求めよ．
$A = P \cup Q$　　$B = P \cap Q$　　$C = P - Q$　　$D = \mathscr{P}(C)$
$E = C \times R$　　$F = C^2$　　$G = C^3$　　$H = R \times D$

[演習3]☆　$A = \{0, 1, 2\}$, $B = \{a, b, c, d\}$ として，次の集合の要素の数はいくつか．
(1) $n(\mathscr{P}(B))$　　(2) $n(A \times B)$　　(3) $n(\mathscr{P}(A \times B))$　　(4) $n((A \times B)^2)$

[演習4]☆　360 以下の自然数で，360 と互いに素な（最大公約数が 1 である）数はいくつあるか．

[演習5]☆　次の集合 X を直和分割する異なった方法は何通りあるか．
(1) $X = \{0, 1\}$　　(2) $X = \{0, 1, 2\}$　　(3) $X = \{a, b, c, d\}$　　(4) $X = \mathscr{P}(\{0, 1\})$

[演習6]☆　次の等式が成立することをベン図で示せ．
(1) $A - (B \cap C) = (A - B) \cup (A - C)$
(2) $(A \cap B) - C = A \cap (B - C) = (A \cap B) - (A \cap C)$
(3) $(A - B) - C = (A - C) - B = (A - B) \cap (A - C)$

[演習7]☆　あるクラス U で，授業科目 a, b, c を受講している学生の集合をそれぞれ A, B, C として，次の集合をベン図で表し，和，積，補，差，直和による集合演算式で示せ．
(1) 授業科目を a, b, c のうち少なくとも 1 つ受講している学生の集合
(2) 授業科目を a, b, c のうち少なくとも 2 つ受講している学生の集合
(3) 授業科目を a, b, c のどれも受講していない学生の集合
(4) 授業科目を a だけ受講している学生の集合
(5) 授業科目を a, b, c のうち 1 つだけ受講している学生の集合
(6) 授業科目を a, b, c のうち 2 つだけ受講している学生の集合

[演習8]☆☆　x_1, x_2 を 0 以上の整数として，$1 \leq 2x_1 + 3x_2 \leq 10$ を満たす解 (x_1, x_2) はいくつあるか．

[演習9]☆☆　次の等式が成立することを，ベン図で説明せよ．
(1) $A \times (B \cap C) = (A \times B) \cap (A \times C)$　　(2) $A \times (B \cup C) = (A \times B) \cup (A \times C)$

[演習10]☆☆　次の性質が成立することを説明せよ．
$A \cup C = B \cup C$ かつ $A \cap C = B \cap C$ ならば $A = B$

演習 11〜演習 14 は対称差についての問題である．対称差は，集合 A, B に対して，次の集合演算で定義される $A \oplus B$ である．

　　対称差　$A \oplus B = (A \cup B) - (A \cap B)$

[演習11]☆☆　対称差を表す集合をベン図で示せ．

[演習 12] ☆☆ 集合を，$A = \{1, 2, 3, 4, 5\}, B = \{3, 4, 5, 6, 7\}, C = \{5, 6, 7, 8, 9\}, D = \{1, 3, 5, 7, 9\}$ として，次の集合を求めよ．

(1) $A \oplus B$ (2) $B \oplus C$ (3) $A \cap (C \oplus D)$ (4) $(A \cap B) \oplus (C \cap D)$

[演習 13] ☆☆ 対称差が次のように表せることを示せ．
$$A \oplus B = (\overline{A} \cap B) \cup (A \cap \overline{B}) = (A \cup B) \cap (\overline{A} \cup \overline{B})$$

[演習 14] ☆☆ 対称差について次の性質が成立するかどうか答えよ．

(1) $A \cap (B \oplus C) = (A \cap B) \oplus (A \cap C)$ (2) $A \cup (B \oplus C) = (A \cup B) \oplus (A \cup C)$

[演習 15] ☆☆☆ 次の集合 A, B が等しい（$A = B$）ことを示せ．

(1) $A = \{3n | n \text{ は整数}\}, \quad B = \{6m + 9n | m, n \text{ は整数}\}$

(2) $A = \{n | n \text{ は 10 以上の自然数で，} n^2 \text{ は 10 進位取り記法で 1 の位が 6}\}$
$B = \{n | n \text{ は 10 以上の自然数で，} n^2 \text{ は 10 進位取り記法で 10 の位が奇数}\}$

[演習 16] ☆☆☆ 50 人のクラスの授業で 2 回の試験があり全員が受験した．2 回目の試験の合格者は 1 回目の試験の合格者より 4 人少なかった．さらに，どちらの試験も合格できなかった人数は全体の 1 割以上にのぼり，2 回とも合格した人数のちょうど 1/6 だけあった，という．1 回目の試験の合格者は何人か．また，両方合格したのは何人か．

[演習 17] ☆☆☆ A, B, C 3 つのソフトウェアパッケージの購入状況を，あるパソコンショップの来客 100 人に訊ねた．C のソフトは A か B かどちらかと一緒でないと役に立たないソフトで，C だけ購入する人はいない．B を購入していた人は 45 人，C は 54 人，A と B をともに購入していたのは 22 人，A と C をともに購入していたのは 44 人であった．男性客は 54 人であったが，A を購入していた人は全員 C も購入しており，B を購入していたのは 29 人で，そのうち B と A をともに購入していたのは 14 人であった．女性客で A を購入していたのは 33 人で，C を購入していたのは 13 人だったが，C と B をともに購入していた人はいなかった．次の問に答えよ．

(1) A だけ購入した女性客は何人か．

(2) B を購入したが C は購入しなかった人は何人か．

(3) A, B, C のどれも購入していなかった男性客は何人か．

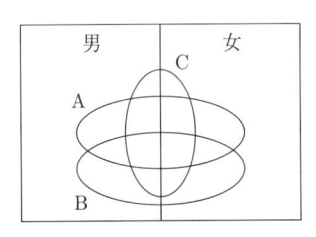

[解1] (1) $\overline{A} = \overline{\{1,2,3,4,5\}} = \{6,7,8,9\}$ (2) $A - B = \{1,2,3,4,5\} - \{4,5,6,7\} = \{1,2,3\}$
(3) $B - A = \{4,5,6,7\} - \{1,2,3,4,5\} = \{6,7\}$ (4) $A - (B \cup D) = \{1,2,3,4,5\} - \{2,4,5,6,7\} = \{1,3\}$
(5) $\overline{(A \cup C)} = \overline{\{1,2,3,4,5,6,7,8,9\}} = \{\}$ (6) $(A - D) - (B \cap C) = \{1,3,5\} - \{6,7\} = \{1,3,5\}$
(7) $\mathscr{P}(D) = \mathscr{P}(\{2,4,6\}) = \{\{\},\{2\},\{4\},\{6\},\{2,4\},\{2,6\},\{4,6\},\{2,4,6\}\}$

[解2] $P = \{1,3,5,7,9\}$, $Q = \{2,3,5,7\}$, $R = \{0,1\}$ だから,
$A = P \cup Q = \{1,2,3,5,7,9\}$,
$B = P \cap Q = \{3,5,7\}$,
$C = P - Q = \{1,9\}$,
$D = \mathscr{P}(C) = \{\{\},\{1\},\{9\},\{1,9\}\}$
$E = C \times R = \{1,9\} \times \{0,1\} = \{(1,0),(1,1),(9,0),(9,1)\}$
$F = C^2 = \{1,9\}^2 = \{(1,1),(1,9),(9,1),(9,9)\}$
$G = C^3 = C^2 \times C = \{(1,1),(1,9),(9,1),(9,9)\} \times \{1,9\}$
   $= \{(1,1,1),(1,1,9),(1,9,1),(1,9,9),(9,1,1),(9,1,9),(9,9,1),(9,9,9)\}$
$H = R \times D = \{0,1\} \times \{\{\},\{1\},\{9\},\{1,9\}\}$
   $= \{(0,\{\}),(0,\{1\}),(0,\{9\}),(0,\{1,9\}),(1,\{\}),(1,\{1\}),(1,\{9\}),(1,\{1,9\})\}$

$E = C \times R$	0	1
1	(1,0)	(1,1)
9	(9,0)	(9,1)

$H = R \times D$	{}	{1}	{9}	{1,9}
0	(0,{})	(0,{1})	(0,{9})	(0,{1,9})
1	(1,{})	(1,{1})	(1,{9})	(1,{1,9})

[解3] $n(A) = 3$, $n(B) = 4$ だから, (1) $n(\mathscr{P}(B)) = 2^{n(B)} = 2^4 = 16$ (2) $n(A \times B) = n(A) \times n(B) = 3 \times 4 = 12$
(3) $n(\mathscr{P}(A \times B)) = 2^{n(A \times B)} = 2^{12} = 4096$ (4) $n((A \times B)^2) = (n(A \times B))^2 = 12^2 = 144$

[解4] $360 = 2^3 \cdot 3^2 \cdot 5$ だから求めるものは $2, 3, 5$ の倍数以外の数である. A, B, C をそれぞれ $2, 3, 5$ の倍数の集合とし, 全体集合 U が 360 以下の自然数の集合として, $n(\overline{A} \cap \overline{B} \cap \overline{C})$ を求めればよい. 包除原理から,
$n(\overline{A} \cap \overline{B} \cap \overline{C}) = n(U) - n(A) - n(B) - n(C) + n(A \cap B) + n(B \cap C) + n(A \cap C) - n(A \cap B \cap C)$
$A \cap B$, $B \cap C$, $A \cap C$, $A \cap B \cap C$ はそれぞれ 6, 15, 10, 30 の倍数の集合だから,
$n(U) = 360$, $n(A) = 360/2 = 180$, $n(B) = 360/3 = 120$, $n(C) = 360/5 = 72$,
$n(A \cap B) = 360/6 = 60$, $n(B \cap C) = 360/15 = 24$, $n(A \cap C) = 360/10 = 36$,
$n(A \cap B \cap C) = 360/30 = 12$ となるので,
$n(\overline{A} \cap \overline{B} \cap \overline{C}) = 360 - 180 - 120 - 72 + 60 + 24 + 36 - 12 = 96$ (なお, 5 章の [演習 10] を参照のこと.)

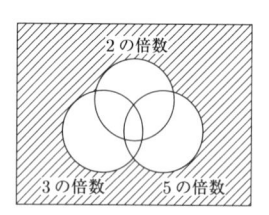

[解5] (1) $(\{0,1\}), (\{0\},\{1\})$ 2 通り
(2) $(\{0,1,2\}), (\{0\},\{1,2\}), (\{1\},\{0,2\}), (\{2\},\{0,1\}), (\{0\},\{1\},\{2\})$ 5 通り
(3) 1 分割は $(\{a,b,c,d\})$ の 1 通り, 2 分割は, $(3,1)$ の型 $(\{a,b,c\},\{d\})$ が 4 通りと, $(2,2)$ の型 $(\{a,b\},\{c,d\})$ が 3 通り, 3 分割は $(2,1,1)$ の型 $(\{a,b\},\{c\},\{d\})$ だけで 6 通り, 4 分割は $(\{a\},\{b\},\{c\},\{d\})$ の 1 通り, 計 15 通り
(4) $\mathscr{P}(\{0,1\}) = \{\{\},\{0\},\{1\},\{0,1\}\}$ だから, (3) と同じで 15 通り.

[解6] (1) 左辺と右辺をそれぞれベン図で表すと，一致する．

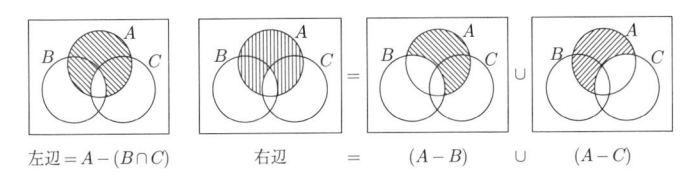

左辺 = $A - (B \cap C)$　　右辺 = $(A-B) \cup (A-C)$

(2) それぞれベン図に表すと，すべて一致する．

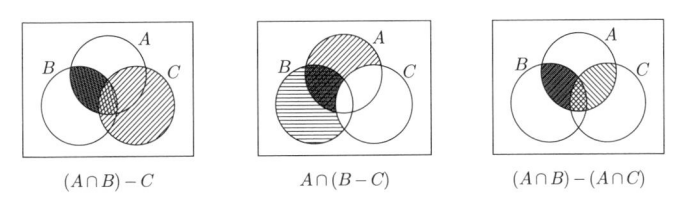

$(A \cap B) - C$　　$A \cap (B - C)$　　$(A \cap B) - (A \cap C)$

(3) それぞれベン図に表すと，すべて一致する．

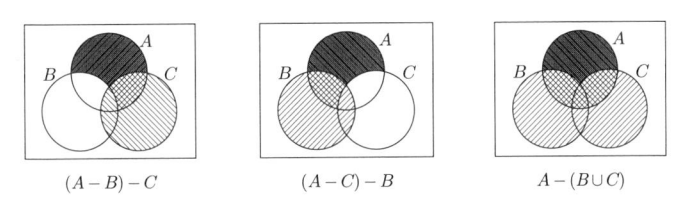

$(A - B) - C$　　$(A - C) - B$　　$A - (B \cup C)$

これらは集合演算の性質を使っても示せる．
(1) 左辺 $= A \cap \overline{(B \cap C)} = A \cap (\overline{B} \cup \overline{C}) = (A \cap \overline{B}) \cup (A \cap \overline{C}) = (A - B) \cup (A - C) =$ 右辺 ∎
(2) $(A \cap B) - C = (A \cap B) \cap \overline{C} = A \cap (B \cap \overline{C}) = A \cap (B - C)$
$(A \cap B) - (A \cap C) = (A \cap B) \cap \overline{(A \cap C)} = (A \cap B) \cap (\overline{A} \cup \overline{C}) = (A \cap B \cap \overline{A}) \cup (A \cap B \cap \overline{C}) = \emptyset \cup ((A \cap B) \cap \overline{C}) = (A \cap B) - C$
(3) $(A - B) - C = (A \cap \overline{B}) \cap \overline{C} = (A \cap \overline{C}) \cap \overline{B} = (A - C) - B = A \cap (\overline{B} \cap \overline{C}) = A \cap \overline{(B \cup C)} = A - (B \cup C)$

なお，(1) の ∩ と ∪ とを入れ換えた関係 $A - (B \cup C) = (A - B) \cap (A - C)$ も成立するが，(2) の ∩ を ∪ に置き換えた関係 $(A \cup B) - C = A \cup (B - C) = (A \cup B) - (A \cup C)$ はどれも成立しない．

[解7] (1) a, b, c のどれかを受講している学生の集合だから，$A \cup B \cup C$
(2) a と b，または b と c，または a と c を受講しているから，

$(A \cap B) \cup (B \cap C) \cup (C \cap A)$

(3) A にも B にも C にも含まれない集合だから，$\overline{A} \cap \overline{B} \cap \overline{C}$，これは (1) の補集合でもあるから，$\overline{A \cup B \cup C}$
(4) A に含まれ，かつ B と C には含まれない集合だから，$A \cap \overline{B} \cap \overline{C}$，あるいは，これは A から B と C の要素を除いた集合であるから $A - B - C$
(5) a だけ，または b だけ，c だけ，ということだから，(4) より $(A \cap \overline{B} \cap \overline{C}) \cup (\overline{A} \cap B \cap \overline{C}) \cup (\overline{A} \cap \overline{B} \cap C)$，これは，それぞれ排他的であるから，直和で $(A - B - C) + (B - A - C) + (C - A - B)$ とも表せる．
(6) a と b だけ受講している集合は $A \cap B \cap \overline{C} (= A \cap B - C)$ などと表せるから，$(A \cap B \cap \overline{C}) \cup (A \cap \overline{B} \cap C) \cup (\overline{A} \cap B \cap C)$，あるいは $(A \cap B - C) + (A \cap C - B) + (B \cap C - A)$

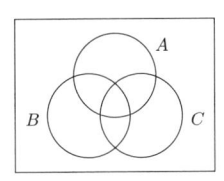

[解8] $1 \leq 2x_1 + 3x_2 \leq 10$ だから，$0 \leq x_2 \leq 3$
$x_2 = 0$ のとき $1 \leq 2x_1 \leq 10$ で $x_1 = 1, 2, 3, 4, 5$,
$x_2 = 1$ のとき $0 \leq 2x_1 \leq 7$ で $x_1 = 0, 1, 2, 3$,
$x_2 = 2$ のとき $0 \leq 2x_1 \leq 4$ で $x_1 = 0, 1, 2$,
$x_2 = 3$ のとき $0 \leq 2x_1 \leq 1$ で $x_1 = 0$，以上より，13 通り．

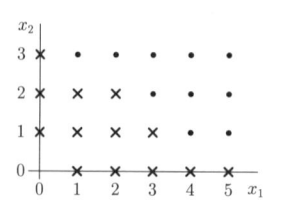

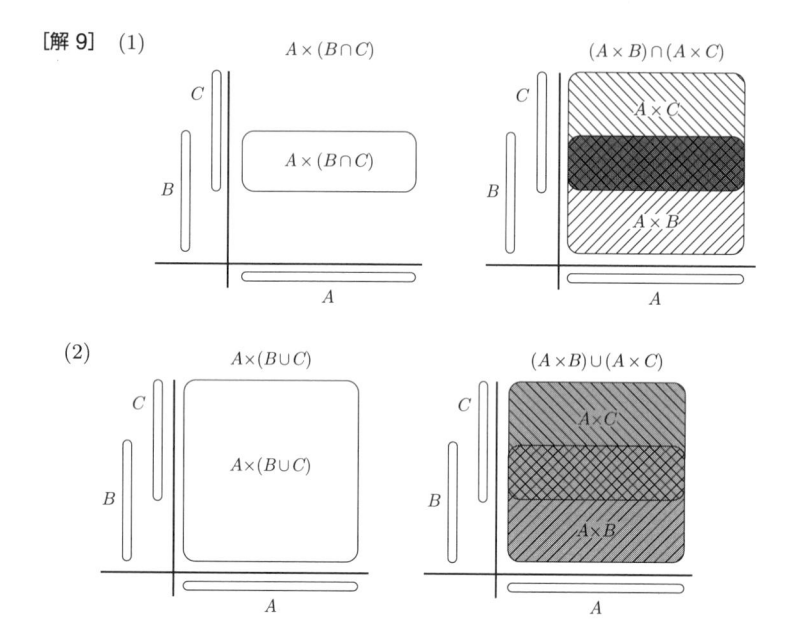

[解9] (1) $A \times (B \cap C)$　　　$(A \times B) \cap (A \times C)$

(2) $A \times (B \cup C)$　　　$(A \times B) \cup (A \times C)$

[解10] A あるいは B と C との和と積は，それぞれ図の斜線部である．積が等しいということは，C との共通部分が等しいということである．さらに和も等しいから，和から C の部分を除いた部分（C と共通でない部分）が等しいことを意味する．よって，和と積が両方とも等しければ，C との共通部分と共通でない部分が両方とも等しいから，$A = B$ である．

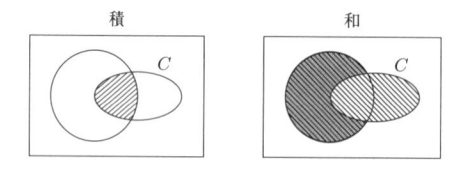

積　　　和

なお，少し面倒であるが，これは集合演算の性質を使っても示せる．
$$A = A \cup (C \cap \overline{C}) = (A \cup C) \cap (A \cup \overline{C}) = (A \cup C) \cap ((A \cup \overline{C}) \cap (C \cup \overline{C})) = (A \cup C) \cap ((A \cap C) \cup \overline{C})$$
ここで，$A \cup C = B \cup C, A \cap C = B \cap C$ であるから，
$$= (B \cup C) \cap ((B \cap C) \cup \overline{C}) = (B \cup C) \cap ((B \cup \overline{C}) \cap (C \cup \overline{C})) = (B \cup C) \cap (B \cup \overline{C}) = B \cup (C \cap \overline{C}) = B$$

[解11] 対称差は，和集合 $A \cup B$ から A と B の両方に属するものを除外した（A と B が互いに排他的になっている部分だけの）集合であるから，排他的和集合（2章でふれるが，論理では排他的論理和，排他的選言）などと呼ぶこともある．

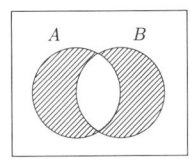

[解12] (1) $A \oplus B = \{1,2,3,4,5\} \oplus \{3,4,5,6,7\} = \{1,2,6,7\}$
(2) $B \oplus C = \{3,4,5,6,7\} \oplus \{5,6,7,8,9\} = \{3,4,8,9\}$
(3) $A \cap (C \oplus D) = \{1,2,3,4,5\} \cap \{1,3,6,8\} = \{1,3\}$
(4) $(A \cap B) \oplus (C \cap D) = \{3,4,5\} \oplus \{5,7,9\} = \{3,4,7,9\}$

[解13]

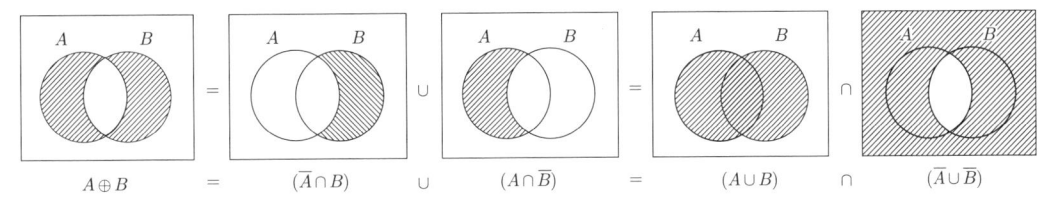

$$A \oplus B = (\overline{A} \cap B) \cup (A \cap \overline{B}) = (A \cup B) \cap (\overline{A} \cup \overline{B})$$

これは集合演算の性質を使っても示せる．

$A \oplus B = (A \cup B) - (A \cap B) = (A \cup B) \cap \overline{(A \cap B)} = (A \cup B) \cap (\overline{A} \cup \overline{B})$
$= ((A \cup B) \cap \overline{A}) \cup ((A \cup B) \cap \overline{B}) = ((A \cap \overline{A}) \cup (B \cap \overline{A})) \cup ((A \cap \overline{B}) \cup (B \cap \overline{B}))$
$= (\overline{A} \cap B) \cup (A \cap \overline{B})$

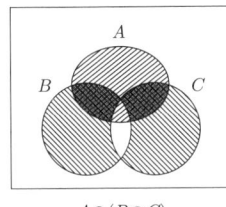

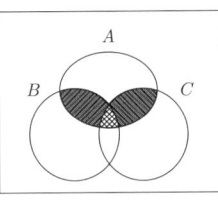

[解14] (1) 成立する． (2) 成立しない．

$A \cap (B \oplus C)$ $(A \cap B) \oplus (A \cap C)$ $A \cup (B \oplus C)$ $(A \cup B) \oplus (A \cup C)$

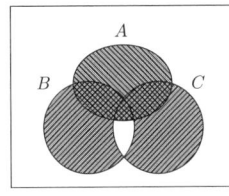

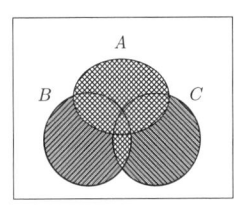

[解15] (1), (2) の両方とも，$A \subset B$ と $B \subset A$ を証明する．
(1) $B \subset A$ の証明：$p \in B$ とする．$p = 6m + 9n = 3(2m + 3n)$ は 3 の倍数だから，$p \in B$ ならば $p \in A$．よって $B \subset A$．
$A \subset B$ の証明：$q \in A$ とする．k を任意の整数として，$q = 3k = 6(-k) + 9k$ だから，$m = -k, n = k$ と置くと，
$3k = 6m + 9n$ と表せる．つまり，$q \in A$ ならば $q \in B$ である．よって $A \subset B$．
以上より，$A = B$ である．
(2) $A \subset B$ の証明：10 以上の自然数 n の 2 乗の 1 の位が 6 となるのは n の 1 の位が 4 または 6 のときだけだから，m を自然数として $n = 10m + 4$ または $10m + 6$ である．2 乗すると $n^2 = 100m^2 + 80m + 16$ または $100m^2 + 120m + 36$，この 10 の位は $8m + 1$ または $2m + 3$ の 1 の位であるから，m によらず奇数である．よって，$n \in A$ ならば $n \in B$ であり，$A \subset B$．
$B \subset A$ の証明：k を 0〜9 の整数として，10 以上の自然数 n を $n = 10m + k$ とすると，$n^2 = 100m^2 + 20mk + k^2$ である．この 10 の位は $2mk + (k^2 \text{の} 10 \text{の位})$ の 1 の位で，これが奇数となるのは k^2 の 10 の位が奇数の場合である．k^2 の 10 の位が奇数となるのは $k = 4$ と $k = 6$ の場合だけである．よって，$n \in B$ ならば $n \in A$ であるから $B \subset A$．
以上より，$A = B$．

[解16] 1回目だけの合格者数を a, 2回目だけの合格者数を b, 両方合格した数を c, 両方合格できなかった数を d とすると, $a+b+c+d=50$, $a+c=(b+c)+4$, $d \geq 50 \times 0.1 = 5$, $c = 6d$ となる. a と c を消去すると, $2b+7d=46$ が得られるから, $b \geq 0$, $d \geq 5$ を満たす整数 b, d は $b=2$, $d=6$ となり, $a=6$, $c=36$ である. よって, 1回目の合格者数は $a+c=42$ 人, 両方合格したのは $c=36$ 人.

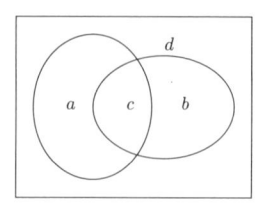

[解17]　(1) 12人　　(2) $5+8+8=21$ 人　　(3) 8人

[考え方]: 4つの属性（性別と A, B, C）で全体を分類すると, 下の図のように $2^4=16$ 通りの区分が得られる. A, B, C のソフトを購入した人の集合をそれぞれ A, B, C とする. 文意から, $n(C \cap \overline{A}) = n(C \cap \overline{B}) = 0$, $n(B) = 45$, $n(C) = 54$, $n(A \cap B) = 22$, $n(A \cap C) = 44$, $n(男) = 54$, $n(男 \cap A \cap \overline{C}) = 0$, $n(男 \cap B) = 29$, $n(男 \cap B \cap A) = 14$, $n(女 \cap A) = 33$, $n(女 \cap C) = 13$, $n(女 \cap C \cap B) = 0$ である.

まず, 図の 0 の部分と, 男と女の数は容易に分かる. 次に, $n(男 \cap A \cap B) = 14$ と $n(女 \cap C) = 13$ から ○ が分かる. そうすると, $n(A \cap B) = 22$ から △ が得られるから, $n(B) = 45$ と $n(男 \cap B) = 29$ から ☆ が得られる. $n(女 \cap A) = 33$ と $n(A \cap C) = 44$ から □ も分かる. 次に, $n(C) = 54$ から ▽ が得られるから, $n(男 \cap B) = 29$ より ◇ が分かる. 最後に, 男と女それぞれでどれも買わなかった人数が得られる.

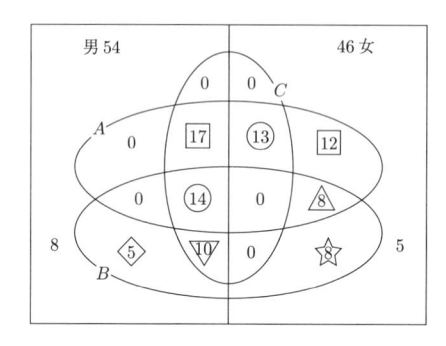

2章　論理計算

[ねらい]

　集合と論理は数学における基礎概念である．数学の厳密さは，論理的な厳密さと一体であり，集合と論理は表裏一体の関係である．離散数学においても重要な概念である．内容的には高校数学の数学Ａの論理と証明に関連する内容と重複する部分も多い．

　この章では，論理的な扱いを数学的に理解することを目的としている．これは，論理を理解する上では重要である．高校数学の内容も含めて，論理演算の体系や証明の形式などについて，入門的な事項を学ぶ．

[この章の項目]

命題
全称命題と存在命題
述語
否定
選言と連言
条件付き命題
排他的選言と同値
複合命題の否定
論理演算の性質
逆・裏・対偶
必要条件・十分条件
論理と証明

■ 命題

 真（正しい）か偽（誤り）かが明確な言明を **命題** という．真偽が明確であるとは，真か偽かのどちらか一方が必ず成立し，かつ両方同時に成立することはない，ということである．言明は文や数式などで表される．

(1) 龍馬は土佐の人であった．
(2) $f(x) = x^2 + x - 2$ のとき，$f(1) = 0$
(3) a, b を任意の整数として，$(a+b)^2 = a^2 + 2ab + b^2$
(4) $a^2 + b^2 = c^2$ となる自然数 a, b, c が存在する．

(1)〜(4) の言明は命題で，すべて真である．

(5) 茨城県の県都はつくば市である．
(6) $f(x) = x^2 + x - 2$ とすると，$f(2) = 0$
(7) a, b を任意の整数として，$a^2 + 2ab + b^2 > 0$
(8) $a^3 + b^3 = c^3$ となる自然数 a, b, c が存在する．

(5)〜(8) の言明も命題で，すべて偽である．(7) は $a = -b$ のときは成立しないし，(8) はそのような自然数は存在しないことが証明されている．

(9) 地球外の天体に生命が存在する．
(10) 10000 と 10001 とはほぼ等しい．

(9), (10) の言明の真偽は不明であるから，命題ではない．

■ 全称命題と存在命題

 命題 (3) (4) (7) (8) では対象としている領域がある．この領域を **ドメイン**（関心領域）という．(3) (7) のドメインはすべての整数，(4) (8) のドメインはすべての自然数である．

 命題 (3) (7) は，ドメイン内のすべての要素（**事例** ともいう）が条件を満たすとき真となる．このような命題を **全称命題** という．全称命題で，条件が成立しない事例をその命題の **反例** という．(7) では，$a = 2, b = -2$ とすると条件を満たさないから，これは反例である．反例が1つでもあれば全称命題は偽である．もし，(7) の対象としているドメインが整数ではなく，自然数となっていれば真である．

(7′) a, b を任意の自然数として，$a^2 + 2ab + b^2 > 0$

 命題 (4) (8) は，ドメイン内に命題を満足する事例が1つでも存在すれば，真である．このような命題を **存在命題** という．(8) は満足する例が1つもないから偽である．もし，(8) のドメインを実数とすれば，真である．

 命題 (3), (4), (7), (8), (7′) のような命題はドメインを指定しなければ真偽は確定しない．(7), (7′) はドメインだけが異なる命題である．

▶ [命題 (3), (4)]
　命題 (3) は全称命題．すべての整数 a, b について成立するから言明は真である．
　命題 (4) は存在命題．$a = 3, b = 4, c = 5$ という例が存在するから真である．

▶ [命題 (7), (8)]
　命題 (7) は全称命題である．しかし，$a = -b$ のとき成立しないから，すべての整数 a, b について成立するわけではないので，偽．
　命題 (8) は存在命題である．これは17世紀の数学者フェルマーが存在しないことを予言したもので，1995年にワイルズの論文で存在しないことが証明されたから，偽．

▶ [言明 (9), (10)]
　(9) の言明は，存在すると信じられているかもしれないが，現時点では事実かどうかは不明である．
　(10) の言明については「ほぼ等しい」という言葉の意味があいまいである．「ほぼ等しい」＝「1 だけ異なっている」と定義すれば真と判断できるが，「1 と 2 はほぼ等しい」という言明も真と認める必要がある．

▶ [ドメイン]
　命題の中にドメインが明示されていないことも多い．たとえば，整数についてだけ議論しているときには，いちいちドメインが整数であるということを断らないことがある．

▶ [命題 (7′)]
　命題 (7′) は，$= 0$ となる自然数 a, b は存在せず，常に > 0 となるから，真である．

■ 述語

命題をアルファベットの大文字ではじまる文字列で代表させよう．たとえば，命題 (2) (3) (8) を記号 P, Q, R で表す．

P : "$f(x) = x^2 + x - 2$ として，$f(1) = 0$"

Q : "a, b を任意の整数として，$(a+b)^2 = a^2 + 2ab + b^2$"

R : "$a^3 + b^3 = c^3$ となる自然数 a, b, c が存在する"

命題を表す記号を **命題記号** という．真・偽を **真理値** といい，真を記号 **T** で，偽を **F** で表す．命題 P にその真理値 **T** を対応させる関数を val と書いて，$\mathrm{val}(P) = \mathbf{T}$ と表す．簡単のため命題と同じ記号 P で $\mathrm{val}(P)$ を表し，$P = \mathbf{T}$ と書くことが多い．Q, R については $Q = \mathbf{T}, R = \mathbf{F}$ である．

P は事実を主張する命題である．Q はドメインを整数とする全称命題，R はドメインを自然数とする存在命題である．Q, R のような命題については，ドメインを変域とする変数 a, b, c と，**限量記号** と呼ばれる $\forall, \exists$ を用いると簡潔に表すことができる．Z は整数の集合，N は自然数の集合で

$\forall a, b \in Z \quad (a+b)^2 = a^2 + 2ab + b^2$

"Z の任意の要素 a, b について $(a+b)^2 = a^2 + 2ab + b^2$ が成立する"

$\exists a, b, c \in N \quad a^3 + b^3 = c^3$

"$a^3 + b^3 = c^3$ となる N の要素 a, b, c が少なくとも 1 組存在する"

$\forall a, b \in Z$ は $\forall a \in Z, \forall b \in Z$ を簡略化した表現である．

Q の「$(a+b)^2 = a^2 + 2ab + b^2$」の部分を $Q(a, b)$ などと引数を付けて関数のように表す．そうすると，Q は「$\forall a, b \in Z \ Q(a, b)$」と表せる．引数をもった表現 $Q(a, b)$ は論理学では **述語** と呼ばれる．

■ 否定

次の言明は，命題 P の **否定** である．否定を演算記号 $\sim$ で表す．

$\sim P$: "「$f(x) = x^2 + x - 2$ として，$f(1) = 0$」ではない"

これは，普通に書けば，次のような言明になる．

$\sim P$: "$f(x) = x^2 + x - 2$ として，$f(1) \neq 0$ である"

この否定命題の真理値は $\sim P = \mathbf{F}$ である．一般に，P が真のとき $\sim P$ は偽，P が偽のとき $\sim P$ は真である．右の表はこれを演算表としてまとめたものである．このような表を **真理値表** という．

P	$\sim P$
T	**F**
F	**T**

次の **対合律**（二重否定 ともいう）が成立するのはほとんど自明であろう．

対合律 $\quad \sim\sim P = \sim(\sim P) = P$

▶ [限量記号]

限量記号は論理学の記号であるが，数学でも，記述を簡明にすることができるので，対象領域を明示するためによく使われる．しかし，初学者にはなじめないかもしれないので，本書では本章以外では使わない．

$\forall$ は any あるいは all の頭文字 A を逆さにした記号で，「任意の～」「すべての～」という意味で使う．

$\exists$ は exist の頭文字 E を逆さにした記号で，「～が存在して…となる」「…となる～が存在する」という意味で使う．

▶ [否定命題]

命題 P の否定 $\sim P$ は，**否定演算**，**not 演算**，**論理否定** などとも言い，

$\neg P$

not P

$\overline{P}$

などと書くこともある．

ドメインを D として，命題 P を真とする事例からなる集合を A とすると，A は D の部分集合である．

否定命題 $\sim P$ を真とする，つまり，P を偽とする要素の集合は，D を全体集合とした A の補集合 $\overline{A}$ である．

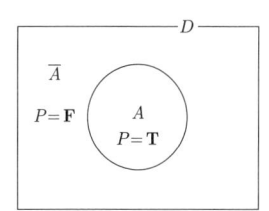

▶ [選言・連言]
選言は，or 演算，論理和などとも言い，

$P + Q$

P or Q

などと書くこともある．
連言は，and 演算，論理積などとも言い，

$P \cdot Q$

P and Q

などと書くこともある．
$P = \mathbf{T}$ とするドメインの要素の集合を A, $Q = \mathbf{T}$ とする集合を B とすると，ベン図が描ける．

選言
$P \vee Q$

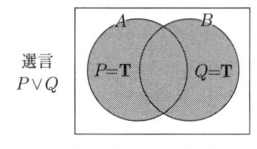

連言
$P \wedge Q$

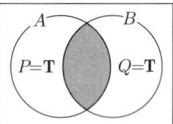

■ 選言と連言

次の命題を考える．

P_1: "龍馬か隆盛は土佐の人であった"

P_2: "龍馬も隆盛も土佐の人であった"

これは，次の 2 つの命題

R: "龍馬は土佐の人であった"

S: "隆盛は土佐の人であった"

からなる **複合命題**「R または S」，「R かつ S」とみなすことができる．P_1 は，龍馬か隆盛かいずれかが土佐の人であれば真である．両方が土佐であってもよい．どちらも土佐でないと偽である．P_2 は，龍馬も隆盛もともに土佐であるときのみ真となり，少なくとも一方（いずれか一方あるいは両方）が土佐でない場合は偽である．

P_1 のような複合命題を R と S の **選言**，P_2 を R と S の **連言** という．これらの複合命題はそれぞれ演算記号 $\vee$ と $\wedge$ を使って表す．

P	Q	$P \vee Q$	$P \wedge Q$
T	T	T	T
T	F	T	F
F	T	T	F
F	F	F	F

選言 $P_1 = R \vee S$ （R または S）

連言 $P_2 = R \wedge S$ （R かつ S）

■ 条件付き命題

「○○ならば△△である．」のような形をした命題を **条件付き命題** という．「○○」の部分を **条件** あるいは **前件**，「△△」の部分を **結論** あるいは **後件** という．「ならば」は，「のとき」「とすると」などと書かれることも多い．

▶ [命題 (11)]
命題 (11) ではドメインは明示されていないが，すべての実数の集合と考えてよい．実数の集合を R とする．条件部が真となる集合 A

$A = \{x | x > 1\}$

と，結論部が真となる集合 B

$B = \{x | x > -1\}$

は，ともに R の部分集合で，かつ，$A \subset B$ である．R を数直線で表せば，A, B は図のようになる．

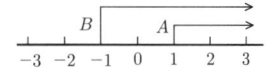

(11) $x > 1$ ならば，$x > -1$ である

(12) $x = 2$ とすると，$x^2 = 4$

(13) $ab = 0$ のとき，$a = 0$ または $b = 0$

条件付き命題は「条件」と「結論」をそれぞれ 1 つの命題とみなすと，2 つの命題を「ならば」でつないだ複合命題である．「ならば」の論理演算は **含意** と呼ばれ，演算記号 → を使って表す．

含意 $P \to Q$（P ならば Q である）

含意の真理値は，含意が因果関係を表していると考えると分かりやすい．ある先生が次のように言ったとしよう．

「問題 1 を正解したら，離散数学は合格である」

これは，原因を P: "問題 1 を正解"，結果を Q: "離散数学は合格" とする

因果関係の含意命題 $P \to Q$ である．問題1を正解した学生すべてが合格したとすると先生の言ったことは正しい．もし，ある学生が問題1を正解したのに不合格ならば，先生はウソを言ったことになる．

含意命題は，前件が真のとき後件も真であれば真である．前件を満たすが後件を満たさない事例がドメイン内に1つでもあると偽である．条件付き命題 (11)(12)(13) はそのような事例がないから真である．

ところで，もし問題1を正解できなかった $P = \mathbf{F}$ なのに合格したら，それは他の要件で合格したのだから，先生はウソを言ったわけではない（偽ではない）から真であるとみなす．問題1を正解できなくて不合格になった場合も同様で，先生はウソを言ったわけではないから真とみなす．一般に，含意命題で，前件が成立していないときは因果関係の原因がない状況なので，後件の成否にかかわらず，因果関係は否定できない（偽とは判断できない）から，真であると考える．

P	Q	$P \to Q$
T	T	T
T	F	F
F	T	T
F	F	T

▶ [条件付き命題の真偽]

次のように考えることもできる．

先生の言った言明「試験の問1を正解すれば合格する」が正しいならば $P \to Q = \mathbf{T}$ である．正解（$P = \mathbf{T}$）した学生の集合を A，合格（$Q = \mathbf{T}$）した学生の集合を B とすると，問1を正解したら必ず合格するから，

　任意の $a \in A$ に対し $a \in B$

となる．これは1章で説明した集合の包含関係 $A \subset B$ の定義であるから，ドメイン内で，A は B にそっくり含まれる．

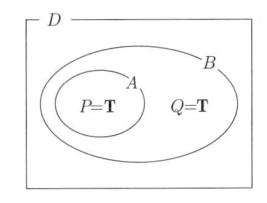

このとき

　$P = \mathbf{T}$ かつ $Q = \mathbf{F}$

は起こらない．

■ 排他的選言と同値

選言 $P \lor Q$ は，P と Q の少なくとも一方が真であれば真で，両方が真のときも真となる．ところで，レストランのメニューで食事のセットに「ライスまたはパン」とあるのは「ライス」と「パン」のうちどちらか一方だけの意味で，両方は含まない．日常的には「または」は「どちらか一方で両方ではない」の意味で使うことも多い．このような「または」を選言と区別して **排他的選言** という．演算記号は $\oplus$ を使う．通常の選言を **包括的選言** という．論理的には，単に選言というと後者を指す．定義から次の表現が得られる．

　　排他的選言　　$P \oplus Q = (P \land \sim Q) \lor (\sim P \land Q)$

排他的選言の真理値表を表に示したが，これは見方を変えると，P と Q の真理値が一致しないときに真，一致するときに偽，となっている．

P	Q	$P \oplus Q$
T	T	F
T	F	T
F	T	T
F	F	F

これとは逆に，P と Q の真理値が一致するときに真，一致しないときに偽となる演算を **同値演算** といい，

　　同値　　$P \Leftrightarrow Q$

と書く．同値は含意によって表すことができる．

P	Q	$P \Leftrightarrow Q$
T	T	T
T	F	F
F	T	F
F	F	T

$$P \Leftrightarrow Q = (P \to Q) \land (Q \to P)$$

同値は2つの命題 P, Q が論理的に同じであることを意味している．

▶ [排他的選言のベン図]
排他的選言 $P \oplus Q = \mathbf{T}$

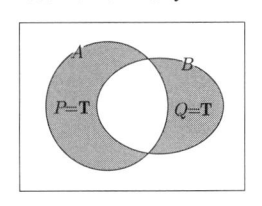

これは排他的論理和ともいい，

　P XOR Q

と書くこともある．このXORは Exclusive OR のことで，エクスオアと読む．

▶ [同値のベン図]
同値 $P \Leftrightarrow Q = \mathbf{T}$

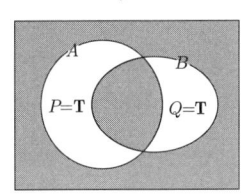

■ 複合命題の否定

論理演算記号 $\sim, \vee, \wedge, \rightarrow, \Leftrightarrow$ を **論理記号** という．いくつかの命題を論理記号で結合した複合命題を **論理式** という．論理式では，演算は次の優先順位とし，この優先順位で表せない場合はカッコ () を付ける．

$$\sim \quad \gg \quad \vee, \wedge \quad \gg \quad \rightarrow \quad \gg \quad \Leftrightarrow$$

否定 $\sim P$ は，P が偽のときかつそのときに限り真である．このことに注意して，22 ページの複合命題 P_1, P_2 の否定 $\sim P_1, \sim P_2$ を考えてみよう．

$\sim P_1$：" 『龍馬か隆盛は土佐の人であった』ではない"
$\sim P_2$：" 『龍馬も隆盛も土佐の人であった』ではない"

これを次のように解釈すると誤りである．

$\sim P_1$ として「龍馬か隆盛は土佐の人でなかった」
$\sim P_2$ として「龍馬も隆盛も土佐の人でなかった」

P_1 は龍馬も隆盛もともに土佐でないときのみ偽である．P_2 はいずれか一方あるいは両方が土佐でない場合に偽である．したがって，

$\sim P_1$：" 龍馬も隆盛も，土佐の人でなかった"
$\sim P_2$：" 龍馬かあるいは隆盛は，土佐の人でなかった"

とすべきである．これらの命題を 22 ページの命題 R, S を使って表すと $\sim P_1 = \sim(R \vee S) = \sim R \wedge \sim S$, $\sim P_2 = \sim(R \wedge S) = \sim R \vee \sim S$ となる．

一般に，次の **ド・モルガン律** が成立する．

ド・モルガン律　$\sim(P \vee Q) = \sim P \wedge \sim Q$
$\sim(P \wedge Q) = \sim P \vee \sim Q$

次に，この章の冒頭 20 ページで取り上げた全称命題 (3) を Q，存在命題 (8) を R として，それらの否定を考えてみよう．

$\sim Q$：" 『a, b を任意の整数として，$(a+b)^2 = a^2 + 2ab + b^2$』ではない"
$\sim R$：" 『$a^3 + b^3 = c^3$ となる自然数 a, b, c が存在する』ではない"

これを次のように解釈すると，誤りである．

$\sim Q$ として「a, b を任意の整数として，$(a+b)^2 \neq a^2 + 2ab + b^2$」
$\sim R$ として「$a^3 + b^3 \neq c^3$ となる自然数 a, b, c が存在する」

全称命題 Q が偽となるのは反例があるときだから，

$\sim Q$：" $(a+b)^2 \neq a^2 + 2ab + b^2$ となる整数 a, b が存在する"

となる．また，存在命題 R が偽となるのは $a^3 + b^3 = c^3$ を満足する例が 1 つも存在しないときだから，次のようになる．

$\sim R$：" 任意の自然数 a, b, c について $a^3 + b^3 \neq c^3$ となる"

▶[ド・モルガン律]
ドメイン内で，P を真とする事例の集合を A，Q を真とする集合を B とする．

ド・モルガン律
$\sim(P \vee Q) = \sim P \wedge \sim Q$

の左辺と右辺がそれぞれ真となる事例の集合ベン図で表す．
左辺 = $\sim(P \vee Q) = \mathbf{T}$ は

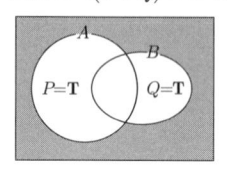

となる．
右辺 = $\sim P \wedge \sim Q = \mathbf{T}$ は，
$\sim P = \mathbf{T}$ が

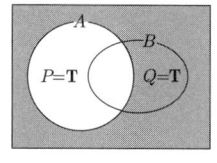

$\sim Q = \mathbf{T}$ が

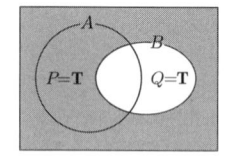

であるから，この 2 つの共通部分だから，

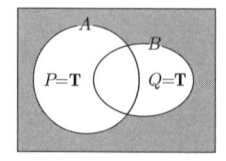

となり，右辺と一致する．

条件付き命題（含意）$P \to Q$ の否定 $\sim(P \to Q)$ を考える．$P \to Q$ の真理値表と $\sim P \vee Q$ の真理値表をそれぞれ構成すると一致することが分かる．

$$P \to Q = \sim P \vee Q$$

よって，

$$\sim(P \to Q) = \sim(\sim P \vee Q) = \sim\sim P \wedge \sim Q = P \wedge \sim Q$$

である．たとえば，ある先生の言明

「試験の問 1 を正解すれば合格とする」

は，P：" 試験の問 1 を正解 "，Q：" 試験に合格 " とすると条件付き命題 $P \to Q$ で表せるから，先生の言明の否定は $P \wedge \sim Q$ で，次のようになる．

「試験の問 1 を正解しても不合格である」

同値演算の否定は，次のように考えれば排他的選言となることが分かる．

$$\sim(P \Leftrightarrow Q) = \sim((P \to Q) \wedge (Q \to P)) = (\sim(P \to Q)) \vee (\sim(Q \to P))$$
$$= (P \wedge \sim Q) \vee (\sim P \wedge Q) = P \oplus Q$$

逆に，排他的選言の否定は同値演算となる．

■ 論理演算の性質

論理演算には次のような性質がある．このうちのいくつかの性質は，既に示している．P, Q, R を命題記号として，

交換律	$P \vee Q = Q \vee P, \quad P \wedge Q = Q \wedge P$
結合律	$P \vee (Q \vee R) = (P \vee Q) \vee R,$
	$P \wedge (Q \wedge R) = (P \wedge Q) \wedge R$
分配律	$P \vee (Q \wedge R) = (P \vee Q) \wedge (P \vee R),$
	$P \wedge (Q \vee R) = (P \wedge Q) \vee (P \wedge R)$
吸収律	$P \vee (P \wedge Q) = P, \quad P \wedge (P \vee Q) = P$
ベキ等律	$P \vee P = P, \quad P \wedge P = P$
対合律	$\sim\sim P = P$
相補律	排中律：$P \vee \sim P = \mathbf{T},$
	矛盾律：$P \wedge \sim P = \mathbf{F}$
ド・モルガン律	$\sim(P \vee Q) = \sim P \wedge \sim Q, \quad \sim(P \wedge Q) = \sim P \vee \sim Q$
$\mathbf{T}$ と $\mathbf{F}$ の性質	$P \vee \mathbf{T} = \mathbf{T}, \quad P \wedge \mathbf{T} = P, \quad P \vee \mathbf{F} = P, \quad P \wedge \mathbf{F} = \mathbf{F}$

これらの性質は 7 ページの集合演算の性質と同じである．P, Q, R を全体集合 U の部分集合とみなし，$\vee$ を $\cup$ に，$\wedge$ を $\cap$ に，$\sim$ を $^-$ に，$\mathbf{T}$ を U に，$\mathbf{F}$ を空集合 $\emptyset$ に対応させると，同じ性質を表していることが分かる．

排中律は P か $\sim P$ かどちらかは必ず成立する（一方は必ず真である）こと，矛盾律は P と $\sim P$ とは同時には成立しない（一方は必ず偽である）ことを意味する．否定が補集合に対応することから容易に理解できよう．

▶ [$P \to Q$ と $\sim P \vee Q$ の真理値表]

P	Q	$P \to Q$	$\sim P$	$\sim P \vee Q$
T	T	T	F	T
T	F	F	F	F
F	T	T	T	T
F	F	T	T	T

$P \to Q = \mathbf{T}$

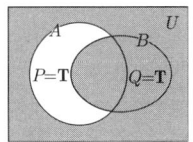

▶ [論理演算の性質]

論理演算の性質が集合演算の性質と同じであることは，

$A \cup B = \{x | x \in A \vee x \in B\}$
$A \cap B = \{x | x \in A \wedge x \in B\}$
$\overline{A} = \{x | \sim(x \in A)\}$

と対応がつくから，容易に理解できる．

▶ [相補律]

$P = \mathbf{T}$ の事例の集合を A とする．

排中律 $P \vee \sim P = \mathbf{T}$ をベン図で表すと $A \cup \overline{A} = U$ だから，

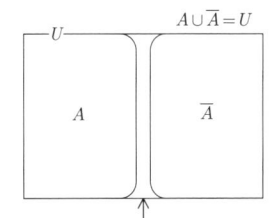

$A \cup \overline{A} = U

↑ すきまが存在しない

である．

また，矛盾律 $P \wedge \sim P = \mathbf{F}$ をベン図で表すと，$A \cap \overline{A} = \emptyset$（空集合）になる．

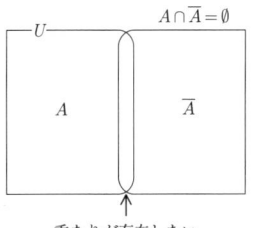

$A \cap \overline{A} = \emptyset$

↑ 重なりが存在しない

■ 逆・裏・対偶

含意命題 $P \to Q$ に対し，前件と後件を入れ換えた含意命題 $Q \to P$ を **逆** という．逆に対してもとの含意命題を **順** と呼ぼう．たとえば，離散数学の試験での先生の言明を順とすると，この命題の逆は次のようになる．

順　「問題 1 を正解したら，離散数学は合格である」
逆　「離散数学に合格していれば，問 1 は正解している」

先生の言明が正しいとしても，この逆は正しいとは限らない．問題 1 は間違えたけれど他の問題を正解して合格したかも知れないからである．

一般に，順 $P \to Q$ が真の場合でも逆 $Q \to P$ は真であるとは限らない．偽となることもある．逆は必ずしも真ならず，である．これは次のようにすれば理解できるだろう．

順が $P \to Q = \mathbf{T}$ ならば $P = \mathbf{T}, Q = \mathbf{T}$ となる事例の集合 A, B は $A \subset B$ の関係にある．一般には右図のように $Q = \mathbf{T}, P = \mathbf{F}$ という事例（図の斜線部）があり，その事例は逆 $Q \to P$ の反例となっているから，逆は真とは限らないことになる．

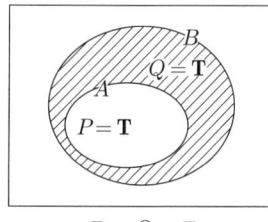

順 $P \to Q$ に対して，$\sim Q \to \sim P$ を **対偶** という．真理値表を構成してみれば，対偶の真理値は順の真理値と一致する．

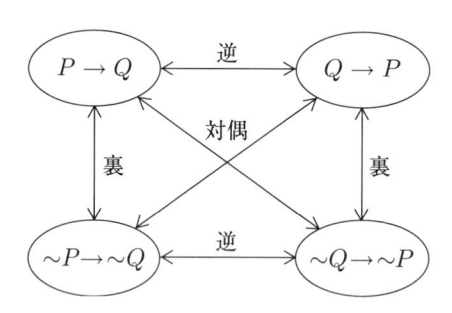

対偶 $\sim Q \to \sim P$ の逆 $\sim P \to \sim Q$ を，順 $P \to Q$ の **裏** という．裏は逆の対偶でもあり，真偽は逆と一致する．上の先生の言明の対偶と裏は，次のようになる．

対偶　「離散数学に合格していないならば，問 1 は正解していない」
裏　「問 1 を正解していないならば，離散数学に合格していない」

一般に，もとの順命題が真であるときはその対偶も真であるが，逆と裏は真とは限らない．

▶[逆は必ずしも真ならず]
順を $P \to Q$ として，真理値表をまとめると，次のようになる．

		順	逆
P	Q	$P \to Q$	$Q \to P$
T	**T**	**T**	**T**
T	**F**	**F**	**T**
F	**T**	**T**	**F**
F	**F**	**T**	**T**

		対偶	裏
P	Q	$\sim Q \to \sim P$	$\sim P \to \sim Q$
T	**T**	**T**	**T**
T	**F**	**F**	**T**
F	**T**	**T**	**F**
F	**F**	**T**	**T**

真理値表から，任意の (P, Q) について，順と対偶，および，逆と裏は，それぞれ同じ真理値を与えることが分かる．

$P \to Q = \mathbf{T}$ となる事例は $(P, Q) = (\mathbf{T}, \mathbf{T}), (\mathbf{F}, \mathbf{T}), (\mathbf{F}, \mathbf{F})$ であるが，逆と裏では $(P, Q) = (\mathbf{F}, \mathbf{T})$ のとき **F** となるから，順を真とする事例が逆と裏も真とするとは限らない．これを

「逆は必ずしも真ならず」

という．

▶[命題 (11)～(13) の対偶]
命題 (11) の対偶
　$x \leq -1$ ならば $x \leq 1$
命題 (12) の対偶
　$x^2 \neq 4$ ならば $x \neq 2$
命題 (13) の対偶
　$a \neq 0$ かつ $b \neq 0$ ならば $ab \neq 0$

なお，ド・モルガン律により，
　$\sim$「$a = 0$ または $b = 0$」
　　$=$「$a \neq 0$ かつ $b \neq 0$」
となることに注意．

■ 必要条件・十分条件

含意命題 $P \to Q$ が真であるとき，Q を P であるための **必要条件**，P を Q であるための **十分条件** という．

たとえば，P : "人間である"，Q : "動物である" としよう．

$P \to Q$: "人間であれば，動物である"

は条件付き命題で真である．ある事例が人間であるためには，その事例は，まず動物でなければならない．つまり，Q は P であるためには必要な要件である．逆にある事例が動物であるためには，その事例が人間でありさえすればよいから，Q であるためには P は十分な要件である．

順 $P \to Q$ と逆 $Q \to P$ がともに真ならば，Q は P の必要条件でありかつ十分条件である．このとき，Q は P の **必要十分条件** という．逆に，P は Q の必要十分条件でもあるから，P, Q は互いに必要十分条件である．

Q が P であるための必要十分条件となっているとき，P と Q とは **論理的に同値** であるという．論理的に同値であるとは，表現が異なっていても論理的には同じ内容を表している，ということである．たとえば，

P : "$x^2 + x - 6 = 0$", Q : "$x = 2, -3$"

とすると，$P \to Q$ も $Q \to P$ も共に成立するから，Q は P であるための必要十分条件である．論理的には「$x = 2, -3$」は「$x^2 + x - 6 = 0$」と同じ内容である．

P の必要条件が Q（Q の十分条件が P）であることを表すのに，次の言語表現が使われる．

日本語　P であるならば Q である

　　　　Q であるときに限り（Q のときだけ）P である

英語　　if P then Q （あるいは，Q if P）

　　　　P only if Q

P の必要十分条件が Q であることを次のように表現する．

日本語　Q であるとき，かつそのときに限り，P である

英語　　P if and only if Q

これは，しばしば次のように略記する．

P iff Q

この iff は P と Q が論理的に同値である（同じ内容である）ことを表している．本書では，論理的に同値な表現を示すのに iff を使用しよう．

▶ [必要条件と十分条件]

命題 (12)

「$x = 2$ とすると，$x^2 = 4$」

は真であるから，

"$x^2 = 4$" は "$x = 2$" であるための必要条件

"$x = 2$" は "$x^2 = 4$" であるための十分条件

▶ [必要十分条件]

命題 (13)

「$ab = 0$ のとき，
　$a = 0$ または $b = 0$」

は，順も逆も真であるから，

"$a = 0$ または $b = 0$" は "$ab = 0$" であるための必要十分条件

あるいは，

"$a = 0$ または $b = 0$" と "$ab = 0$" は同値である．

▶ [方程式の解]

「方程式 $x^2 + x - 6 = 0$ を解け」という問に「x は実数である」（必要条件）と答えるのは誤りであるが，「$x = 2$」（十分条件）だけ答えるのも誤りである．

通常，方程式の解を答えるときは，必要十分条件を答える必要がある．

▶ [iff]

P と Q が同値であることを表す記号にはいくつかある．

P iff Q
$P \Leftrightarrow Q$
$P \sim Q$
$P \equiv Q$

本書では，iff を使う．

■ 論理と証明

数学に限らず，さまざまな前提知識をもとにある事柄の正当性を示したいことがある．それが **証明** である．前提知識（条件）を P，証明したいことがら（結論）を Q とするとき，証明すべきものは「P ならば Q である」という命題になる．これは条件付き命題 $P \to Q$ である．証明は P が成立するという前提のもとで Q の成立を示す．これは，十分性の証明である．

必要十分条件であることの証明では，必要性も併せて証明する．必要性の証明は $Q \to P$，つまり Q を前提として P の成立を示す．数学では2つのことがらが同値であることを主張することが多く，必要性と十分性を両方とも証明する必要がある．たとえば，10章の最後で，オイラーグラフに関するオイラーの定理の証明の方法を説明した部分でふれる．

$P \to Q$ を証明する代わりに，対偶の真偽は順の真偽と一致するから，対偶 $\sim Q \to \sim P$ を証明してもよい．Q が成立しないとすると P も成立しないことを示すのである．これは **対偶による証明** である．たとえば，

「a, b, c を実数として，$a^3 + b^3 + c^3 \neq 3abc$ ならば $a + b + c \neq 0$」

を直接証明するのは因数分解などが必要で面倒である．この命題の対偶は

「a, b, c を実数として，$a + b + c = 0$ ならば $a^3 + b^3 + c^3 = 3abc$」

であるが，これは $c = -(a + b)$ を後件の式に代入すれば容易に証明できる．これが証明できれば，もとの順命題が証明できたことになる．

命題 A は，真である（正しい）か偽である（誤りである）かどちらかである．もし，A が偽でなければ A は真である．命題 A の成立を直接証明する代わりに，A が成立しないと仮定すると矛盾が生じることを示すことができれば，A が成立しないと仮定したことが誤りで A は成立しているはずである，という間接的な証明法が成立する．これを **背理法** という．A が成立しないと仮定することを **背理法の仮定** という．

証明すべき命題が条件付き命題 $P \to Q$ のときには，背理法の仮定は $P = \mathbf{T}$ のとき $P \to Q$ が成立しないこと $P \to Q = \mathbf{F}$ で，それは $Q = \mathbf{F}$ のときである．したがって，背理法の仮定は結論 Q を否定することと同じである．Q の否定が P と矛盾することを示せば，Q を否定したことが誤りで，Q が成立するはずということが証明できたことになる．

なお，$\sim Q$ と矛盾するのは直接には P であるが，多くの場合すべての条件が明示的に P として表現されているわけではない．数学や自然科学など学問上の知識，あるいは常識，暗黙知などがそれらの背景となっている．$\sim Q$ との矛盾は，P とともにそれらの背景知識との間で生じる．

▶[条件付き命題の証明]
条件付き命題 $P \to Q$ は，$P = \mathbf{T}$ のとき $Q = \mathbf{T}$ となることを示せばよく，$P = \mathbf{F}$ のときについては示す必要はない．論理的にも，前件が偽であれば含意は常に真である．

▶[証明]
[直接証明]
$a^3 + b^3 + c^3 - 3abc$
$= (a + b + c)$
$\quad \times (a^2 + b^2 + c^2$
$\quad\quad - ab - bc - ca)$

と因数分解できる．条件より

$a^3 + b^3 + c^3 - 3abc \neq 0$

であるから，よって

$a + b + c \neq 0$ ∎

[対偶による証明]
対偶は "$a + b + c = 0$ ならば $a^3 + b^3 + c^3 = 3abc$" である．

$a + b + c = 0$ より
$a = -(b + c)$

だから，証明すべき式に代入して，

左辺 − 右辺
$= a^3 + b^3 + c^3 - 3abc$
$= -(b + c)^3 + b^3 + c^3$
$\quad - 3(-(b + c))bc$
$= -(b^3 + 3b^2c + 3bc^2 + c^3)$
$\quad + b^3 + c^3 + (3b^2c + 3bc^2)$
$= 0$

よって，成立する．∎

[背理法による証明]
$a + b + c = 0$ と仮定すると矛盾することを示せばよい．実際，$a = -(b + c)$ を $a^3 + b^3 + c^3 - 3abc$ に代入すると，

$a^3 + b^3 + c^3 - 3abc$
$=$ （上と同じなので，中略）
$= 0$

となるが，これは

$a^3 + b^3 + c^3 \neq 3abc$

と矛盾する．よって，

$a + b + c \neq 0$

でなければならない．∎

⟨条件付き命題と対偶⟩

　論理的には，条件付き命題（含意命題）$P \to Q$ の対偶 $\sim Q \to \sim P$ はもとの命題（本書では順命題と名付けた）と同じ真理値となる．つまり，$P \to Q$ と $\sim Q \to \sim P$ は同値な論理式である．この順命題と対偶命題を言語的に表すと，

　　順　「P ならば Q である」

　　対偶　「Q でない ならば P でない」

ということになり，この2つの表現は同値であって論理的には同じ内容を表している．

　ところで，次の言明を考えよう．

　　「怒らないと怠ける」（A が怒らないと B は怠ける）

これを標準化した含意の形式で表すと，次のようになる．

　　「A が怒ることをしない ならば B は怠けることをする」

これは条件付き命題であるから，この対偶をとると

　　「B が怠けることをしない ならば A は怒ることをする」

普通にいえば，

　　「怠けないと怒られる」

ということになる．これは順命題に否定表現が入っているためではなく，たとえば順命題を「怠けると怒られる」としても同様で，この対偶は「怒られないと怠けない」となる．

　順命題は「怒らない」と「怠ける」との間の因果関係を表すから，その対偶「怠けないと怒られる」は見掛け上因果を逆転した表現になっている．論理的には順命題が真ならばこの対偶命題も真であるが，日常的な感覚では違和感のある真命題である．

[2 章のまとめ]

この章では，
1. 真偽の2値をとる命題と，命題を対象とする論理演算の考え方を学んだ．
2. 選言，連言，否定，含意の論理演算とその基本的性質を学んだ．
3. 論理演算と複合命題の関係，特に複合命題の否定，について考え方を学んだ．
4. 含意命題の逆・裏・対偶と必要条件，十分条件との関係について学んだ．
5. 論理的な証明，および背理法，について学んだ．

2章　演習問題

[演習1]☆　P: "n は 6 の倍数である", Q: "n は 3 の倍数である" として，次の論理式をことばによる言明で表せ．

(1) $\sim P$　　(2) $\sim P \vee Q$　　(3) $P \wedge \sim Q$　　(4) $\sim P \vee \sim Q$
(5) $P \to Q$　　(6) $\sim P \to \sim Q$　　(7) $\sim Q \to \sim P$　　(8) $Q \to P$

[演習2]☆　P: "風が吹く", Q: "桶屋がもうかる" として，次の命題を論理式で表せ．

(1) 風が吹くと，桶屋がもうかる．
(2) 風が吹いたけれど，桶屋はもうからない．
(3) 風が吹かなければ，桶屋はもうからない．
(4) 風が吹くときだけ，桶屋はもうかる．
(5) 風が吹くとき，かつそのときに限り，桶屋がもうかる．

[演習3]☆　含意（条件付き命題），排他的選言，同値の各論理演算について，次のように表せることを，両辺の真理値表をそれぞれ構成して，示せ．

(1) 含意　　　　$P \to Q = \sim P \vee Q$
(2) 排他的選言　$P \oplus Q = (P \wedge \sim Q) \vee (\sim P \wedge Q)$
(3) 同値　　　　$P \Leftrightarrow Q = (P \to Q) \wedge (Q \to P)$

[演習4]☆　論理演算について，次の性質が成立することを真理値表を構成して示せ．

(1) 吸収律　　　　　　　　$P \wedge (P \vee Q) = P$,
　　　　　　　　　　　　　$P \vee (P \wedge Q) = P$
(2) ド・モルガン律　　　　$\sim(P \vee Q) = \sim P \wedge \sim Q$,
　　　　　　　　　　　　　$\sim(P \wedge Q) = \sim P \vee \sim Q$
(3) $\vee$ の $\wedge$ に関する分配律　$P \vee (Q \wedge R) = (P \vee Q) \wedge (P \vee R)$
(4) $\wedge$ の $\vee$ に関する分配律　$P \wedge (Q \vee R) = (P \wedge Q) \vee (P \wedge R)$

[演習5]☆☆　次の言明の否定を分かりやすくことばで言い換えよ．

(1) 彼女は，英語とフランス語を両方とも使うことができる．
(2) 私は線形代数か微分積分のどっちかは合格した．
(3) これで離散数学を合格したら，卒業できる．
(4) x を実数とすれば，方程式 $x^2 - 2x + 2 = 0$ には解がない．

[演習6]☆☆　選言（or 演算）の否定となる演算を nor 演算，連言（and 演算）の否定となる演算を nand 演算という．

　　$P \text{ nor } Q = \sim(P \vee Q)$,
　　$P \text{ nand } Q = \sim(P \wedge Q)$

nor 演算と nand 演算の真理値表を構成せよ．

[演習 7] ☆☆　次の条件付き命題を順命題として，その逆，裏，対偶の各命題および順の否定命題をそれぞれ示せ．
　(1) x, y を任意の実数として，$xy \neq 0$ ならば $x \neq 0$ である．
　(2) $x = 2$ かつ $y = -1$ ならば $(x-2)^2 + (y+1)^2 = 0$ である．

[演習 8] ☆☆　$\sqrt{2}$ が有理数でないことを背理法により証明せよ．なお，a を 2 以上の自然数として，2 つの自然数 m, n が互いに素（m, n が 1 以外の公約数をもたない）であれば，$m^2 = an^2$ から m が a を約数とすることが導けることは，既知とする．

[演習 9] ☆☆☆　次の言明の否定を分かりやすくことばで言い換えよ．
　(1) 離散数学はだれでも合格できる．
　(2) 離散数学に合格しても卒業できない人がいる．
　(3) 2 より大きい任意の自然数 n に対し，n が素数ならば n は奇数である．
　(4) 今日のランチの飲み物は，コーヒーか紅茶です．

[演習 10] ☆☆☆　あるクラスで健康調査をしたところ，「ジョギングかスイミングをしている人は風邪を引きにくい」という結果がでた．これが真であるとしたとき，次の言明は真か偽か，あるいは決まらない（真の場合も偽の場合もある）か，答えよ．
　(1) ジョギングをしている人は，風邪を引きにくい．
　(2) スイミングをしていない人は，風邪を引きやすい．
　(3) ジョギングかスイミングをしていない人は，風邪を引きやすい．
　(4) ジョギングもスイミングもしている人は，風邪を引きにくい．
　(5) 風邪を引きにくい人は，ジョギングをしている．
　(6) 風邪を引きにくい人は，ジョギングかスイミングをしている．
　(7) 風邪を引きやすい人は，スイミングをしていない．
　(8) 風邪を引きやすい人は，ジョギングもスイミングもしていない．

[演習 11] ☆☆☆　x, y を整数として，任意の偶数は $6x + 4y$ の形で表すことができることを示せ．

[演習 12] ☆☆☆　$x + y > 0, xy > 0$ は $x > 0, y > 0$ であるための必要十分条件であることを示せ．

[演習 13] ☆☆☆　素数が無限に存在することを背理法を用いて示せ．

[解1] (1) $\sim P$: "n は 6 の倍数ではない"
(2) $\sim P \vee Q$: "n は 6 の倍数でないか，3 の倍数である"
(3) $P \wedge \sim Q$: "n は 6 の倍数でかつ 3 の倍数でない"
(4) $\sim P \vee \sim Q$: "n は 6 の倍数でないか，3 の倍数でない"
(5) $P \to Q$: "n は，6 の倍数ならば 3 の倍数である"
(6) $\sim P \to \sim Q$: "n は，6 の倍数でないならば 3 の倍数でない"
(7) $\sim Q \to \sim P$: "n は，3 の倍数でないならば 6 の倍数でない"
(8) $Q \to P$: "n は，3 の倍数ならば 6 の倍数である"

[解2] (1) $P \to Q$ (2) $P \wedge \sim Q$ (3) $\sim P \to \sim Q$ (4) $Q \to P$ (5) $(P \to Q) \wedge (Q \to P)$ あるいは $P \Leftrightarrow Q$

[解3] それぞれの左辺と右辺の真理値表を構成すると，いずれも左辺と右辺の真理値が一致する．

(1) $P \to Q = \sim P \vee Q$

		左辺	A	右辺
P	Q	$P \to Q$	$\sim P$	$A \vee Q$
T	T	T	F	T
T	F	F	F	F
F	T	T	T	T
F	F	T	T	T

(2) $P \oplus Q = (P \wedge \sim Q) \vee (\sim P \wedge Q)$

		左辺	B	C	D	E	右辺
P	Q	$P \oplus Q$	$\sim P$	$\sim Q$	$P \wedge C$	$B \wedge Q$	$D \vee E$
T	T	F	F	F	F	F	F
T	F	T	F	T	T	F	T
F	T	T	T	F	F	T	T
F	F	F	T	T	F	F	F

(3) $P \Leftrightarrow Q = (P \to Q) \wedge (Q \to P)$

		左辺	F	G	右辺
P	Q	$P \Leftrightarrow Q$	$P \to Q$	$Q \to P$	$F \wedge G$
T	T	T	T	T	T
T	F	F	F	T	F
F	T	F	T	F	F
F	F	T	T	T	T

[解4] 次の真理値表を構成すると，すべての場合に左辺と右辺の真理値が一致する．

(1) $P \wedge (P \vee Q) = P$, $P \vee (P \wedge Q) = P$

		A	第1式	B	第2式
P	Q	$P \vee Q$	$P \wedge A$	$P \wedge Q$	$P \vee B$
T	T	T	T	T	T
T	F	T	T	F	T
F	T	T	F	F	F
F	F	F	F	F	F

(2) $\sim(P \vee Q) = \sim P \wedge \sim Q$ $\sim(P \wedge Q) = \sim P \vee \sim Q$

		A	左辺	B	C	右辺	D	左辺	E	F	右辺
P	Q	$P \vee Q$	$\sim A$	$\sim P$	$\sim Q$	$B \wedge C$	$P \wedge Q$	$\sim D$	$\sim P$	$\sim Q$	$E \vee F$
T	T	T	F	F	F	F	T	F	F	F	F
T	F	T	F	F	T	F	F	T	F	T	T
F	T	T	F	T	F	F	F	T	T	F	T
F	F	F	T	T	T	T	F	T	T	T	T

(3) $P \vee (Q \wedge R) = (P \vee Q) \wedge (P \vee R)$

			A	左辺	B	C	右辺
P	Q	R	$Q \wedge R$	$P \vee A$	$P \vee Q$	$P \vee R$	$B \wedge C$
T	T	T	T	T	T	T	T
T	T	F	F	T	T	T	T
T	F	T	F	T	T	T	T
T	F	F	F	T	T	T	T
F	T	T	T	T	T	T	T
F	T	F	F	F	T	F	F
F	F	T	F	F	F	T	F
F	F	F	F	F	F	F	F

(4) $P \wedge (Q \vee R) = (P \wedge Q) \vee (P \wedge R)$

			A	左辺	B	C	右辺
P	Q	R	$Q \vee R$	$P \wedge A$	$P \wedge Q$	$P \wedge R$	$B \vee C$
T	T	T	T	T	T	T	T
T	T	F	T	T	T	F	T
T	F	T	T	T	F	T	T
T	F	F	F	F	F	F	F
F	T	T	T	F	F	F	F
F	T	F	T	F	F	F	F
F	F	T	T	F	F	F	F
F	F	F	F	F	F	F	F

[解5] （ド・モルガン律に注意．また，条件付き命題（含意）$P \to Q = \sim P \vee Q$ の否定は $P \wedge \sim Q$ であることに注意．）

(1) 彼女は，英語かフランス語が使えない．
(2) 私は線形代数も微分積分も両方とも合格しなかった．
(3) これで離散数学を合格しても卒業できない．（「合格ならば卒業可」の否定は「合格かつ卒業不可」）
(4) x は実数で，かつ，方程式 $x^2 - 2x + 2 = 0$ に解がある．

[解6]

		P nor Q		P nand Q	
P	Q	$P \vee Q$	$\sim(P \vee Q)$	$P \wedge Q$	$\sim(P \wedge Q)$
T	T	T	F	T	F
T	F	T	F	F	T
F	T	T	F	F	T
F	F	F	T	F	T

[解 7] ド・モルガン律に注意．条件付き命題（含意）$P \to Q = \sim P \vee Q$ の否定は $P \wedge \sim Q$ であること，全称命題の否定は存在命題となることにも注意．

(1) ［逆］　x, y を任意の実数として，$x \neq 0$ ならば $xy \neq 0$ である．
　　［裏］　x, y を任意の実数として，$xy = 0$ ならば $x = 0$ ある．
　　［対偶］x, y を任意の実数として，$x = 0$ ならば $xy = 0$ である．
　　［否定］$xy \neq 0$ かつ $x = 0$ となる実数 x, y が存在する．

(2) ［逆］　$(x-2)^2 + (y+1)^2 = 0$ ならば $x = 2$ かつ $y = -1$ である．
　　［裏］　$x \neq 2$ あるいは $y \neq -1$ ならば $(x-2)^2 + (y+1)^2 \neq 0$ である．
　　［対偶］$(x-2)^2 + (y+1)^2 \neq 0$ ならば $x \neq 2$ または $y \neq -1$ である．
　　［否定］$x = 2$ かつ $y = -1$ であり，$(x-2)^2 + (y+1)^2 \neq 0$ である．

[解 8] $\sqrt{2}$ が有理数であると仮定すると，互いに素な 2 つの整数 $m, n\ (>0)$ によって，$\sqrt{2} = m/n$ と表せる．この両辺を 2 乗して両辺に n^2 を掛けると，

$$2n^2 = m^2$$

となる．これは m^2 が 2 を約数にもつから m も 2 を約数にもつ．よって，$m = 2m_1$ と表せるから，

$$2n^2 = 4m_1{}^2$$

が得られ，これから

$$n^2 = 2m_1{}^2$$

となる．これは n^2 が 2 を約数にもつことを示すから，2 は n の約数となり，m, n には共通の約数 2 が存在することになる．
　この結果は，有理数ならば互いに素な m, n の比で表せるということに反するから，$\sqrt{2}$ が有理数であるという仮定と矛盾することになる．ゆえに，$\sqrt{2}$ は有理数ではない．■

[解 9]
(1) 〜「すべての人は，離散数学に合格できる」＝「ある人は，離散数学に合格できない」，これは「離散数学には合格できない人がいる」と表せる．（全称命題の否定，$\sim (\forall x P(x)) = \exists x(\sim P(x))$）

(2) 〜「ある人は，離散数学に合格でき，かつ，卒業できる」＝「すべての人は，離散数学に不合格か，あるいは，卒業できない」（存在命題の否定，$\sim(\exists x(P(x) \wedge Q(x))) = \forall x(\sim(P(x) \wedge Q(x))) = \forall x(\sim P(x) \vee \sim Q(x))$）

(3) 2 より大きい自然数をドメインとして，〜「任意の n について，n が素数ならば n は奇数である」＝「ある n について，n は素数で，かつ，奇数ではない」＝「2 より大きい自然数で，偶数の素数がある」と表せる．（条件付き命題（含意）の否定，$\sim(\forall x(P(x) \to Q(x))) = \exists x(\sim (P(x) \to Q(x))) = \exists x(P(x) \wedge \sim Q(x))$）

(4) "コーヒーか紅茶です" は排他的選言であるから，その否定は同値演算であることに留意する．「今日のランチの飲み物は，コーヒーと紅茶の両方ともか，あるいは，コーヒーも紅茶もないか，どっちかです．」

[解 10] そのクラスの人の集合を U，ジョギングをしている人の集合を A，スイミングをしている人の集合を B，風邪を引きやすい人の集合を C とする．
「ジョギングかスイミングをしている人は風邪を引きにくい」を標準化して表せば「ジョギングをしているかスイミングをしていれば風邪を引きにくい」である．これが真のとき，U を全体集合としてベン図に描くと，右図のようになる．これを参照しながら，真偽を決める．

(1) A は $\overline{C}$ に含まれるから真である
(2) $\overline{B}$ は C にも $\overline{C}$ にも含まれるから真偽は決まらない
(3) $\overline{(A \cup B)} = \overline{A} \cap \overline{B}$ は C にも $\overline{C}$ にも含まれるから真偽は決まらない
(4) $A \cap B$ は $\overline{C}$ に含まれるから真である．
(5) $\overline{C}$ は A にも $\overline{A}$ にも含まれるから真偽は決まらない
(6) $\overline{C}$ は $A \cup B$ 以外も含んでいるから真偽は決まらない
(7) C は $\overline{B}$ に含まれるから真である．
(8) C は $\overline{A \cup B}$ に含まれるから真である．

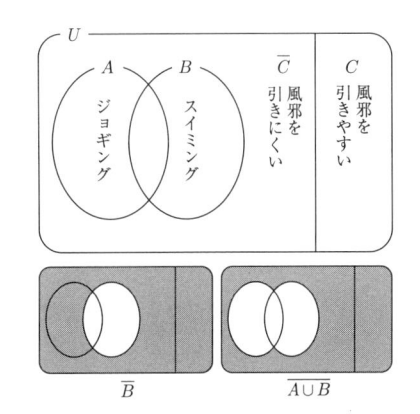

[解 11] P : "整数 n は偶数である", Q : "整数 m は $6x+4y$ と表せる" とすると，Q は P であるための必要十分条件になっていることを示す．

十分性 $(Q \to P)$: 整数 m が $6x+4y$ と表せるならば，$m = 6x+4y = 2(3x+2y)$ であるから，m は偶数である．

必要性 $(P \to Q)$: 整数 n が偶数であるならば，k を整数として $n = 2k$ とおける．$x = k$, $y = -k$ とすると $m = 6x + 4y = 6k - 4k = 2k$ となるから，偶数 $n = 2k$ は $6x+4y$ の形で表せる．

以上より，任意の偶数は $6x+4y$ の形で表すことができる．■

[解 12] (P : "$x>0$ かつ $y>0$", Q : "$x+y>0$ かつ $xy>0$" とすると，証明すべきは，Q が P の必要十分条件である ($P \to Q$ かつ $Q \to P$ が成立する) ことである．)

1) 必要条件 ($P \to Q$) であることの証明 ($P \to Q$ が成立するなら，Q は P であるための必要条件である．)

$x > 0, y > 0$ ならば，その和も積も正，$x+y > 0, xy > 0$, である．

よって，$x+y > 0, xy > 0$ は $x > 0, y > 0$ であるための必要条件である．

2) 十分条件 ($Q \to P$) であることの証明 ($Q \to P$ が成立するなら，Q は P であるための十分条件である．)

任意の x, y について，次の 4 通りのどれかになる．

　　case 1: $x \le 0$ かつ $y \le 0$,
　　case 2: $x \le 0$ かつ $y > 0$,
　　case 3: $x > 0$ かつ $y \le 0$,
　　case 4: $x > 0$ かつ $y > 0$

$x+y > 0$ かつ $xy > 0$ であるのはこの 4 通りのなかで case 4 だけである．つまり，$x+y > 0, xy > 0$ ならば $x > 0, y > 0$ である．

よって，$x+y > 0, xy > 0$ は $x > 0, y > 0$ であるための十分条件である．

以上より，必要十分条件であることが示せた．■

〈十分条件の証明の別法〉

上の十分条件の証明は場合分け法である．場合分け法は，全体を排他的に (直和に) 場合分けし，前件の成立する場合について後件の成立を示す方法である．

十分条件は，次のようにその対偶の証明によって示してもよい．十分条件の証明は下に示す背理法による方が簡明である．

[対偶法による証明]

(条件付き命題 $Q \to P$ の対偶は $\sim P \to \sim Q$ であることに留意．)

必要条件 "$x+y > 0$ かつ $xy > 0$ ならば $x > 0$ かつ $y > 0$" の対偶は "$x \le 0$ または $y \le 0$ ならば $x+y \le 0$ または $xy \le 0$" であるから，これを証明すればよい．前件の "$x \le 0$ または $y \le 0$" は，次の 3 通りのどれかになる．

　　case 1 : $x \le 0$ かつ $y \le 0$,
　　case 2 : $x \le 0$ かつ $y > 0$,
　　case 3 : $x > 0$ かつ $y \le 0$,

case 1 では $x+y \le 0$ であるし，case 2 と case 3 では $xy \le 0$ であるから，対偶は成立している．

よって，もとの命題 "$x+y > 0$ かつ $xy > 0$ ならば $x > 0$ かつ $y > 0$" が成立する．■

[背理法による証明]

(条件付き命題 $Q \to P$ についての背理法の仮定は $\sim P$ であることに留意する．)

背理法で証明する．背理法の仮定は "$x > 0$ かつ $y > 0$" を否定した "$x \le 0$ または $y \le 0$" である．このとき，$x+y \le 0$ あるいは $xy \le 0$ となるが，これは "$x+y > 0$ かつ $xy > 0$" であることと矛盾する．よって "$x > 0$ かつ $y > 0$" を否定したことが誤りであるから，"$x > 0$ かつ $y > 0$" が成立する．■

[解 13] 背理法の仮定は "素数は有限個である" である．そのとき最大の素数が存在するから，それを N とする．今，$M = N! + 1 = 1 \times 2 \times 3 \times \cdots \times (N-1) \times N + 1$ とすると，M は 2〜N を約数としないから，N より大きい素数の約数をもつか，あるいは M 自身が素数である．いずれにしても N より大きい素数が存在することになるから，N が最大の素数であるという背理法の仮定と矛盾する．よって，命題は証明された．■

3章　写像

[ねらい]

　この章は，写像についての基本的なことがらを理解することを目的とする．写像は，高校数学では関数と呼んでいたものをもっと一般化した概念で，論理，集合と並んで，数学の基本となる概念である．前提となる知識は高校数学の数学Ⅰと数学Ａの関連する部分である．理解を容易にするため，高校数学の内容も含めて入門的に記述した．

　数式は関数を表す方法の１つで，変数の値を１つ決めると対応する関数の値が１つ決まる．数から数への対応である．高校数学の数学Ⅰでは，整式や関数のグラフなどを学んだ．しかし，一般には関数は数式で表せるとは限らない．さらに，数から数への対応と限る必要もない．

　写像は，２つの集合の要素の間の対応関係である．２つの関数の合成は写像の合成に対応するが，合成を写像の演算とみなすことができる．全単射はもっとも重要な写像概念で，狭義の１対１対応である．有限集合における全単射で表される対応は置換である．この章では，おもに有限集合における写像（あるいは関数）を対象として，写像の性質と写像の演算（合成）の性質を学ぶ．

[この章の項目]

関数
写像
全射・単射・全単射
逆写像と逆関数
写像（関数）の合成
中の全単射
置換
多変数関数・陰関数・媒介変数（発展課題）
集合の比較と全単射（発展課題）

■ 関数

変数 x, y で表された 2 つの変量があって，x の値を決めるとそれに応じて対応する y の値が 1 つだけ決まるとき，y は x の **関数** である，という．たとえば，正方形の辺の長さを $x\,\mathrm{cm}$，面積を $y\,\mathrm{cm}^2$ とすると，y は x の関数である．一般に，y が x の関数であることを，

$$y = f(x)$$

のように表す．**関数記号** f に $f(x)$ として添えた変数 x あるいは定数を f の **引数**(ひきすう) という．変数が取りうる値の範囲をその変数の **変域** という．正方形の辺と面積の関係は数式で表せて $f(x) = x^2$ である．もちろん数式で表せない関数もある．

関数 $y = f(x)$ において，$x = a$ に対応する y の値（$y = b$）が関数値で，それを $b = f(a)$ と書く．独立変数 x の変域を関数の **定義域** といい，x が定義域の範囲の値をとるときの関数値のとる範囲を **値域**(ちいき) という．x を **独立変数**，y を **従属変数** という．正方形の面積の例では，定義域は $x > 0$ で，値域も $y > 0$ である．

■ 写像

写像は上のような関数をもっと一般化したものである．集合 X の要素に集合 Y の要素が 1 つだけ対応しているとき，これを **多対 1 の対応** という．X の異なる要素が同じ Y の要素に対応することがあってもよい．このような対応を，X から Y への **部分写像** という．X のすべての要素に必ず Y の要素が対応している部分写像，つまり，X にもれのない部分写像を **全域写像**，あるいは単に **写像** という．

学生の学籍番号は本人と 1 対 1 に対応する．学生とその名前は基本的には 1 対 1 であるが，ときどき同姓同名があり複数の学生に同じ名前が対応して多対 1 となる．学籍番号の集合から学生の集合への対応，学生の集合から名前の集合への対応は，いずれも写像である．

X から Y への部分写像 f で $x \in X$ が $y \in Y$ へ対応していることを

$$y = f(x)$$

と書く．対応ということを強調して，次のように

$$x \mapsto f(x),\ x \overset{f}{\mapsto} y,\ \text{あるいは簡単に}\ x \mapsto y$$

と表すことも多い．

これらの表現において，x, y は変数で，独立変数 x の変域が X，従属変数 y の変域が Y である．

▶[関数]
　ある関数が 1 次式で表せるとき，その関数を **1 次関数**（あるいは **線形関数**）という．また 2 次式で表せる関数は 2 次関数である．正方形の面積 y は辺 x の 2 次関数

$$y = x^2$$

である．

▶[多対 1 対応]
$x \in X,\ y \in Y,\ x \mapsto y$

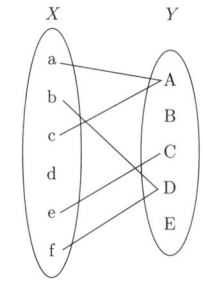

対応
$\mathrm{a} \mapsto \mathrm{A},\ \mathrm{b} \mapsto \mathrm{D},\ \mathrm{c} \mapsto \mathrm{A},$
$\mathrm{e} \mapsto \mathrm{C},\ \mathrm{f} \mapsto \mathrm{D}$

　部分写像では，X の要素は Y の 1 つの要素だけに対応する．Y の 1 つの要素に X の複数の要素から対応してもよい（図の $\mathrm{A}, \mathrm{D} \in Y$）．また，対応する Y の要素のないものがあってもよい（図の $\mathrm{d} \in X$）．
　全域写像（写像）では，X のすべての要素が Y の 1 つの要素だけに対応する多対 1 対応．図では，$\mathrm{d} \in X$ が対応する Y の要素がないので，写像ではない．

X から X への部分写像は **X における（X の中の）部分写像** という．たとえば，自然数の集合を N として，次の対応

$g : x \in N$ に対し $x = y^2$ となる $y \in N$ を対応させる

は，N における部分写像である．$g(4) = 2$ であるが，$g(3)$ は存在しない．

X から Y への部分写像 f において，X を **始集合**，Y を **終集合** という．対応する Y の要素をもつ X の要素の集合を **定義域** という．定義域の要素に対応する Y の要素の集合が **値域** である．Y に対応する要素のない X の要素では f は **未定義** であるといい，未定義である X の要素の集合を **未定義域** という．

$y = f(x) \in Y$ を $x \in X$ の **像**，x を y の **原像** という．像・原像の意味を X の部分集合 $A \subset X$ に拡張して，A のすべての要素の像の集合 B を A の像，A を B の原像といい，$B = f(A)$ と書く．$A \subset X$ に対し，

$f(A) = \{y | x \in A, y \in Y, y = f(x)\}$

である．定義域の像が値域である．

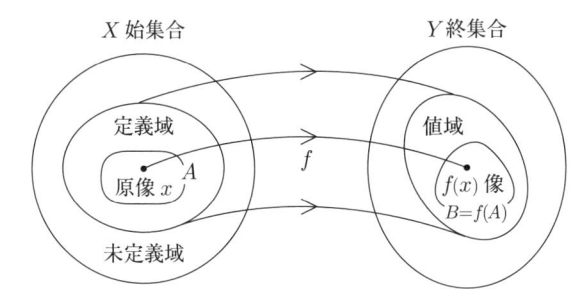

定義域が始集合と一致し未定義域をもたない部分写像が写像である．X から Y への写像 f を次のように表す．

$f : X \to Y$

X から X への写像を **X における（X の中の）写像** という．たとえば，整数の集合を Z として，次の対応は Z における写像である．

$h : Z \to Z \quad x \in Z$ に対し $y = x^2$ となる $y \in Z$ を対応させる

有限集合 A から有限集合 B への可能な写像の数は，$n(A) = m$, $n(B) = n$ として，$a \in A$ から対応する $b \in B$ の可能性はそれぞれの a について n 通りあるから，全体では n^m 通りとなる．

A から B へのすべての異なる写像の集合 $\mathcal{F}$ を次のように書くことがある．

$\mathcal{F} = B^A$

以上のことから，すべての異なる写像の数は次のようになる．

$n(\mathcal{F}) = (n(B))^{n(A)}$

▶ [部分写像 g]

N における部分写像

$g : x \in N \mapsto y \in N, x = y^2$

は，x が平方数 ($x = 1, 4, 9, 16, 25, \ldots$) のときだけ対応する $y = \sqrt{x}$ ($= 1, 2, 3, 4, 5, \ldots$) がある．

g の定義域は

$\{1, 4, 9, 16, \ldots\}$

で，他の自然数では未定義である．値域は

$\{1, 2, 3, 4, \ldots\}$

である．

▶ [多対 1 の写像 h]

Z における写像

$h : x \in Z \mapsto y \in Z, y = x^2$

では，$x \neq 0$ については，2 つの $x = n, -n$ が 1 つの $y = n^2$ に対応するから，これは多対 1 対応である．

▶ [写像の数]

$A = \{a, b, c\}$ から $B = \{0, 1\}$ への異なる写像：$2^3 = 8$ 通り

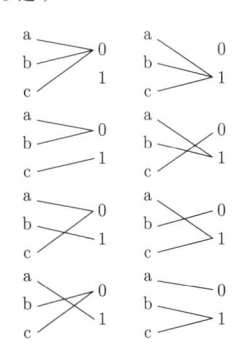

■ 全射・単射・全単射

写像 $f: X \to Y$ において，値域が終集合と一致するとき，**全射** あるいは **上への写像** という．任意の $y \in Y$ について対応する $x \in X$ が必ず存在する，Y にもれのない写像である．たとえば，次の自然数の集合 N から $\{0,1\}$ への写像 $p: N \to \{0,1\}$ は全射である．

$$p(x) = \begin{cases} 0 & x \in N \text{ が偶数のとき} \\ 1 & x \in N \text{ が奇数のとき} \end{cases}$$

写像 $f: X \to Y$ において，$x \in X$ から $y \in Y$ への対応が 1 対 1 対応のとき，**単射** あるいは **中への写像** という．X にはもれがないが Y にはもれがあってもよい．x が異なれば対応先の y も異なる写像，つまり，$f(x_1) = f(x_2)$ ならば $x_1 = x_2$ となる写像である．たとえば，次の自然数の集合 N における写像 g は単射である．前ページの整数の集合 Z における写像 h は単射ではない．

$$g: x \in N \text{ に対し, } y = x^2 \text{ となる } y \in N \text{ を対応させる}$$

写像 $f: X \to Y$ が全射かつ単射であるとき，**全単射** という．これは，X にも Y にももれのない 1 対 1 対応である．X にも Y にももれを許さない 1 対 1 対応は **狭義の 1 対 1 対応** である（もれを許す場合は **広義の 1 対 1 対応**）．次の自然数の集合 N から正の奇数の集合 O への写像

$$h: x \in N \text{ に対し, } 2x - 1 = y \text{ となる } y \in O \text{ を対応させる}$$

は，全射かつ単射であるから，全単射である．

定義より，部分写像，写像，全射，単射，全単射には包含関係がある．

部分写像 $\supset$ 写像 $\supset$ (全射, 単射) $\supset$ 全単射

X, Y が有限集合の例を示す．

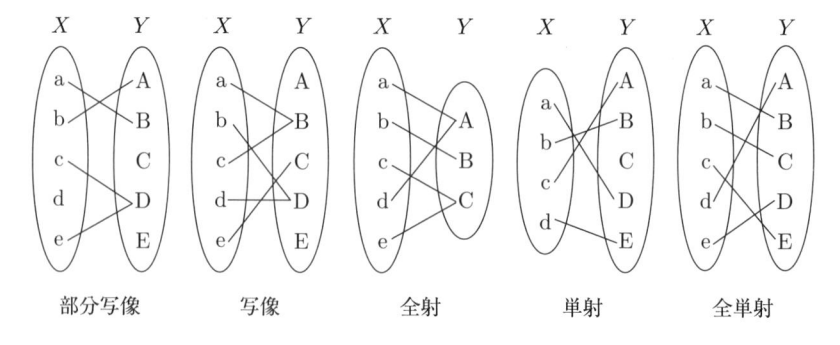

| 部分写像 | 写像 | 全射 | 単射 | 全単射 |

有限集合 X における写像 $f: X \to X$ が単射あるいは全射ならば，それは全単射である．有限集合 X における全単射は X のそれぞれの要素に X の要素を重複なく対応させる **置換** である．任意の $x \in X$ に対して $I(x) = x$ となる X における写像 I を X における **恒等写像** という．

▶[全射 p]
N から $\{0,1\}$ への写像
$$p: \begin{cases} 偶数の\ x \mapsto 0 \\ 奇数の\ x \mapsto 1 \end{cases}$$
は，$\{0,1\}$ 全体への写像．
このように，奇数・偶数を決める関数 $p(x)$ を **奇偶関数**（パリティ関数）という．

▶[単射 g]
N における写像
$$g: x \in N \mapsto y \in N, \ y = x^2$$
は，任意の自然数 n に対して平方数 n^2 が 1 対 1 対応する．

▶[全単射 h]
N から奇数の集合 O への写像
$$h: x \in N \mapsto y = 2x - 1$$
は，異なる自然数 m, n に対応する奇数 $2m-1, 2n-1$ は異なるから 1 対 1 対応であって，単射である．また，任意の奇数 k に対応している自然数 $n = (k+1)/2$ が必ずあるから，O にはもれがなく，全射である．
したがって，$h: N \to O$ は，N にも O にももれのない 1 対 1 対応（狭義の 1 対 1 対応）で，全単射である．

▶[置換と恒等写像]

置換　　　恒等写像

■ 逆写像と逆関数

X から Y への部分写像が 1 対 1 対応ならば，要素の対応を逆にした Y から X への対応も 1 対 1 対応であるから部分写像である．この逆の対応を **逆部分写像** という．一般の部分写像は多対 1 対応であるから，逆の対応は 1 対多の場合もあり部分写像とは限らない．

X から Y への全単射は狭義の 1 対 1 対応で，逆の対応も狭義の 1 対 1 対応であるから，やはり全単射である．全単射 f の逆部分写像を **逆写像** といい，f^{-1} と書く．逆写像 f^{-1} は Y から X への全単射である．

$$f: X \to Y,\ y = f(x),\ x \in X,\ y \in Y$$
$$f^{-1}: Y \to X,\ y = f^{-1}(x),\ y \in X,\ x = f(y) \in Y$$

なお，$y = f(x)$ と同じ対応を表す逆写像の表現は $x = f^{-1}(y)$ であるが，変数を付け換えて，独立変数を $x \in Y$，従属変数を $y \in X$ としてある．

X から Y への写像が単射のときは Y にもれを認める 1 対 1 対応であるから，逆の対応は一般には部分写像である．

「関数」は，この章の始めに説明したように写像と同じように使われる．しかし異なるところもある．

関数は，たとえば $y = \sqrt{1 - x^2}$ と書いて始集合を実数全体とすることもある．$x < -1,\ x > 1$ は未定義域となるから，これは部分写像である．始集合を $-1 \leq x \leq 1$ とすれば写像である．また，しばしば $y = \pm\sqrt{1 - x^2}$ などと書くが，$x = 0$ には $y = \pm 1$ の 2 つが対応するから，写像ではない．このような関数は **多価関数** である．このときは値域を $y \geq 0$ と $y < 0$ とに分けて $y = \sqrt{1 - x^2}$ と $y = -\sqrt{1 - x^2}$ とすれば，それぞれは写像である．

関心のある多くの関数は，始集合や定義域，値域などを適切に定義したり分割したりすれば，写像となる．

関数の逆写像を **逆関数** という．もとの関数が全単射でない場合にも逆関数を考えることがあり，この場合には逆関数は部分写像でもないことがある．通常対象とする関数の逆関数は定義域，値域などを適切に定義してやれば逆写像とみなすことができる．

1 次関数 $f(x) = 2x + 1$ の逆関数は，$x = 2y + 1$ を y について解けば $y = (x-1)/2$ だから，$f^{-1}(x) = (x-1)/2$ である．1 次関数は実数の集合 R における全単射であるから，逆関数も R における全単射である．

2 次関数 $f(x) = x^2$ では $f^{-1}(x)$ を 2 つに分けて $y_1 = \sqrt{x}$ と $y_2 = -\sqrt{x}$ とすると，定義域はともに $x \geq 0$，値域は，$y_1 \geq 0$，$y_2 \leq 0$ となる．

▶[逆部分写像]

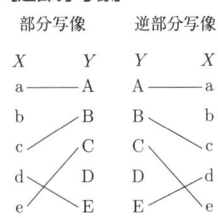

▶[逆写像]

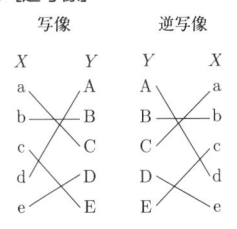

▶[逆対応と逆写像]
写像の単なる逆対応を逆写像ということもあるが，この場合は逆写像は写像とは限らない．
本書では，逆写像も写像となる場合のみ **逆写像** という．

▶[逆関数]
$f(x) = 2x + 1$ $f^{-1}(x) = \dfrac{x-1}{2}$

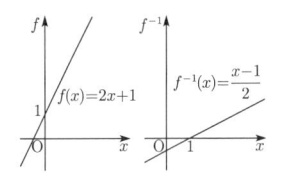

$f(x) = x^2$

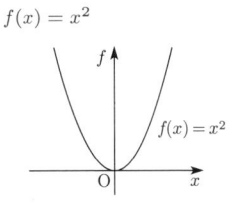

$y_1 = \sqrt{x}$ $y_2 = -\sqrt{x}$

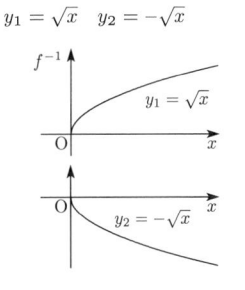

■ 写像（関数）の合成

始集合も終集合も有限な写像あるいは部分写像は関数表の形に書くことができる．たとえば，$X = \{a,b,c,d\}$，$Y = \{1,2,3,4\}$，f を X から Y への部分写像として，$y = f(x)$ を次のように表す．

$$f = \begin{pmatrix} a & b & c & d \\ 3 & 1 & - & 3 \end{pmatrix}$$

上段は X の要素，下段には対応する Y の要素を並べてカッコでくくってある．記号 − は対応する要素がないことを表す．$2,4 \in Y$ に対応する $x \in X$ はない．

写像 $f : X \to Y$ と $g : Y \to Z$ に対し，**合成写像** $h = g \cdot f$ を

$$h = g \cdot f,\ h : X \to Z,\ h(x) = g(f(x))$$

で定義する．合成写像 h は，定義域 $= X$，値域 $\subset Z$ である．

たとえば，$X = \{1,2,3,4\}$，$Y = \{a,b,c\}$，$Z = \{0,1\}$ として，次の写像

$$f = \begin{pmatrix} 1 & 2 & 3 & 4 \\ b & a & c & a \end{pmatrix} \quad g = \begin{pmatrix} a & b & c \\ 0 & 1 & 1 \end{pmatrix}$$

の合成写像 $h = g \cdot f$ は，

$$h(1) = g(f(1)) = g(b) = 1,\ h(2) = g(f(2)) = g(a) = 0,$$
$$h(3) = g(f(3)) = g(c) = 1,\ h(4) = g(f(4)) = g(a) = 0$$

となるから，次のようになる．

$$h = g \cdot f = \begin{pmatrix} a & b & c \\ 0 & 1 & 1 \end{pmatrix} \cdot \begin{pmatrix} 1 & 2 & 3 & 4 \\ b & a & c & a \end{pmatrix} = \begin{pmatrix} 1 & 2 & 3 & 4 \\ 1 & 0 & 1 & 0 \end{pmatrix}$$

合成写像は，写像を関数と言い換えて，**合成関数** ともいう．また，写像の合成を演算とみなして **写像の積（関数の積）** ともいう．

■ 中の全単射

写像 f, g がともに X における全単射であれば，2つの合成写像 $g \cdot f$ と $f \cdot g$ も X における全単射となるが，この2つの合成写像は一般には等しくない．写像の積は交換律を満たさない（非可換）が，結合律は満たす．

非可換 $\quad g \cdot f \neq f \cdot g$ （交換律は満たさない）

結合律 $\quad h \cdot (g \cdot f) = (h \cdot g) \cdot f$

▶[関数の合成順序]
実数の集合 R における関数
$f(x) = 2x^2 + 1$
$g(x) = 3x - 1$
について，
$g \cdot f(x) = g(2x^2 + 1)$
$= 3(2x^2 + 1) - 1$
$= 6x^2 + 2$
$f \cdot g(x) = f(3x - 1)$
$= 2(3x - 1)^2 + 1$
$= 18x^2 - 12x + 3$
であるから，$g \cdot f \neq f \cdot g$ である．

▶[合成写像 h]

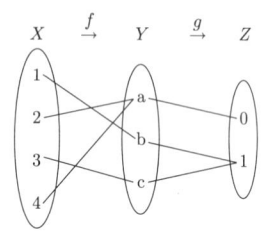

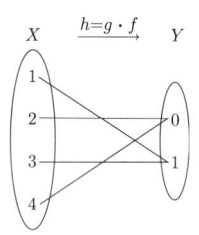

X における全単射には逆写像が存在するが，逆写像も全単射である．f の逆写像を f^{-1}, I を X における恒等写像として，次の関係が成立する．

$$f \cdot f^{-1} = f^{-1} \cdot f = I$$

X における全単射 f, g の合成写像 $h = g \cdot f$ の逆写像は，

$$h^{-1} = (g \cdot f)^{-1} = f^{-1} \cdot g^{-1}$$

である．なお，任意の全単射と恒等写像との合成は，同じ写像を与える．

$$f \cdot I = I \cdot f = f$$

X における写像 f のそれ自身との合成を f の2次の合成写像といい，

$$f^2 = f \cdot f$$

と書く．一般に n 次の合成写像を f のベキで表す．

$$f^0 = I, \ f^1 = f, \ f^{n+1} = f \cdot f^n$$

有限集合 $X = \{\mathrm{a, b, c, d, e}\}$ における全単射 f

$$f = \begin{pmatrix} \mathrm{a\ b\ c\ d\ e} \\ \mathrm{c\ d\ a\ e\ b} \end{pmatrix}$$

を考えよう．この表現は上段の要素から下段の要素への対応を表しているだけだから，要素を並べる順序には依存しない．逆写像は，この対応をひっくり返して f の上段と下段を入れ換えたものである．

$$f^{-1} = \begin{pmatrix} \mathrm{c\ d\ a\ e\ b} \\ \mathrm{a\ b\ c\ d\ e} \end{pmatrix} = \begin{pmatrix} \mathrm{a\ b\ c\ d\ e} \\ \mathrm{c\ e\ a\ b\ d} \end{pmatrix}$$

X における恒等写像 I は同じ要素への対応である．

$$I = \begin{pmatrix} \mathrm{a\ b\ c\ d\ e} \\ \mathrm{a\ b\ c\ d\ e} \end{pmatrix}$$

$f \cdot f^{-1} = f^{-1} \cdot f = I$ が成立することは，逆写像が上段と下段を入れ換えたものであるから，自明である．また，f 自身の合成は次のようになる．

$$f^2 = f \cdot f = \begin{pmatrix} \mathrm{a\ b\ c\ d\ e} \\ \mathrm{c\ d\ a\ e\ b} \end{pmatrix} \begin{pmatrix} \mathrm{a\ b\ c\ d\ e} \\ \mathrm{c\ d\ a\ e\ b} \end{pmatrix}$$

$$= \begin{pmatrix} \mathrm{c\ d\ a\ e\ b} \\ \mathrm{a\ e\ c\ b\ d} \end{pmatrix} \begin{pmatrix} \mathrm{a\ b\ c\ d\ e} \\ \mathrm{c\ d\ a\ e\ b} \end{pmatrix} = \begin{pmatrix} \mathrm{a\ b\ c\ d\ e} \\ \mathrm{a\ e\ c\ b\ d} \end{pmatrix}$$

$$f^3 = f \cdot f^2 = \begin{pmatrix} \mathrm{a\ b\ c\ d\ e} \\ \mathrm{c\ d\ a\ e\ b} \end{pmatrix} \begin{pmatrix} \mathrm{a\ b\ c\ d\ e} \\ \mathrm{a\ e\ c\ b\ d} \end{pmatrix} = \begin{pmatrix} \mathrm{a\ b\ c\ d\ e} \\ \mathrm{c\ b\ a\ d\ e} \end{pmatrix}$$

▶[逆写像との合成]

$f = \begin{pmatrix} 1\ 2\ 3\ 4 \\ 3\ 1\ 4\ 2 \end{pmatrix}$ とすると，

$f^{-1} = \begin{pmatrix} 3\ 1\ 4\ 2 \\ 1\ 2\ 3\ 4 \end{pmatrix} = \begin{pmatrix} 1\ 2\ 3\ 4 \\ 2\ 4\ 1\ 3 \end{pmatrix}$

$f \cdot f^{-1} = \begin{pmatrix} 1\ 2\ 3\ 4 \\ 3\ 1\ 4\ 2 \end{pmatrix} \begin{pmatrix} 1\ 2\ 3\ 4 \\ 2\ 4\ 1\ 3 \end{pmatrix}$

$= \begin{pmatrix} 1\ 2\ 3\ 4 \\ 1\ 2\ 3\ 4 \end{pmatrix} = I$

$f^{-1} \cdot f$ も同様である．

▶[合成写像の逆写像]

$h = g \cdot f, \ k = f^{-1} \cdot g^{-1}$ として，

$h \cdot k = (g \cdot f) \cdot (f^{-1} \cdot g^{-1})$
$\quad = g \cdot (f \cdot f^{-1}) \cdot g^{-1}$
$\quad = g \cdot I \cdot g^{-1}$
$\quad = g \cdot g^{-1} = I$

$k \cdot h = I$ も同様であるから，k は h の逆写像 h^{-1} である．

$$h^{-1} = f^{-1} \cdot g^{-1}$$

▶[f のベキ乗]

$f^4 = \begin{pmatrix} \mathrm{a\ b\ c\ d\ e} \\ \mathrm{a\ d\ c\ e\ b} \end{pmatrix}$

$f^5 = \begin{pmatrix} \mathrm{a\ b\ c\ d\ e} \\ \mathrm{c\ e\ a\ b\ d} \end{pmatrix}$

$f^6 = f \cdot f^5$

$\quad = \begin{pmatrix} \mathrm{a\ b\ c\ d\ e} \\ \mathrm{c\ d\ a\ e\ b} \end{pmatrix} \begin{pmatrix} \mathrm{a\ b\ c\ d\ e} \\ \mathrm{c\ e\ a\ b\ d} \end{pmatrix}$

$\quad = \begin{pmatrix} \mathrm{a\ b\ c\ d\ e} \\ \mathrm{a\ b\ c\ d\ e} \end{pmatrix} = I$

■ 置換

有限集合 X における全単射を **置換** という．$X = \{1,2,3,4,5\}$ 上の置換は $1,2,3,4,5$ を並べ換える．置換は写像の対応表現をそのまま使って表す．

$$(*) \quad \begin{pmatrix} 1 & 2 & 3 & 4 & 5 \\ 4 & 1 & 5 & 2 & 3 \end{pmatrix}$$

上段の要素 $x \in X$ が下段の $y = f(x) \in X$ に対応している．書き並べる順序には依存しないから，次の置換は同じ置換である．

$$\begin{pmatrix} 1 & 2 & 3 & 4 & 5 \\ 4 & 1 & 5 & 2 & 3 \end{pmatrix} = \begin{pmatrix} 1 & 4 & 2 & 3 & 5 \\ 4 & 2 & 1 & 5 & 3 \end{pmatrix} = \begin{pmatrix} 2 & 4 & 5 & 1 & 3 \\ 1 & 2 & 3 & 4 & 5 \end{pmatrix}$$

置換の要素数 $n(X) = n$ を置換の **次数** という．これは 5 次の置換である．

X における置換の合成も X 上の置換である．置換の合成を **置換の積** という．置換の積は一般には非可換である．合成と同じ演算記号 $\cdot$ で置換の積を表すが，演算記号を省略することが多い．

$$\begin{pmatrix} 1 & 2 & 3 & 4 & 5 \\ 2 & 5 & 4 & 3 & 1 \end{pmatrix} \begin{pmatrix} 1 & 2 & 3 & 4 & 5 \\ 4 & 1 & 5 & 2 & 3 \end{pmatrix} = \begin{pmatrix} 1 & 2 & 3 & 4 & 5 \\ 3 & 2 & 1 & 5 & 4 \end{pmatrix}$$

上の $(*)$ の置換の例では，$1,4,2$ はこの順に $1 \mapsto 4, 4 \mapsto 2, 2 \mapsto 1$ と循環的に対応している．このような対応を **巡回置換** といい，$(1\ 4\ 2)$ と表す．置換として明示すれば，

$$(1\ 4\ 2) = \begin{pmatrix} 1 & 2 & 3 & 4 & 5 \\ 4 & 1 & 3 & 2 & 5 \end{pmatrix} = \begin{pmatrix} 1 & 2 & 4 \\ 4 & 1 & 2 \end{pmatrix} = \begin{pmatrix} 1 & 4 & 2 \\ 4 & 2 & 1 \end{pmatrix}$$

である．置換の表現では，同じ要素への対応は省略できる．巡回置換の要素の数 k を巡回置換の **次数** という．これは 3 次の巡回置換である．

任意の置換は共通の要素を含まない巡回置換の積に分解できる．$(*)$ の置換は，次のように分解できる．

$$\begin{pmatrix} 1 & 2 & 3 & 4 & 5 \\ 4 & 1 & 5 & 2 & 3 \end{pmatrix} = \begin{pmatrix} 1 & 4 & 2 & 3 & 5 \\ 4 & 2 & 1 & 3 & 5 \end{pmatrix} \begin{pmatrix} 1 & 4 & 2 & 3 & 5 \\ 1 & 4 & 2 & 5 & 3 \end{pmatrix} = (1\ 4\ 2)(3\ 5)$$

共通の要素を含まない巡回置換の積は可換であるから，この分解は積の順序を除いて一意的である（1 通りにだけ分解できる）．

$(3\ 5)$ のような 2 次の巡回置換を **互換** という．3 次以上の巡回置換は互換の積に分解できる．たとえば $(1\ 2\ 3\ 4)$ は次のように表せる．

$$(1\ 2\ 3\ 4) = \begin{pmatrix} 1 & 2 & 3 & 4 \\ 2 & 3 & 4 & 1 \end{pmatrix} = \begin{pmatrix} 2 & 3 & 1 & 4 \\ 2 & 3 & 4 & 1 \end{pmatrix} \begin{pmatrix} 2 & 1 & 3 & 4 \\ 2 & 3 & 1 & 4 \end{pmatrix} \begin{pmatrix} 1 & 2 & 3 & 4 \\ 2 & 1 & 3 & 4 \end{pmatrix}$$
$$= (1\ 4)(1\ 3)(1\ 2)$$

▶ [置換の合成（積）]

置換の積 $\alpha\beta$ は，β の置換結果を α が置換する．たとえば，

$$\alpha = \begin{pmatrix} 1 & 2 & 3 & 4 \\ 3 & 1 & 4 & 2 \end{pmatrix},$$

$$\beta = \begin{pmatrix} 1 & 2 & 3 & 4 \\ 4 & 3 & 1 & 2 \end{pmatrix}$$

では，α の上段が β の下段と一致するように並べ換えればよい．

$$\alpha\beta = \begin{pmatrix} 1 & 2 & 3 & 4 \\ 3 & 1 & 4 & 2 \end{pmatrix}\begin{pmatrix} 1 & 2 & 3 & 4 \\ 4 & 3 & 1 & 2 \end{pmatrix}$$

$$= \begin{pmatrix} 4 & 3 & 1 & 2 \\ 2 & 4 & 3 & 1 \end{pmatrix}\begin{pmatrix} 1 & 2 & 3 & 4 \\ 4 & 3 & 1 & 2 \end{pmatrix}$$

$$= \begin{pmatrix} 1 & 2 & 3 & 4 \\ 2 & 4 & 3 & 1 \end{pmatrix}$$

▶ [置換の積の順序]

ここでは置換の積を関数の合成として導入した．積 $\alpha\beta$ は，β の置換結果を α が置換する．

これに対して，α の置換結果を β が置換するという定義の場合もある．β の上段が α の下段と一致する並べ換えをする．上の例では

$$\alpha\beta = \begin{pmatrix} 1 & 2 & 3 & 4 \\ 3 & 1 & 4 & 2 \end{pmatrix}\begin{pmatrix} 3 & 1 & 4 & 2 \\ 1 & 4 & 2 & 3 \end{pmatrix}$$

$$= \begin{pmatrix} 1 & 2 & 3 & 4 \\ 1 & 4 & 2 & 3 \end{pmatrix}$$

結果は異なるから，どちらの定義であるか区別が必要である．

任意の置換は互換の積で表せる．しかし，容易に分かるように，置換を互換の積で表す仕方は一意的ではない．たとえば，(1 2 3 4) は次のように 5 個の互換の積にも分解できる．

$$(1\ 2\ 3\ 4) = (4\ 2)(1\ 3)(1\ 2)(3\ 4)(1\ 3)$$

しかし，分解した互換の数の **奇偶性**（きぐうせい）（奇数か偶数かの性質，**パリティ**）は一意的であることが示せる．分解した互換の数が偶数の置換を **偶置換**，奇数の置換を **奇置換** という．この巡回置換 (1 2 3 4) は奇置換である．

恒等写像に対応する置換を **恒等置換**（こうとうちかん）といい，記号 I で表す．恒等置換はすべて同じ要素に置換する（1 つの要素も置換しない）置換である．恒等置換は偶置換である．一般の置換を α, β などの記号で表そう．

置換 α 自身との積をベキの形で $\alpha \cdot \alpha = \alpha^2$ などと書く．

$$\alpha^0 = I,\ \alpha^1 = \alpha,\ \alpha^n = \alpha \cdot \alpha^{n-1},\ n \geq 2$$

巡回置換 $\alpha = (1\ 2\ 3\ 4\ 5)$ については，

$$\alpha^2 = (1\ 3\ 5\ 2\ 4),\ \alpha^3 = (1\ 4\ 2\ 5\ 3),\ \alpha^4 = (1\ 5\ 4\ 3\ 2)$$

となり，$\alpha^5 = \alpha^0 = I$ が得られる．一般に，k 次の巡回置換を k 回合成すると恒等置換となる．

置換を巡回置換の積に分解したとき，各巡回置換には共通の要素はない．共通の要素を含まない置換の積は交換可能であるから，α が $\alpha = \beta_1 \beta_2$ と分解できたとすると，次のことが分かる．

$$\alpha^n = (\beta_1 \beta_2)^n = \beta_1^n \beta_2^n,\ n \geq 0$$

置換は全単射であるから逆写像が存在する．それを **逆置換** という．逆置換は，置換の表現で上下の行を入れ換えた置換である．置換 α の逆置換を α^{-1} と書く．前ページの (∗) の置換を α とすると，

$$\alpha^{-1} = \begin{pmatrix} 4 & 1 & 5 & 2 & 3 \\ 1 & 2 & 3 & 4 & 5 \end{pmatrix} = \begin{pmatrix} 1 & 2 & 3 & 4 & 5 \\ 2 & 4 & 5 & 1 & 3 \end{pmatrix} = (1\ 2\ 4)(3\ 5)$$

である．これは，

$$(1\ 4\ 2)^{-1} = \begin{pmatrix} 1 & 4 & 2 \\ 4 & 2 & 1 \end{pmatrix}^{-1} = \begin{pmatrix} 4 & 2 & 1 \\ 1 & 4 & 2 \end{pmatrix} = (4\ 1\ 2) = (1\ 2\ 4),$$

$$(3\ 5)^{-1} = (5\ 3) = (3\ 5)$$

であるから，次のようになっている．

$$\alpha^{-1} = ((1\ 4\ 2)(3\ 5))^{-1} = (1\ 4\ 2)^{-1}(3\ 5)^{-1} = (1\ 2\ 4)(3\ 5)$$

▶ [置換のパリティ（奇偶性）]
ある置換が偶置換か奇置換であるかは互換への分解方法に依存しないから，置換の積について，次の奇偶性が成立することが分かる．

偶置換・偶置換 = 偶置換
偶置換・奇置換 = 奇置換
奇置換・偶置換 = 奇置換
奇置換・奇置換 = 偶置換

これは，整数の加法における奇偶性と同じである．

▶ [置換の数]
$X = \{1, 2, 3, 4, 5\}$ での異なった置換の数は，対応の 2 段目の異なった並び（順列）だけある．1 には 1〜5 の 5 通りが対応し，2 は 1 が対応した要素を除いて 4 通りが対応し，… であるから，

$$5 \times 4 \times 3 \times 2 \times 1 = 120$$

通りある．一般に，n 個の異なった置換は $n!$ 通りある．

$$n! = n \times (n-1) \times \cdots \times 2 \times 1$$

▶ [巡回置換の数]
$X = \{1, 2, 3, 4, 5\}$ における巡回置換 (1 2 3 4 5) は (2 3 4 5 1), (3 4 5 1 2) のように順にずらせても同じ巡回置換を表す．いつも 1 から始めれば，異なった巡回置換の数は 2〜5 の異なった並び（順列）の数

$$4! = 4 \times 3 \times 2 \times 1 = 24$$

である．これは 5 個のものからなる円順列の数と同じである．

一般に，$n(X) = n$ のとき，X の異なった巡回置換は

$$(n-1)! = (n-1) \times \cdots \times 2 \times 1$$

通りある．

▶ [巡回置換の逆置換]
巡回置換の逆置換は，並びを逆にすれば得られる．たとえば，

$$\alpha = (1\ 2\ 3\ 4\ 5)$$
$$= \begin{pmatrix} 1 & 2 & 3 & 4 & 5 \\ 2 & 3 & 4 & 5 & 1 \end{pmatrix}$$
$$\alpha^{-1} = \begin{pmatrix} 2 & 3 & 4 & 5 & 1 \\ 1 & 2 & 3 & 4 & 5 \end{pmatrix}$$
$$= \begin{pmatrix} 5 & 4 & 3 & 2 & 1 \\ 4 & 3 & 2 & 1 & 5 \end{pmatrix}$$
$$= (5\ 4\ 3\ 2\ 1)$$
$$= (1\ 5\ 4\ 3\ 2)$$

である．
互換の逆置換は，同じ互換である．

$$(1\ 2)^{-1} = (2\ 1) = (1\ 2)$$

■ 多変数関数・陰関数・媒介変数 (発展課題)

関数が 2 つの変数に対して定義されているときは，**2 変数関数** あるいは **2 引数関数** という．変数は 2 項組 (x,y) で，2 項組の変域は X と Y の直積集合 $X \times Y$ である．値域を Z として，

$$f : X \times Y \to Z, \ z = f(x, y), \ x \in X, \ y \in Y, \ z \in Z$$

である．x, y が **独立変数**，z が **従属変数** である．変数が n 項組である関数は n 変数関数（n 引数関数）で，2 変数以上の関数を **多変数関数** という．

X から Y への関数を定義するとき，$y = f(x)$ の形ではなく 2 変数関数 $g(x,y)$ を用いて $g(x,y) = 0$ と表すことがある．ある $a \in X$ に対して $g(a,b) = 0$ となる $b \in Y$ を対応させたとき，この対応が多対 1 になっているならば，$g(x,y) = 0$ は x を独立変数，y を従属変数とするある関数 $y = f(x)$ を表していることになる．$g(x,y) = 0$ を $y = f(x)$ の **陰関数** という．陰関数に対して，$y = f(x)$ の形の表現を **陽関数** という．

t を独立変数とする 2 つの関数 $x = f(t), y = g(t)$ があって，$t = c$ に対して $a = f(c)$ から $b = g(c)$ への対応が多対 1 ならば，$x \in X$ から $y \in Y$ への対応はある関数 $y = h(x)$ を表す．このとき，変数 t を **媒介変数**（パラメータ）といい，$x = f(t), y = g(t)$ を $y = h(x)$ の **媒介変数表現** という．

▶ [陰関数]
2 変数関数による $g(x,y) = 0$ となる対応

$$x \in X \mapsto y \in Y$$

が多対 1 ではない場合でも，定義域（独立変数の変域）と値域（従属変数の変域）を適当に定義することによって関数とみなせる場合も陰関数という．
たとえば，$x^2 - y^2 = 1$ は，陽関数で表せば $y = \sqrt{x^2 - 1}$ または $y = -\sqrt{x^2 - 1}$ を表す陰関数である．

▶ [媒介変数]
関数 $x = f(t), y = g(t)$ で，対応

$$x = f(t) \mapsto y = g(t)$$

が多対 1 ではない場合でも，x の値域（h の独立変数の変域）と y の値域（h の従属変数の変域）を適当に定義することによって関数（写像）とみなす場合もある．
たとえば，$x = \cos t, y = 2 \sin t$ は，$x^2 + \left(\frac{y}{2}\right)^2 = 1$ の媒介変数表現である．陽関数表現では，$y = 2\sqrt{1 - x^2}$ または $y = -2\sqrt{1 - x^2}$ である．

■ 集合の比較と全単射 (発展課題)

任意の自然数 n について，n 以下の集合を $N_n = \{1, 2, \ldots, n\}$ とする．任意の有限集合 P に対して，適当な n を選べば N_n から P への全単射が必ず存在する．このとき $n(P) = n$ であり，この全単射は P の要素へ 1〜n の **番号付け** をする．2 つの有限集合 A, B において，$n(A) = n(B)$ ならば A から B への全単射が存在する．逆に，A から B への全単射が存在すれば $n(A) = n(B)$ である．このとき，A と B は大きさが等しい，**対等** である，といい，$A \sim B$ と書く．

以上の議論を無限集合にも適用しよう．1 章でふれたように，無限集合 A の「大きさ」を **濃度** といい，$|A|$ と書く．2 つの無限集合 A, B があって，A から B への全単射が存在するとき，A と B は **対等** で，濃度は等しいという．これを $A \sim B$ あるいは $|A| = |B|$ と書く．

無限集合 A が自然数の集合 N と対等であるとき，N から A への全単射によって A のすべての要素は番号付けられる．N と対等な集合を **可付番集合** という．数えることができるという意味で **可算集合** ともいう．もちろん N 自身も可付番集合である．

自然数の集合 N は整数の集合 Z の真部分集合であるが，

$$f : N \to Z,$$
$$f(n) = \begin{cases} \dfrac{n}{2} & n \text{ が偶数} \\ -\dfrac{n-1}{2} & n \text{ が奇数} \end{cases}$$

は全単射であるから，N と Z の濃度は等しく，$N \sim Z$ である．

ところで，実数の集合 R は N と対等ではなく，より大きい濃度の集合である．

〈あみだくじ〉

「あみだくじ」は図 (a) のようにハシゴが繋がったような図で表され，A を引くとハシゴを渡って「当り」，B は「外れ」，C も「外れ」となる．

「当り」，「外れ」の代わりに，図 (b) のように縦棒の先も A,B,C とすると，あみだくじは $X = \{A, B, C\}$ における 1 つの置換に対応している．

横棒は互換を表すから，あみだくじは置換を互換の積で表していることになる．図 (b) は置換 $\begin{pmatrix} A & B & C \\ B & C & A \end{pmatrix}$ を表しており，上端の A が下端の B に，B が C に，C が A に，それぞれ対応する．横棒①は互換 $(A\ B) = \begin{pmatrix} A & B & C \\ B & A & C \end{pmatrix}$ を表す．この互換によって下端の A と B が入れ替わる．これは，上端の記号から見れば，横棒①の脇に記したように，A を右に，B を左に入れ替える．同様に，横棒②は下端の B と C を入れ替える互換 $(B\ C)$ に対応しており，上端の記号から見ると①の結果の A をさらに右に，C を左に入れ替える．同様に，横棒③と④はそれぞれ互換 $(A\ B)$ と $(B\ C)$ に対応する．置換の積演算は右側から行うことに注意すると，

$$\underset{④}{(B\ C)}\underset{③}{(A\ B)}\underset{②}{(B\ C)}\underset{①}{(A\ B)} = \begin{pmatrix} A & B & C \\ B & C & A \end{pmatrix}$$

となる．（ここでは横棒を下端の入替えに対応した置換として扱ったが，上端の順列並べ替えと見ると少し異なった扱いになる．）

あみだくじの横棒は原則として水平に引く．それぞれの横棒は互換に対応し，上方の横棒に対応する互換は積表現では右方に現れる．もし図 (c) のように上下をクロスするような横棒があると，横棒は単純な互換には対応しない．しかし，少し検討すると，図 (c) のクロス部分②③④は図 (d) の横棒②と等価であることが分かるから，図 (d) のあみだくじは図 (c) のあみだくじと同じ結果を与える．

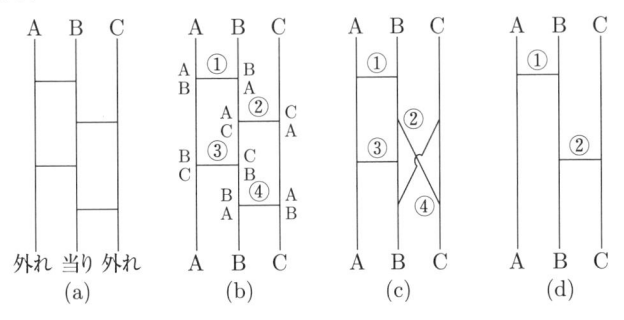

[3 章のまとめ]

この章では，
1. 写像とその基本的な性質について，その考え方を学んだ．
2. 全射，単射，全単射についてその意味と性質を学んだ．
3. 写像の合成と逆写像について学んだ．
4. 置換と置換の積（合成）の性質について学んだ．
5. 発展課題として，多変数写像，および全単射による集合の大きさ比較，などについて学んだ．

3章 演習問題

[演習1]☆ $X = \{1,2,3\}, Y = \{a,b,c,d\}$ として，次の X から Y への対応は部分写像であるかどうか，部分写像のときは写像であるかどうか，答えよ．

(1) $\{(2,c),(3,c)\}$ (2) $\{(2,b),(3,a),(1,a)\}$ (3) $\{(3,b),(2,a),(3,c)\}$ (4) $\{(1,b),(3,a),(2,c)\}$

[演習2]☆ $A = \{1,2,3,4,5\}$ として，A から A への対応が次のように定義されている．それらの対応が A における写像であるかどうか答え，写像ならば $P = \{2,3\}$ の像，$Q = \{4\}$ の原像，および，$R = \{1,2\}$ の原像を示せ．

(1) $\{(3,1),(4,2),(1,1),(2,3),(5,3)\}$
(2) $\{(2,1),(3,5),(1,4),(2,3),(5,2),(4,2)\}$
(3) $\{(4,2),(2,3),(5,4),(1,5),(4,2),(3,4)\}$

[演習3]☆ 次の対応は，部分写像，写像，単射，全射，全単射のうちのどれか，適切なことばで，答えよ．Z は整数の集合，N' は非負の整数（0と自然数）の集合とする．

(1) Z から N' への対応 $\{(m,n)|m \in Z,\ n \in N',\ n = m^2\}$
(2) N' から N' への対応 $\{(x,y)|x,y \in N',\ y^2 = x\}$
(3) Z から Z への対応 $\{(p,q)|p,q \in Z,\ q = p - 2\}$
(4) N' から N' への対応 $\{(x,y)|x,y \in N',\ y = x + 2\}$
(5) Z から N' への対応 $\{(r,s)|r \in Z,\ s \in N',\ s = |r|\}$
(6) N' から Z への対応 $\{(r,s)|r \in N',\ s \in Z,\ s = r/2\ (r = 偶数),$
$$s = -(r+1)/2\ (r = 奇数)\}$$

[演習4]☆ $X = \{a,b,c,d\}, Y = \{1,2,3,4\}$ として，次の X から Y への写像が全単射かどうか答え，全単射であれば逆写像を示せ．

(1) $\begin{pmatrix} a & b & c & d \\ 3 & 4 & 2 & 1 \end{pmatrix}$ (2) $\begin{pmatrix} c & b & a & d \\ 3 & 1 & 2 & 3 \end{pmatrix}$ (3) $\begin{pmatrix} d & c & a & b \\ 1 & 2 & 3 & 4 \end{pmatrix}$

[演習5]☆ 0と自然数の集合 N' における写像 f, g, h を次のように定義する．

$f(n) = n + 1,\ g(n) = 2n,\ h(n) = n$ を 2 で割った余り

ただし，n は任意の自然数である．次の合成写像の値を求めよ．

(1) $f \cdot g(3)$ (2) $g \cdot f(3)$ (3) $h \cdot f(4)$ (4) $g \cdot g \cdot g(n)$ (5) $h \cdot f \cdot g(n)$

[演習6]☆ $X = \{a,b,c,d\}, Y = \{1,2,3,4,5\}, Z = \{P,Q,R,S\}$ として，次の2つの写像 $f : X \to Y, g : Y \to Z$ の合成写像 $g \cdot f : X \to Z$ を求めよ．

$f = \begin{pmatrix} a & b & c & d \\ 2 & 4 & 1 & 5 \end{pmatrix}$ $g = \begin{pmatrix} 1 & 2 & 3 & 4 & 5 \\ S & P & Q & R & P \end{pmatrix}$

[演習7]☆ $X = \{1,2,3,4,5\}$ として，X における2つの写像の合成写像 $f \cdot g$ と $g \cdot f$ を求めよ．

$f = \begin{pmatrix} 1 & 2 & 3 & 4 & 5 \\ 3 & 4 & 1 & 3 & 5 \end{pmatrix}$ $g = \begin{pmatrix} 1 & 2 & 3 & 4 & 5 \\ 2 & 5 & 1 & 4 & 3 \end{pmatrix}$

[演習8] ☆☆　$X = \{1,2,3,4\}$ における写像 f について，合成写像 $f^n, n = 1,2,3,4$ を求めよ．逆写像が存在する場合は，f^{-n} を f^n の逆写像として，$f^{-n}, n = 1,2,3,4$ も示せ．

(1) $f = \begin{pmatrix} 1 & 2 & 3 & 4 \\ 2 & 4 & 1 & 3 \end{pmatrix}$　　(2) $f = \begin{pmatrix} 1 & 2 & 3 & 4 \\ 4 & 3 & 1 & 3 \end{pmatrix}$　　(3) $f = \begin{pmatrix} 1 & 2 & 3 & 4 \\ 4 & 3 & 2 & 1 \end{pmatrix}$

[演習9] ☆☆　$X = \{1,2,3\}$ として，次の問に答えよ．
(1) X 上の異なる置換はいくつあるか．すべて挙げよ．
(2) X のすべての要素からなる巡回置換は何通りあるか．すべて挙げよ．

[演習10] ☆☆　次の置換を巡回置換の積で表せ．

(1) $\begin{pmatrix} 1 & 2 & 3 & 4 & 5 \\ 4 & 3 & 5 & 1 & 2 \end{pmatrix}$　　(2) $\begin{pmatrix} 1 & 2 & 3 & 4 & 5 & 6 & 7 \\ 5 & 6 & 4 & 1 & 3 & 7 & 2 \end{pmatrix}$　　(3) $\begin{pmatrix} 1 & 2 & 3 & 4 & 5 & 6 & 7 & 8 \\ 7 & 2 & 5 & 8 & 6 & 3 & 1 & 4 \end{pmatrix}$

[演習11] ☆☆　次の巡回置換を互換の積で表せ．
(1) $(1\ 2\ 3\ 4)$　　(2) $(5\ 4\ 3\ 2\ 1)$　　(3) $(2\ 4\ 1\ 5\ 3)$

[演習12] ☆☆　巡回置換 $C = (1\ 2\ 3\ 4)$ に対し，置換のベキ $C^i, i = 1,2,3,\ldots$ を求めよ．

[演習13] ☆☆☆　次の問いに答えよ．
(1) $X = \{1,2,3,4\}$ から $Y = \{a,b,c\}$ への異なる部分写像は何通りあるか．
(2) $X = \{1,2,3,4\}$ から $Y = \{a,b,c\}$ への異なる写像は何通りあるか．
(3) $X = \{1,2,3\}$ から $Y = \{a,b,c,d\}$ への異なる単射は何通りあるか．
(4) $X = \{1,2,3\}$ から $Y = \{a,b,c\}$ への異なる全単射は何通りあるか．
(5) $X = \{1,2,3,4\}$ から $Y = \{a,b,c\}$ への異なる全射は何通りあるか．

[演習14] ☆☆☆　有限集合 A, B について，$|A| = m, |B| = n$ とする．
(1) A から B への異なる部分写像は何通りあるか．
(2) A から B への異なる写像は何通りあるか．
(3) $m \leq n$ として，A から B への異なる単射は何通りあるか．
(4) $m = n$ として，A から B への異なる全単射は何通りあるか．
(5) $m \geq n$ として，A から B への異なる全射は何通りあるか．

[演習15] ☆☆☆　A, B, C, D, E の 5 人がプレゼントを 1 つずつもち寄ってプレゼント交換会をする．集まったプレゼントを 5 人に 1 つずつ渡す渡し方は，それぞれのもってきたプレゼントも A～E で表せば，$X = \{A, B, C, D, E\}$ における置換とみなせる．たとえば，A が B を受け取り，B が C を受け取り，C が A を受け取ることは，巡回置換 (A B C) で表せる．次の問に答えよ．
(1) 異なった渡し方は何通りあるか．
(2) A が自分のもってきたプレゼントを受け取らない渡し方は何通りあるか．
(3) すべての人が必ず他の人のもってきたプレゼントを受け取るような渡し方は何通りあるか．

[解 1] (1) 部分写像であるが,写像ではない.
(2) 部分写像で,かつ写像である.
(3) 部分写像ではない.
(4) 部分写像で,かつ写像である.

[解 2] (1) 写像,$\{2,3\}$ の像：$\{1,3\}$,$\{4\}$ の原像：$\emptyset(= \{\})$,$\{1,2\}$ の原像：$\{1,3,4\}$
(2) 写像ではない
(3) 写像,$\{2,3\}$ の像：$\{3,4\}$,$\{4\}$ の原像：$\{3,5\}$,$\{1,2\}$ の原像：$\{4\}$

[解 3] (1) 任意の $m \in Z$ について $n \in N'$ が 1 つだけ必ず決まるから,写像.(単射でも全射でもない)
(2) $x \in N'$ が平方数のときのみ $y \in N'$ が 1 つだけ決まるから,部分写像.(写像ではない)
(3) 任意の $p \in Z$ に対し $q = p - 2 \in Z$ が 1 つ決まり,かつ,任意の $q \in Z$ について $p \in Z$ が 1 つ決まるから,全単射.(なお,逆写像は $p = q + 2$ と表せる.)
(4) 任意の $x \in N'$ に対し $y = x + 2 \in N'$ が 1 つ決まり,かつ,任意の $y \geq 3$ について $x \in N'$ が 1 つ決まるから,単射.(全射ではない.)
(5) 任意の $r \in Z$ に対し $s = |r| \in N'$ が 1 つ決まるから写像,かつ,任意の $s \in N'$ に対応する $r \in Z$ が必ず存在するから,全射.しかし,$r \neq 0$ のときは同じ s に対応する r が正負の 2 つあるから,単射ではない.
(6) 任意の $r \in N'$ に対し $s \in Z$ が 1 つ決まり,かつ,任意の $s \in Z$ について $r \in N'$ が 1 つ決まるから,全単射.(なお,逆写像は,$r = 2s$：s が非負 (0 または正) のとき,$r = -2s - 1$：s が負のとき,と表せる.)

[解 4] (1) 全単射,逆写像 $\begin{pmatrix} 3 & 4 & 2 & 1 \\ a & b & c & d \end{pmatrix} = \begin{pmatrix} 1 & 2 & 3 & 4 \\ d & c & a & b \end{pmatrix}$
(2) 写像だが全射でも単射でもない
(3) 全単射,逆写像 $\begin{pmatrix} 1 & 2 & 3 & 4 \\ d & c & a & b \end{pmatrix}$

[解 5] (1) $f \cdot g(3) = f(g(3)) = f(6) = 7$
(2) $g \cdot f(3) = g(f(3)) = g(4) = 8$
(3) $h \cdot f(4) = h(f(4)) = h(5) = 1$
(4) $g \cdot g \cdot g(n) = g(g(g(n))) = g(g(2n)) = g(4n) = 8n$
(5) $h \cdot f \cdot g(n) = h(f(g(n))) = h(f(2n)) = h(2n+1) = 1$

[解 6] $g \cdot f = \begin{pmatrix} 1 & 2 & 3 & 4 & 5 \\ S & P & Q & R & P \end{pmatrix} \begin{pmatrix} a & b & c & d \\ 2 & 4 & 1 & 5 \end{pmatrix} = \begin{pmatrix} 2 & 4 & 1 & 5 & 3 \\ P & R & S & P & Q \end{pmatrix} \begin{pmatrix} a & b & c & d \\ 2 & 4 & 1 & 5 \end{pmatrix} = \begin{pmatrix} a & b & c & d \\ P & R & S & P \end{pmatrix}$

[解 7] $f \cdot g = \begin{pmatrix} 1 & 2 & 3 & 4 & 5 \\ 3 & 4 & 1 & 3 & 5 \end{pmatrix} \begin{pmatrix} 1 & 2 & 3 & 4 & 5 \\ 2 & 5 & 1 & 4 & 3 \end{pmatrix} = \begin{pmatrix} 2 & 5 & 1 & 4 & 3 \\ 4 & 5 & 3 & 3 & 1 \end{pmatrix} \begin{pmatrix} 1 & 2 & 3 & 4 & 5 \\ 2 & 5 & 1 & 4 & 3 \end{pmatrix} = \begin{pmatrix} 1 & 2 & 3 & 4 & 5 \\ 4 & 5 & 3 & 3 & 1 \end{pmatrix}$

$g \cdot f = \begin{pmatrix} 1 & 2 & 3 & 4 & 5 \\ 2 & 5 & 1 & 4 & 3 \end{pmatrix} \begin{pmatrix} 1 & 2 & 3 & 4 & 5 \\ 3 & 4 & 1 & 3 & 5 \end{pmatrix} = \begin{pmatrix} 3 & 4 & 1 & 3 & 5 \\ 1 & 4 & 2 & 1 & 3 \end{pmatrix} \begin{pmatrix} 1 & 2 & 3 & 4 & 5 \\ 3 & 4 & 1 & 3 & 5 \end{pmatrix} = \begin{pmatrix} 1 & 2 & 3 & 4 & 5 \\ 1 & 4 & 2 & 1 & 3 \end{pmatrix}$

[解8] (1) $f^1 = f = \begin{pmatrix} 1 & 2 & 3 & 4 \\ 2 & 4 & 1 & 3 \end{pmatrix}$, $f^{-1} = \begin{pmatrix} 2 & 4 & 1 & 3 \\ 1 & 2 & 3 & 4 \end{pmatrix} = \begin{pmatrix} 1 & 2 & 3 & 4 \\ 3 & 1 & 4 & 2 \end{pmatrix}$

$f^2 = f \cdot f = \begin{pmatrix} 1 & 2 & 3 & 4 \\ 2 & 4 & 1 & 3 \end{pmatrix}\begin{pmatrix} 1 & 2 & 3 & 4 \\ 2 & 4 & 1 & 3 \end{pmatrix} = \begin{pmatrix} 2 & 4 & 1 & 3 \\ 4 & 3 & 2 & 1 \end{pmatrix}\begin{pmatrix} 1 & 2 & 3 & 4 \\ 2 & 4 & 1 & 3 \end{pmatrix} = \begin{pmatrix} 1 & 2 & 3 & 4 \\ 4 & 3 & 2 & 1 \end{pmatrix}$,

$f^{-2} = \begin{pmatrix} 4 & 3 & 2 & 1 \\ 1 & 2 & 3 & 4 \end{pmatrix} = \begin{pmatrix} 1 & 2 & 3 & 4 \\ 4 & 3 & 2 & 1 \end{pmatrix} = f^2$

$f^3 = f \cdot f^2 = \begin{pmatrix} 1 & 2 & 3 & 4 \\ 2 & 4 & 1 & 3 \end{pmatrix}\begin{pmatrix} 1 & 2 & 3 & 4 \\ 4 & 3 & 2 & 1 \end{pmatrix} = \begin{pmatrix} 4 & 3 & 2 & 1 \\ 3 & 1 & 4 & 2 \end{pmatrix}\begin{pmatrix} 1 & 2 & 3 & 4 \\ 4 & 3 & 2 & 1 \end{pmatrix} = \begin{pmatrix} 1 & 2 & 3 & 4 \\ 3 & 1 & 4 & 2 \end{pmatrix} = f^{-1}$,

$f^{-3} = \begin{pmatrix} 3 & 1 & 4 & 2 \\ 1 & 2 & 3 & 4 \end{pmatrix} = \begin{pmatrix} 1 & 2 & 3 & 4 \\ 2 & 4 & 1 & 3 \end{pmatrix} = f$

$f^4 = f \cdot f^3 = \begin{pmatrix} 1 & 2 & 3 & 4 \\ 2 & 4 & 1 & 3 \end{pmatrix}\begin{pmatrix} 1 & 2 & 3 & 4 \\ 3 & 1 & 4 & 2 \end{pmatrix} = \begin{pmatrix} 3 & 1 & 4 & 2 \\ 1 & 2 & 3 & 4 \end{pmatrix}\begin{pmatrix} 1 & 2 & 3 & 4 \\ 3 & 1 & 4 & 2 \end{pmatrix} = \begin{pmatrix} 1 & 2 & 3 & 4 \\ 1 & 2 & 3 & 4 \end{pmatrix}$ （恒等写像）

$f^{-4} = \begin{pmatrix} 1 & 2 & 3 & 4 \\ 1 & 2 & 3 & 4 \end{pmatrix}$

(2) $f^1 = \begin{pmatrix} 1 & 2 & 3 & 4 \\ 4 & 3 & 1 & 3 \end{pmatrix}$, 逆写像はいずれも存在しない

$f^2 = f \cdot f = \begin{pmatrix} 1 & 2 & 3 & 4 \\ 4 & 3 & 1 & 3 \end{pmatrix}\begin{pmatrix} 1 & 2 & 3 & 4 \\ 4 & 3 & 1 & 3 \end{pmatrix} = \begin{pmatrix} 4 & 3 & 1 & 3 \\ 3 & 1 & 4 & 1 \end{pmatrix}\begin{pmatrix} 1 & 2 & 3 & 4 \\ 4 & 3 & 1 & 3 \end{pmatrix} = \begin{pmatrix} 1 & 2 & 3 & 4 \\ 3 & 1 & 4 & 1 \end{pmatrix}$

$f^3 = f \cdot f^2 = \begin{pmatrix} 1 & 2 & 3 & 4 \\ 4 & 3 & 1 & 3 \end{pmatrix}\begin{pmatrix} 1 & 2 & 3 & 4 \\ 3 & 1 & 4 & 1 \end{pmatrix} = \begin{pmatrix} 3 & 1 & 4 & 1 \\ 1 & 4 & 3 & 4 \end{pmatrix}\begin{pmatrix} 1 & 2 & 3 & 4 \\ 3 & 1 & 4 & 1 \end{pmatrix} = \begin{pmatrix} 1 & 2 & 3 & 4 \\ 1 & 4 & 3 & 4 \end{pmatrix}$,

$f^4 = f \cdot f^3 = \begin{pmatrix} 1 & 2 & 3 & 4 \\ 4 & 3 & 1 & 3 \end{pmatrix}\begin{pmatrix} 1 & 2 & 3 & 4 \\ 1 & 4 & 3 & 4 \end{pmatrix} = \begin{pmatrix} 1 & 4 & 3 & 4 \\ 4 & 3 & 1 & 3 \end{pmatrix}\begin{pmatrix} 1 & 2 & 3 & 4 \\ 1 & 4 & 3 & 4 \end{pmatrix} = \begin{pmatrix} 1 & 2 & 3 & 4 \\ 4 & 3 & 1 & 3 \end{pmatrix} = f$

(3) $f^1 = \begin{pmatrix} 1 & 2 & 3 & 4 \\ 4 & 3 & 2 & 1 \end{pmatrix}$, $f^{-1} = \begin{pmatrix} 4 & 3 & 2 & 1 \\ 1 & 2 & 3 & 4 \end{pmatrix} = \begin{pmatrix} 1 & 2 & 3 & 4 \\ 4 & 3 & 2 & 1 \end{pmatrix} = f$

$f^2 = f \cdot f = \begin{pmatrix} 1 & 2 & 3 & 4 \\ 4 & 3 & 2 & 1 \end{pmatrix}\begin{pmatrix} 1 & 2 & 3 & 4 \\ 4 & 3 & 2 & 1 \end{pmatrix} = \begin{pmatrix} 4 & 3 & 2 & 1 \\ 1 & 2 & 3 & 4 \end{pmatrix}\begin{pmatrix} 1 & 2 & 3 & 4 \\ 4 & 3 & 1 & 3 \end{pmatrix} = \begin{pmatrix} 1 & 2 & 3 & 4 \\ 1 & 2 & 3 & 4 \end{pmatrix}$ （恒等写像），

$f^{-2} = f^2$, $f^3 = f$, $f^{-3} = f^3 = f$, $f^4 = f^2$, $f^{-4} = f^4 = f^2$

[解9] (1) $X = \{1, 2, 3\}$ 上の異なる置換は，$3! = 6$ 通りある．（一般に，$|X| = n$ ならば $n!$ 通り）

$\begin{pmatrix} 1 & 2 & 3 \\ 1 & 2 & 3 \end{pmatrix}$, $\begin{pmatrix} 1 & 2 & 3 \\ 1 & 3 & 2 \end{pmatrix}$, $\begin{pmatrix} 1 & 2 & 3 \\ 2 & 1 & 3 \end{pmatrix}$, $\begin{pmatrix} 1 & 2 & 3 \\ 2 & 3 & 1 \end{pmatrix}$, $\begin{pmatrix} 1 & 2 & 3 \\ 3 & 1 & 2 \end{pmatrix}$, $\begin{pmatrix} 1 & 2 & 3 \\ 3 & 2 & 1 \end{pmatrix}$

(2) (1) の置換のうち 1 番目は恒等置換である．2, 3, 6 番目はそれぞれ要素数が 2 の置換で，互換（2 次の巡回置換）(2 3), (1 2), (1 3) である．これらはいずれも X の要素すべてからなる巡回置換ではない．要素数が 3 の異なる巡回置換は 4, 5 番目の 2 通りで，(1 2 3), (1 3 2) である．

[解10] (1) $\begin{pmatrix} 1 & 2 & 3 & 4 & 5 \\ 4 & 3 & 5 & 1 & 2 \end{pmatrix} = \begin{pmatrix} 1 & 4 & 2 & 3 & 5 \\ 4 & 1 & 3 & 5 & 2 \end{pmatrix} = \begin{pmatrix} 1 & 4 & 2 & 3 & 5 \\ 4 & 1 & 2 & 3 & 5 \end{pmatrix}\begin{pmatrix} 1 & 4 & 2 & 3 & 5 \\ 1 & 4 & 3 & 5 & 2 \end{pmatrix} = (1\ 4)(2\ 3\ 5)$

(2) $\begin{pmatrix} 1 & 2 & 3 & 4 & 5 & 6 & 7 \\ 5 & 6 & 4 & 1 & 3 & 7 & 2 \end{pmatrix} = \begin{pmatrix} 1 & 5 & 3 & 4 & 2 & 6 & 7 \\ 5 & 3 & 4 & 1 & 6 & 7 & 2 \end{pmatrix} = \begin{pmatrix} 1 & 5 & 3 & 4 & 2 & 6 & 7 \\ 5 & 3 & 4 & 1 & 2 & 6 & 7 \end{pmatrix}\begin{pmatrix} 1 & 5 & 3 & 4 & 2 & 6 & 7 \\ 1 & 5 & 3 & 4 & 6 & 7 & 2 \end{pmatrix} = (1\ 5\ 3\ 4)(2\ 6\ 7)$

(3) $\begin{pmatrix} 1 & 2 & 3 & 4 & 5 & 6 & 7 & 8 \\ 7 & 2 & 5 & 8 & 6 & 3 & 1 & 4 \end{pmatrix} = \begin{pmatrix} 1 & 7 & 2 & 3 & 5 & 6 & 4 & 8 \\ 7 & 1 & 2 & 3 & 5 & 6 & 4 & 8 \end{pmatrix}\begin{pmatrix} 1 & 7 & 2 & 3 & 5 & 6 & 4 & 8 \\ 1 & 7 & 2 & 5 & 6 & 3 & 4 & 8 \end{pmatrix}\begin{pmatrix} 1 & 7 & 2 & 3 & 5 & 6 & 4 & 8 \\ 1 & 7 & 2 & 3 & 5 & 6 & 8 & 4 \end{pmatrix} = (1\ 7)(3\ 5\ 6)(4\ 8)$

[解11] 互換の積で表す方法は1通りでない．いくつか示しておくが，互換の数の奇偶は同じである．

(1) $(1\ 2\ 3\ 4) = \begin{pmatrix} 1 & 2 & 3 & 4 \\ 2 & 3 & 4 & 1 \end{pmatrix} = \begin{pmatrix} 2 & 3 & 1 & 4 \\ 2 & 3 & 4 & 1 \end{pmatrix}\begin{pmatrix} 2 & 1 & 3 & 4 \\ 2 & 3 & 1 & 4 \end{pmatrix}\begin{pmatrix} 1 & 2 & 3 & 4 \\ 2 & 1 & 3 & 4 \end{pmatrix} = (1\ 4)(1\ 3)(1\ 2)$ （1を順に後ろへ移す互換の積）

(2) $(5\ 4\ 3\ 2\ 1) = \begin{pmatrix} 5 & 4 & 3 & 2 & 1 \\ 4 & 3 & 2 & 1 & 5 \end{pmatrix} = (5\ 1)(5\ 2)(5\ 3)(5\ 4)$ （(1)と同じ様にして，5を後ろへ移す互換の積）

逆の順に移すと $\begin{pmatrix} 5 & 4 & 3 & 2 & 1 \\ 4 & 3 & 2 & 1 & 5 \end{pmatrix} = \begin{pmatrix} 5 & 3 & 2 & 1 & 4 \\ 4 & 3 & 2 & 1 & 5 \end{pmatrix}\begin{pmatrix} 5 & 4 & 2 & 1 & 3 \\ 5 & 3 & 2 & 1 & 4 \end{pmatrix}\begin{pmatrix} 5 & 4 & 3 & 1 & 2 \\ 5 & 4 & 2 & 1 & 3 \end{pmatrix}\begin{pmatrix} 5 & 4 & 3 & 2 & 1 \\ 5 & 4 & 3 & 1 & 2 \end{pmatrix} = (5\ 4)(4\ 3)(3\ 2)(2\ 1)$

(3) (1)と同じ方法なら $(2\ 4\ 1\ 5\ 3) = (2\ 3)(2\ 5)(2\ 1)(2\ 4)$,
(2)の2つ目の方法では $(2\ 4\ 1\ 5\ 3) = (2\ 4)(4\ 1)(1\ 5)(5\ 3)$
まず1を所定の位置へ移し，次に2を所定の位置へ移し，これを順に繰り返す互換の積とすると，

$(2\ 4\ 1\ 5\ 3) = \begin{pmatrix} 2 & 4 & 1 & 5 & 3 \\ 4 & 1 & 5 & 3 & 2 \end{pmatrix} = \begin{pmatrix} 5 & 1 & 4 & 3 & 2 \\ 4 & 1 & 5 & 3 & 2 \end{pmatrix}\begin{pmatrix} 3 & 1 & 4 & 5 & 2 \\ 5 & 1 & 4 & 3 & 2 \end{pmatrix}\begin{pmatrix} 2 & 1 & 4 & 5 & 3 \\ 3 & 1 & 4 & 5 & 2 \end{pmatrix}\begin{pmatrix} 2 & 4 & 1 & 5 & 3 \\ 2 & 1 & 4 & 5 & 3 \end{pmatrix} = (4\ 5)(3\ 5)(2\ 3)(1\ 4)$

[解12] $C^1 = C = (1\ 2\ 3\ 4)$, $C^2 = C \cdot C = \begin{pmatrix} 1 & 2 & 3 & 4 \\ 2 & 3 & 4 & 1 \end{pmatrix}\begin{pmatrix} 1 & 2 & 3 & 4 \\ 2 & 3 & 4 & 1 \end{pmatrix} = \begin{pmatrix} 1 & 2 & 3 & 4 \\ 3 & 4 & 1 & 2 \end{pmatrix} = (1\ 3)(2\ 4)$

$C^3 = C \cdot C^2 = \begin{pmatrix} 1 & 2 & 3 & 4 \\ 2 & 3 & 4 & 1 \end{pmatrix}\begin{pmatrix} 1 & 2 & 3 & 4 \\ 3 & 4 & 1 & 2 \end{pmatrix} = \begin{pmatrix} 3 & 4 & 1 & 2 \\ 4 & 1 & 2 & 3 \end{pmatrix}\begin{pmatrix} 1 & 2 & 3 & 4 \\ 3 & 4 & 1 & 2 \end{pmatrix} = \begin{pmatrix} 1 & 2 & 3 & 4 \\ 4 & 1 & 2 & 3 \end{pmatrix} = (1\ 4\ 3\ 2)$,

$C^4 = C \cdot C^3 = \begin{pmatrix} 1 & 2 & 3 & 4 \\ 2 & 3 & 4 & 1 \end{pmatrix}\begin{pmatrix} 1 & 2 & 3 & 4 \\ 4 & 1 & 2 & 3 \end{pmatrix} = \begin{pmatrix} 1 & 2 & 3 & 4 \\ 1 & 2 & 3 & 4 \end{pmatrix}$, これは恒等置換．したがって，$C^5 = C, C^6 = C^2, \ldots$

[解13] 次ページのような図を描くと分かりやすい．
(1) 部分写像は X から Y への多対1の対応で，X にもれを許す対応である．1から a, b, c のうちの1つへの対応は，対応なしを含めて4通りある．2, 3, 4についても同様だから，任意の多対1対応は $4 \times 4 \times 4 \times 4 = 4^4 = 256$ 通りあることになるが，この中には1つの対応もない場合が含まれている．部分写像には少なくとも1つの対応が必要だから，$256 - 1 = 255$ 通り．
(2) 写像は，X から Y への多対1の対応で，X にもれを許さない対応である．1から a, b, c のうちの1つへの対応は3通りある．2, 3, 4についても同様だから，任意の対応は $3 \times 3 \times 3 \times 3 = 3^4 = 81$ 通りある．
(3) 単射は X から Y への1対1の写像である．1から $Y = \{a, b, c, d\}$ への1対1対応は4通りある．2からは，1の対応先を除いた残りの Y への対応であるから3通りある．同様に3からの Y への対応は2通りあるから，全体では，$4 \times 3 \times 2 = 24$ 通りある．
(4) 全単射は $|X| = |Y|$ での単射である．1から $Y = \{a, b, c\}$ への1対1対応は3通り，2からは，1の対応先を除いた残りの Y への対応であるから2通り，3からの Y への対応は1通りであるから，全体では，$3 \times 2 \times 1 = 6$ 通りある．

(5) 全射は Y にもれのない X から Y への写像である．a,b,c のうち 1 つは 1〜4 のうちの 2 つから対応し，他の 2 つは 1 つから対応する．a に対応する 2 つの要素は ${}_4C_2 = 6$ 通りあり，残りの対応は 2 通りあるから，計 $6 \times 2 = 12$ 通りある．b,c についても同様だから，$12 \times 3 = 36$ 通りある．（${}_4C_2$ は 2 項係数で，${}_4C_2 = \dfrac{4 \times 3}{2 \times 1} = 6$）

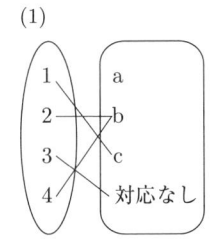

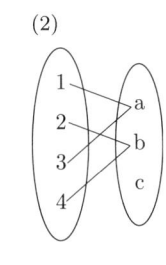

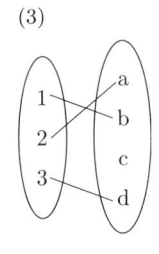

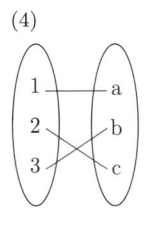

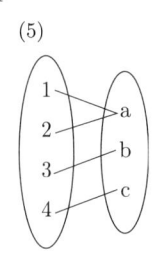

(1) (2) (3) (4) (5)

〈(5) の別法〉A を a を除いた Y への写像の集合とすると $\overline{A}$ は a への対応を必ず含む Y への写像の集合である．同様に B, C をそれぞれ b,c を除いた Y への写像の集合として，求めるすべての全射の集合は $\overline{A} \cap \overline{B} \cap \overline{C}$ となる．1 章の包除原理から，U を X から Y へのすべて写像の集合として，A, B, C について対称だから，

$$n(\overline{A} \cap \overline{B} \cap \overline{C}) = n(U) - {}_3C_1 n(A) + {}_3C_2 n(A \cap B) - {}_3C_3 n(A \cap B \cap C)$$

となる．${}_3C_1 = {}_3C_2 = 3$, ${}_3C_3 = 1$ は 2 項係数である．$n(U) = 3^4 = 81$，$n(A)$ は a を含まない写像の数だから $n(A) = 2^4 = 16$，同様に，$n(A \cap B)$ は a と b を含まない写像の数だから $n(A \cap B) = 1^4 = 1$，そして $n(A \cap B \cap C) = 0$ だから，$n(\overline{A} \cap \overline{B} \cap \overline{C}) = 81 - 3 \cdot 16 + 3 \cdot 1 - 1 \cdot 0 = 81 - 48 + 3 = 36$ 通りである．

[解 14] 上の［演習 13］での考え方を一般化する．
(1) 部分写像は A から B への多対 1 の対応で，A にもれを許す対応である．A の 1 つの要素から B の要素の 1 つへの対応は，対応なしを含めて $(n+1)^m$ 通りある．この中には 1 つの対応もない場合が含まれている．部分写像には少なくとも 1 つの対応が必要だから，$(n+1)^m - 1$ 通り．
(2) 写像は，A から B への多対 1 の対応で，A にもれを許さない対応である．A の 1 つの要素から B の要素の 1 つへの対応は n 通りある．A の残り要素についても同様だから，任意の対応は n^m 通りある．
(3) 単射は A から B への 1 対 1 の写像である．A にはもれが無いからこのような対応は $m \leq n$ のときのみ可能である．A の最初の 1 つの要素から B の要素の 1 つへの対応は n 通りある．A の次の要素については残りの $n-1$ 個への対応が可能である．以下同様に考えれば，n からの m 個の積が求めるものであり，

$$n \times (n-1) \times (n-2) \times \cdots \times (n-m+1) = \frac{n!}{(n-m)!}$$

(4) 全単射は $m = n$ での A から B への単射である．したがって，$n \times (n-1) \times (n-2) \times \cdots \times 1 = n!$
(5) 全射は B にもれのない A から B への写像である．$B = \{b_1, b_2, \ldots, b_n\}$ として，B_1 を $b_1 \in B$ を除いた A から B への写像とすると，$\overline{B_1}$ は b_1 への対応を必ず含む A から B への写像である．同様に $B_2, B_3, \ldots$ をそれぞれ $b_2, b_3, \ldots$ を除いた A から B への写像とすると，求めるすべての全射の集合は $\overline{B_1} \cap \overline{B_2} \cap \cdots \cap \overline{B_n}$ となる．U を A から B へのすべて写像の集合とすると，

$$n(\overline{B_1} \cap \overline{B_2} \cap \cdots \cap \overline{B_n}) = n(U) - n(B_1 \cup B_2 \cup \cdots \cup B_n)$$

である．1 章の包除原理を使って，$B_1, B_2, \ldots, B_n$ について対称であることに留意すると，求めるものは，

$$n(\overline{B_1} \cap \overline{B_2} \cap \cdots \cap \overline{B_n}) = n(U) - {}_nC_1 n(B_1) + {}_nC_2 n(B_1 \cap B_2) - \cdots + (-1)^n n(B_1 \cap B_2 \cap \cdots \cap B_n)$$

ここで，$n(U) = n^m$, $n(B_1) = (n-1)^m$, $n(B_1 \cap B_2) = (n-2)^m$, $n(B_1 \cap B_2 \cap \cdots \cap B_j) = (n-j)^m$ である．なお，2 項係数は ${}_nC_i = \dfrac{n!}{i!(n-i)!}$ である．

[解 15]
(1) A は 5 個のうちから，B は残りの 4 個から，同様に C,D,E はそれぞれ 3 個，2 個，1 個から選べるから，すべての可能な配付方法は $5 \times 4 \times 3 \times 2 \times 1 = 120$ 通り．（これは 5 個の要素からなる異なる順列の数．）
(2) A は B〜E のうちから 1 つ受け取る．B〜E は残りの 4 個から任意に受け取ればよいから，(1) と同様に考えて 4! となる．よって，A が A を受け取らない方法は $4 \times 4 \times 3 \times 2 \times 1 = 96$ 通り．
(3) 自分が自分のものを受け取らない方法は，A〜E の 5 個の要素からなる置換である．この置換を巡回置換で表すと，5 次の巡回置換，あるいは，共通の要素を含まない 3 次と 2 次の巡回置換の積，で表せる．

5 次の巡回置換は A,B,C,D,E からなる円順列とみなせるから，異なる巡回置換の数は $4! = 24$ である．3 次と 2 次の巡回置換への分割は，5 の 3 と 2 への分割だから，5 個から 3 個とる組合せの数 ${}_5C_3 = {}_5C_2 = 10$ ある．2 次の巡回置換（互換）は 1 通りだけで，3 次の巡回置換は［演習 10］のようにそれぞれ 2 通りあるから，3 次と 2 次の巡回置換の積は $10 \times 2 = 20$ 通りある．結局，全体としては，自分のものを受け取らない方法は $24 + 20 = 44$ 通りある．

〈(3) の別法〉同じ記号 A で「A が A のものを受け取る配付方法の集合」を表すとすると，$\overline{A}$ は「A が A のものを受け取らない配付方法の集合」を表す．B〜E についても同様とすると，求めるものは $n(\overline{A} \cap \overline{B} \cap \overline{C} \cap \overline{D} \cap \overline{E})$ である．1 章の包除原理を適用すれば，U はすべての配付方法の集合で，A〜E について対称だから，

$$n(\overline{A} \cap \overline{B} \cap \overline{C} \cap \overline{D} \cap \overline{E}) = n(U) - {}_5C_1 n(A) + {}_5C_2 n(A \cap B) - {}_5C_3 n(A \cap B \cap C) + {}_5C_4 n(A \cap B \cap C \cap D) - n(A \cap B \cap C \cap D \cap E)$$

となる．2 項係数は ${}_5C_1 = {}_5C_4 = 5$, ${}_5C_2 = {}_5C_3 = 10$ で，$n(A)$ は A が A のものを受け取る方法の数だから $n(A) = 4!$, 同様に，$n(A \cap B) = 3!, n(A \cap B \cap C) = 2!, (A \cap B \cap C \cap D) = 1!, n(A \cap B \cap C \cap D \cap E) = 1$ だから，

$$n(\overline{A} \cap \overline{B} \cap \overline{C} \cap \overline{D} \cap \overline{E}) = 120 - 5 \cdot 4! + 10 \cdot 3! - 10 \cdot 2! + 5 \cdot 1! - 1 = 120 - 120 + 60 - 20 + 4 = 44 \text{ 通り．}$$

4章　数え上げと帰納法

[ねらい]

　数え上げは初等数学でも重要な分野で，自然数の演算において重要な機能を構成している．自然数を対象とするという意味で，数え上げは離散数学でも重要な分野の1つである．個数に上限のない要素の数え上げの基本は帰納法である．本章は，数え上げの基本的な考え方について理解することが目的である．

　特定の性質をもった要素を洩れなく，重複なく数えるためには系統的な数え上げ手法が必要である．その代表が，順列と組合せであり，初学者を悩ませていることでもある．ここでは，あれやこれやの順列・組合せの数え上げではなく，その基礎となる考え方と，その延長として数列を考える．自然数は無限に続くから，系統的数え上げ手法は無限をも対象とすることがある．このときに重要な考え方が帰納法である．この章では，数学Aで学んだ順列・組合せの考え方を中心に，数学Bで学んだ数列と数学的帰納法の考え方を学ぶ．数学Bを学んでこなかった諸氏にも直感的に分かるように配慮している．

[この章の項目]

数える
順列
組合せ
数学的帰納法
漸化式
数式を帰納的に定義する
帰納的アルゴリズム
ユークリッドの互除法
ハノイの塔（発展課題）

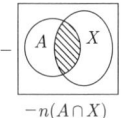

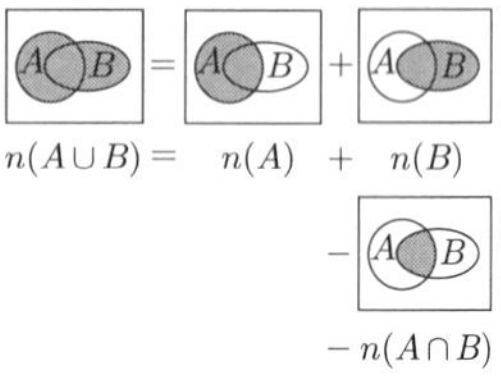

■ 数える

1章で，有限な全体集合 U の部分集合の演算と要素数の間のいくつかの関係を示した．再掲しよう．A, B, C, X は U の部分集合である．

$$n(\overline{A}) = n(U) - n(A)$$
$$n(\overline{A} \cap X) = n(X) - n(A \cap X)$$
$$n(A \cup B) = n(A) + n(B) - n(A \cap B)$$
$$n(\overline{A} \cap \overline{B}) = n(U) - n(A \cup B) = n(U) - n(A) - n(B) + n(A \cap B)$$
$$n(A \cup B \cup C) = n(A) + n(B) + n(C)$$
$$\qquad - n(A \cap B) - n(B \cap C) - n(A \cap C) + n(A \cap B \cap C)$$
$$n(\overline{A} \cap \overline{B} \cap \overline{C}) = n(U) - n(A \cup B \cup C)$$

これらの関係はベン図を描けば容易に理解できる．4つ以上の部分集合にも拡張できる．最後の式を一般化したものは1章で説明した **包除原理**(ほうじょげんり) である．これらは数え上げの基本となる．

有限集合 X が 直和分割(ちょくわ) $X = A + B$ $(A \cup B = X, A \cap B = \emptyset)$ になっているときは，要素数はそれぞれの要素数の和になる．

$$n(X) = n(A + B) = n(A) + n(B)$$

k 個の直和分割になるときも同様で，それぞれの要素数の和になる．これを **和の法則** という．

有限集合 A, B の直積集合 $X = A \times B$ は A の要素と B の要素からなるすべての2項組の集合である．要素数はそれぞれの要素数の積に等しい．

$$X = A \times B = \{(x, y) | x \in A, y \in B\}$$
$$n(X) = n(A \times B) = n(A)n(B)$$

これは集合 A, B の要素数についてだけの関係であるから，異なる2項組 (x, y) の数は，第1成分の選び方が r 通り，第1成分の選び方によらず第2成分の選び方が s 通りあるときは，$r \times s$ となることを意味している．3つ以上の積集合についても同様である．

一般に，異なる k 項組 $(x_1, x_2, \ldots, x_k)$ の数は，それぞれの成分の選び方が他の成分の選び方によらず $r_i (i = 1 \sim k)$ 通りならば，$r_1 \times r_2 \times \cdots \times r_k$ となる．これを **積の法則** という．

たとえば，2個のサイコロを同時に投げるときの出目の和が3の倍数になるのは，$3, 6, 9, 12$ それぞれになる場合の総和になるから，計12通りある．また，360の約数は，$360 = 2^3 \times 3^2 \times 5^1$ であるから，$4 \cdot 3 \cdot 2 = 24$ 個ある．

▶ [$n = 1$ の包除原理]

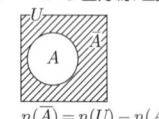

$n(\overline{A}) = n(U) - n(A)$

▶ [$n = 2$ の包除原理]

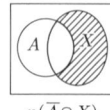

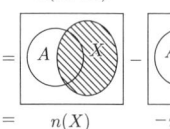

$n(\overline{A} \cap X)$
$= n(X) - n(A \cap X)$

$n(A \cup B) = n(A) + n(B) - n(A \cap B)$

▶ [2個のサイコロ]

A と B の2個のサイコロを同時に投げるときの出目の集合は，2項組 (a, b) の集合であるから，積の法則より $6^2 = 36$ 通りある．

出目の和が3の倍数となるのは，3, 6, 9, 12 の各場合である．
 3 は $(1,2), (2,1)$ の 2通り，
 6 は $(1,5), (2,4), (3,3),$
  $(4,2), (5,1)$ の 5通り，
 9 は 4通り，
 12 は 1通り
和の法則より，$2+5+4+1 = 12$ 通りある．

▶ [360 の約数]

$360 = 2^3 \times 3^2 \times 5$ であるから，約数は，
 $A = \{2^0, 2^1, 2^2, 2^3\}$,
 $B = \{3^0, 3^1, 3^2\}$,
 $C = \{5^0, 5^1\}$
として，A, B, C から1つずつ選んで積を取ったものである．よって，360 の約数の数は
 $n(A \times B \times C)$
  $= n(A)n(B)n(C)$
  $= 4 \cdot 3 \cdot 2 = 24$
である．

■ 順列

自然数 $1 \sim n$ のすべての積を n の **階乗**（かいじょう）といい，$n!$ と書く．

$$n! = n(n-1)(n-2)\cdots 3\cdot 2\cdot 1$$

なお，0 の階乗を次のように定義しておく．

$$0! = 1$$

$n!$ は $n \geq 0$ の整数について定義されている．

いくつかのものを順序付けて1列に並べたものを **順列** という．異なる n 個から r 個とる異なる順列の数を $_n\mathrm{P}_r$ と書く．

$$_n\mathrm{P}_r = n(n-1)(n-2)\cdots(n-r+1) = \frac{n!}{(n-r)!}$$

$$_n\mathrm{P}_n = n!$$

順列は，$A = \{a_1, a_2, \ldots, a_n\}$ として，A の要素を1回だけ用いて構成する r 項組 $(x_1, x_2, \ldots, x_r), x_i \in A$, である．第1成分の選び方は n 通り，第2成分は第1成分で選んだ要素以外の要素であれば何でもよいから $n-1$ 通り，$\cdots$，第 r 成分は $n-(r-1)$ 通り，となる．積の法則より，これらのすべての積が $_n\mathrm{P}_r$ を与える．

たとえば，5つの記号 a, b, c, d, e の異なる順列①②③④⑤は，1つ目①が a〜e の 5通り選べて，2つ目②は1つ目で選んだものを除いて 4通り，$\cdots$ であるから，$5! = 5\times 4\times 3\times 2\times 1 = 120$ 通りある．

順列の最後を最初につなぐと **円順列** になる．異なる n 個からなる異なる円順列の数は，順列の1つ目の位置は任意で n 通りあるから，

$$\frac{_n\mathrm{P}_n}{n} = (n-1)!$$

となる．5人の人が5つの席からなる円卓に着くとき，席に着く異なった方法は，$5!/5 = 24$ 通りある．

重複を許す順列を **重複順列** という．異なる n 個から重複を許して r 個とる異なる重複順列の数は，r 個それぞれについて n 通りの可能性があるから，次のようになる．

$$n^r$$

たとえば，a, b の 2 種類から 3 個とる異なる重複順列は，

$$aaa, aab, aba, abb, baa, bab, bba, bbb$$

である．それぞれの位置で2通りずつ選べるから $2^3 = 8$ 通りある．

▶ [順列]

1組のトランプカードから順に5枚を抜き出して一列に並べるとき，5枚のカードの並べ方は，
$$_{52}\mathrm{P}_5 = 52\cdot 51\cdot 50\cdot 49\cdot 48$$
$$= 311875200$$
通りある．

▶ [円順列]

a, b, c, d, e の 5 つの異なる円順列は，a はどこへ置いても変わらないから，a を一番上に置いて，残りの 4 つは自由に置いてよい．これは b, c, d, e 4 つの順列と同じである．したがって，
$$4! = 4\times 3\times 2\times 1 = 24 \text{ 通り}$$
ある．

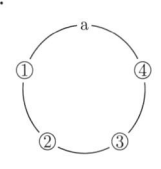

■ 組合せ

いくつかのものを取り出して，順序を考えないで集めたものを **組合せ** という．異なる n 個から r 個とる異なる組合せの数を $_nC_r$ と書く．

$$_nC_r = \frac{n!}{r!(n-r)!} = \frac{n(n-1)\cdots(n-r+1)}{r\cdots 2 \cdot 1}$$

n 個から r 個とった組合せで，その r 個の要素からなる順列を作ると，それは n 個から r 個とる順列となる．積の法則より $_nC_r \times r! = {_nP_r}$ となるから，$_nC_r = {_nP_r}/r!$ が得られ，上の表式が導ける．

$X = \{a, b, c, d\}$ の部分集合で大きさが 2 の部分集合は，4 個から 2 個とる組合せだから，

$$_4C_2 = \frac{4 \times 3}{2 \times 1} = 6 \text{ 通り}$$

ある．実際 $\{a,b\}, \{a,c\}, \{a,d\}, \{b,c\}, \{b,d\}, \{c,d\}$ の 6 通りである．

$_nC_r$ は右図の **パスカルの三角形** の n 段目の最左を 0 番目として r 番目と等しい．たとえば

$$_5C_2 = \frac{5 \cdot 4}{1 \cdot 2} = 10,$$
$$_5C_3 = \frac{5 \cdot 4 \cdot 3}{1 \cdot 2 \cdot 3} = 10$$

は $n=5$ 段目の $r=2$ と $r=3$ 番目である．

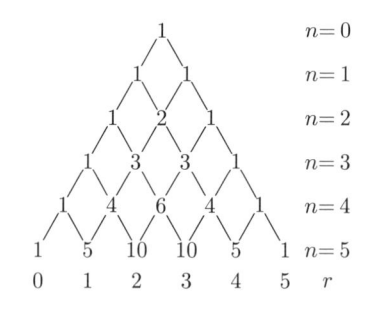

$_nC_r$ に次の関係が成立する．

$$_nC_0 = {_nC_n} = 1, \quad n \geq 0$$
$$_nC_{n-r} = {_nC_r}, \quad n \geq 0, \ 0 \leq r \leq n$$

次の展開公式を **2 項定理** という．

$$(a+b)^n = \binom{n}{0}a^n + \binom{n}{1}a^{n-1}b + \binom{n}{2}a^{n-2}b^2 + \cdots + \binom{n}{n-1}ab^{n-1} + \binom{n}{n}b^n$$

ただし，$\binom{n}{r}$ は **2 項係数** で，$\binom{n}{r} = {_nC_r}$ である．$_nC_r$ 自身も 2 項係数と呼ぶことがある．

$(a+b)^n$ は n 個の積 $(a+b) \cdot (a+b) \cdots (a+b)$ であるから，$a^{n-r}b^r$ の係数は n 個の因子から a を $n-r$ 個，b を r 個とる組合せの数だけあるから，$\binom{n}{r} = {_nC_r}$ となる．

この展開公式で $a=1, b=x$ とすると，

$$(1+x)^n = {_nC_0} + {_nC_1}x + {_nC_2}x^2 + \cdots + {_nC_n}x^n$$
$$= 1 + \frac{n}{1}x + \frac{n(n-1)}{1 \cdot 2}x^2 + \cdots + \frac{n(n-1)\cdots 2}{1 \cdot 2 \cdots (n-1)}x^{n-1} + x^n$$

【ブレーズ・パスカル】Blaise Pascal, 1623–1662 フランスの数学者，物理学者，哲学者，宗教思想家．早熟の天才．16 歳で「円錐曲線論」を著した．パスカルの原理を発見し，手回し式の計算機を発明した．気圧の単位 Pa（パスカル）は彼にちなむ．

▶[パスカルの三角形]
パスカルの三角形は，隣り合った 2 つの値を加えて次の段に書いて構成したものである．ただし，最上段を 1 とし，各段の左右の端については，上段の数をそのまま移して 1 とする．

▶[$_nC_r$ の関係式]
- $_nC_0 = {_nC_n} = 1, \ n \geq 0$
  これは定義から自明である．
- $_nC_{n-r} = {_nC_r}$ は
  $$_nC_{n-r} = \frac{n!}{(n-r)!r!}$$
  $$= {_nC_r}$$
  である．

▶[2 項定理]
$n=1$
  $(a+b)^1 = a+b$
$n=2$
  $(a+b)^2 = a^2 + 2ab + b^2$
$n=3$
  $(a+b)^3 = a^3 + 3a^2b + 3ab^2 + b^3$
$n=4$
  $(a+b)^4 = a^4 + 4a^3b + 6a^2b^2 + 4ab^3 + b^4$

が得られる．たとえば，$n=5$ とすると次の展開公式が得られる．
$$(1+x)^5 = 1+5x+10x^2+10x^3+5x^4+x^5$$
この展開公式で $x=1$ または $x=-1$ とおくと，次の関係を得る．
$$_nC_0 + {}_nC_1 + {}_nC_2 + \cdots + {}_nC_i + \cdots + {}_nC_n = 2^n, \quad n \geq 0$$
$$_nC_0 - {}_nC_1 + {}_nC_2 - \cdots + (-1)^i {}_nC_i + \cdots + (-1)^n {}_nC_n = 0, \quad n \geq 1$$

[例題] 赤いカードが6枚，黒いカードが4枚ある．同じ色のカードを区別しないとき，10枚のカードを一列に並べる異なった仕方は何通りあるか．

[解答] 一列に並んだ10個の位置のうち赤いカード6枚を置く位置を決めれば並べ方が1つ決まる．赤いカードを置く異なった配置は10個から6個選ぶ組合せであるから，${}_{10}C_6 = {}_{10}C_4 = \dfrac{10!}{(6!4!)} = \dfrac{10\cdot 9\cdot 8\cdot 7}{1\cdot 2\cdot 3\cdot 4} = 210$ 通り．■

▶ **[例題]**
10枚のカードの並べ方は

| 赤 | 赤 | | 赤 | 赤 | | 赤 | 赤 | |

のように赤いカードを配布する方法で決まる．

同じものをいくつか含むものから作られる順列を考える．たとえば，3種類の記号 a, b, c があり，a が p 個，b が q 個，c が r 個，計 $n=p+q+r$ 個とし，n 個の a, b, c を一列に並べて順列を構成する．異なる順列は，
$$\frac{n!}{p!q!r!}$$
通りある．

たとえば9個の記号 a, a, b, b, b, c, c, c, c から作られる順列を考えよう．順列の例は bccbacbac である．$a_1, a_2, b_1, b_2, b_3, c_1, c_2, c_3, c_4$ からなる順列は $9!$ 通りある．それぞれの順列について，a_1, a_2 を入れ換えたものは $2!$ 通り，b_1, b_2, b_3 を入れ換えたものは $3!$ 通り，c_1, c_2, c_3, c_4 を入れ換えたものは $4!$ 通りある．もとの順列はこれらを区別しない．したがって，a, a, b, b, b, c, c, c, c から作られる異なった順列は，$\dfrac{9!}{2!3!4!}$ となる．

3項の和のベキ乗の展開式を考える．たとえば3乗のベキは，
$$(a+b+c)^3 = a^3+b^3+c^3$$
$$+3a^2b+3a^2c+3ab^2+3ac^2+3b^2c+3bc^2+6abc$$
となる．一般に，$(a+b+c)^n$ を展開したとき，$a^pb^qc^r$，$p+q+r=n$，の項の係数は $\dfrac{n!}{p!q!r!}$ で与えられる．

一般に，k 項からなる和の n 乗を展開した公式を **多項定理** という．$k=2$ の多項定理は2項定理と一致する．

[例題] $(a+b+c)^9$ を展開したとき，$a^2b^3c^4$ の項の係数を求めよ．

[解答] $k=3$ の多項定理で，$n=9$，$p=2$，$q=3$，$r=4$ とすると，
$$\frac{9!}{2!3!4!} = 1260$$
である．■

▶ **[例題]**
$f=(a+b+c)^9$ は，$(a+b+c)$ の9個の積である．1つの因子を○で表すと，f は9個の○の順列
$$f = ①②③④⑤⑥⑦⑧⑨$$
である．f をすべて展開するとき，1つの項は，9個の○の中からそれぞれ a あるいは b あるいは c を選んで掛け合わせたものになる．

$a^2b^3c^4$ の同類項は，9個の因子から a を2個，b を3個，c を4個選んだ項である．この同類項の数は，2個の a，3個の b，4個の c を①〜⑨に並べた異なる順列の数に等しくなる．これは，$9!$ 通りの順列のうち，

a を入れ換えた順列 $2!$ 通り，
b を入れ換えた順列 $3!$ 通り，
c を入れ換えた順列 $4!$ 通り

を区別しないから，
$$\frac{9!}{2!3!4!} = 1260$$
となる．

▶[帰納法]
　帰納法は，個々の具体的な例から，より一般的な命題を導く方法のことである．数学的帰納法では，$P(1)$ から順に $P(2), P(3), \cdots$ の成立を示すことによって，一般的な命題 $P(n)$ を示す．

▶[演繹と帰納]
　知識を獲得する方法は，大きく分けると2通りある．
　演繹的方法は，基本となる知識（数学では公理や定理）から論理的に知識を導く方法である．数学や物理学などの体系的知識はこのような演繹的知識の体系である．
　帰納的方法は，多数の具体的な知識（事実の集合）を共通の性質によって分類し，抽象化した新しい知識を得る方法である．物理学における基本知識，たとえば運動方程式は，膨大な実験データや観測から帰納的に得られたものである．
　数学的帰納法は，帰納的手法による演繹的証明法である．

■ 数学的帰納法

　数学的帰納法 は，自然数 n に依存する命題 P_n が任意の自然数 n について成立することを証明する方法の1つである．

(1) [初期段階]　$n=1$ のとき P_1 が成立する．

(2) [帰納段階]　$n=k$ のとき P_k が成立すると仮定すると，
$$n=k+1 \text{ のとき } P_{k+1} \text{ が成立する．}$$

(3) [結論]　　任意の n について P_n が成立する．

数学的帰納法では，個々の n について P_1 から始めて順に $P_1, P_2, \ldots, P_n$ の成立を示すことで，任意の n について P_n が成立することを示す．帰納段階で「P_k が成立する」と仮定するが，これを **帰納法の仮定** という．

[例題]　1から引き続く n 個の奇数の和が n^2 となることを示せ．

[解答]　$S_n = 1+3+\cdots+(2n-1)$ と置く．$S_n = n^2$, $n=1,2,3,\ldots$ を証明する．

(1) $n=1$ のとき，$S_1 = 1$, $n^2|_{n=1} = 1$, よって，$S_1 = 1^2$ が成立する．

(2) $n=k$ のとき，$S_k = k^2$ が成立すると仮定する．
$n=k+1$ のとき，
$S_{k+1} = S_k + (2(k+1)-1) = k^2 + 2k + 1 = (k+1)^2$, $n^2|_{n=k+1} = (k+1)^2$,
よって，$S_{k+1} = (k+1)^2$ が成立する．

(3) 以上より，任意の n について $S_n = n^2$ が成立する． ■

　数学的帰納法の基本は，命題 P_{k+1} を証明するのに1つ前の証明の済んでいる P_k を帰納法の仮定として同じ証明手続きを繰り返し使う，という帰納的段階にある．証明すべき命題より前に証明の済んでいる命題 $P_1, P_2, \ldots, P_k$ を帰納法の仮定としてもよい．これは **累積帰納法** と呼ばれる．

■ 漸化式

　数列 $a_1, a_2, \ldots, a_n, \ldots$ が **等差数列** とすると，この数列は初項 a に公差 d を次々加えて得られるから，次のように表すことができる．

$a_1 = a,$
$a_n = a_{n-1} + d, \ n \geq 2$

この等差数列の一般項 a_n が次のように表せることは容易に分かる．

$a_n = a + (n-1)d, \ n \geq 1$

また，**等比数列** は，初項 a に公比 r を次々掛けて得るから，

$a_1 = a,$
$a_n = a_{n-1} r, \ n \geq 2$

と表せる．この一般項は次のように表せる．

$a_n = a r^{n-1}, \ n \geq 1$

▶[等差数列]
　初項 a, 公差 d の等差数列では，次の等式を辺々加えれば，一般項が容易に得られる．
$a_1 = a_1$
$a_2 = a_1 + d$
$a_3 = a_2 + d$
$\cdots\cdots$
$+) \ a_n = a_{n-1} + d$
$\overline{a_n = a_1 + (n-1)d}$

▶[等比数列]
　初項 a, 公比 r の等比数列は次の等式を辺々掛ければ，一般項が容易に得られる．
$a_1 = a$
$a_2 = a_1 \times r$
$a_3 = a_2 \times r$
$\cdots\cdots$
$\times) \ a_n = a_{n-1} \times r$
$\overline{a_n = a \times r^{n-1}}$

数列の第 n 項 a_n を a_{n-1} までの項で表した式を **漸化式**(ぜんかしき) という．漸化式には初期値が必要である．

漸化式で，数列 $a_1, a_2, \ldots, a_n, \ldots$ を定義するのに，初期値として a_1 を定義し，a_n を a_{n-1} を使って定義する．これは数学的帰納法の手続きと同じような形式になっている．このように帰納法の手続きにより定義することを **帰納的定義** という．漸化式は，数列の帰納的定義である．

数列 $a_1, a_2, \ldots, a_n, \ldots$ は，$f(1) = a_1, f(2) = a_2, f(3) = a_3$ などとみなすと，自然数の上で定義された関数 $f(n) = a_n$ である．たとえば等差数列の漸化式は $f(n) = a + (n-1)d$，等比数列では $f(n) = ar^{n-1}$ という関数を帰納的に定義している．漸化式は，関数の帰納的定義でもある．

次の漸化式

$$g(1) = 1,$$
$$g(n) = 2g(n-1) + 1, \ n \geq 2$$

で表される関数は数式で表せて $g(n) = 2^n - 1$ となる．この数式が正しいことは数学的帰納法で示せる．

(1) $n = 1$ のとき，$2^n - 1|_{n=1} = 1$ であるから，$g(1) = 1$ が成立する．
(2) $n = k$ のとき，$g(k) = 2^k - 1$ が成立すると仮定する．
    $n = k+1$ のとき，$g(k+1) = 2g(k) + 1 = 2(2^k - 1) + 1 = 2^{k+1} - 1$
    であるから，成立する．
(3) 以上より，任意の n について $g(n) = 2^n - 1$ が成立する．

n 段の階段を上がるとき，一歩で1段上がる方法と2段上がる方法を組合せると何通りかの方法がある．すべて1段あるいは2段で上る方法を含めて，n 段を上る異なった上り方の数を $F(n)$ とする．関数 $F(n)$ を帰納的に定義しよう．n 段目にくる直前は $n-1$ 段目か $n-2$ 段目にいて，前者なら1段上り，後者なら2段上りで n 段目に到達したはずである．よって，

$$F(n) = F(n-1) + F(n-2), \ n \geq 3$$

となる．初期値は $n = 1$ と $n = 2$ の 2 つが必要である．

$$F(1) = 1, \ F(2) = 2$$

この漸化式は **フィボナッチ数列** と呼ばれている有名な数列を生成する．初めのいくつかの項は $1, 2, 3, 5, 8, 13, \ldots$ である．フィボナッチ数列は，自然科学や工学のなかでもしばしば現われる数列である．

▶[関数 g]
関数 g の帰納的定義
$g(1) = 1,$
$g(n) = 2g(n-1) + 1, \ n \geq 2$
から，
$g(2) = 2 \cdot g(1) + 1 = 3$
$g(3) = 2 \cdot g(2) + 1 = 7$
$g(4) = 2 \cdot g(3) + 1 = 15$
$g(5) = 2 \cdot g(4) + 1 = 31$
　　　………
が得られる．一般項は
$g(n) = 2^n - 1$
である．

▶[階段の上がり方]

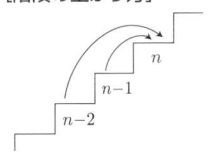

▶[フィボナッチ数列]
$F(1) = 1,$
$F(2) = 2$
$F(n) = F(n-1) + F(n-2)$
から，
$F(3) = F(1) + F(2) = 3$
$F(4) = F(2) + F(3) = 5$
$F(5) = F(3) + F(4) = 8$
　　　………
を得る．一般項は演習問題で与える．

フィボナッチ数列としては，$F(0) = 1$ から始める．これは階段登りでは階段の手前の床に相当する．この場合は，
$1, 1, 2, 3, 5, 8, \ldots$
となる．

【レオナルド・フィボナッチ】
Leonardo Fibonacci 1170 頃–1240 頃 イタリアの数学者．本名は，レオナルド・ダ・ピサ（ピサのレオナルド）といい，フィボナッチは「ボナッチの息子」を意味する愛称である．『アバクスの書』(1202) を著してアラビア数字による筆算法を紹介した．この中で例として紹介したのが「フィボナッチ数列」である．

■ 数式を帰納的に定義する

数式にはさまざまあるが，ここでは次のような加法 + と乗法 × の演算からなる簡単な数式を考えよう．以下の考え方は任意の数式に共通である．

$$(1+2) \times 3 + 4$$

簡単のため，すべての項の数は共通の記号で x と書くことにすると，

$$(x+x) \times x + x$$

となる．それぞれの x は任意の数に置き換えることができる．同じ記号を使っても $x(+)x\times+xx$ は正しい数式ではない．数式は，$x, +, \times, (,)$ の記号を正しい形式で並べる必要がある．正しい数式の形式を定義しよう．

数式 $(x+x) \times x$ は，○ $\times x$ の○の部分へ数式 $x+x$ にカッコ ( ) をつけて挿入したものである．一般に，数式の項には任意の数式が入りうる．数式の一部が数式であるという構造は，数式の帰納的特徴を表している．帰納的構造をもったものは帰納的に定義するのが分かりやすい．

[数式の帰納的定義]
(1) x は数式である．
(2) P, Q が数式ならば，$(P+Q)$ および $(P \times Q)$ も数式である．
(3) 以上の手続きによって得られるものだけが数式である．

なお，この数式定義では

$$(((x \times x) + x) + ((x+x) \times x))$$

のようにカッコを多数含んだ数式が得られる．この数式は通常は

$$x \times x + x + (x+x) \times x$$

と表す．これは，乗算記号 × は加算記号 + より優先し，同じ優先順位の演算は左方を優先する，それによって表せない場合はカッコを付けて演算順序を表す，という数式の解釈規則に従っているからである．この数式定義では，この解釈規則からみると冗長なカッコが付いている．

■ 帰納的アルゴリズム

漸化式で定義された関数，帰納的に定義された関数は，一般項が n の数式で表せるとは限らない．一般には，n の数式だけでは表せない関数も漸化式で定義できる．その場合，任意の $n = k \ (\geq 2)$ に対して $f(k)$ の値を，$n = 2$ から始めて $n = 3, 4, \ldots$ と順に関数値を計算することによって，求めることになる．これは $f(k)$ の計算手順を示しているとみなすことができる．関数の帰納的定義は，その関数を計算する手順を表している．

▶[数式表現の記号 x]
ここでの数式において，任意の数を表す記号 x は，通常の数式表現における変数 x とは異なっていることに注意．たとえば，

$$x + x$$

は $2x$ を意味するわけではない．x は任意の数を表すことができるので，$x+x$ は $2+2$ ばかりではなく，$3+2$, $123+45$ などの数式を代表する数式である．

▶[数式の帰納的定義]
この帰納的定義から，任意の数式が導ける．
たとえば，
$(((x+x)\times x)+(x\times x))$ を導く．
1. $P=x, Q=x$ として，$(P+Q)$ より $(x+x)$
2. $P=(x+x), Q=x$ として，$(P\times Q)$ より $((x+x)\times x)$
3. $P=x, Q=x$ として，$(P\times Q)$ より $(x\times x)$
4. $P=((x+x)\times x), Q=(x\times x)$ として，$(P+Q)$ より $(((x+x)\times x)+(x\times x))$．

アルゴリズム は，簡単に言えば，ある処理をするときの明示的な手順，処理手続きである．処理手続きはいくつかの処理の連鎖であり，処理単位の系列からなる．関数の帰納的定義は関数の計算手順を帰納的に示している．帰納的に定義された計算手順を **帰納的アルゴリズム** という．

■ ユークリッドの互除法

ユークリッドの互除法(ごじょほう) は，繰り返し相互に割り算（除算）して剰余（余り）を求め，最大公約数を求めるもので，古くから知られている代表的な帰納的アルゴリズムである．

2つ以上の自然数が共通の約数をもつとき，その約数を **公約数** という．1以外に公約数をもたない2つの自然数は **互いに素**(そ) である，という．一般に，公約数は複数あり，最大の約数が **最大公約数**（GCD）である．すべての公約数は最大公約数の約数である．なお，2つ以上の自然数の共通の倍数を **公倍数** という．**最小公倍数**（LCM）は最小の公倍数で，すべての公倍数は最小公倍数の倍数である．

自然数 m, n の最大公約数を返す関数を $\mathrm{GCD}(m, n)$ と表そう．$\mathrm{GCD}(1620, 4644)$ をユークリッドの互除法で求める．次々に割り算して余りを求め，最後に割り切れたときの除数が求める最大公約数である．

まず，小さい方の1620で4644を割ると商2で余り1404を得る．次に1404で1620を割ると商1で余り216となる．216で1404を割ると商6で余り108を得る．108で216を割ると割り切れる．このときの除数108が最大公約数である．

$$\mathrm{GCD}(1620, 4644) = 108$$

以上の計算手続きを一般化すると，次のようなアルゴリズムとなる．なお，記号 $<=$ は左辺の変数に右辺の値を代入する意味である．

[ユークリッドの互除法のアルゴリズム]

2つの自然数を $m, n\ (m > n)$ とする．

1. （初期設定） $x <= m,\ y <= n$ とする．
2. （帰納的処理）
   2.1 （余り計算） x を y で割った余り r を求める．
   2.2 （終了判定） $r = 0$ ならば停止，このときの y が $\mathrm{GCD}(m, n) = y$．
   　　　　　　　 $r \neq 0$ ならば，まず $x <= y$，次に $y <= r$ として，
   　　　　　　　 2. の帰納的処理を繰り返す．

【ユークリッド】 ラテン語名：Euclides（エウクレイデス），英語名：Euclid 紀元前330年頃–紀元前260年頃 古代ギリシアの数学者，天文学者．当時の数学的知識を幾何学の形で整理した13巻の書物である『原論』（幾何学原論）の著者といわれる．

▶ **[最大公約数と最小公倍数]**
$m = 36$ と $n = 24$ の最大公約数 GCD と最小公倍数 LCM は，$36 = 2^2 \times 3^2$，$24 = 2^3 \times 3$ だから，
$\mathrm{GCD}(36, 24) = 2^2 \times 3 = 12$
$\mathrm{LCM}(36, 24) = 2^3 \times 3^2 = 72$
である．

```
         1620 | 4644
              | 3240  (- 2
    1 -) 1404 | 1404
          216 | 1296  (- 6
    2 -)  216 |  108
            0
```

▶[ハノイの塔]

ハノイの塔のパズルはフランスの数学者 E・リュカ (Edouard Lucas) が 1883 年に提案したパズルゲームであると言われている. 彼はこのパズルに次のような「伝説」を付与した.

インドのガンジス河畔のベナレスに世界の中心である聖堂があり, そこに 3 本のダイヤモンドの棒が立てられていて, そのうちの 1 本に 64 枚の黄金の円盤が大きい円盤から順に挿されている. 聖堂の仙人が休みなく円盤を他の棒に移していて, 円盤を全部移し終えると世界は滅ぶ, というのである.

■ ハノイの塔 (発展課題)

ハノイの塔のパズルとは次のようなものである. 図のように, A, B, C の 3 本の棒の 1 本に, 中心に穴のあいた大小 n 枚の円盤が大きい方から順に挿してある. 同じ大きさの円盤はない. 一番上の円盤は自由に他の棒に移動できる. n 枚の円盤を A の棒から B の棒へ移し替えるのが問題である. ただし, 1 回に 1 枚しか移動できないし, 各円盤の上にそれより大きい円盤は置けない.

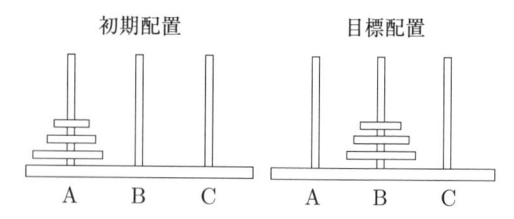

初期配置　　目標配置

A B C　　A B C

1. #1 を A から B へ
2. #2 を A から C へ
3. #1 を B から C へ
4. #3 を A から B へ
5. #1 を C から B へ
6. #2 を C から B へ
7. #1 を A から B へ

[$n = 3$ 枚の最短手順]

円盤に小さい方から #1, #2, #3, ... と番号を付け, 3 本の棒には A, B, C と名前を付ける. 簡単のため, まず $n = 3$ の場合を検討しよう. 円盤の移し方はいろいろあるが, 最短手順は上右図の 1〜7 になる. 図の手順をよく見てみると, 1〜3 で (#1, #2) を A から C へ, 次に 4 で #3 を A から B へ, 最後に, 5〜7 で (#1, #2) を C から B へ, 移している.

簡単のため, n 枚のパズルの解の手順をまとめて Hanoi(n, A, B) と書こう. これは n 枚の円盤を A から B へ移す手順で, Hanoi(3, A, B) = "(#1〜#3) を A から B へ" である. "(#1, #2) を A から C へ" は Hanoi(2, A, C) などと表せるから, 結局,

Hanoi(3, A, B) = [Hanoi(2, A, C), "#3 を A から B へ", Hanoi(2, C, B)]

となる. 手順 Hanoi の中に, また Hanoi があるが, これを再帰的であるという. Hanoi(2, A, C), Hanoi(2, C, B) を同じようにしてさらに分解すると Hanoi(1, A, B) などがでてくるが, それは "#1 を A から B へ" を表している. 全部書き下ろしてみると, 全体としては 3 枚の最短手順と同じ手順が得られる.

▶[ハノイの塔のアルゴリズム]

Hanoi(3, A, B) として, ハノイの塔の帰納的アルゴリズムの (1) と (2) を適用する.

```
Hanoi(3, A, B)       ← (2)
=Hanoi(2, A, C)      ← (2)
    #3 を A から B へ
    Hanoi(2, C, B)
=Hanoi(1, A, B)      ← (1)
    #2 を A から C へ
    Hanoi(1, B, C)   ← (1)
    #3 を A から B へ
    Hanoi(1, C, A)
    #2 を C から B へ
    Hanoi(1, A, B)   ← (1)
=#1 を A から B へ
    #2 を A から C へ
    #1 を B から C へ
    #3 を A から B へ
    #1 を C から A へ
    #2 を C から B へ
    #1 を A から B へ ■
```

以上を円盤の枚数 n について一般化する. 帰納的表現で表そう.

(1) Hanoi(1, x, y) = #1 を x から y へ
(2) Hanoi(n, x, y) = [Hanoi($n-1$, x, z),
　　　　　　　　　　　　　#n を x から y へ,
　　　　　　　　　　　　　Hanoi($n-1$, z, y)], $n \geq 2$

A, B, C の棒が入れ換わりたちかわり出てくるので, 簡単のため, x, y, z で A, B, C のどれかの棒を表し, 互いに異なる棒を表す.

ハノイの塔のパズルの最短解手順は Hanoi(n, A, B) として, この手順を帰納的に適用すればよい. これはハノイの塔のパズルを解くプログラムである. このプログラムは, 問題をより小さい問題に分割し, その小さくなった問題を同じ手順で解く.

なお, Hanoi(n, A, B) の手順数を $h(n)$ とすると, $h(n)$ は A, B などの棒に依存しないから, 上の帰納的な Hanoi の定義から $h(n)$ の帰納的定義が得られる.

$$h(1) = 1, \ h(n) = 2h(n-1) + 1$$

この一般項は, $h(n) = 2^n - 1$ となる (59 ページの関数 $g(n)$).

⟨帰納的アルゴリズム⟩

アルゴリズムは情報科学分野では普通に使われることばであるが，一般にはなじみの薄いことばである．簡単に言えば，**アルゴリズム** はある処理をするときの明示的な手順，処理手続きである．処理手続きはいくつかの処理の連鎖であり，処理単位の系列からなる．コンピュータの命令を処理単位として処理の系列を明示的に表したものが **コンピュータ・プログラム** である．

アルゴリズムの例として分かりやすいのは料理のレシピである．たとえば，カレーを作るには，野菜や肉，カレールーなどの材料を用意して，ニンジンや玉葱をザク切りにし，肉と一緒にして鍋で煮る．煮上がったらルーを入れ，…．このように手順はいくつかの処理単位の系列で表されている．この処理単位"ニンジンを切る"のは，洗って，まな板の上にのせ，包丁で適当な大きさに切る…，という，より細かい処理単位の手順になる．さらに，ニンジンを洗うには，蛇口のカランをひねって水を出して，…，という，さらに細かい処理単位からなっている．また，献立は，ライス，カレー，野菜サラダ，飲み物などから構成する．カレーをつくるという料理のアルゴリズムはより上位の献立のアルゴリズムの処理単位となる．

一般に，アルゴリズムは階層的な概念である．アルゴリズムを構成する処理単位自身もアルゴリズムとなっている．**帰納的アルゴリズム** は，処理単位の1つにそのアルゴリズム自身を用いているアルゴリズムである．たとえば，関数の帰納的定義 $f(n) = 2f(n-1) + 1$ は，関数値 $f(n)$ を計算するのにその関数自身 $f(n-1)$ を使う．一般にはこれを **再帰** という．帰納的定義では引数の n が段々小さくなっていって，$n = 1$ になると初期値を使って終るが，これを停止条件という．再帰的定義では必ずしも n が減少するとは限らないから，$f(n)$ の計算に $f(n)$ を使うということもできる．そうすると，それは循環的になるから計算が終わらないことがある．また，帰納的であっても停止条件が決して実現しない場合には計算が終了しない．そうすると，そのプログラムは止らずに暴走してしまう！

[4 章のまとめ]

この章では，
1. 系統的な数え上げの基本的な方法と帰納法について学んだ．
2. 有限集合の数え上げで基本となる順列，組合せの考え方を学んだ．
3. 規模の小さい問題から大きい問題へ順に数え上げる帰納法の考え方を学んだ．
4. 発展課題として，帰納的手法による定義やアルゴリズムについて学んだ．

4章　演習問題

[演習1]☆　次の問に答えよ.
(1) 0〜4の数字をすべて使ってできる5桁の偶数はいくつあるか. ただし, 0は最上位には置けない.
(2) ある試験では8問の出題があり, そのうちの4問からは2問が選択必須で, 全部で4問選択しなければならない. 解答する問題を選ぶ仕方は何通りあるか.

[演習2]☆　次の問に答えよ.
(1) 白い玉4個と赤い玉6個がある. この玉のうち6個を一列にならべるとき, 異なる順列の数は何通りあるか. ただし, 同じ色の玉は区別しないとする.
(2) 赤い玉4個, 白い玉3個, 青い玉2個, 黒い玉1個を一列に並べるとき, 異なった順列は何通りあるか. 同じ色の玉は区別しないとする.

[演習3]☆　次の問に答えよ.
(1) 初項5, 公差-2の等差数列の一般項と, 第n項までの和を求めよ.
(2) 等差数列において, 項数nと初項a, 末項bとが与えられているとき, この等差数列の第n項までの和を求めよ.
(3) 初項1, 公比$r(\neq 1)$の等比数列の第n項までの和を求めよ.
(4) 数列$\{a_n\}$の階差数列$\{b_n\}$, $b_n = a_{n+1} - a_n$が次のように定義されているとき, $\{a_n\}$の一般項を求めよ.
$$a_1 = 1,\ b_n = n+1,\ n \geq 1$$

[演習4]☆　次の数の組の最大公約数をユークリッドの互除法により求めよ.
(1) $(31611, 7967)$　　(2) $(7539, 22978)$　　(3) $(77616, 267540)$

[演習5]☆　2項係数について次の性質が成立することを示せ.
(1) $_{n+1}C_r = {}_nC_{r-1} + {}_nC_r$　ただし, $k < 0$ or $k > m$ならば${}_mC_k = 0$とする.
(2) ${}_nC_0 + {}_nC_2 + {}_nC_4 + \cdots = {}_nC_1 + {}_nC_3 + {}_nC_5 + \cdots = 2^{n-1},\ n \geq 1$

[演習6]☆☆　次の問に答えよ.
(1) $(2x - 3y - z)^7$の$x^2 y^3 z^2$の項の係数を求めよ.
(2) $(2x^2 + x - 4)^5$のx^5の項の係数を求めよ.

[演習7]☆☆　次の問に答えよ.
(1) 相異なる9枚のカードがある. これを, A, B, Cの3人それぞれに2, 3, 4枚配付するとき, 異なった配付方法は何通りあるか.
(2) 相異なる9枚のカードを3つの山に3枚ずつ分ける方法は何通りあるか.

[演習8]☆☆　次のことを数学的帰納法で証明せよ.
(1) 任意の$n \geq 1$に対し, $n^3 + 5n$は6で割り切れる.
(2) $1 \cdot 1! + 2 \cdot 2! + 3 \cdot 3! + \cdots + n \cdot n! = (n+1)! - 1$

[演習9] ☆☆ フィボナッチ数列を次のように帰納的に定義する．問に答えよ．
$$a_1 = 1,\ a_2 = 1,\ a_n = a_{n-2} + a_{n-1},\ n \geq 3$$
(1) $a_3 \sim a_8$ を定義から求めよ．
(2) 一般項が次のようになることを，数学的帰納法で証明せよ．
$$a_n = \frac{\phi^n - (-\phi)^{-n}}{\sqrt{5}}$$
ただし，$\phi = \dfrac{1+\sqrt{5}}{2}$ で，$(-\phi)^{-1} = -\dfrac{1}{\phi} = \dfrac{1-\sqrt{5}}{2}$ である．

[演習10] ☆☆ 和の演算は $x+y$ と書くが，演算記号を2つの項の間に置くので **中置記法** という．演算記号を2つの項の前に置いて $+\,x\,y$ と書く方法もある．これを **前置記法** という．演算記号を2つの項の後ろに書いて $x\,y\,+$ とするのを **後置記法** という．中置記法では $(1+2) \times (3+4)$ とカッコを使って表すが，前置記法では $\times + 1\ 2 + 3\ 4$，後置記法では $1\ 2 + 3\ 4 + \times$ とカッコを使わずに書くことができる．次の問に答えよ．
(1) 前置記法の数式 $+ \times + 5\ 4\ 3\ 2$ を計算せよ．
(2) 後置記法の数式 $5\ 4 + 3 \times 2 +$ を計算せよ．
(3) 加法 $+$ と乗法 $\times$ の演算だけでなる正しい前置記法の数式と後置記法の数式とを，それぞれ帰納的に定義せよ．ただし，数の項は共通の記号 x で表す．

[演習11] ☆☆☆ $(x+1)^n$ の2項展開を利用して，次の関係式を証明せよ．
$$ {}_nC_1 + 2\,{}_nC_2 + \cdots + i\,{}_nC_i + \cdots + n\,{}_nC_n = n2^{n-1},\ n \geq 1$$

[演習12] ☆☆☆ 次の問に答えよ．
(1) 同じボールが6個ある．これを3つに組分ける仕方は何通りあるか．各組は1つ以上のボールを含むとする．
(2) 同じボールが6個ある．これを A, B, C の3つの箱に入れる仕方は何通りあるか．各箱には1つ以上のボールを入れるとする．
(3) $x_1 \sim x_4$ を非負整数として，$x_1 + x_2 + x_3 + x_4 = 6$ の解は何通りあるか．

[演習13] ☆☆☆ 白と黒のボールを一列に並べて作る長さ $n\ (\geq 1)$ の順列で，黒いボールが2個以上続けて並ばない順列を考える．
(1) $n = 1, 2, 3, 4$ のとき，それぞれ，何通りあるか．
(2) 長さ n の異なる順列の数を a_n として，数列 $\{a_n\}$ の漸化式を求めよ．

[演習14] ☆☆☆ 数式を書くとき何組かのカッコの対を入れ子にして使う．カッコは $(\ )$ だけとし，数式からカッコ以外のものを除去してカッコだけ残した記号列を考える．たとえば，$(()())()$ は4組のカッコからなる．
(1) $n = 1, 2, 3$ 組のカッコで，異なるカッコ配置はそれぞれ何通りあるか．
(2) $n = 4$ 組のカッコのときは，何通りあるか．
(3) $n = 5$ 組のカッコのときは，何通りあるか．

[解1] (1) 偶数で最上位が 0 でない順列の集合は，$A =$ 最下位が $0, 2, 4$ の順列の集合, $B =$ 最上位が 0 で最下位が $2, 4$ の順列の集合とすると，求めるものは $n(A) - n(B)$.

$n(A) = {}_4P_4 \times 3 = 72, \ n(B) = {}_3P_3 \times 2 = 12,$

よって, $72 - 12 = 60$ 個.

(2) 解答すべき 4 問のうち 2 問は選択必須 4 問から選ぶが，残りの 2 問はどれから選んでもよいから，

$${}_4C_2 \times {}_6C_2 = \frac{4 \cdot 3}{2 \cdot 1} \times \frac{6 \cdot 5}{2 \cdot 1} = 6 \times 15 = 90 \text{ 通り}$$

[解2] (1) 6 個の玉の組合せは (白, 赤) $= (0, 6), (1, 5), (2, 4), (3, 3), (4, 2)$ の 5 通りある．これを一列に並べる方法は，それぞれ ${}_6C_0 = 1, {}_6C_1 = 6, {}_6C_2 = 15, {}_6C_3 = 20, {}_6C_4 = 15$ 通りで，計 $1 + 6 + 15 + 20 + 15 = 57$ 通り.

(2) 赤 4, 白 3, 青 2, 黒 1, の計 10 個からなる順列だから, $\dfrac{10!}{4!3!2!1!} = 12600$ 通りある.

[解3] (1) 一般項は $a_n = 5 + (-2)(n-1) = 7 - 2n$ である．具体的には $5, 3, 1, -1, -3, -5, -7, \ldots$ である．第 n 項までの和を $A_n = a_1 + a_2 + \cdots + a_n$ とすると, $A_n = 7 \times n - 2 \times S_n$, ただし, $S_n = 1 + 2 + \cdots + n$, と表すことができる.
$1 \sim n$ の和は, $S_n = \dfrac{n(n+1)}{2}$ であるから, $A_n = 7n - n(n+1) = 6n - n^2$ ∎

〈補足〉S_n の公式は，次のようにして得ることができる.

$S_n = 1 + 2 + \cdots + n$ と，和の順序を入れ換えた $S_n = n + \cdots + 2 + 1$ を項ごとに加えれば,

$$S_n + S_n = \begin{array}{c} 1 + 2 + \cdots + (n-1) + n \\ +n + (n-1) + \cdots + 2 + 1 \end{array}$$
$$= (n+1) + (n+1) + \cdots + (n+1) + (n+1) = (n+1) \times n$$

となるから, $S_n = \dfrac{n(n+1)}{2}$ である.

(2) 公差を d とすると，数列は $a, a+d, \ldots, b-d, b$ である. $S_n = a + (a+d) + \cdots + (b-d) + b$ と，和の順序を入れ換えた $S_n = b + (b-d) + \cdots + (a+d) + a$ を，(1) の〈補足〉のように，項ごとに加えて, $S_n = (a+b) \times \dfrac{n}{2}$.

(3) $S_n = 1 + r + r^2 + \cdots + r^{n-1}$ とおくと, $rS_n = r + r^2 + r^3 + \cdots + r^n$ である．辺々引き算すると，左辺 $= S_n - rS_n = (1-r)S_n$, 右辺 $= 1 - r^n$ となるから, $S_n = \dfrac{1 - r^n}{1 - r}$

(4) b_n の定義から, $b_n + b_{n-1} + b_{n-2} + \cdots + b_1 = a_{n+1} - a_1 = a_{n+1} - 1$ となる．この左辺は初項 2, 末項 $n+1$, 項数 n の等差数列 $\{b_n\}$ の和で, (2) の結果から,

$$b_n + b_{n-1} + b_{n-2} + \cdots + b_1 = (n+1) + n + (n-1) + \cdots + 2 = (n+3) \cdot \frac{n}{2}$$

となる．よって,

$$a_{n+1} = (b_n + b_{n-1} + b_{n-2} + \cdots + b_1) + 1 = \frac{n(n+3)}{2} + 1 = \frac{n^2 + 3n + 2}{2} = \frac{(n+2)(n+1)}{2}$$

[解4]

(1)
```
       31611 | 7967
    3 -)23901|
        7710 | 7710 (- 1
   30 -) 7710| 257
           0 |
```

(2)
```
       7539   22978
             22617 (- 3
   20 -)7220   361
        319   319 (- 1
    7 -) 294    42
         25    25 (- 1
    1 -) 17    17
          8    16 (- 2
                1
```

(3)
```
       77616   267540
              232848 (- 3
    2 -)69384  34692
         8232  32928 (- 4
    4 -) 7056   1764
         1176   1176 (- 1
    2 -) 1176    588
            0
```

以上より,
(1) 257
(2) 1
(3) 588

[解5] (1) $r=0$ のときは，$_{n+1}C_0 = {}_nC_0 = 1$ である．$r=n+1$ のときは，$_{n+1}C_{n+1} = {}_nC_n = 1$ である．$1 \leq r \leq n$ のときは，
$$_nC_{r-1} + {}_nC_r = \frac{n!}{(r-1)!(n-r+1)!} + \frac{n!}{r!(n-r)!} = \frac{n!r}{r!(n-r+1)!} + \frac{n!(n-r+1)}{r!(n-r+1)!} = \frac{(n+1)!}{r!(n-r+1)!} = {}_{n+1}C_r$$

(2) $n \geq 1$ として，2項展開公式
$$(x+1)^n = {}_nC_0 + {}_nC_1 x + {}_nC_2 x^2 + {}_nC_3 x^3 + {}_nC_4 x^4 + {}_nC_5 x^5 + \cdots$$
において，$x=1$ とおくと
$$2^n = {}_nC_0 + {}_nC_1 + {}_nC_2 + {}_nC_3 + {}_nC_4 + {}_nC_5 + \cdots$$
である．また，$x=-1$ とおくと，
$$0 = {}_nC_0 - {}_nC_1 + {}_nC_2 - {}_nC_3 + {}_nC_4 - {}_nC_5 + \cdots = ({}_nC_0 + {}_nC_2 + {}_nC_4 + \cdots) - ({}_nC_1 + {}_nC_3 + {}_nC_5 + \cdots)$$
よって，${}_nC_0 + {}_nC_2 + {}_nC_4 + \cdots = {}_nC_1 + {}_nC_3 + {}_nC_5 + \cdots = 2^{n-1}$, $n \geq 1$ が成立する．

[解6] (1) 多項定理より，$\frac{7!}{2!3!2!} \cdot (2x)^2 (-3y)^3 (-z)^2 = -7 \cdot 6 \cdot 5 \cdot 2^2 \cdot 3^3 = -22680$

(2) x^5 の項は，$(x^2)^2 \cdot x$, $x^2 \cdot (x)^3$, $(x)^5$ の3通りから得られる．定数項は x^0 の項であるから，多項定理よりそれぞれ，$\frac{5!}{2!1!2!} \cdot (2x^2)^2 (x)(-4)^2 = 1920 x^5$, $\frac{5!}{1!3!1!} \cdot (2x^2)(x)^3(-4) = -160 x^5$, $\frac{5!}{5!} \cdot (x)^5 = x^5$,
よって，$1920 - 160 + 1 = 1761$

[解7] (1) これは，カードを9個の一列に並んだ箱と見立て，A, B, C を3色のボールとしてそれぞれ 2, 3, 4 個あるとき，箱に1つずつボールを入れる仕方の数である．A が2個，B が3個，C が4個からなる異なる順列の数と同じで，
$$\frac{9!}{2!3!4!} = 1260$$

(2) 3つの山を A, B, C とすると，9枚を A, B, C に3枚ずつ配付するのは (1) と同様に考えて $\frac{9!}{3!3!3!} = 1680$ 通りある．この問題では A, B, C の山を区別しないから，A, B, C の順列の数 $3!$ で割って $\frac{9!}{3!3!3!3!} = 280$ 通り．

[解8] (1) 命題 $P(n)$: "$n^3 + 5n$ は 6 で割り切れる" を数学的帰納法で証明する．
  a) (基本段階) $n=1$ のとき，$n^3 + 5n = 1 + 5 = 6$ であるから，6 の倍数であり，$P(1)$ は成立する．
  b) (帰納段階) $n=k$ のとき，$P(k)$ が成立し，$k^3 + 5k$ が 6 で割り切れるとする（帰納法の仮定）．
   $n = k+1$ のとき，$(k+1)^3 + 5(k+1) = (k^3 + 5k) + (3k^2 + 3k + 6) = (k^3 + 5k) + 3k(k+1) + 6$
     この第1項は帰納法の仮定より 6 の倍数，第3項も 6 の倍数である．
     任意の k に対して $k(k+1)$ は偶数で 2 の倍数であるから，第2項も 6 の倍数である．
     よって，$n = k+1$ のとき，$P(k+1)$ が成立する．
  c) (結論) 以上より，任意の n について $P(n)$ が成立するから，$n^3 + 5n$ は 6 で割り切れる．∎

(2) a) $n=1$ のとき，左辺 $= 1 \cdot 1! = 1$, 右辺 $= 2! - 1 = 1$ だから，左辺=右辺である．
  b) $n=k$ のとき，$1 \cdot 1! + 2 \cdot 2! + 3 \cdot 3! + \cdots + k \cdot k! = (k+1)! - 1$ が成立すると仮定する（帰納法の仮定）
   $n = k+1$ のとき，帰納法の仮定より，
   $$\text{左辺} = 1 \cdot 1! + 2 \cdot 2! + 3 \cdot 3! + \cdots + k \cdot k! + (k+1)(k+1)!$$
   $$= ((k+1)! - 1) + (k+1)(k+1)! = (k+1)!(1 + (k+1)) - 1$$
   $$= (k+2)(k+1)! - 1 = (k+2)! - 1 = \text{右辺}$$
  c) 以上より，任意の n について，$1 \cdot 1! + 2 \cdot 2! + 3 \cdot 3! + \cdots + n \cdot n! = (n+1)! - 1$ が成立する．∎

[解 9] (1) $a_3 = a_2 + a_1 = 1+1 = 2$, $a_4 = a_3 + a_2 = 2+1 = 3$, $a_5 = a_4 + a_3 = 3+2 = 5$, $a_6 = a_5 + a_4 = 5+3 = 8$, $a_7 = a_6 + a_5 = 8+5 = 13$, $a_8 = a_7 + a_6 = 13+8 = 21$

(2) a) $n=1$ のとき，$a_1 = \left\{ \dfrac{(1+\sqrt{5})}{2} - \dfrac{(1-\sqrt{5})}{2} \right\} \dfrac{1}{\sqrt{5}} = 1$, $n=2$ のとき，$a_2 = \left\{ \dfrac{(1+\sqrt{5})^2}{4} - \dfrac{(1-\sqrt{5})^2}{4} \right\} \dfrac{1}{\sqrt{5}} = 1$

b) $n=k$ のとき，$a_k = \left\{ \dfrac{(1+\sqrt{5})^k}{2^k} - \dfrac{(1-\sqrt{5})^k}{2^k} \right\} \dfrac{1}{\sqrt{5}}$ が成立するとする．

$n=k+1$ のとき，$a_{k+1} = a_k + a_{k-1} = \left\{ \dfrac{(1+\sqrt{5})^k}{2^k} - \dfrac{(1-\sqrt{5})^k}{2^k} \right\} \dfrac{1}{\sqrt{5}} + \left\{ \dfrac{(1+\sqrt{5})^{k-1}}{2^{k-1}} - \dfrac{(1-\sqrt{5})^{k-1}}{2^{k-1}} \right\} \dfrac{1}{\sqrt{5}}$

$= \left\{ \dfrac{(1+\sqrt{5})^{k-1}(3+\sqrt{5})}{2^k} - \dfrac{(1-\sqrt{5})^{k-1}(3-\sqrt{5})}{2^k} \right\} \dfrac{1}{\sqrt{5}} = \left\{ \dfrac{(1+\sqrt{5})^{k+1}}{2^{k+1}} - \dfrac{(1-\sqrt{5})^{k+1}}{2^{k+1}} \right\} \dfrac{1}{\sqrt{5}}$

ここで，$(1+\sqrt{5})^2 = 2(3+\sqrt{5})$, $(1-\sqrt{5})^2 = 2(3-\sqrt{5})$ であることを利用した．
よって，$n=k+1$ のときも成立する．

c) 以上より，任意の n について，一般項が与式のように表せる．■
(なお，$\phi = \dfrac{1+\sqrt{5}}{2}$ は黄金比と呼ばれていて，古来，もっとも美しい比と考えられている数である．)

[解 10] (1) 演算順序をカッコで明示れば，$(+ (\times (+ 5\ 4)\ 3)\ 2) = (+ (\times 9\ 3)\ 2) = (+ 27\ 2) = 29$

(2) 同様に演算順序をカッコで明示して，$(\ (5\ 4\ +)\ 3\ \times)\ 2\ +) = (9\ 3\ \times)\ 2\ +) = (27\ 2\ +) = 29$

(3) 前置記法
a) x は数式である．
b) P, Q が数式ならば，$+ P\ Q$, $\times P\ Q$ も数式である．
c) 以上の手続きによって得られるものだけが数式である．
後置記法では b) が，$P\ Q\ +$, $P\ Q\ \times$ となる．いずれもカッコは不要である．

[解 11] 2項展開公式 $(1+x)^n = {}_nC_0 + {}_nC_1 x + {}_nC_2 x^2 + {}_nC_3 x^3 + \cdots + {}_nC_n x^n$ の両辺を x で微分すると，

$$n(1+x)^{n-1} = {}_nC_1 + 2{}_nC_2 x + 3{}_nC_3 x^2 + \cdots + n{}_nC_n x^{n-1}$$

が得られる．ここで，$x=1$ とおくと，証明すべき関係式が得られる．■

[解 12] (1) 6 個のボールを 3 つに分ける仕方は，$(4,1,1), (3,2,1), (2,2,2)$ の 3 通りある．

(2) 6 個のボールを 3 つに分割する仕方は (1) のように 3 通りある．A, B, C への割当てを (a, b, c) と表せば，1 つ目の分割については，a, b, c のうち 1 つが 4 であるから ${}_3C_1 = 3$ 通り．2 つ目については，a, b, c の順列の数だけあるから $3! = 6$ 通り，3 つ目は $a=b=c=2$ である 1 通り．以上より，$3+6+1 = 10$ 通り．(なお，これは，x_A, x_B, x_C を自然数として，$x_A + x_B + x_C = 6$ の自然数解の数と同じである．)

(3) 6 を 4 つに分割する方法は，$(6,0,0,0), (5,1,0,0), (4,2,0,0), (4,1,1,0), (3,3,0,0), (3,2,1,0), (3,1,1,1), (2,2,2,0), (2,2,1,1)$ の 9 通りある．$x_1 \sim x_4$ への割当て方法は，それぞれの分割について，

$\dfrac{4!}{1!3!} = 4$ 通り，$\dfrac{4!}{1!1!2!} = 12$ 通り，$\dfrac{4!}{1!1!2!} = 12$ 通り，$\dfrac{4!}{1!2!1!} = 12$ 通り，

$\dfrac{4!}{2!2!} = 6$ 通り，$\dfrac{4!}{1!1!1!1!} = 24$ 通り，$\dfrac{4!}{1!3!} = 4$ 通り，$\dfrac{4!}{3!1!} = 4$ 通り，$\dfrac{4!}{2!2!} = 6$ 通り

以上より，$4+12+12+12+6+24+4+4+6 = 84$ 通り．

[別解] 一般に，$x_1 + \cdots + x_n = r$, $x_i \geqq 0$ の整数解は ${}_{n+r-1}C_r$ 通りある（n 種から r 個とる重複組合せ）．$n=4, r=6$ のときは ${}_9C_3 = (9 \cdot 8 \cdot 7)/(3 \cdot 2 \cdot 1) = 84$ 通り．(任意の解は，r 個のボール ${}_0$ を一列に並べ，ボールの間に仕切り板 | を $n-1$ 枚挿入した順列で表せる．たとえば，$n=4, r=6$ の順列 ${}_{00}|{}_{000}||{}_0$ は $(2, 3, 0, 1)$ の解を表す．この順列は $n+r-1$ 個から $n-1$ 個とる組合せだけあるから，${}_{n+r-1}C_{n-1} = {}_{n+r-1}C_r$ 通りとなる．)

[解 13] 白黒のボールをそれぞれ w, b で表し，順列を w, b の文字列で表す．
(1) $n=1$：w, b の 2 通り　　$n=2$：ww, wb, bw の 3 通り　　$n=3$：www, wwb, wbw, bww, bwb の 5 通り，
$n=4$：wwww, wwwb, wwbw, wbww, wbwb, bwww, bwwb, bwbw の 8 通り

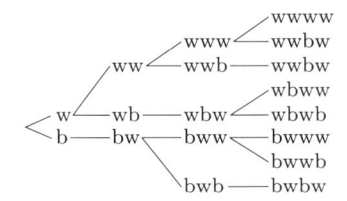

(2) w と b を一列に並べて作る順列を S で表して，S の後ろに w あるいは b を付けた 1 だけ長い順列を Sw, Sb と表す．a_n 個の順列のうち w で終わっている順列の数を w_n 個，b で終わっている順列の数を b_n 個とすると，$a_n = w_n + b_n$ である．長さ n の順列 S から長さ $n+1$ の順列を作るとき，S が w で終わっていれば Sw, Sb はともに長さ $n+1$ の順列であるが，S が b で終わっていれば Sw だけが長さ $n+1$ の順列である．

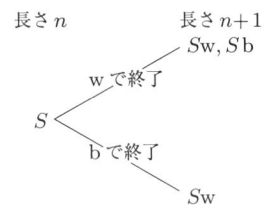

したがって，$w_{n+1} = w_n + b_n$, $b_{n+1} = w_n$ である．よって，$w_{n+1} = a_n$, $b_{n+1} = w_n = a_{n-1}$ となるから，$a_{n+1} = w_{n+1} + b_{n+1} = a_n + a_{n-1}$ が得られる．$a_1 = 2$, $a_2 = 3$ である．

[解 14] (1) $n=1$：() の 1 通り，$n=2$：(()), ()() の 2 通り，$n=3$：((())), (()()), (())(), ()(()), ()()() の 5 通り

(2) 系列を 1 つずつ挙げていくと間違うことが多い．ここでは次のように考えよう．

"(" に $+1$, ")" に -1 を対応させ，カッコの系列を数列 $\{a_i\}$, $a_i \in \{+1, -1\}$, $i = 1 \sim 2n$ で表す．n 組の左右のカッコが入れ子になっている条件は，$s_k = a_1 + \cdots + a_k \geq 0$, $k = 1 \sim 2n$ で，$s_{2n} = 0$ である．

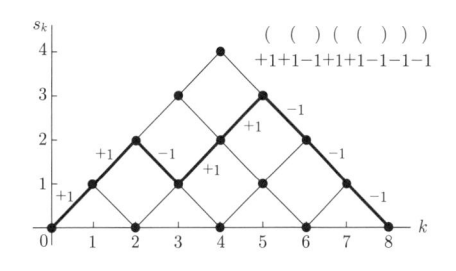

$n = 4$ のときこれを k-s_k 平面上でグラフに表すと，図のような上半面の格子上を $(0,0)$ から $(8,0)$ へ至る 1 つの径路が 1 つのカッコの系列に対応することが分かる．

n のときの径路の総数を C_n とする．$C_1 = 1$, $C_2 = 2$, $C_3 = 5$ である．

両端（$k = 0, 2n$）以外は $s_k \neq 0$ となる径路の総数は，図の横軸を 1 だけ上方に平行移動すれば分かるように，C_{n-1} と一致する．

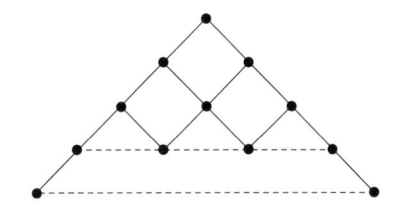

$n = 4$ のときの径路の総数を，場合分けを行って数え上げる．

case 1. 両端以外は $s_k \neq 0$ となる径路の数は C_3

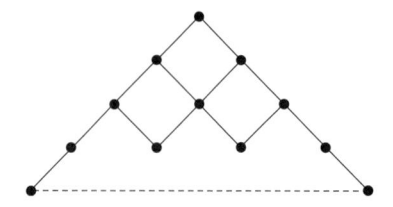

case 2. $k = 2$ で $s_k = 0$ となる径路の数は，右側の $k = 2\sim 8$ までの径路の数と等しいから C_3

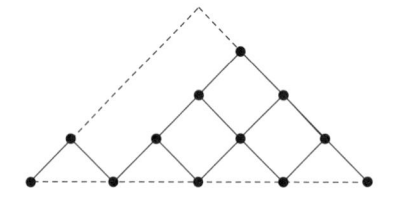

case 3. $k = 4$ ではじめて $s_k = 0$ となる径路の数は，左側は C_1，右側は C_2，よって $C_1 \times C_2$

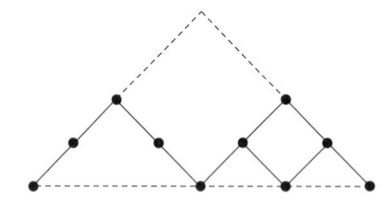

case 4. $k = 6$ ではじめて $s_k = 0$ となる径路の数は，左側は C_2，右側は C_1，よって $C_2 \times C_1$

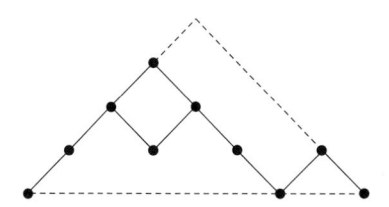

以上の 4 つの場合で $n = 4$ の径路は尽されているから，$C_4 = C_3 + C_3 + C_1 \times C_2 + C_2 \times C_1 = 14$ 通り．

(3) 同様に，$n = 5$ のときの径路の総数を数え上げると，$C_5 = C_4 + C_4 + C_1 \times C_3 + C_2 \times C_2 + C_3 \times C_1 = 42$ 通り．

なお，以上のことを一般化すると，次のように表せる．

C_n の漸化式：$C_0 = 1$，$C_1 = 1$，$C_n = \sum_{k=1}^{n} C_{k-1} C_{n-k}$，

この解は $C_n = \dfrac{{}_{2n}\mathrm{C}_n}{n+1}$，ただし，${}_{2n}\mathrm{C}_n$ は 2 項係数である．C_n はカタラン数と呼ばれている．

5章　数の体系

[ねらい]

　この章は，おもに整数を対象に，数と数の演算の体系について基礎的な知識を整理するのが目的である．数と加減乗除の四則演算は初級学校以来の算数・数学の基礎的な分野を構成している．離散数学の分野でも数とその体系は重要で，特に自然数や整数に関する演算は，基礎的な分野を構成している．

　四則演算は実数の集合において実行できる．対象とする数を自然数に限ると，加法と乗法の二則演算のみ可能である．負の数を含む整数まで拡張すると，さらに減法が定義できるから，三則演算が可能になる．有理数は2つの整数の比であるが，四則演算だけならば有理数の範囲でも可能である．実数まで拡張しても四則演算の性質は同じである．

　この章では，高校数学Aで学んだ数とその演算の性質などを手掛かりとして，数の体系について基礎的な知識を学ぶ．

[この章の項目]

数
記数法
循環小数
基数の変換
10^4進法での加算と乗算
2進法での加算と乗算
数の四則演算
素数と約数

■ 数

自然数 は $1, 2, 3, \ldots$ である．1つ，2つなどと「数える」ときに使うが，自然数のこの機能を **基数**(きすう) という．基数としての自然数には大小関係がある．1番目とか第2とかの順序付けに使うときは **序数**(じょすう) である．計算するのは基数としての自然数である．基数としての自然数を拡張した **整数** は，自然数と 0 および負の数 $-1, -2, -3, \ldots$ からなる．整数は数直線上に表すと **離散的** である．

2つの整数 p, q ($q \neq 0$) の比 p/q が **有理数** である．整数は有理数の一部である ($q = 1$ のとき)．有理数を数直線上に表すと，数直線上にビッシリと存在する．これを，有理数は **稠密**(ちゅうみつ) であるという．これは任意の2つの異なる有理数の間に第3の有理数が存在することを意味する．実際，2つの有理数を a, b とすれば，$(a+b)/2$ は a と b の間の有理数である．数直線上では有理数は離散的ではない．しかし，3ページの図で示したように，正の有理数 p/q を，縦方向に p の値，横方向に q の値をとって平面的に並べると，離散的に表すことができる．

▶ [稠密性]

有理数が数直線上で稠密であることは，本文中で示したように，異なる2つの有理数 a, b に対して，
$$c = (a+b)/2$$
が a と b の間の有理数であることから想像できる．

無理数が稠密であることを同じ方法で示そうとすると，うまくいかない．たとえば，
$$a = 2 - \sqrt{2},\ b = \sqrt{2}$$
とすると，a, b はともに無理数であるが，
$$c = (a+b)/2 = 1$$
となるから，c は無理数ではない．無理数の稠密性は別の方法によって示す必要がある．（無理数の表現方法，たとえば 10 進位取り記法で循環しない無限小数表現，を利用する必要がある．）

数直線上には有理数でない数も存在し，それを **無理数** という．有理数は数直線上に稠密に存在するが，実際には「隙間」があり，その隙間に無理数が存在するのである．無理数も稠密に存在し，任意の2つの異なる無理数の間には第3の無理数が存在する．しかし，これを直接示すのは有理数の場合ほど易しくはない．

実数 は有理数と無理数からなる．任意の実数は数直線上の点で表され，数直線上の任意の点は実数に対応する．実数のこの性質を **連続性** という．実数は連続的な性質をもっているので，有理数とは異なって離散的に扱う方法はない．離散の世界では，実数は有理数で近似して表す．本書は離散数学を対象としているが，必要に応じて実数にもふれよう．

$\sqrt{2}$ が無理数であることは高校でも証明した．指数表現では $\sqrt{2} = 2^{1/2}$ で，指数は有理数である．指数を無理数にしよう．指数関数は指数を任意の実数に拡張して定義する．さて，$a = (\sqrt{2})^{\sqrt{2}}$ は，実数であるのは確かだとして，有理数か無理数かどっちなのだろうか．$a^{\sqrt{2}} = (\sqrt{2})^{\sqrt{2} \times \sqrt{2}} = (\sqrt{2})^2 = 2$ である．実は a が有理数か無理数かは分かっていない（著者は知らない）が，このことは指数が無理数でも結果が有理数になることがあることを示している．円周率の $\pi = 3.14159\cdots$ や自然対数の底 $e = 2.71828\cdots$ は無理数であることが証明されているが，ほとんどの無理数については，それが無理数であることを証明するのはやっかいである．

■ 記数法

数を「123」などと書く．これは **10進位取り記法** あるいは簡単に **10進法** と呼ばれる数の表現方法，**記数法** である．正確にいえば 10 進法と 10 進位取り記法は同じではない．「百二十三」は 10 進法であるが位取り記法ではない．10 進位取り記法は，10 を単位に記号列における位置（桁位置）の意味を決め，記号と位置の組合せで数の大きさを決める．そのため空位を表す **零** 0 という記号が欠かせない．この 10 のことを **基数** という．

位取り記法の 3123 では，左端の 3 は三千，右端の 3 は単なる三を表している．これは次のように基数 10 のベキ乗で表すことができる．

$$3123 = 3 \times 10^3 + 1 \times 10^2 + 2 \times 10^1 + 3 \times 10^0$$

この数の表現を基数 10 による **ベキ表現** という．なお，$10^0 = 1$, $10^1 = 10$, $10^2 = 100$ などである．

位取り記法では，小数点 . を使って，1 より小さい数を **小数** として表す．たとえば，0.3056 は次のようになる．

$$0.3056 = 3 \times 10^{-1} + 0 \times 10^{-2} + 5 \times 10^{-3} + 6 \times 10^{-4}$$

なお，$10^{-1} = 1/10 = 0.1$, $10^{-2} = 1/100 = 0.01$ などである．

2 以上の自然数 n を基数とした n 進法は n を単位にした数え方で，n 進位取り記法は n 以上になると次の桁に繰り上がる記法である．n 進位取り記法では $0 \sim n-1$ の n 個の数字記号を使う．たとえば，12 個で 1 ダース，12 ダースで 1 グロス，とするのは 12 進法である．60 秒で 1 分，60 分で 1 時間，とするのは 60 進法である．

3 進法では $0, 1, 2$ の 3 つの数字記号を使って表す．

$$2012_{(3\text{進法})} = 2 \times 3^3 + 0 \times 3^2 + 1 \times 3^1 + 2 \times 3^0$$

右辺は，基数 3 によるベキ表現である．この数を 10 進位取り記法で表すには，右辺を 10 進法で計算すればよい．

$$2012_{(3\text{進法})} = 2 \times 27 + 0 \times 9 + 1 \times 3 + 2 \times 1 = 59_{(10\text{進法})}$$

小数は，たとえば，次のように表せる．

$$2.012_{(3\text{進法})} = 2 \times 3^0 + 0 \times 3^{-1} + 1 \times 3^{-2} + 2 \times 3^{-3}$$

この右辺のベキ表現を実際に 10 進法で数値計算すると，無限小数となる．

2 進法では，0 と 1 の 2 つの数字記号を使う．

$$101011_{(2\text{進法})} = 1 \times 2^5 + 1 \times 2^3 + 1 \times 2^1 + 1 \times 2^0 = 32 + 8 + 2 + 1 = 43_{(10\text{進法})}$$

$$0.101_{(2\text{進法})} = 1 \times 2^{-1} + 1 \times 2^{-3} = 1/2 + 1/8 = 0.5 + 0.125 = 0.625_{(10\text{進法})}$$

2 進位取り記法で有限小数の数は，10 進法でも有限小数となる．2 進位取り記法は，コンピュータによる数の表現の基本である．

▶ [基数]

数える機能としての「基数」と記数法の「基数」とは同じ言葉を使っているが，英語では異なった言葉である．

前者は「cardinal number」の訳語で，「基本的な数」の意味である．

後者は「base」の訳語で，「基礎数」「基底」の意味である．指数関数や対数で使われる「底」も同じ base である．

なお，「序数」は「ordinal (number)」の訳語で，「順序を表す数」の意味である．

▶ [n 進法]

一般に，n 進位取り記法は簡単に n 進法と呼ばれることが多い．

歴史的には，1/3 など日常的に使う数が簡単に表せる基数 n が使われてきた．

$n = 12$ は，$2, 3, 4, 6$ を約数にもつから，12 進法では日常的にしばしば使われる 2 等分，3 等分，4 等分，6 等分という計算が簡単になる．たとえば，$10_{(12\text{進法})} = 12_{(10\text{進法})}$ であるから，$10 \div 3 = 4_{(12\text{進法})}$ である．

60 進法も同様で，60 は $2, 3, 4, 5, 6$ をすべて約数として含むから，$2 \sim 6$ 等分の計算が簡単になるのである．実際，古代バビロニアなどで使われていた．しかし，60 進法では 1 桁の数だけでも 60 個の記号が必要であり，くさび形文字での表現など，さまざまに工夫されていたようである．

■ 循環小数

位取り記法で有限桁数の小数は **有限小数**，無限桁数のものは **無限小数** である．有理数は 2 つの整数の比で表される．10 進位取り記法では，たとえば 3/4 = 0.75 は有限小数で表せるが，1/3 は無限小数になってしまう．

$$1/3 = 0.3333\cdots_{(10 \text{進法})}$$

無理数も 10 進位取り記法ではすべて無限小数になる．無限小数で，小数点以下の部分のある範囲の数字列が無限に繰り返される無限小数は **循環小数** である．0.3333… は 1 桁の 3 が循環している．10 進位取り記法で無限小数となる有理数は必ず循環小数となる．逆に，循環小数はすべて有理数である．無理数は決して循環しない無限小数となる．ところで，10 進位取り記法で無限小数になる有理数 1/3 は，3 進位取り記法では有限小数となる．

$$1/3 = 0 + 1 \times 3^{-1} = 0.1_{(3 \text{進法})}$$

3 進法でも無理数は循環しない無限小数となる．

一般に，有理数は，ある適当な基数 n による位取り記法で有限小数となる．無理数は，任意の n 進位取り記法で循環しない無限小数となる．無理数は位取り記法では有限の長さの記号列では表せないので，途中で打ち切って近似値として扱うことになる．

なお，循環小数 0.3333… が 1/3 となることは，次のようにして示せる．まず，

$$0.3333\cdots = 0.3 + 0.03 + 0.003 + 0.0003 + \cdots$$

である．数列 0.3, 0.03, 0.003, 0.0003, … は，初項 $a = 0.3$，公比 $r = 0.1$ の等比数列である．初項 a，公比 r の等比数列の和は

$$a + ar + ar^2 + \cdots + ar^n = a(1 - r^{n+1})/(1 - r)$$

である．$|r| < 1$ のとき，$n \to \infty$ の極限で $r^{n+1} \to 0$ となるから，

$$a + ar + ar^2 + \cdots = a/(1 - r), \ |r| < 1$$

となる．$a = 0.3, r = 0.1$ とすると，

$$0.3333\cdots = 0.3/(1 - 0.1) = 1/3$$

である．この計算で $a = 0.9$ とすると，

$$0.9999\cdots = 0.9/(1 - 0.1) = 1$$

が得られる．これは，無限小数表現では，

$$1 = 1.0000\cdots = 0.9999\cdots$$

という 2 つの表現が等価であることを示している．

有限小数も 12.3 = 12.29999… などと表せるから，すべての実数は，0 だけが無限に続くということのない無限小数として表現できる．

▶ [循環小数の表現]
循環小数を表すのに，繰り返される範囲を「上点」で囲って表すことがある．たとえば，

$1.23333\cdots = 1.2\dot{3}$
$123.45678678678\cdots = 123.45\dot{6}7\dot{8}$

とする．もちろん，これは純粋な位取り記法ではない．

▶ [等比数列の和]
初項 $a = 1$，公比 r の等比数列の和

$$S = 1 + r + r^2 + \cdots + r^n$$

は，たとえば次のようにして得る．

$rS = r + r^2 + r^3 + \cdots + r^{n+1}$
$ = S - 1 + r^{n+1}$

であるから，

$$S(1 - r) = 1 - r^{n+1}$$

となるので，

$$S = (1 - r^{n+1})/(1 - r)$$

となる．

■ 基数の変換

ある基数による数値表現を，異なった基数での表現になおすことを，基数の変換という．ここでは2と10の基数の変換を考えるが，任意の基数の間の変換については，基数10による表現を経由するのが分かりやすい．

2進位取り記法で表された数を10進位取り記法表現に変換するのは容易であった．2を基数とするベキ表現を10進法で計算すればよい．

10進位取り記法の数を2進法表現に変換するには，次のようにする．たとえば $106.635_{(10進法)}$ を2進位取り記法で表現しよう．

まず，整数部分106を2進法に変換するには，106を2で割った余り0が1桁目，その商53を2で割った余り1が2桁目，以下，次々に商を2で割って，商が1になったら，余りを順に右から並べてもっとも左に最後の商を置けば2進記法の表現が得られる．

$106÷2=53$ 余り 0,　$2)\underline{106}$
$53÷2=26$ 余り 1,　$2)\underline{53} \cdots 0$
$26÷2=13$ 余り 0,　$2)\underline{26} \cdots 1$
$13÷2=6$ 余り 1,　$2)\underline{13} \cdots 0$
$6÷2=3$ 余り 0,　$2)\underline{6} \cdots 1$
$3÷2=1$ 余り 1,　$2)\underline{3} \cdots 0$
　　　　　　　　　　$1 \cdots 1$

$$106_{(10進法)} = 1101010_{(2進法)}$$

次に小数部分0.635を2進法に変換するには，0.635に2を掛けて得られる整数部分1を小数点以下1桁目とし，残りの小数部分0.27に2を掛けて得られる整数部分0が2桁目，以下，次々と残りの小数部分に2を掛けて得られる整数部分を小数点から右方向へ並べると小数部分が得られる．

$0.635×2=1+0.27$,
$0.27×2=0+0.54$,
$0.54×2=1+0.08$,
$0.08×2=0+0.16$, *
$0.16×2=0+0.32$, *
$0.32×2=0+0.64$, *
$0.64×2=1+0.28$, *
$0.28×2=0+0.56$, *
$0.56×2=1+0.12$, *
　　　$\cdots\cdots\cdots\cdots$
$0.52×2=1+0.04$, *
$0.04×2=0+0.08$, *
$0.08×2=1+0.16$,
　　　$\cdots\cdots\cdots\cdots$

$$0.635_{(10進法)} = 0.101000101\cdots_{(2進法)}$$

この場合は小数点以下が無限に続くので無限小数であるが，いずれ残りの小数部分は同じになるから得られる整数部分は循環するので，循環小数が得られる．実際に計算を続ければ分かるように，この場合は小数点以下4桁目から23桁目までの20桁（上の図で*印を付けた部分）の範囲で循環する．10進位取り記法で有限な小数0.635は2進位取り記法では循環小数になる．

以上をまとめると，結局，次のようになる．下線部が循環する．

$$106.635_{(10進法)} = 1101010.101\underline{00010100011110101110}\cdots_{(2進法)}$$

▶ [基数の変換]
10進位取り記法を n 進位取り記法へ変換する．

整数部分は，nによる割り算を次々行い，余りを右から並べていけばよい．これは，整数の n を基数とするベキ表現

$abcd_{(n 進法)}$
$= a×n^3+b×n^2+c×n+d$
$= ((a×n+b)×n+c)×n+d$

から明らかであろう．

小数部分は，n を次々掛けていって，整数部分を左から並べていけばよい．これも，小数の n を基数とするベキ表現

$0.abcd_{(n 進法)}$
$= a×n^{-1}+b×n^{-2}+c×n^{-3}$
$= n^{-1}(a+n^{-1}(b+n^{-1}\cdot c))$

から明らかである．

10進記法の有限小数を n 進記法に変換するとき，整数部分を除いて小数部分に次々 n を掛けていくと，残った小数部分はいずれ同じものが現れるから，そこから先は循環する．循環する前に小数部分が0となったら，そこで終了し，そのときは n 進法でも有限小数である．

■ 10^4 進法での加算と乗算

まず筆算の加算手順について確認しよう．計算前の準備として短い桁数の数の上位桁を 0 で埋めて（実際はわざわざ 0 を書かずに空白を 0 とみなす）桁数を揃える．基本となる計算は，各桁における 2 つの 1 桁の数と下からの繰上りとの加算である．繰上りがなければ 0 が繰り上がっているとみなし，最初の桁の計算でも 0 が繰り上がっているとみなせば，最右の桁から最左の桁まで順に同じ計算を繰り返せばよい．なお，図には加算時の繰上りも示してある．

```
        8526149   ←被加数
    +) 97537024   ←加数
         11 1  1  ←繰上り
      106063173   ←計算結果
```

いま，$10^4 = 1$ 万進法による記法を考える．そうすると，この場合の 1 桁は 0〜9999 を表すことになるから，1 万個の記号が必要である．これはちょっとやっかいなので，1 万個の記号の代わりに 1 万進法の 1 桁を 10 進 4 桁の数字で表そう．たとえば，1234 はそのままで 1 万進 1 桁であり，56 は 0056 として 4 桁にする．見掛けは 4 桁であるが，1 万進法でみると 1 桁，ということである．たとえば次のようになる．

$$8520149_{(10\text{ 進法})} = 0852\ 0149_{(1\text{ 万進法})}$$

1 万進法での桁の区切りに空白を挿入して表しているが，区切りは人が見やすくするためのものなので本質的ではない．見掛け上，10 進記法と 10^4 進記法は頭の 0 を除いてまったく同じ表現になる．一般に 10^n 進法による表現は，10 進法表現を n 桁ごとに区切っただけになっている．

4 桁の加算を電卓で行うと 4 桁ずつ足し算ができる．これは 10^4 進法で表された数の加算である．この 10^4 進法の加算は，見掛け上 10 進法の加算とまったく同じである．

乗算についても同様である．乗算では，乗数の 1 桁と被乗数との乗算と桁ずらしによる加算とが基本である．乗数 1 桁と被乗数との乗算は，1 桁×1 桁の掛け算の繰返しとその結果を桁ずらししながら加えることによって行う．

```
      0852 6149   ←被加数          7895   ←被乗数
   +) 9753 7024   ←加数         ×)   84   ←乗数
         1    1   ←繰上り         31580   ←7892×4
      1 0606 3173 ←計算結果       63160   ←7892×8
                                 663180   ←計算結果
```

▶[20 桁の加算]

　人は 2 つの 20 桁の数を加えることができる．しかし，ほとんどの電卓は 8 桁の表示であるから，8 桁を越える加算は行えない．ところで，人は実は 1 桁の計算だけ知っていて，それより大きい桁の数は筆算という手法で計算する．もちろん暗算でも行うが，それは筆算の手法を頭の中で実行している．

　「電卓」は 4 桁くらいの加算はごく簡単にできる．「電卓」を 10^4 進法 1 桁の加算を覚えている「人」だとみなそう．10 進 20 桁は 10^4 進法では 5 桁だから，その「人」は筆算の手法と組み合わせて 5 桁の加算をすることになる．

　実はコンピュータも同じである．演算装置としてはせいぜい 10 進で 10 数桁程度の加算しかできないが，筆算の手法と似た方法で，どんなに大きな桁の数でも足し算ができる．

10^4 進法の乗算も，計算の単位が 10 進 4 桁になっているだけで，10 進記法での乗算と同じ形になる．4 桁の乗算と加算を電卓で行うとよい．

一般の n 進法においても，n^m 進法による加算や乗算は m 桁をまとめて行う計算である．

```
            0946 4105 7328    ←被乗数
       ×)        7490 6281    ←乗数
                 4602 7168    ←7328×6281
            2578 3505         ←4105×6281
       0594 1826              ←0946×6281
            5488 6720         ←7328×7490
       3074 6450              ←4105×7490
  0708 5540                   ←0946×7490
            1    1            ←繰上り
  0708 9209 6343 4827 7168
```

▶[20 桁の乗算]

加算と同様に，人は 2 つの 20 桁の数を掛けることができる．人は 1 桁どうしの掛け算を覚えていて，筆算で計算する．（インド法では簡単に答を出すことがあるが，それはアルゴリズムに合理性がある．しかし，パッとみて計算結果が分かる人は，どのように計算しているかよく分からない．）

乗算では，電卓を 10^4 進法の乗算器とみなすのがよい．10 進 20 桁の乗算は 10^4 進法では 5 桁で，筆算の手法と組み合わせて 5 桁の掛け算することになる．

■ 2 進法での加算と乗算

2 進位取り記法でも同様である．基本となる 1 桁の加法は右の表のようになる．x は被加数，y は加数のそれぞれ 1 桁で，c は下からの繰上りである．x, y と c を加えた結果が 2 桁となるとき，2 桁目は次の桁への繰上りである．1 桁の和が 2 以上になると繰り上るので，2 進法での加算では繰上りが頻繁に起こる．

x	y	c	$x+y$
0	0	0	0
0	0	1	1
0	1	0	1
0	1	1	10
1	0	0	1
1	0	1	10
1	1	0	10
1	1	1	11

2 進位取り記法での乗算は，基本的には桁ずらしでの加算だけである．乗数の桁が 1 のときだけ桁ずらしをしながら被乗数をそのままコピーする．最後に和をとって，計算結果を得る．

```
       1101011011       ←被加数              11010011    ←被乗数
    +) 11110011001      ←加数             ×)    11001    ←乗数
       111   11 11      ←繰上り              11010011    ←乗数1桁目との積
       101011110100     ←計算結果            11010011    ←乗数4桁目との積
                                           11010011     ←乗数5桁目との積
                                         1010010011011  ←計算結果
```

▶[コンピュータでの乗算]

コンピュータでは整数は 2 進位取り記法で表すから，乗算はここで示したように桁ずらし（シフト）と加算だけで行える．

実数は近似値を扱うが，整数とは異なった表現方法（仮数と指数による表現）を使っているので，少々やっかいな計算方法となっている．

2 進法でもいくつかの桁をまとめて計算することができる．4 桁ずつならば $2^4 = 16$ 進法である．人にとっては 0,1 のままで 4 桁ずつ計算してもあまり効用はない．2 進 4 桁を 1 文字で表すのがよい．0000～1111 の 16 個を 0,1,2,…,9,A,B,C,D,E,F で表す．下図は上と同じ加算計算を 16 進法で行っている．

```
                           3    5    B
     11 0101 1011         11  0101 1010    ⇒    35B
  +) 111 1001 1001        111 1001 1001       +)799
     1                    7    9    9    1    ←繰上り
     1010 1111 0100                            AF4   ←計算結果
```

▶ [加減乗除と四則演算]

「加算」は足し算で「加法」ともいう．同様に，「減算」「減法」は引き算，「乗算」「乗法」は掛け算，「除算」「除法」は割り算である．

たとえば，加法を「和演算」あるいは単に「和」ともいう．同じように「減法」「乗法」「除法」を差，積，商ともいう．

しかしこれらは厳密には同じではない．たとえば，「減算」は単に引き算を意味し，差はその結果であるが，「減法」は引き算の法則（規則）である．

自然数では引き算は $m > n$ のときのみ可能で，$m \leq n$ ならば引き算はできない．これを，「自然数では減法は定義できない」という．

同様に，自然数では割り算は m が n で割り切れるときに限り可能であり，一般には余りがでるから「自然数では除法は定義できない」という．

ところで，有理数や実数でも除数 $= 0$ のときは割り算ができない．しかし，これは数の体系における基本的な性質であって例外ではないので，「有理数では除法が定義できる」という．

■ 数の四則演算

四則演算は加減乗除の演算である．加減乗除演算の結果が和差積商である．

四則演算の演算記号は

加算	$x + y$
減算	$x - y$
乗算	$x \times y$ あるいは $x \cdot y$ あるいは xy
除算	$x \div y$ あるいは x/y（ただし，$y \neq 0$）

などを適宜使う．乗算の演算記号 $\times$ は $\cdot$ とすることもあるが，しばしば省略して書かない．除算記号 $\div$ の代わりに $/$ を使うことが多い．

以下では，数の演算という面から，数の体系を考えよう．

[自然数の演算]

自然数 はもっとも基本となる数の体系である．任意の自然数について，加算と，加算の繰返しとして乗算ができるから，**加法** と **乗法** が定義できる．減算 $x - y$ は $x > y$ のときに限り行えるが，減法としては定義できない．減法は減算法則であって，このような例外を認めない．除算についても x が y で割り切れる場合だけ計算でき，それ以外では余り（剰余）が出るから，除法としては定義できない．自然数の世界では，加法と乗法が定義できる．

加法と乗法は 2 項演算であるが，演算の順序を入れ換えても同じ結果となる．これを **交換律（こうかんりつ）** という．

交換律　$x + y = y + x, \ xy = yx$

また，3 項の和 $(x + y) + z$ は $x + (y + z)$ と等しくなるが，これを加法の **結合律（けつごうりつ）** という．乗法の結合律も同様に成立する．

結合律　$(x + y) + z = x + (y + z), \ (xy)z = x(yz)$

結合律が成立するので，普通は $x + y + z, \ xyz$ とカッコを付けずに書く．

加法と乗法の混合した演算では **分配律（ぶんぱいりつ）**（乗法の加法に関する分配律）が成立する．

分配律　$x(y + z) = xy + xz$

また，1 は乗法において，任意の x に対し次の性質をもつ．このような数を **単位元（たんいげん）** という．

単位元　$1 \times x = x \times 1 = x$

[整数の演算]

自然数を **整数** まで拡張しよう．整数は，正の整数（自然数）と0および負の整数からなる．整数でも，交換律，結合律，分配律は成立し，1は単位元である．

まず，自然数に0を追加する．0は次の性質をもつ数で，**零元** という．

零元 $0 + x = x + 0 = x$

次に，**符号替え** を定義する．x の符号替えを x' として，次の性質

符号替え $x + x' = x' + x = 0$

をもつ．x の符号替えは $-x$ と書く．自然数を **正の整数** といい，自然数の符号替えを **負の整数** という．$x = 5$ の符号替えは $-x = -5$ である．負の整数の符号替えは，定義に従えば，正の整数である．$x = -5$ に対し $-x = -(-5) = 5$ である．0 の符号替えは，定義より $-0 = 0$ である．

減法 を符号替えの加算で定義する．任意の整数の減算が可能となる．

減法 $x - y = x + (-y)$

整数では，零元 0 について次の性質が成立することが示せる．

0 の性質 $x \times 0 = 0 \times x = 0$

これは分配律と符号替えの存在から示せる性質である（[演習 11]（1））．除算は自然数と同様に割り切れる場合だけ可能であるから，除法は定義できない．また，次の性質も示すことができる（[演習 11]（2））．

    $xy = 0$ iff $x = 0$ または $y = 0$

[有理数の演算]

整数での性質をできるだけ保ったまま演算を有理数まで広げることができる．有理数では加減乗除の四則演算がすべて定義でき，演算結果もすべて有理数となる．

任意の有理数 $x\ (\neq 0)$ について，次の関係を満たす逆数 x' が存在する．

逆数 $x \times x' = x' \times x = 1$

これを x^{-1} あるいは $1/x$ と書く．なお，上に示した0の性質は有理数でも成立するので，$x = 0$ については逆数が存在しない．

除法は，逆数の乗算として定義する．0 以外の任意の有理数について除算ができる．0 の逆数は存在しないから，0 による除算は定義できない．

除法 $x \div y = x \times y^{-1},\ y \neq 0$

▶ [減法・除法の性質]
減法と除法に関しては，交換律と結合律は成立しない．
- $x - y \neq y - x$,
- $(x - y) - z \neq x - (y - z)$
- $x \div y \neq y \div x$,
- $(x \div y) \div z \neq x \div (y \div z)$

▶ [0 の性質]
整数や有理数・実数では，0 の性質

$x \times 0 = 0 \times x = 0$

がある．このため，除法が定義できる有理数や実数であっても，0 による除算は定義できない．これは，除法の例外ではなく，数の体系として，もともと除法では 0 による除算がない．

▶ [iff]
if and only if の省略形（27ページ）．

▶ [演算の実数への拡張]
演算対象を連続濃度の実数まで拡張することができる．実数でも四則演算は同様に定義でき，以上の性質をすべて満足する．実数では四則演算以外の演算も様々に定義できる．たとえば，2 の平方根は有理数にはないが，実数まで広げると無理数 $\pm\sqrt{2}$ が定義できる．実数をさらに拡張すると平面上の点に対応する複素数が定義でき，同様の四則演算が可能になる．

■ 素数と約数

自然数（あるいは整数）においては除法は定義されないが，被除数 m が除数 n の倍数であるときは除算を実行できる．m は n で割り切れる．一般には余り（**剰余**）がでる．自然数 m が自然数 n で割り切れるとき，n を m の **約数**，m を n の **倍数** という．自然数 $M \,(\neq 1)$ が 1 と M 以外の約数をもたないとき，M は **素数** である．もっとも小さい素数は 2 である．

素数は分割できない（自身より小さい自然数 ($\neq 1$) で割り切れない）数であるため，古来人々の興味の対象となってきた．素数をもれなく求める方法 **エラトステネスのふるい** は，単純であるが現在知られている唯一の方法である．これは次の手順で N 以下の素数の一覧を得る方法である．

(0) $2 \sim N$ の数を書き出しておく．

(1) 最小の数 2 に○印を付け，残りの数で 2 の倍数に×印を付ける．

(2) 印の付いていない数の中で最小のものを選び○印を付け，残りの印の付いていない数でその数の倍数に×印を付ける．

(3) (2) の手順を，すべての数に印が付くまで繰り返す．

(4) 手順を終えたとき，○印の付いている数はすべて素数である．

実際には (2) の手順は $\sqrt{N}$ 以下の数について実行すればよく，終わったときに印の付いていない数は素数である．

素数でない 2 以上の自然数 m は，1 と m 以外の約数をもつ．そのような数 m を **合成数** という．合成数は素数の積で表すことができる．合成数を素数の積で表すことを **素因数分解** という．

2 つの自然数 m, n がもつ共通の約数を **公約数** という．1 は常に公約数で，最小の公約数である．最大の公約数を最大公約数といい，

m, n の最大公約数　　GCD(m, n)

と書く．また，m, n の共通の倍数を公倍数という．最小の公倍数を **最小公倍数** といい，次のように書く．

m, n の最小公倍数　　LCM(m, n)

なお，最大公約数が GCD$(m, n) = 1$ となるとき，m, n は **互いに素** であるという．

最大公約数は素因数分解を利用すれば簡単に得ることができる．しかし大きな数の場合には，素因数分解そのものがやっかいである．2 つの自然数の最大公約数を求めるには，4 章で紹介した **ユークリッドの互除法** を使う．ユークリッドの互除法は，帰納的アルゴリズムの代表である．

▶ [エラトステネスのふるい]

$N = 30$ までのエラトステネスのふるいで，3 までふるいに掛けたところ．

【エラトステネス】英語名：Eratosthenes，紀元前 275 頃–紀元前 195 頃 ヘレニズム時代のエジプト（アレキサンドリア）で活躍したギリシャ人の天文学者，地理学者，数学者．地球の大きさを初めて測定した．

〈数詞〉

　我々は自然数を日本語で読むが，これを 数詞 という．日本語の数詞は基本的には 10 進法となっていて，一，十，百，千，万である．1 万は 10^4 で，ここから先は 1 万倍ずつの呼称となっている．十万，百万，千万で，万々 10^8 が億，万億 10^{12} は兆である．その次は京で 10^{16} である．これを万進法という．上は一応 10^{48} の極まである．極はもっとも大きい数詞である．極の上にも名前が付いているが，あまり数の呼称らしくない．10^{52} を恒河沙，次は阿僧祇，那由多，不可思議，そして，10^{68} が無量大数で打ち止めである．恒河はインドのガンジス河，沙は砂の意で，ガンジス河の砂粒の数，というような意味である．インドは仏教の発祥の地で，知の聖地，浄土である．なお，極のあとは万万進法（億進法）とすることもあり，その方法では 10^{56} を恒河沙とし，以下 10^8 ごとの呼称として，無量大数は 10^{88} となる．同じ数詞でも解釈によって違った大きさになる．このような数詞は，中国から伝わって来たものに日本の考え方を加えて命名された呼称である．実用上ほとんど必要ないのに数詞の呼称が付けられているのは，昔の人の智恵の深さを示しているのだろう．

　1 より小さい数にも数詞が付けられている．10 進位取り記法の「0.1234」を日本語では「一分二厘三毛四糸」と表現する．普通に使われるのは「分」の 10^{-1}，「厘」の 10^{-2}，「毛」の 10^{-3}，「糸」の 10^{-4} までである．なお，しばしば「割」を 1/10 の意味で使うことがあるが，これは全体を 10 としたときの 1 を指す数詞である．野球で打率を「1 割 2 分 3 厘」などと表すが，これは「1.23 割」を意味する．10^{-5} 以下は「忽」「微」「繊」などと続く．それより小さい数詞はまず使うことはないが，もっとも小さい数詞は 10^{-24} の涅槃寂静である．小さい数の数詞は 10 進法で 1 つずつ命名されており，万進法のような組合せ数詞はない．もちろん「れい てん いち に さん よん ご」とも言うが，これは数詞の表現ではなく 10 進位取り記法の数を文字列として読んでいるだけである．

　欧米の言葉の数詞は 10 進法とは限らない．英語には 12 進法のなごりがある．フランス語は 4 = quatre, 10 = dix, 20 = vingt, 60 = soixante というが，70 = soixante-dix, 80 = quatre-vingts, 90 = quatre-vingt-dix である．60 進法のなごりではないか．また，欧米語では日本ほど大きな数の数詞はなく，いろいろ提案はあるが標準的なものはないようだ．

[5 章のまとめ]

　この章では，
1. 数とその四則演算の性質について，知識を体系的にまとめ直して学んだ．
2. 数の表現方法の 1 つである記数法について，考え方と性質を学んだ．
3. 加法と乗法の演算手続きと記数法の関係について学んだ．
4. 数の四則演算の体系的な性質，約数と素数について，改めて学んだ．

5章　演習問題

（必要に応じて電卓などを使うのがよい．）

[演習1]☆　次の記数法による数をそれぞれ指定された記法に基数を変換せよ．
  (1) $421_{(10進法)}$　　2進法で　　(2) $2719_{(10進法)}$　　3進法で
  (3) $2097151_{(10進法)}$　8進法で　(4) $10101011_{(2進法)}$　10進法で
  (5) $111000111_{(2進法)}$　3進法で　(6) $11000110100_{(2進法)}$　8進法で

[演習2]☆　次の問に答えよ．
  (1) 有理数 61/32 を2進法で表せ．
  (2) $28.9_{(10進法)}$ を2進法で表せ．循環小数のときは循環する部分も明示せよ．

[演習3]☆　英語のアルファベット A～Z 26文字を 0～25 に対応させると，アルファベットによる記号列で26進法位取り記法ができる．

A	B	C	D	E	F	G	H	I	J	K	L	M	N	O	P	Q	R	S	T	U	V	W	X	Y	Z
0	1	2	3	4	5	6	7	8	9	10	11	12	13	14	15	16	17	18	19	20	21	22	23	24	25

たとえば $\text{CBA}_{(26進法)} = 2 \times 26^2 + 1 \times 26 + 0 = 1378_{(10進法)}$ である．
  (1) 26進記法の $\text{ROBOT}_{(26進法)}$ を10進記法で表現せよ．
  (2) 10進記法の 233952 を26進記法で表せ．

[演習4]☆　次の問に答えよ．
  (1) ある数が2進位取り記法で有限小数ならば，10進位取り記法でも有限小数であることを示せ．
  (2) 10位取り記法で有限小数の数は，2進位取り記法では有限小数となるものも循環小数となるものもある．それぞれ例を示し，どんな場合に有限小数になるか答えよ．

[演習5]☆　素数一覧を得るエラトステネスのふるいについて，次の問に答えよ．
  (1) 本文中の手順(2)は，$\sqrt{N}$ 以下の数について実行すればよく，終了した時点で，印のついていない数もすべて素数である．その理由を説明せよ．
  (2) $N=100$ 以下の素数の一覧をエラトステネスのふるいにより作れ．

[演習6]☆　次の加算を行え．なお，16進法で使う数字記号は，0～9 と，10～15 をそれぞれ A～F で表した記号（A = 10, B = 11, C = 12, D = 13, E = 14, F = 15）とを使う．また，26進法は，[演習3]で説明した記法を使う．
  (1) $1101101 + 101011_{(2進法)}$　　(2) $2201211 + 10210112_{(3進法)}$
  (3) $51673054 + 7410536_{(8進法)}$　(4) $\text{E82F33} + \text{3C5D4F8}_{(16進法)}$
  (5) $\text{SUN} + \text{STAR}_{(26進法)}$　(6) $\text{ONEFOX} + \text{TOWDOGS}_{(26進法)}$

[演習7]☆　複素数は2つの実数 a,b からなる2項組 (a,b) とみなせる．虚数単位 i を使えば $(a,b) = a + ib$ である．複素数における四則演算を定義しよう．次の加法の定義にならって，残りの3演算について2項組の各成分を示せ．

加法：$(a_1, b_1) + (a_2, b_2) = (a_1+b_1, a_2+b_2)$
減法：$(a_1, b_1) - (a_2, b_2) =$
乗法：$(a_1, b_1) \times (a_2, b_2) =$
除法：$(a_1, b_1)/(a_2, b_2) =$

[演習8]☆☆　次の 10 進記法の数を [演習3] のように 26 進法で表し，適当な空白を挿入すると，ある英文になる．それを示せ．
　(1) 98051999　　　(2) 67828577616

[演習9]☆☆　位取り記法では，有限ならばどんな大きな数でも表現できる．電卓は 10 進位取り記法で数を表現するが，表示桁数より大きい桁数の数は扱えない．しかし，ちょっと工夫すると大きい桁数の計算も可能になる．実は，現在のコンピュータでも直接に扱える数の桁数は限りがある（普通のパソコンでは 10 進法で 10～15 桁程度である）．数十桁から数百桁の計算（ときには数千億桁もの計算）をするときには，同じように限られた桁数の計算手段を使って計算する．

8 桁の電卓 1 つでも任意桁数の加算や乗算ができる．もちろん，途中経過を残しておく必要があるから，適当な作業用のスペース（メモ用紙など）を使う．次の問に答えよ．
　(1) 次の 20 桁の足し算を，電卓を使ってできるだけ効率良く計算せよ．

　　　　9876,5432,1024,6801,3579 + 7630,9741,8525,8147,0369

　(2) ある人が次の 20 桁の掛け算

　　　　9876,5432,1024,6801,3579 × 7630,9741,8525,8147,0369

　をしたら，次のようになった．これには間違いが 3 ヶ所ある．それを指摘せよ．

　　　　7536,7746,2769,7996,9105,4978,7129,9744,7814,1651

[演習10]☆☆☆　n 以下の自然数で n と互いに素な自然数の数かず を $\overset{\text{ファイ}}{\phi}(n)$ とする．$n = 10800\ (= 2^4 \cdot 3^3 \cdot 5^2)$ について，

$$\phi(10800) = 10800\left(1 - \frac{1}{2}\right)\left(1 - \frac{1}{3}\right)\left(1 - \frac{1}{5}\right)$$

と表せることを示せ．

[演習11]☆☆☆　等式の両辺に同じ演算をしても等式が成立するという性質

　　　　$P = Q$ ならば $P + x = Q + x$, $P \times x = Q \times x$ である

に留意すると，整数（有理数や実数でも同様）における演算の基本的性質
　　加法の性質　　交換律 $(x + y = y + x)$，結合律 $((x + y) + z = x + (y + z))$，
　　　　　　　　零元 0 $(0 + x = x + 0 = x)$，符号替え $(x + (-x) = (-x) + x = 0)$
　　乗法の性質　　交換律 $(xy = yx)$，結合律 $((xy)z = x(yz))$，単位元 1 $(1 \times x = x \times 1 = x)$
　　分配律　　　　（積の和に関する）分配律 $(x(y + z) = xy + xz)$

から，次の性質が導けることを示せ．なお，乗法の性質「逆数の存在」は使わないこと．整数では一般には逆数は存在しない．
　(1) $x \times 0 = 0 \times x = 0$　　(2) $x \times y = 0$ ならば $x = 0$ または $y = 0$

[演習12]☆☆☆　次のことを証明せよ．
　(1) 2 つの自然数 m, n の最大公約数を D として，$D = mx + ny$ となる整数 x, y が存在する．
　(2) m, n が互いに素な自然数ならば，$mx + ny = 1$ となる整数 x, y が存在する．

84　5章　数の体系

[解1]　(1)
```
2) 421
2) 210 … 1
2) 105 … 0
2)  52 … 1
2)  26 … 0
2)  13 … 0
2)   6 … 1
2)   3 … 0
      1 … 1
```
$110100101_{(2進法)}$

(2)
```
3) 2719
3)  906 … 1
3)  302 … 0
3)  100 … 2
3)   33 … 1
3)   11 … 0
3)    3 … 2
      1 … 0
```
$10201201_{(3進法)}$

(3)
```
8) 2097151
8)  262143 … 7
8)   32767 … 7
8)    4095 … 7
8)     511 … 7
8)      63 … 7
        7 … 7
```
$7777777_{(8進法)}$

(4) $10101011_{(2進法)} = 2^7+2^5+2^3+2+1$
   $= 171_{(10進法)}$

(5) $111000111_{(2進法)}$
   $= 2^8+2^7+2^6+2^2+2+1$
   $= 455_{(10進法)} = 121212_{(3進法)}$

(6) 2進法表現を3桁ずつ区切れば8進法表現となるから，
   $11000110100_{(2進法)}$
   $= 11\ 000\ 110\ 100 = 3064_{(8進法)}$

[解2]　(1) $61/32 = 1 + 29/32$
   $29/32 \times 2 = 29/16 = 1 + 13/16$
   $13/16 \times 2 = 13/8 = 1 + 5/8$
   $5/8 \times 2 = 5/4 = 1 + 1/4$
   $1/4 \times 2 = 0 + 1/2$
   $1/2 \times 2 = 1$
   答 $1.11101_{(2進法)}$

(2) $28.9 = 28 + 0.9$, $28_{(10進法)} = 11100_{(2進法)}$
   $0.9 \times 2 = 1 + 0.8$
   $0.8 \times 2 = 1 + 0.6$
   $0.6 \times 2 = 1 + 0.2$
   $0.2 \times 2 = 0 + 0.4$
   $0.4 \times 2 = 0 + 0.8$　（以降は巡回する）
   答 $11100.1\underline{1100}_{(2進法)}$　（下線部が循環する）

[解3]　(1) $\text{ROBOT} = 17 \times 26^4 + 14 \times 26^3 + 1 \times 26^2 + 14 \times 26 + 19$
   $= 7768592 + 246064 + 676 + 364 + 19$
   $= 8015715_{(10進法)}$

(2)
```
26) 233952
26)   8998 … 4
26)    346 … 2
        13 … 8
```
答 13 8 2 4
ＮＩＣＥ$_{(26進法)}$

[解4]
(1) 数 a が2進位取り記法で小数点以下 n 桁の有限小数ならば，a は 2^n を分母とする有理数で表せる．したがって，$a \times 10^n = (a \times 2^n) \times 5^n$ は整数であるから，10進位取り記法でも有限小数である．

(2) $0.375 = 0.011_{(2進法)}$ であるが，$0.2 = 0.00110011\cdots_{(2進法)}$ は循環小数である．ある数が2進法で有限小数となるのは，m を任意の自然数として，その数が 2^m を分母とする有理数で表せるときに限る．10進法で小数点以下が n 桁の有限小数を a として，$a \times 2^n$ が整数となるならば，2進位取り記法で有限小数である．

[解5]
(1) 数 n が p で割り切れて商が q であるとすると，$n = pq$ である．もし $p \geq \sqrt{n}$ ならば $q \leq \sqrt{n}$ であるから，$q = n/p$ は $\sqrt{n}$ 以下の約数である．よって，エラトステネスの手順は，$\sqrt{n}$ 以下の数について実行すればよく，終了した時点で，印のついていない数もすべて素数である．

(2)
2　3　<u>4</u>　5　<u>6</u>　7　<u>8</u>　<u>9</u>　<u>10</u>　11　<u>12</u>　13　<u>14</u>　<u>15</u>　<u>16</u>　17　<u>18</u>　19　<u>20</u>
<u>21</u>　<u>22</u>　23　<u>24</u>　<u>25</u>　<u>26</u>　<u>27</u>　<u>28</u>　29　<u>30</u>　31　<u>32</u>　<u>33</u>　<u>34</u>　<u>35</u>　<u>36</u>　37　<u>38</u>　<u>39</u>　<u>40</u>
41　<u>42</u>　43　<u>44</u>　<u>45</u>　<u>46</u>　47　<u>48</u>　<u>49</u>　<u>50</u>　<u>51</u>　<u>52</u>　53　<u>54</u>　<u>55</u>　<u>56</u>　<u>57</u>　<u>58</u>　59　<u>60</u>
61　<u>62</u>　<u>63</u>　<u>64</u>　<u>65</u>　<u>66</u>　67　<u>68</u>　<u>69</u>　<u>70</u>　71　<u>72</u>　73　<u>74</u>　<u>75</u>　<u>76</u>　<u>77</u>　<u>78</u>　79　<u>80</u>
<u>81</u>　<u>82</u>　83　<u>84</u>　<u>85</u>　<u>86</u>　<u>87</u>　<u>88</u>　89　<u>90</u>　<u>91</u>　<u>92</u>　<u>93</u>　<u>94</u>　<u>95</u>　<u>96</u>　97　<u>98</u>　<u>99</u>　<u>100</u>

$2 \sim \sqrt{100}\ (=10)$ の倍数（左図のアンダーラインの数）をすべて除いたものが素数である．

[解6]
(1)
```
    1101101
+)   101011
   10011000
```

(2)
```
    2201211
+) 10210112
   20112100
```

(3)
```
   51673054
+)  7410536
   61303612
```

(4)
```
    E82F33  ⇒    14  8  2 15  3  3
+)  3C5D4F8   +)  3 12  5 13  4 15  8
    4AE042B  ⇐    4 10 14  0  4  2 11
```

16進法のアルファベットはこのように10進2桁で表すと分かりやすい．26進法も10進2桁で表すのが分かりやすい．

(5)
```
    ＳＵＮ   ⇒     18 20 13
+)  ＳＴＡＲ   +)  18 19  0 17
    ＴＬＶＥ  ⇐    19 11 21  4
```

(6)
```
    ＯＮＥＦＯＸ    ⇒       14 13  4  5 14 23
+)  ＴＯＷＤＯＧＳ     +)   19 14 22  3 14  6 18
    ＵＤＪＨＴＶＰ  ⇐      20  3  9  7 19 21 15
```

[解7]　これは複素数の四則演算の定義である．
減法：$(a_1, b_1) - (a_2, b_2) = (a_1 - a_2,\ b_1 - b_2)$，乗法：$(a_1, b_1) \times (a_2, b_2) = (a_1 a_2 - b_1 b_2,\ a_1 b_2 + a_2 b_1)$，
除法：$\dfrac{(a_1, b_1)}{(a_2, b_2)} = \left(\dfrac{a_1 a_2 + b_1 b_2}{a_2^2 + b_2^2},\ \dfrac{-a_1 b_2 + a_2 b_1}{a_2^2 + b_2^2} \right)$

[解8] 4桁ずつに区切って，電卓を用いて26で繰り返し割り算をして余りを求めるのが分かりやすい．

(1)
```
            377 1230
    26) 9805 1999
        9802
           3 1999
           3 1980
              19

           14 5047
    26)  377 1230
         364
          13 1230
          13 1222
                8

             5578
    26)  14 5047
         14 5028
               19

              214
    26)    5578
           5564
             14

                8
    26)     214
            208
              6
```
(1) 8 6 14 19 8 19
   IGOTIT (= I GOT IT)

(2) 8 11 14 21 4 24 14 20
   ILOVEYOU (= I LOVE YOU)

(2)
```
              26 0879 1446
    26) 678 2857 7616
        676
          2 2857
          2 2854
              3 7616
              3 7596
                  20

           1 0033 8132
    26) 26 0879 1446
        26
            858
         21 1446
         21 1432
              14

            385 9158
    26) 1 0033 8132
        1 0010
           23 8132
           23 8108
                24

            14 8429
    26) 385 9158
        364
         21 9158
         21 9154
              4
           5708
    26) 14 8429
        14 8408
              21

              8              219
    26)  219        26) 5708
         208            5694
          11             14
```

[解9] 4桁ずつに区切って，電卓で加算，乗算を行う．

(1)
```
          9876 5432 1024 6801 3579
       +) 7630 9741 8525 8147 0369
              1              1          ⇐ 繰上り
        1 7507 5173 9550 4948 3948
```

(2)
```
                    9876 5432 1024 6801 3579
                 ×) 7630 9741 8525 8147 0369
                                        132 0651
                                       250 9569
                                      37 7856
                                     200 4408
                                   364 4244
                                     2915 8113
                                    5540 7747
                                    834 2528
                               4425 4504
                                     8045 9772
                                   3051 0975
                                  5797 8525
                                   872 9600
                              4630 7800
                          8419 2900
                                3486 3039
                               6624 8541
                                997 4784
                              5291 3112
                          9620 2116
                               2730 7770
                               5189 1630
                                781 3120
                              4144 6160
                         7535 3800
        7536 7646 2769 7996 9005 4978 7129 9744 7814 0651
```
下線部の3ヶ所が誤っていた．

[解10] $n = 10800 = 2^4 \cdot 3^3 \cdot 5^2$ と互いに素な自然数は $2, 3, 5$ のいずれも約数としない．$n = 10800$ 以下で，2 の倍数の集合を A，3 の倍数の集合を B，5 の倍数の集合を C とすると，包除原理から，

$$\phi(n) = n(\overline{A} \cap \overline{B} \cap \overline{C}) = n - n(A) - n(B) - n(C) + n(A \cap B) + n(A \cap C) + n(B \cap C) - n(A \cap B \cap C)$$

となる．それぞれの項は

$n(A) = n/2$, $n(B) = n/3$, $n(C) = n/5$, $n(A \cap B) = n/(2 \cdot 3)$, $n(A \cap C) = n/(2 \cdot 5)$, $n(B \cap C) = n/(3 \cdot 5)$,

$n(A \cap B \cap C) = n/(2 \cdot 3 \cdot 5)$

であるから，

$$\phi(10800) = 10800 \left(1 - \frac{1}{2} - \frac{1}{3} - \frac{1}{5} + \frac{1}{2}\frac{1}{3} + \frac{1}{2}\frac{1}{5} + \frac{1}{3}\frac{1}{5} - \frac{1}{2}\frac{1}{3}\frac{1}{5}\right) = 10800 \left(1 - \frac{1}{2}\right)\left(1 - \frac{1}{3}\right)\left(1 - \frac{1}{5}\right) = 2880$$

となる．■ なお，一般に，$p, q, r, \ldots$ を素数として，$n = p^l \cdot q^m \cdot r^n \cdots$ について，n と互いに素な n 以下の自然数は

$$\phi(n) = n\left(1 - \frac{1}{p}\right)\left(1 - \frac{1}{q}\right)\left(1 - \frac{1}{r}\right)\cdots$$

と表せる．$\phi(n)$ は **オイラーのトティエント関数**，あるいは，**ファイ関数** と呼ばれている関数である．

[解 11]

(1) $x \times 0 = 0$ の証明

零元の性質と分配律から次の等式が成立する．

$$x \times 0 = x \times (0+0) = (x \times 0) + (x \times 0)$$

この両辺に $x \times 0$ の符号替え $-(x \times 0)$ を加えると，

$$(x \times 0) + (-(x \times 0)) = ((x \times 0) + (x \times 0)) + (-(x \times 0))$$

結合律および符号替えと零元の性質を適用すると，

左辺 $= 0$, 右辺 $= (x \times 0) + ((x \times 0)) + (-(x \times 0))) = (x \times 0) + 0 = x \times 0$

よって，$x \times 0 = 0$ が成立する．∎

($0 \times x = 0$ も同様に証明できる．)

(2) [場合分け法] による．x, y を任意の整数とすると，次の4つの場合がある．

Case 1：$x \neq 0$ かつ $y \neq 0$, Case 2：$x = 0$ かつ $y \neq 0$, Case 3：$x \neq 0$ かつ $y = 0$, Case 4：$x = 0$ かつ $y = 0$

Case 2, 3, 4 では，(1) の性質から，$x \times y = 0$ である．Case 1 では $x \times y \neq 0$ である．$x \times y = 0$ となるのは Case 2, 3, 4 である．よって，"$x \times y = 0$ ならば $x = 0$ または $y = 0$" が成立する．∎

[対偶法] を利用すると，簡明である．

任意の整数 x, y について，"$x \neq 0$ かつ $y \neq 0$ ならば $x \times y \neq 0$" である．この対偶は，"$x \times y = 0$ ならば $x = 0$ または $y = 0$" である．よって証明できた．∎

〈補足〉上の証明法では，"$x \neq 0$ かつ $y \neq 0$ ならば $x \times y \neq 0$" を既知とした．これは，次のように示せる．

x, y を任意の自然数とする．まず，加算の繰返しとしての積の定義

$$x \times y = x + x + \cdots + x \quad (x \text{ の } y \text{ 回の加算})$$

から，$x \times y \neq 0$ である．さらに，分配律と (1) の性質から

$$(-x) \times y + (x \times y) = ((-x) + x) \times y = 0 \times y = 0$$

であるから，$(-x) \times y$ は $x \times y$ の符号替え $-(x \times y) \neq 0$ に等しい．同様に $x \times (-y) = -(x \times y)$ である．また，

$$(-x) \times (-y) + (-x) \times y = (-x) \times ((-y) + y) = (-x) \times 0 = 0$$

であるから，$(-x) \times (-y)$ は $(-x) \times y = -(x \times y)$ の符号替え，つまり，$x \times y$ と一致する．

以上より，任意の整数 x, y について，$x \neq 0$ かつ $y \neq 0$ ならば $x \times y \neq 0$ である．∎

[解 12]

(1) 最大公約数 $\mathrm{GCM}(m, n) = D$ をユークリッドの互除法で求める．$m > n$ とし，$r_0 = m, r_1 = n$ とおいて，q_i と r_i $(i = 2, 3, \ldots)$ を，r_{i-2} を r_{i-1} で割ったときの商と剰余とすると，

$$(*) \quad r_i = r_{i-2} - q_i \times r_{i-1}, \quad i = 2, 3, \ldots$$

と表せる．いま，$i = k$ で割り切れてユークリッドの互除法が終了したとすると，$r_{k+1} = 0, r_k = D$ である．

$$r_{k-2} = q_k \times r_{k-1} + r_k$$

$$r_{k-1} = q_{k+1} \times r_k$$

これから，D が r_{k-2} と r_{k-1} で表せる．

$$D = r_k = r_{k-2} - q_k \times r_{k-1}$$

$(*)$ で $i = k-1$ とすると $r_{k-1} = r_{k-3} - q_i \times r_{k-2}$ となるが，これを D の式に代入すると D が r_{k-2} と r_{k-3} で表せる．$(*)$ を次々代入して $r_i, i = k-1, k-2, \ldots, 3, 2$ を消去していくと，D を $r_0 = m$ と $r_1 = n$ だけで表すことができる．r_0 と r_1 の係数は，$q_i, i = 2, 3, \ldots, k$ の加減算と乗算から得られるから整数である．よって，$D = mx + ny$ となる整数 x, y が存在する．そのような x, y の1組を (x_0, y_0) とすると，s を任意の整数として，$x = x_0 + sn/D, y = y_0 - sm/D$ も同じ関係式を満たす．∎（この証明法では，$r_k = D$ ということを前提としている．このことは，すべての r_i が D を約数としていることから，容易に示すことができる．）

(2) m, n が互いに素な自然数ならば m と n の最大公約数は $\mathrm{GCD}(m, n) = 1$ である．したがって，(1) で，$D = 1$ とおけば，$mx + ny = 1$ となる整数 x, y が存在することが分かる．∎

6章　数の拡張：行列

[ねらい]

　この章では，離散数学を学ぶ上で必要な行列とその基本的な演算操作の知識を身につけることを目的とする．行列と空間ベクトルについては高校数学では数学Bで学ぶことになっているが，学習していない，あるいはなじんでいない諸氏にも理解できるよう，配慮している．

　行列は多数の数を長方形状に並べたもので，多数の変量を同じように扱うために工夫された表現方法である．離散数学においても，多数の変量を同時に扱うためには行列の表現と基本的な演算操作の知識が必要である．大学では，理工系はもちろん文系でも線形代数として行列について系統的に学ぶ．数学Bでの行列はおもに2×2行列であるが，ここでは，一般化した行列について，数学Bの知識を整理し，さらに逆行列など離散数学を学ぶ上で必要な行列とその基本的な演算操作を学ぶ．

[この章の項目]

行列
行列の和・定数倍・積
線形写像と行列の演算（発展課題）
行列演算の性質
正方行列
行列式
行列式の余因子展開
逆行列
正則行列は数の拡張
連立1次方程式の解法（発展課題）

■ 行列

$m \times n$ 個の数を，m 行 n 列に配置してカッコ [ ] でくくったものを $m \times n$ **行列** という．行列は大文字の記号 A, B, X, Y などで表す．右の例は 3×4 行列である．横に並んだ一列を **行**，縦に並んだ一列を **列** という．行列 A の第 i 行第 j 列の要素（(i,j) **要素** あるいは (i,j) **成分** という）を a_{ij} とすると，上の例では $a_{23} = -6$ である．行列 A を簡単に $[a_{ij}]$ と書くこともある．

$$A = \begin{bmatrix} 1 & 2 & -3 & 4 \\ 3 & 4 & -6 & 7 \\ 5 & -7 & 9 & 6 \end{bmatrix}$$

2つの $m \times n$ 行列 $A = [a_{ij}]$ と $B = [b_{ij}]$ は，(i,j) 要素がそれぞれ等しいときかつそのときに限り等しい．A と B が等しいことを $A = B$ と書く．

$$A = B \quad \text{iff} \quad a_{ij} = b_{ij}, \, i = 1, 2, \ldots, m, \, j = 1, 2, \ldots, n$$

1 行 n 列の行列を n 次元 **行ベクトル**，m 行 1 列からなる行列を m 次元 **列ベクトル** という．また，$m \times n$ 行列 M の各行，あるいは各列を，それぞれ，M の（n 次元）行ベクトル，あるいは（m 次元）列ベクトル，という．

$m \times n$ 行列 A の行と列を入れ換えて並べた $n \times m$ 行列を，A の **転置行列** といい，A^t と書く．

$$A = [a_{ij}] \text{ として，} A^t = [a_{ij}]^t = [a_{ji}]$$

また，列ベクトルは転置した行ベクトルとみることができる．上の行列の例では次のようになる．

$$A^t = \begin{bmatrix} 1 & 3 & 5 \\ 2 & 4 & -7 \\ -3 & -6 & 9 \\ 4 & 7 & 6 \end{bmatrix}, \quad \begin{bmatrix} 1 \\ 3 \\ 5 \end{bmatrix}^t = [1 \, 3 \, 5], \quad [1 \, 2 \, -3 \, 4]^t = \begin{bmatrix} 1 \\ 2 \\ -3 \\ 4 \end{bmatrix}$$

$m \times n$ 行列 M は，m 個の n 次元行ベクトル $[a_{i1}, a_{i2}, \ldots, a_{in}]$, $i = 1, \ldots, m$, を縦方向に並べたもの，あるいは，n 個の m 次元列ベクトル $[a_{1j}, a_{2j}, \ldots, a_{mj}]^t$, $j = 1, \ldots, m$, を横方向に並べたものとみることができる．1×1 行列 $[a]$ は要素が1つしかないので，数と同じである．$[a]$ の代わりに単に a と書くことも多い．

次数がともに n 次の行ベクトル $\boldsymbol{a} = [a_1, a_2, \ldots, a_n]$ と列ベクトル $\boldsymbol{b} = [b_1, b_2, \ldots, b_n]^t$ について，その積 $\boldsymbol{a} \cdot \boldsymbol{b}$ を次のように定義する．

$$\boldsymbol{a} \cdot \boldsymbol{b} = [a_1, a_2, \ldots, a_n] \cdot \begin{bmatrix} b_1 \\ b_2 \\ \vdots \\ b_n \end{bmatrix} = a_1 b_1 + a_2 b_2 + \cdots + a_n b_n$$

▶ [行列の表現]
行列を表すのに，本書では並べた数を角括弧 [ ] で囲ったが，丸括弧 ( ) を使うことも多い．
1×1 の行列 [3] は通常の数値 3 と同等である．
なお，7 章で剰余類を表すのにも [ ] を使うが，混乱はないだろう．

▶ [iff]
if and only if の省略形（27 ページ）．

▶ [行ベクトル・列ベクトル]
● 5 次元の行ベクトルの例
$$[9 \, -5 \, 11 \, -3 \, 8]$$
● 3 次元の列ベクトルの例
$$\begin{bmatrix} 2 \\ -5 \\ 1 \end{bmatrix}$$
なお，行ベクトルは横ベクトル，列ベクトルは縦ベクトルともいう．

▶ [転置行列]
行列 A の転置行列は
$$^tA$$
のように，t を左肩に添える書き方もある．
$$A^t B$$
と書いてあるとき，転置をとるのは A か B か注意が必要である．

▶ [行ベクトルと列ベクトルの積]
3 次の行ベクトルと列ベクトル
$$\boldsymbol{a} = [1, 2, 3], \, \boldsymbol{b} = \begin{bmatrix} -3 \\ 1 \\ 2 \end{bmatrix}$$
の積は
$$\boldsymbol{a} \cdot \boldsymbol{b} = [1, 2, 3] \begin{bmatrix} -3 \\ 1 \\ 2 \end{bmatrix}$$
$$= 1 \cdot (-3) + 2 \cdot 1 + 3 \cdot 2$$
$$= 5$$
n 次元行ベクトルと列ベクトルの積は，通常の n 次元ベクトルの内積として定義される演算と同じである．

■ 行列の和・定数倍・積

行列は，多数の変量に対して同じような処理をするのが目的である．行列についていくつかの演算を定義する．

[行列の和]

2つの $m \times n$ 行列 A, B に対し，A と B の和の $m \times n$ 行列 $C = A + B$ を次のように定義する．A, B, C の (i, j) 要素をそれぞれ a_{ij}, b_{ij}, c_{ij} として，

$$C = A + B,\ c_{ij} = a_{ij} + b_{ij}$$

とする．行列の和は，それぞれの要素ごとの和を要素とする行列である．

[行列の定数倍]

行列 A に定数 k を掛けることを次のように定義する．

$$C = kA,\ c_{ij} = ka_{ij}$$

行列 A の k 倍 kA は，A のそれぞれの要素を k 倍した行列である．

[行列の積]

行列 A の列数と行列 B の行数が同じときに 積 $C = A \cdot B$ を，次のように定義する．

$A : m \times k,\ B : k \times n$ のとき

$$C = A \cdot B : m \times n,$$
$$c_{ij} = \boldsymbol{a}_i \cdot \boldsymbol{b}_j = a_{i1}b_{1j} + a_{i2}b_{2j} + \cdots + a_{ik}b_{kj}$$

ただし，$\boldsymbol{a}_i, \boldsymbol{b}_j$ は A の k 次元行ベクトル，および，B の k 次元列ベクトル

$$\boldsymbol{a}_i = [a_{i1}\ a_{i2}\ \cdots\ a_{ik}],\ i = 1, 2, \ldots, m,$$
$$\boldsymbol{b}_j = [b_{1j}\ b_{2j}\ \cdots\ b_{kj}]^{\mathrm{t}},\ j = 1, 2, \ldots, n$$

である．行列の積の記号 $\cdot$ は省略するのが普通である．行列 A と B の積 AB は，前のページで定義した A の第 i 行ベクトルと B の第 j 列ベクトルの積を (i, j) 要素とする $m \times m$ 行列である．

$$A \qquad\qquad B\ \downarrow j\text{列} \qquad C = AB\ \downarrow j\text{列}$$

$$i\text{行} \to \begin{bmatrix} \cdots & \cdots & \cdots & \cdots \\ \cdots & \cdots & \cdots & \cdots \\ a_{i1} & a_{i2} & \cdots & a_{ik} \\ \cdots & \cdots & \cdots & \cdots \end{bmatrix} \begin{bmatrix} \cdots & b_{1j} & \cdots \\ \cdots & b_{2j} & \cdots \\ \cdots & \cdots & \cdots \\ \cdots & b_{kj} & \cdots \end{bmatrix} \quad i\text{行} \to \begin{bmatrix} \cdots & \cdots & \cdots \\ \cdots & \cdots & \cdots \\ \cdots & c_{ij} & \cdots \\ \cdots & \cdots & \cdots \end{bmatrix}$$

C の (i, j) 要素 $c_{ij} = \boldsymbol{a}_i \cdot \boldsymbol{b}_j = a_{i1}b_{1j} + a_{i2}b_{2j} + \cdots + a_{ik}b_{kj}$

▶ [行列の和]

$$A = \begin{bmatrix} 1 & 2 & -3 \\ -2 & 3 & 1 \end{bmatrix},$$
$$B = \begin{bmatrix} -2 & 1 & 5 \\ 2 & 1 & 0 \end{bmatrix}$$

とすると，

$$A + B$$
$$= \begin{bmatrix} 1-2 & 2+1 & -3+5 \\ -2+2 & 3+1 & 1+0 \end{bmatrix}$$
$$= \begin{bmatrix} -1 & 3 & 2 \\ 0 & 4 & 1 \end{bmatrix}$$

となる．

▶ [行列の定数倍]

$$A = \begin{bmatrix} 1 & 2 & -3 \\ -2 & 3 & 1 \end{bmatrix}$$

とすると，

$$-2A$$
$$= \begin{bmatrix} -2 \cdot 1 & -2 \cdot 2 & -2 \cdot (-3) \\ -2 \cdot (-2) & -2 \cdot 3 & -2 \cdot 1 \end{bmatrix}$$
$$= \begin{bmatrix} -2 & -4 & 6 \\ 4 & -6 & -2 \end{bmatrix}$$

となる．

▶ [行列の積]

$$A = \begin{bmatrix} 0 & 1 & 1 & 2 \\ 2 & 1 & 0 & 1 \end{bmatrix},$$
$$B = \begin{bmatrix} 1 & 1 & 0 \\ 3 & 0 & 1 \\ 1 & 1 & 2 \\ 0 & 1 & 3 \end{bmatrix}$$

$AB = C$
$C_{11} = 0 \cdot 1 + 1 \cdot 3 + 1 \cdot 1 + 2 \cdot 0$
$\phantom{C_{11}} = 4$
$C_{12} = 0 \cdot 1 + 1 \cdot 0 + 1 \cdot 1 + 2 \cdot 1$
$\phantom{C_{12}} = 3$
$C_{13} = 0 \cdot 0 + 1 \cdot 1 + 1 \cdot 2 + 2 \cdot 3$
$\phantom{C_{13}} = 9$
$C_{21} = 2 \cdot 1 + 1 \cdot 3 + 0 \cdot 1 + 1 \cdot 0$
$\phantom{C_{21}} = 5$
$C_{22} = 2 \cdot 1 + 1 \cdot 0 + 0 \cdot 1 + 1 \cdot 1$
$\phantom{C_{22}} = 6$
$C_{23} = 2 \cdot 0 + 1 \cdot 1 + 0 \cdot 2 + 1 \cdot 3$
$\phantom{C_{23}} = 4$

$$C = \begin{bmatrix} 4 & 3 & 9 \\ 5 & 6 & 4 \end{bmatrix}$$

■ 線形写像と行列の演算 (発展課題)

1変数線形写像は，x を独立変数，y を従属変数，定数を $a \neq 0$ として，

$$y = ax$$

である．これは 1 従属変数 1 独立変数の 1 次関数である．これを簡単に 1×1 変数の 1 次関数と呼ぼう．これを多変数の写像に拡張する．独立変数を x_1, x_2, x_3，従属変数を y_1, y_2 とすると，2×3 変数の 1 次関数は，

$$y_1 = a_{11}x_1 + a_{12}x_2 + a_{13}x_3$$
$$y_2 = a_{21}x_1 + a_{22}x_2 + a_{23}x_3$$

と表せる．従属変数 y_1, y_2 のそれぞれは，独立変数 x_1, x_2, x_3 それぞれに対して 1 次関数となっている．この関係は，行列表現をすると，

$$\begin{bmatrix} y_1 \\ y_2 \end{bmatrix} = \begin{bmatrix} a_{11} & a_{12} & a_{13} \\ a_{21} & a_{22} & a_{23} \end{bmatrix} \begin{bmatrix} x_1 \\ x_2 \\ x_3 \end{bmatrix}$$

と表せる．独立変数と従属変数をそれぞれ列ベクトル $\boldsymbol{x} = [x_1, x_2, x_3]^{\mathrm{t}}$, $\boldsymbol{y} = [y_1, y_2]^{\mathrm{t}}$ で表し，係数を 2×3 行列 $A = [a_{ij}]$ で表せば，

$$\boldsymbol{y} = A\boldsymbol{x}$$

と表せる．A を **係数行列** という．係数行列 A が，1×1 変数の 1 次関数の定数係数 a に対応している．

1×1 変数の 1 次関数では，$y_a = ax$, $y_b = bx$ のとき，和 $y = y_a + y_b$ は

$$y = y_a + y_b = (a + b)x$$

▶ [線形写像の合成]

たとえば 2×2 変数の 1 次関数
$z_1 = a_{11}y_1 + a_{12}y_2$
$z_2 = a_{21}y_1 + a_{22}y_2$
と，2×3 変数の 1 次関数
$y_1 = b_{11}x_1 + b_{12}x_2 + b_{13}x_3$
$y_2 = b_{21}x_1 + b_{22}x_2 + b_{23}x_3$
の合成は，y_1, y_2 の式を z_1, z_2 の式に代入すれば得られる．
z_1
$= a_{11}(b_{11}x_1 + b_{12}x_2 + b_{13}x_3)$
$\quad + a_{12}(b_{21}x_1 + b_{22}x_2 + b_{23}x_3)$
$= (a_{11}b_{11} + a_{12}b_{21})x_1$
$\quad + (a_{11}b_{12} + a_{12}b_{22})x_2$
$\quad + (a_{11}b_{13} + a_{12}b_{23})x_3$
$= \begin{bmatrix} a_{11} & a_{12} \end{bmatrix} \begin{bmatrix} b_{11} & b_{12} & b_{13} \\ b_{21} & b_{22} & b_{23} \end{bmatrix} \begin{bmatrix} x_1 \\ x_2 \\ x_3 \end{bmatrix}$
z_2 についても同様であるから，
$\begin{bmatrix} z_1 \\ z_2 \end{bmatrix}$
$= \begin{bmatrix} a_{11} & a_{12} \\ a_{21} & a_{22} \end{bmatrix} \begin{bmatrix} b_{11} & b_{12} & b_{13} \\ b_{21} & b_{22} & b_{23} \end{bmatrix} \begin{bmatrix} x_1 \\ x_2 \\ x_3 \end{bmatrix}$
である．

となる．これを多変数に拡張する．$\boldsymbol{y}_a = A\boldsymbol{x}$, $\boldsymbol{y}_b = B\boldsymbol{x}$ であるとすると，これらの和 $\boldsymbol{y} = \boldsymbol{y}_a + \boldsymbol{y}_b$ は，

$$\boldsymbol{y} = \boldsymbol{y}_a + \boldsymbol{y}_b = (A + B)\boldsymbol{x}$$

となる．係数の和 $a + b$ が行列の和 $A + B$ に対応している．

同様に 1×1 変数の 1 次関数 $y = ax$ において，a を k 倍すると y も k 倍される．

$$ky = (ka)x$$

多変数の場合 $\boldsymbol{y} = A\boldsymbol{x}$ も，A の各要素を k 倍すると $\boldsymbol{y}$ も k 倍される．

$$k\boldsymbol{y} = (kA)\boldsymbol{x}$$

2つの 1×1 変数 1 次関数 $z = ay$, $y = bx$ があるとき，この合成関数は

$$z = ay = a(bx) = (ab)x$$

となる．多変数では，$m \times k$ 変数の 1 次関数 $\boldsymbol{z} = A\boldsymbol{y}$ と $k \times n$ 変数の 1 次関数 $\boldsymbol{y} = B\boldsymbol{x}$ の合成は $m \times n$ 変数の 1 次関数で，係数行列は A と B の積である．

$$\boldsymbol{z} = A\boldsymbol{y} = A(B\boldsymbol{x}) = AB\boldsymbol{x}$$

以上のように，行列の和，定数倍，積の演算は，線形写像における係数の演算と対応しており，行列は数の拡張となっていることを示している．

■ 行列演算の性質

行列に関する演算の性質をまとめておくが，これらは行列の演算の定義から容易に示せる．**零行列** O はすべての要素が 0 の行列である．なお，行列の和と積は，演算が可能な行列の組合せであるとする．

加法の交換律	$X + Y = Y + X$
結合律	$(X + Y) + Z = X + (Y + Z),\ (XY)Z = X(YZ)$
分配律	$X(Y + Z) = XY + XZ$ （左分配律）
	$(X + Y)Z = XZ + YZ$ （右分配律）
零行列 O	$X + O = O + X = X$

▶ [零行列]
零行列の例（3×2 行列）
$$O = \begin{bmatrix} 0 & 0 \\ 0 & 0 \\ 0 & 0 \end{bmatrix}$$

X の **符号替え** は $-X = -1 \cdot X$ で定義する．

符号替え	$X + (-X) = (-X) + X = O$

また，減法を符号替えの加算として定義できる．

減法	$X - Y = X + (-Y)$

定数との積についても同じような性質が成立する．

交換律	$kX = Xk$
分配律	$k(X + Y) = kX + kY,\ (k + h)X = kX + hX$
結合律	$k(XY) = (kX)Y = X(kY),\ k(hX) = (kh)X$
数の **1** と **0**	$1X = X,\ 0X = O$

■ 正方行列

行の数と列の数がともに n の $n \times n$ 行列を n 次の **正方行列** という．正方行列で，$(1,1)$ 要素から (n,n) 要素を結ぶ対角線上の要素（(k,k) 要素，$k = 1 \sim n$）を **主対角要素**（単に **対角要素** とも）という．それ以外の要素を **非対角要素** という．

正方行列 $A = [a_{ij}]$ において，$a_{ji} = a_{ij}$ のとき，A を **対称行列** という．主対角線に関して対称な行列である．

$n \times n$ 個のすべての要素が 0 の正方行列を **零行列** といい，O と書く．また，対角要素だけがすべて 1 で，非対角要素がすべて 0 である n 次の正方行列を **単位行列** といい，I と書く．

$$\begin{bmatrix} 0 & 0 & 0 \\ 0 & 0 & 0 \\ 0 & 0 & 0 \end{bmatrix}$$
3 次の零行列

$$\begin{bmatrix} 1 & 0 & 0 \\ 0 & 1 & 0 \\ 0 & 0 & 1 \end{bmatrix}$$
3 次の単位行列

単位行列 I	$XI = IX = X$

X, Y が同じ次数の正方行列ならば，積 XY と YX は両方とも計算できるが，一般には $XY \neq YX$ で，非可換である．

▶ [正方行列の積は非可換]
$$X = \begin{bmatrix} 1 & 0 & 1 \\ 0 & 1 & 0 \\ 1 & 1 & 0 \end{bmatrix}$$
$$Y = \begin{bmatrix} 1 & 1 & 0 \\ 1 & 0 & 1 \\ 0 & 1 & 1 \end{bmatrix}$$
に対し
$$XY = \begin{bmatrix} 1 & 2 & 1 \\ 1 & 0 & 1 \\ 2 & 1 & 1 \end{bmatrix}$$
$$YX = \begin{bmatrix} 1 & 1 & 1 \\ 2 & 1 & 1 \\ 1 & 2 & 0 \end{bmatrix}$$

■ 行列式

行列式は，正方行列に 1 つの数を対応させる演算である．正方行列 A の **行列式** を次のように書く．

$$|A|$$

次のように書くことも多い．

$$\det(A)$$

行列式は数である．

低次の正方行列の行列式の計算方法を具体的に示しておこう．

まず，1 次の正方行列 $[a]$ はもともと数 a と同じであり，その行列式も同じ数になる．

$$\det([a]) = |a| = a$$

通常の数の場合には記号 $|a|$ で a の絶対値を表すが，行列の場合は行列式として対応する数を表し，絶対値という意味はない．たとえば，1 次正方行列 $[-5]$ の行列式は $|-5| = -5$ である．

▶ **[2 × 2 行列の行列式]**

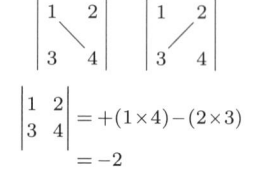

$$\begin{vmatrix} 1 & 2 \\ 3 & 4 \end{vmatrix} \quad \begin{vmatrix} 1 & 2 \\ 3 & 4 \end{vmatrix}$$

$$\begin{vmatrix} 1 & 2 \\ 3 & 4 \end{vmatrix} = +(1 \times 4) - (2 \times 3) = -2$$

2 次と 3 次の正方行列の行列式は，次のように計算する．

$$\begin{vmatrix} a & b \\ c & d \end{vmatrix} = ad - bc$$

$$\begin{vmatrix} a_1 & a_2 & a_3 \\ b_1 & b_2 & b_3 \\ c_1 & c_2 & c_3 \end{vmatrix} = (a_1 b_2 c_3 + a_2 b_3 c_1 + a_3 b_1 c_2) - (a_1 b_3 c_2 + a_2 b_1 c_3 + a_3 b_2 c_1)$$

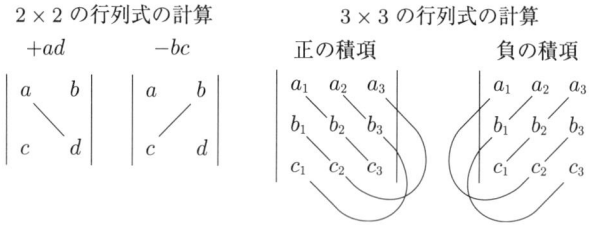

2 × 2 の行列式の計算

+ad −bc

$$\begin{vmatrix} a & b \\ c & d \end{vmatrix} \quad \begin{vmatrix} a & b \\ c & d \end{vmatrix}$$

3 × 3 の行列式の計算

正の積項　　負の積項

$$\begin{vmatrix} a_1 & a_2 & a_3 \\ b_1 & b_2 & b_3 \\ c_1 & c_2 & c_3 \end{vmatrix} \quad \begin{vmatrix} a_1 & a_2 & a_3 \\ b_1 & b_2 & b_3 \\ c_1 & c_2 & c_3 \end{vmatrix}$$

▶ **[3 × 3 行列の行列式]**

$$\begin{vmatrix} 1 & 2 & 3 \\ 4 & 5 & 6 \\ 7 & 8 & 9 \end{vmatrix}$$
$3 \times 4 \times 8 = 96$
$2 \times 6 \times 7 = 84$
$1 \times 5 \times 9 = 45$

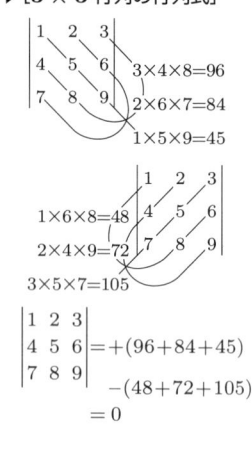

$$\begin{vmatrix} 1 & 2 & 3 \\ 4 & 5 & 6 \\ 7 & 8 & 9 \end{vmatrix}$$
$1 \times 6 \times 8 = 48$
$2 \times 4 \times 9 = 72$
$3 \times 5 \times 7 = 105$

$$\begin{vmatrix} 1 & 2 & 3 \\ 4 & 5 & 6 \\ 7 & 8 & 9 \end{vmatrix} = +(96 + 84 + 45) - (48 + 72 + 105) = 0$$

容易に分かるように，零行列の行列式は

$$\det O = 0$$

で，単位行列の行列式は

$$\det I = 1$$

である．これは任意の次数の正方行列についても成立する．

$$\det(O) = \begin{vmatrix} 0 & 0 & 0 \\ 0 & 0 & 0 \\ 0 & 0 & 0 \end{vmatrix} = 0$$

$$\det(I) = \begin{vmatrix} 1 & 0 & 0 \\ 0 & 1 & 0 \\ 0 & 0 & 1 \end{vmatrix} = 1$$

次に，一般の n 次正方行列の行列式の計算方法について説明する．通常は，行列式は行列要素の積和から定義するが，その定義は行列式を実際に計算するときには直接には使わない．ここではその定義は省略し，余因子展開によって計算する方法を示すことで，行列式の定義としよう．

■ 行列式の余因子展開

行列式は **余因子展開** によってより次数の低い行列式で表せる．A の要素を a_{ij} として，行列式を A の第 i 行あるいは第 j 列で余因子展開すると，

第 i 行での展開　$|A| = a_{i1}A_{i1} + a_{i2}A_{i2} + \cdots + a_{in}A_{in}$

第 j 列での展開　$|A| = a_{1j}A_{1j} + a_{2j}A_{2j} + \cdots + a_{nj}A_{nj}$

となる．A_{ij} は a_{ij} の **余因子** あるいは **余因数** と呼ばれる展開係数である．行列 A から第 i 行と第 j 列を除いて残りの行と列からなる $n-1$ 次の正方行列を D_{ij} と書こう．余因子 A_{ij} は D_{ij} の行列式 $|D_{ij}|$ から得られる．

$$A_{ij} = (-1)^{i+j}|D_{ij}|$$

符号因子 $(-1)^{i+j}$ は，$i+j$ が偶数ならば $+$，奇数ならば $-$ になる．

$|D_{ij}|$ をさらに余因子展開すると，$n-2$ 次の行列の行列式で表せる．この展開を繰り返すと次数の小さな行列式で表せるから，任意の行列式が計算できることになる．

たとえば，3 次の正方行列の行列式を第 1 行で余因子展開すると，既に示した展開公式が得られる．

$$\begin{vmatrix} a_1 & a_2 & a_3 \\ b_1 & b_2 & b_3 \\ c_1 & c_2 & c_3 \end{vmatrix} = a_1 \begin{vmatrix} b_2 & b_3 \\ c_2 & c_3 \end{vmatrix} - a_2 \begin{vmatrix} b_1 & b_3 \\ c_1 & c_3 \end{vmatrix} + a_3 \begin{vmatrix} b_1 & b_2 \\ c_1 & c_2 \end{vmatrix}$$

$$= a_1(b_2c_3 - b_3c_2) - a_2(b_1c_3 - b_3c_1) + a_3(b_1c_2 - b_2c_1)$$

$$= (a_1b_2c_3 + a_2b_3c_1 + a_3b_1c_2) - (a_1b_3c_2 + a_2b_1c_3 + a_3b_2c_1)$$

また，n 次の単位行列の行列式は 1 となることが分かる．

余因子展開に基づいて，行列式に次のような性質があることを示すことができる．A を n 次正方行列とする．

(1) A の任意の 1 つの行あるいは列（のすべての要素）に定数 k を乗じた行列 A' について，

$$|A'| = k|A|$$

(2) A の隣り合った 2 つの行あるいは列を入れ換えた行列 A' について，

$$|A'| = -|A|$$

一般に，任意の 2 つの行あるいは列を入れ換えると符号が変わる．

(3) 2 つの行あるいは 2 つの列が同じ行列の行列式は 0 となる．

(4) ある行（列）に，別の行（列）に定数を掛けたものを加えても，行列式の値は変わらない．（行あるいは列に加えるというのは，それぞれの要素ごとに加えることである．）

(5) $i \neq k$ ならば，$a_{i1}A_{k1} + a_{i2}A_{k2} + \cdots + a_{in}A_{kn} = 0$

　　$j \neq k$ ならば，$a_{1j}A_{1k} + a_{2j}A_{2k} + \cdots + a_{nj}A_{nk} = 0$

▶ [余因子]

A を n 次の正方行列とすると，D_{ij} は A から第 i 行と第 j 列を除いた $n-1$ 次の行列である．

次の 4 次の正方行列 A の $(2,3)$ 要素 $a_{23}(=5)$ に対応する D_{23} は A の第 2 行と第 3 列を除いた 3 次の正方行列である．

$$A = \begin{bmatrix} -1 & 1 & \boxed{3} & 2 \\ \boxed{1 & -1 & 5 & 1} \\ 3 & 2 & 7 & -6 \\ -2 & 2 & 0 & 1 \end{bmatrix} \leftarrow$$

$$D_{23} = \begin{bmatrix} -1 & 1 & 2 \\ 3 & 2 & -6 \\ -2 & 2 & 1 \end{bmatrix}$$

余因子は，$2+3$ が奇数だから，

$$A_{23} = -\det(D_{23})$$

である．

▶ [単位行列の行列式]

n 次の単位行列

$$I_n = \begin{bmatrix} 1 & 0 & 0 & \cdots & 0 \\ 0 & 1 & 0 & \cdots & 0 \\ 0 & 0 & 1 & \cdots & 0 \\ \cdots\cdots\cdots\cdots\cdots \\ 0 & 0 & 0 & \cdots & 1 \end{bmatrix}$$

を第 1 行で余因子展開すると，

$$|I| = 1 \times |I_{n-1}|$$

である．I_{n-1} は $n-1$ 次の単位行列で，I_{n-1} についてもこれを繰り返せば

$$|I| = 1$$

である．

▶[余因子行列]

A^{-1} の式の右辺にある 余因子 A_{ji} からなる行列を，A の **余因子行列** という．A の余因子行列を $\tilde{A}$ と書けば，

$$\tilde{A} = \begin{bmatrix} A_{11} & A_{21} & \cdots & A_{n1} \\ A_{12} & A_{22} & \cdots & A_{n2} \\ \cdots & \cdots & \cdots & \cdots \\ A_{1n} & A_{2n} & \cdots & A_{nn} \end{bmatrix}$$

$$A^{-1} = \frac{\tilde{A}}{|A|}$$

である．

なお，$\tilde{A}$ の (i,j) 成分は A の (j,i) 成分の余因子である．この $\tilde{A}$ の転置行列を余因子行列と定義する場合もあるが，その場合は余因子行列の (i,j) 成分は A の (i,j) 成分の余因子である．

■ 逆行列

行列式が 0 とならない正方行列を **正則行列** という．A が正則な n 次の正方行列のとき，I を n 次の単位行列として，

$$AA^{-1} = A^{-1}A = I, \ |A| \neq 0$$

となる正方行列 A^{-1} が存在する．この A^{-1} を A の **逆行列** という．逆行列自身は，A の行列式と余因子を用いて計算することができる．

$$A^{-1} = \frac{1}{|A|} \begin{bmatrix} A_{11} & A_{21} & \cdots & A_{n1} \\ A_{12} & A_{22} & \cdots & A_{n2} \\ \cdots & \cdots & \cdots & \cdots \\ A_{1n} & A_{2n} & \cdots & A_{nn} \end{bmatrix} \qquad A^{-1} \text{ の } (i,j) \text{ 要素} = \frac{A_{ji}}{|A|}$$

逆行列 A^{-1} の (i,j) 要素は，A の (j,i) 要素の余因子 A_{ji} から計算される．単位行列の逆行列は同じ単位行列である．

[例題] 4 次の正方行列 $A = \begin{bmatrix} -1 & 1 & 2 & 0 \\ 1 & -1 & -1 & 1 \\ 0 & 2 & 1 & -3 \\ -2 & 2 & 0 & 1 \end{bmatrix}$ の逆行列を求めよ．

[解答] まず行列式を求める．第 1 列を第 2 列に加えた結果を第 2 列で余因子展開すると，

$$|A| = \begin{vmatrix} -1 & 1 & 2 & 0 \\ 1 & -1 & -1 & 1 \\ 0 & 2 & 1 & -3 \\ -2 & 2 & 0 & 1 \end{vmatrix} = \begin{vmatrix} -1 & 0 & 2 & 0 \\ 1 & 0 & -1 & 1 \\ 0 & 2 & 1 & -3 \\ -2 & 0 & 0 & 1 \end{vmatrix} = -2 \begin{vmatrix} -1 & 2 & 0 \\ 1 & -1 & 1 \\ -2 & 0 & 1 \end{vmatrix}$$

となる．この 3×3 行列で第 3 列を 2 倍したものを第 1 列に加え，第 3 行で余因子展開すると，2×2 の行列式が得られる．これから行列式が次のように得られる．

$$|A| = -2 \begin{vmatrix} -1 & 2 & 2 \\ 3 & -1 & 1 \\ 0 & 0 & 1 \end{vmatrix} = -2 \cdot 1 \cdot \begin{vmatrix} -1 & 2 \\ 3 & -1 \end{vmatrix} = -2 \cdot (1-6) = 10$$

次に，余因子を求める．符号因子が 1 つ置きに変わることに注意して，

$$A_{11} = \begin{vmatrix} -1 & -1 & 1 \\ 2 & 1 & -3 \\ 2 & 0 & 1 \end{vmatrix} = 5, \ A_{12} = -\begin{vmatrix} 1 & -1 & 1 \\ 0 & 1 & -3 \\ -2 & 0 & 1 \end{vmatrix} = 3, \ A_{13} = \begin{vmatrix} 1 & -1 & 1 \\ 0 & 2 & -3 \\ -2 & 2 & 0 \end{vmatrix} = 6,$$

$A_{14} = 4, \ A_{21} = 15, \ A_{22} = 11, \ A_{23} = 2, \ A_{24} = 8, \ A_{31} = 5, \ A_{32} = 5,$

$A_{33} = 0, \ A_{34} = 0, \ A_{41} = 0, \ A_{42} = 4, \ A_{43} = -2, \ A_{44} = 2,$

である．よって，

$$A^{-1} = \frac{1}{10} \begin{bmatrix} 5 & 15 & 5 & 0 \\ 3 & 11 & 5 & 4 \\ 6 & 2 & 0 & -2 \\ 4 & 8 & 0 & 2 \end{bmatrix} = \begin{bmatrix} 0.5 & 1.5 & 0.5 & 0 \\ 0.3 & 1.1 & 0.5 & 0.4 \\ 0.6 & 0.2 & 0 & -0.2 \\ 0.4 & 0.8 & 0 & 0.2 \end{bmatrix} \blacksquare$$

■ 正則行列は数の拡張

以上説明してきたように，行列は数の演算体系と同じような体系となっている．あらためてまとめておこう．

n 次のすべての正則行列と零行列からなる集合を M_n とする．A, B, C は M_n の任意の行列で，$O \in M_n$ は n 次の正方零行列，$I \in M_n$ は n 次の単位行列である．

交換律	$A + B = B + A$
結合律	$(A + B) + C = A + (B + C)$
	$(AB)C = A(BC)$
分配律	$A(B + C) = AB + AC$ （左分配律）
	$(A + B)C = AC + BC$ （右分配律）
零行列 O	$A + O = O + A = A$
O の性質	$AO = OA = O$
符号替え	$A + (-A) = (-A) + A = O,\ -A \in M_n$
単位行列 I	$AI = IA = A$
逆行列	$AA^{-1} = A^{-1}A = I\ (A \neq O),\ A^{-1} \in M_n$

逆行列は数の逆数と同じような性質をもっている．なお，正則行列の積は正則行列であるが，和は正則行列になるとは限らない．

乗法では交換律は成立せず，非可換である．符号替えが存在するから減法が定義できる．正則行列では逆行列が存在するから，零行列以外の行列による除法も定義できる．次の性質は，一般の正方行列ではなかったが，M_n では成立する．

$$AB = O \text{ iff } A = O \text{ または } B = O$$

積が非可換であるから，積演算の順序は重要である．次の性質がある．

$$(AB)^{-1} = B^{-1}A^{-1},\ (kA)^{-1} = k^{-1}A^{-1}$$

正方行列の転置も正方行列である．転置には次の性質がある．

$$(AB)^{\mathrm{t}} = B^{\mathrm{t}}A^{\mathrm{t}},\ (kA)^{\mathrm{t}} = kA^{\mathrm{t}},\ (A + B)^{\mathrm{t}} = A^{\mathrm{t}} + B^{\mathrm{t}}$$

行列式についての性質もまとめておく．

$$|AB| = |A||B|,\ |kA| = k^n|A|,\ |A^{-1}| = |A|^{-1},\ |A^{\mathrm{t}}| = |A|$$

なお，一般には，$|A + B| \neq |A| + |B|,\ |kA| \neq k|A|$ である．

以上のように，正則行列と零行列の集合 M_n は，有理数の世界と同じような演算ができる世界である．ただし，加法は M_n に閉じていないし，また，乗法は非可換である．

行列についてここにまとめた内容はごく限られたもので，線形代数の範囲でもベクトル空間，座標変換，固有値・固有ベクトルなど，重要な事柄が多数ある．これらの事柄については線形代数の教科書を参照されたい．

▶ [行列の和・積と行列式]

正方行列 A, B に対して，積では

$$|AB| = |A||B|$$

であるが，和については

$$|A + B| \neq |A| + |B|$$

である．これは，$A + B = [a_{ij} + b_{ij}]$ だから，左辺を第 1 行で余因子展開すると

$$(a_{11} + b_{11})(A_{11} + B_{11}) + \cdots$$

となるが，右辺では

$$(a_{11}A_{11} + b_{11}B_{11}) + \cdots$$

となり，一般には両辺は一致しないのである．

また，$kA = [ka_{ij}]$ だから，一般には

$$|kA| \neq k|A|$$

である．実際は，A が n 次の正方行列ならば，

$$|kA| = k^n|A|$$

となることは容易に分かる．

▶ [正則行列の和]

たとえば，2次正則行列

$$A = \begin{bmatrix} 1 & 0 \\ 0 & 1 \end{bmatrix},\ B = \begin{bmatrix} 0 & 1 \\ 1 & 0 \end{bmatrix}$$

について

$$A + B = \begin{bmatrix} 1 & 1 \\ 1 & 1 \end{bmatrix}$$

であるから

$$\det[A + B] = 0$$

で，$A + B$ は正則ではない．

▶ [iff]

if and only if の省略形 (27 ページ)．

▶ [連立一次方程式の解]
　この例の連立一次方程式の解を一般化したものは，**クラメールの公式** と呼ばれている．

【ガブリエル・クラメール】
Gabriel Cramer, 1704–1752
スイスの数学者．

■ 連立 1 次方程式の解法 （発展課題）

最後に，次の 3 元連立 1 次方程式を解いてみよう．

$$\begin{cases} 2x - y - 3z = 2 \\ x - 3y - 2z = 5 \\ -x + y + z = -3 \end{cases}$$

この連立方程式は行列を用いて表すと

$$\begin{bmatrix} 2 & -1 & -3 \\ 1 & -3 & -2 \\ -1 & 1 & 1 \end{bmatrix} \begin{bmatrix} x \\ y \\ z \end{bmatrix} = \begin{bmatrix} 2 \\ 5 \\ -3 \end{bmatrix}$$

となる．左辺の 3×3 行列は連立方程式の係数行列である．係数行列を A として，A の行列式は，

$$|A| = \det \begin{bmatrix} 2 & -1 & -3 \\ 1 & -3 & -2 \\ -1 & 1 & 1 \end{bmatrix} = (-6 - 2 - 3) - (-9 - 4 - 1) = 3$$

であるから，A は正則である．したがって逆行列 A^{-1} が存在する．$\boldsymbol{x} = [x\ y\ z]^{\mathrm{t}}$, $\boldsymbol{b} = [2\ 5\ -3]^{\mathrm{t}}$ を列ベクトルとすると，連立方程式は次のように表せる．

$$A\boldsymbol{x} = \boldsymbol{b}$$

この連立方程式の両辺に逆行列 A^{-1} を左から掛けると $A^{-1}A = I$ となるから，

$$\text{左辺} = \begin{bmatrix} 2 & -1 & -3 \\ 1 & -3 & -2 \\ -1 & 1 & 1 \end{bmatrix}^{-1} \begin{bmatrix} 2 & -1 & -3 \\ 1 & -3 & -2 \\ -1 & 1 & 1 \end{bmatrix} \begin{bmatrix} x \\ y \\ z \end{bmatrix} = \begin{bmatrix} 1 & 0 & 0 \\ 0 & 1 & 0 \\ 0 & 0 & 1 \end{bmatrix} \begin{bmatrix} x \\ y \\ z \end{bmatrix} = \begin{bmatrix} x \\ y \\ z \end{bmatrix}$$

となり，次の関係が得られることになる．

$$\boldsymbol{x} = A^{-1} \boldsymbol{b}$$

A の逆行列を計算する．A の余因子は，1 つ置きに変わる符号に注意して，

$$A_{11} = \begin{vmatrix} -3 & -2 \\ 1 & 1 \end{vmatrix} = -3 + 2 = -1,\ A_{12} = -\begin{vmatrix} 1 & -2 \\ -1 & 1 \end{vmatrix} = 1,\ A_{13} = \begin{vmatrix} 1 & -3 \\ -1 & 1 \end{vmatrix} = -2$$

$$A_{21} = -\begin{vmatrix} -1 & -3 \\ 1 & 1 \end{vmatrix} = -2,\ A_{22} = \begin{vmatrix} 2 & -3 \\ -1 & 1 \end{vmatrix} = -1,\ A_{23} = -\begin{vmatrix} 2 & -1 \\ -1 & 1 \end{vmatrix} = -1$$

$$A_{31} = \begin{vmatrix} -1 & -3 \\ -3 & -2 \end{vmatrix} = -7,\ A_{32} = -\begin{vmatrix} 2 & -3 \\ 1 & -2 \end{vmatrix} = 1,\ A_{33} = \begin{vmatrix} 2 & -1 \\ 1 & -3 \end{vmatrix} = -5$$

となる．余因子の位置に注意して逆行列 A^{-1} を書き下ろして $\boldsymbol{b}$ との積をとれば，

$$\begin{bmatrix} x \\ y \\ z \end{bmatrix} = \begin{bmatrix} 2 & -1 & -3 \\ 1 & -3 & -2 \\ -1 & 1 & 1 \end{bmatrix}^{-1} \begin{bmatrix} 2 \\ 5 \\ -3 \end{bmatrix} = \frac{1}{3} \begin{bmatrix} -1 & -2 & -7 \\ 1 & -1 & 1 \\ -2 & -1 & -5 \end{bmatrix} \begin{bmatrix} 2 \\ 5 \\ -3 \end{bmatrix} = \begin{bmatrix} 3 \\ -2 \\ 2 \end{bmatrix}$$

が得られる．この解がもとの連立方程式を満足することは容易に確かめられる．

〈行列とディジタル通信〉

ディジタルデータ通信では，データ本体の符号情報に検査情報をくっつけて送信するのが普通である．簡単のため，符号情報は 4 桁の 2 進数 $i_1i_2i_3i_4$ で表されているとしよう．$i_1 \sim i_4$ はいずれも 0 か 1 の数字である．

いま，検査情報を右のように決める．ただし，右辺は，3 つの和が偶数なら 0，奇数なら 1 とする．通信するときには，符号情報に検査情報をくっつけて，$i_1i_2i_3i_4t_1t_2t_3$ の 7 桁で送信する．たとえば $i_1i_2i_3i_4 = 0101$ とすると，$t_1 = 0, t_2 = 1, t_3 = 0$ であるから，送信したものは $i_1i_2i_3i_4t_1t_2t_3 = 0101010$ である．受け取った側では，頭の 4 桁だけ符号情報として処理すればよい．

$$t_1 = i_1 + i_2 + i_4$$
$$t_2 = i_1 + i_3 + i_4$$
$$t_3 = i_2 + i_3 + i_4$$

▶[検査情報の計算]
$i_1i_2i_3i_4 = 0101$
$t_1 = i_1 + i_2 + i_4$
　$= 0 + 1 + 1 = 0$（偶数）
$t_2 = i_1 + i_3 + i_4$
　$= 0 + 0 + 1 = 1$（奇数）
$t_3 = i_2 + i_3 + i_4$
　$= 1 + 0 + 1 = 0$（偶数）

もし，送信中に 1 桁の誤りが入ったとするとどうなるだろうか．i_3 の位置に誤りが入って 0111010 を受け取ったとすると，受け取った符号情報では $t_1 = 0$, $t_2 = 0$, $t_3 = 1$ のはずだから，t_1 が一致，t_2 と t_3 は一致しない．t_1 になくて t_2 と t_3 に共通な i_3 に誤りがあったと判断できるから，i_3 を修正して 0101010 とできる．同様に考えると 1 桁の誤りならば 7 桁中 $i_1 \sim t_3$ のどこで生じても誤り位置を推定でき，修正できる．

今，3×7 行列 H を右のように設定しておく．受け取った情報を列ベクトル $x = [0\,1\,1\,1\,0\,1\,0]^t$ として，$s = Hx$ を計算する．このときも，積行列の要素を計算した結果が偶数ならば 0，奇数ならば 1 とする．そうすると，$s = [0\,1\,1]^t$ が得られるが，これを 3 桁の 2 進数とみなすと $011 = 3$ である．これは 3 桁目 i_3 に誤りがあることを示している．x に誤りがなければ $s = [0\,0\,0]^t$ となる．受け取った情報 x を H と掛け算すると，誤りの有無とその誤り位置が得られる．行列 H を **検査行列**，s を x の **シンドローム** という．

$$H = \begin{bmatrix} 1 & 1 & 0 & 1 & 1 & 0 & 0 \\ 1 & 0 & 1 & 1 & 0 & 1 & 0 \\ 0 & 1 & 1 & 1 & 0 & 0 & 1 \end{bmatrix}$$

この方法を一般化したものは **ハミング符号** と呼ばれている．ディジタル信号は誤り修正ができる意味でもノイズに強い．なお，上の説明は，誤りが 1 桁しか起こらない，2 桁以上の誤りが起こる確率が無視できる，という条件の下でのみ有効である．2 桁以上の誤り確率が無視できないときは，もっと工夫した方法を使う．

▶[シンドロームの計算]

$$Hx = \begin{bmatrix} 1 & 1 & 0 & 1 & 1 & 0 & 0 \\ 1 & 0 & 1 & 1 & 0 & 1 & 0 \\ 0 & 1 & 1 & 1 & 0 & 0 & 1 \end{bmatrix} \begin{bmatrix} 0 \\ 1 \\ 1 \\ 1 \\ 0 \\ 1 \\ 0 \end{bmatrix}$$

$$= \begin{bmatrix} 1+1 \\ 1+1+1 \\ 1+1+1 \end{bmatrix} = \begin{bmatrix} 0 \\ 1 \\ 1 \end{bmatrix}$$

$$= s$$

[6 章のまとめ]

この章では，
1. 行列の考え方とその演算方法について学んだ．
2. 行列の基本的な演算（定数との積，行列の和と積）の方法について学んだ．
3. 行列式の計算方法，逆行列の計算方法，について学んだ．
4. 正則行列が数の拡張となっていることを学んだ．

6章　演習問題

[演習1] ☆　次の行列 A, B, C, D について，それぞれの演算結果を示せ．

$$A = \begin{bmatrix} 2 & 3 \\ -1 & 0 \\ 2 & 1 \end{bmatrix} \quad B = \begin{bmatrix} -2 & 1 \\ 3 & -2 \\ 0 & 1 \end{bmatrix} \quad C = \begin{bmatrix} 2 \\ -3 \\ 1 \end{bmatrix} \quad D = \begin{bmatrix} -1 & 1 & -2 \end{bmatrix}$$

(1) $(1/2)(A+B)$　　　　(2) $A \cdot B^{\mathrm{t}}$　　　　(3) $B^{\mathrm{t}} \cdot A$
(4) $D \cdot B$　　　　　　(5) $C \cdot D$　　　　　　(6) $D \cdot C$

[演習2] ☆　次の正方行列の積を求めよ．

(1) $\begin{bmatrix} -1 & 1 & -2 \\ 2 & 0 & 3 \\ 1 & -2 & 3 \end{bmatrix} \begin{bmatrix} 1 & 2 & -2 \\ 0 & -1 & 3 \\ -2 & -2 & 1 \end{bmatrix}$　　(2) $\begin{bmatrix} 7 & 5 & -5 \\ 2 & 5 & 3 \\ -4 & -7 & 2 \end{bmatrix} \begin{bmatrix} -4 & -3 & 8 \\ 4 & 1 & -6 \\ -2 & -5 & 3 \end{bmatrix}$

(3) $\begin{bmatrix} 4 & 1 & 2 & 0 \\ 1 & 1 & 1 & 1 \\ 0 & -2 & -1 & -3 \\ 3 & 0 & 1 & -6 \end{bmatrix} \begin{bmatrix} 0 & -2 & 2 & -2 \\ -5 & 2 & -4 & 0 \\ 4 & -1 & 1 & 1 \\ 2 & 0 & 2 & 0 \end{bmatrix}$　(4) $\begin{bmatrix} -2 & -1 & -2 & 1 \\ 1 & 1 & 1 & -1 \\ -1 & -1 & -1 & 1 \\ 2 & 1 & 2 & -1 \end{bmatrix} \begin{bmatrix} -3 & -1 & 1 & 2 \\ -3 & -2 & 1 & 4 \\ 3 & 1 & -1 & -2 \\ -3 & -2 & 1 & 4 \end{bmatrix}$

[演習3] ☆　次の正方行列の行列式を求めよ．

(1) $\begin{bmatrix} 3 & -5 \\ -4 & 6 \end{bmatrix}$　(2) $\begin{bmatrix} 2 & -4 & 5 \\ 5 & 2 & -4 \\ -8 & 3 & -2 \end{bmatrix}$　(3) $\begin{bmatrix} -1 & 2 & 3 & 2 \\ 1 & -1 & 2 & 1 \\ 3 & 2 & 4 & -3 \\ -2 & 2 & 0 & 1 \end{bmatrix}$　(4) $\begin{bmatrix} 2 & 5 & -1 & 3 \\ 0 & -5 & 5 & 4 \\ 0 & 0 & 1 & 4 \\ 0 & 0 & 0 & -3 \end{bmatrix}$

[演習4] ☆　次の正方行列の逆行列を求めよ．

(1) $\begin{bmatrix} 2 & 1 \\ 3 & 4 \end{bmatrix}$　(2) $\begin{bmatrix} 1 & 3 & -1 \\ 4 & -1 & 3 \\ 2 & -1 & 1 \end{bmatrix}$　(3) $\begin{bmatrix} 4 & 6 & -2 \\ 0 & -2 & 6 \\ 0 & 0 & 2 \end{bmatrix}$　(4) $\begin{bmatrix} 4 & 3 & 4 & 3 \\ 3 & 1 & 2 & 1 \\ 4 & 2 & 3 & 2 \\ 8 & 4 & 6 & 3 \end{bmatrix}$

[演習5] ☆☆　次の連立一次方程式を解け．

(1) $4x + 6y = 14$　　　　(2) $x + 2y + 3z = 9$
　　$5x - 3y = -14$　　　　　$2x + 3y + z = 12$
　　　　　　　　　　　　　　　$3x + y + 2z = 15$

[演習6] ☆☆　行列 A, B において，すべての要素が0と1だけからなるとして，A と B の和，あるいは，積の演算をした場合，結果の行列要素が0以外ならばすべて1とする演算を使うことがある（9章の関係行列，10章の隣接行列など）．これを **行列のブール和**，**行列のブール積** という．次の行列のブール和 $A+B$，および行列のブール積 AB を求めよ．

(1) $A = \begin{bmatrix} 1 & 0 & 1 \\ 1 & 1 & 0 \\ 0 & 1 & 1 \end{bmatrix} \quad B = \begin{bmatrix} 1 & 0 & 1 \\ 0 & 1 & 0 \\ 1 & 0 & 0 \end{bmatrix}$　(2) $A = \begin{bmatrix} 1 & 0 & 0 & 1 \\ 0 & 1 & 0 & 0 \\ 1 & 0 & 1 & 0 \\ 0 & 0 & 1 & 0 \end{bmatrix} \quad B = \begin{bmatrix} 0 & 0 & 1 & 0 \\ 1 & 1 & 0 & 1 \\ 1 & 0 & 0 & 0 \\ 0 & 1 & 0 & 1 \end{bmatrix}$

[演習7] ☆☆　ある工場で，電気製品 P と Q をそれぞれ1台作るのに必要な材料費 a，人件費 b，その他の経費 c を表 A に示す．向う4年間の計画生産高を表 B に示す．各年ごとの必要経費 a,b,c を求めよ．なお，表 A は千円単位，表 B は1万台単位で示してある．

表 A

	P	Q
a	9	15
b	10	8
c	3	6

表 B

	1年	2年	3年	4年
P	12	14	16	18
Q	20	17	15	14

[演習8] ☆☆　行列 $A = [a_{ij}]$ の余因子が次のように表せることを示せ．

$$\text{余因子 } A_{ij} = \begin{vmatrix} a_{11} & a_{12} & \cdots & a_{1j} & \cdots & a_{1n} \\ a_{21} & a_{22} & \cdots & a_{2j} & \cdots & a_{2n} \\ \cdots & & & \cdots & & \cdots \\ 0 & 0 & \cdots & 1 & \cdots & 0 \\ \cdots & & & \cdots & & \cdots \\ a_{n1} & a_{n2} & \cdots & a_{nj} & \cdots & a_{nn} \end{vmatrix} = \begin{vmatrix} a_{11} & a_{12} & \cdots & 0 & \cdots & a_{1n} \\ a_{21} & a_{22} & \cdots & 0 & \cdots & a_{2n} \\ \cdots & & & 0 & & \cdots \\ a_{i1} & a_{i2} & \cdots & 1 & \cdots & a_{in} \\ \cdots & & & 0 & & \cdots \\ a_{n1} & a_{n2} & \cdots & 0 & \cdots & a_{nn} \end{vmatrix}$$

（j 列目，i 行目に注目）

[演習9] ☆☆　行列について次の性質が成立することを示せ．なお，k^{-1} は k の逆数である．

(1) $(kA)^{-1} = k^{-1} A^{-1}$　　(2) $(AB)^{-1} = B^{-1} A^{-1}$
(3) $(A+B)^{\mathrm{t}} = A^{\mathrm{t}} + B^{\mathrm{t}}$　　(4) $(kA)^{\mathrm{t}} = k A^{\mathrm{t}}$　　(5) $(AB)^{\mathrm{t}} = B^{\mathrm{t}} A^{\mathrm{t}}$

[演習10] ☆☆　次の行列式の性質を余因子展開を利用して示せ．A_{ij} は a_{ij} の余因子である．

(1) $\begin{vmatrix} a_{11} & a_{12}+b_1 & a_{13} \\ a_{21} & a_{22}+b_2 & a_{23} \\ a_{31} & a_{32}+b_3 & a_{33} \end{vmatrix} = \begin{vmatrix} a_{11} & a_{12} & a_{13} \\ a_{21} & a_{22} & a_{23} \\ a_{31} & a_{32} & a_{33} \end{vmatrix} + \begin{vmatrix} a_{11} & b_1 & a_{13} \\ a_{21} & b_2 & a_{23} \\ a_{31} & b_3 & a_{33} \end{vmatrix}$

(2) $\begin{vmatrix} a_{11} & a_{12} \cdot k & a_{13} \\ a_{21} & a_{22} \cdot k & a_{23} \\ a_{31} & a_{32} \cdot k & a_{33} \end{vmatrix} = k \begin{vmatrix} a_{11} & a_{12} & a_{13} \\ a_{21} & a_{22} & a_{23} \\ a_{31} & a_{32} & a_{33} \end{vmatrix}$　　(3) $\begin{vmatrix} a_{12} & a_{11} & a_{13} \\ a_{22} & a_{21} & a_{23} \\ a_{32} & a_{31} & a_{33} \end{vmatrix} = - \begin{vmatrix} a_{11} & a_{12} & a_{13} \\ a_{21} & a_{22} & a_{23} \\ a_{31} & a_{32} & a_{33} \end{vmatrix}$

(4) $\begin{vmatrix} a_{11} & a_{12} & a_{11} \\ a_{21} & a_{22} & a_{21} \\ a_{31} & a_{32} & a_{31} \end{vmatrix} = 0$　　(5) $\begin{vmatrix} a_{11} & a_{12}+ka_{13} & a_{13} \\ a_{21} & a_{22}+ka_{23} & a_{23} \\ a_{31} & a_{32}+ka_{33} & a_{33} \end{vmatrix} = \begin{vmatrix} a_{11} & a_{12} & a_{13} \\ a_{21} & a_{22} & a_{23} \\ a_{31} & a_{32} & a_{33} \end{vmatrix}$

(6) $a_{31} A_{11} + a_{32} A_{12} + a_{33} A_{13} = 0$　　(7) $a_{13} A_{11} + a_{23} A_{21} + a_{33} A_{31} = 0$

[演習11] ☆☆☆　一般の正方行列では次の性質はなかったが，n 次の正則行列と零行列の集合 M_n では，任意の $X, Y \in M_n$ について，

$$XY = O \text{ iff } X = O \text{ または } Y = O$$

が成立する．これを証明せよ．

[演習12] ☆☆☆　n 次の正則行列 A とその逆行列 A^{-1} との積が単位行列となることを示せ．

[解1] (1) $(1/2)\left(\begin{bmatrix} 2 & 3 \\ -1 & 0 \\ 2 & 1 \end{bmatrix} + \begin{bmatrix} -2 & 1 \\ 3 & -2 \\ 0 & 1 \end{bmatrix}\right) = \begin{bmatrix} 0 & 2 \\ 1 & -1 \\ 1 & 1 \end{bmatrix}$ (2) $\begin{bmatrix} 2 & 3 \\ -1 & 0 \\ 2 & 1 \end{bmatrix}\begin{bmatrix} -2 & 3 & 0 \\ 1 & -2 & 1 \end{bmatrix} = \begin{bmatrix} -1 & 0 & 3 \\ 2 & -3 & 0 \\ -3 & 4 & 1 \end{bmatrix}$

(3) $\begin{bmatrix} -2 & 3 & 0 \\ 1 & -2 & 1 \end{bmatrix}\begin{bmatrix} 2 & 3 \\ -1 & 0 \\ 2 & 1 \end{bmatrix} = \begin{bmatrix} -7 & -6 \\ 6 & 4 \end{bmatrix}$ (4) $\begin{bmatrix} -1 & 1 & -2 \end{bmatrix}\begin{bmatrix} -2 & 1 \\ 3 & -2 \\ 0 & 1 \end{bmatrix} = \begin{bmatrix} 5 & -5 \end{bmatrix}$

(5) $\begin{bmatrix} 2 \\ -3 \\ 1 \end{bmatrix}\begin{bmatrix} -1 & 1 & -2 \end{bmatrix} = \begin{bmatrix} -2 & 2 & -4 \\ 3 & -3 & 6 \\ -1 & 1 & -2 \end{bmatrix}$ (6) $\begin{bmatrix} -1 & 1 & -2 \end{bmatrix}\begin{bmatrix} 2 \\ -3 \\ 1 \end{bmatrix} = \begin{bmatrix} -7 \end{bmatrix}$

[解2] (1) $\begin{bmatrix} -1 & 1 & -2 \\ 2 & 0 & 3 \\ 1 & -2 & 3 \end{bmatrix}\begin{bmatrix} 1 & 2 & -2 \\ 0 & -1 & 3 \\ -2 & -2 & 1 \end{bmatrix} = \begin{bmatrix} 3 & 1 & 3 \\ -4 & -2 & -1 \\ -5 & -2 & -5 \end{bmatrix}$ (2) $\begin{bmatrix} 7 & 5 & -5 \\ 2 & 5 & 3 \\ -4 & -7 & 2 \end{bmatrix}\begin{bmatrix} -4 & -3 & 8 \\ 4 & 1 & -6 \\ -2 & -5 & 3 \end{bmatrix} = \begin{bmatrix} 2 & 9 & 11 \\ 6 & -16 & -5 \\ -16 & -5 & 16 \end{bmatrix}$

(3) $\begin{bmatrix} 4 & 1 & 2 & 0 \\ 1 & 1 & 1 & 1 \\ 0 & -2 & -1 & -3 \\ 3 & 0 & 1 & -6 \end{bmatrix}\begin{bmatrix} 0 & -2 & 2 & -2 \\ -5 & 2 & -4 & 0 \\ 4 & -1 & 1 & 1 \\ 2 & 0 & 2 & 0 \end{bmatrix} = \begin{bmatrix} 3 & -8 & 6 & -6 \\ 1 & -1 & 1 & -1 \\ 0 & -3 & 1 & -1 \\ -8 & -7 & -5 & -5 \end{bmatrix}$ (4) $\begin{bmatrix} -2 & -1 & -2 & 1 \\ 1 & 1 & 1 & -1 \\ -1 & -1 & -1 & 1 \\ 2 & 1 & 2 & -1 \end{bmatrix}\begin{bmatrix} -3 & -1 & 1 & 2 \\ -3 & -2 & 1 & 4 \\ 3 & 1 & -1 & -2 \\ -3 & -2 & 1 & 4 \end{bmatrix} = \begin{bmatrix} 0 & 0 & 0 & 0 \\ 0 & 0 & 0 & 0 \\ 0 & 0 & 0 & 0 \\ 0 & 0 & 0 & 0 \end{bmatrix}$

[解3] (1) $\begin{vmatrix} 3 & -5 \\ -4 & 6 \end{vmatrix} = 3 \cdot 6 - (-5) \cdot (-4) = 18 - 20 = -2$ (2) $\begin{vmatrix} 2 & -4 & 5 \\ 5 & 2 & -4 \\ -8 & 3 & -2 \end{vmatrix} = (-8-128+75)-(-80+40-24) = 3$

(3) $\begin{vmatrix} -1 & 2 & 3 & 2 \\ 1 & -1 & 2 & 1 \\ 3 & 2 & 4 & -3 \\ -2 & 2 & 0 & 1 \end{vmatrix} = -(-2)\begin{vmatrix} 2 & 3 & 2 \\ -1 & 2 & 1 \\ 2 & 4 & -3 \end{vmatrix} + 2\begin{vmatrix} -1 & 3 & 2 \\ 1 & 2 & 1 \\ 3 & 4 & -3 \end{vmatrix} + \begin{vmatrix} -1 & 2 & 3 \\ 1 & -1 & 2 \\ 3 & 2 & 4 \end{vmatrix} = 2 \cdot (-39) + 2 \cdot 24 + 27 = -3$

(4) $\begin{vmatrix} 2 & 5 & -1 & 3 \\ 0 & -5 & 5 & 4 \\ 0 & 0 & 1 & 4 \\ 0 & 0 & 0 & -3 \end{vmatrix} = 2 \cdot \begin{vmatrix} -5 & 5 & 4 \\ 0 & 1 & 4 \\ 0 & 0 & -3 \end{vmatrix} = 2 \cdot (-5)\begin{vmatrix} 1 & 4 \\ 0 & -3 \end{vmatrix} = 2 \cdot (-5) \cdot 1 \cdot (-3) = 30$

[解4] (1) $\begin{vmatrix} 2 & 1 \\ 3 & 4 \end{vmatrix} = 5$, 余因子は $[A_{ij}] = \begin{bmatrix} 4 & -3 \\ -1 & 2 \end{bmatrix}$ だから, $\begin{bmatrix} 2 & 1 \\ 3 & 4 \end{bmatrix}^{-1} = (1/5)\begin{bmatrix} 4 & -1 \\ -3 & 2 \end{bmatrix} = \begin{bmatrix} 0.8 & -0.2 \\ -0.6 & 0.4 \end{bmatrix}$

(2) $\begin{vmatrix} 1 & 3 & -1 \\ 4 & -1 & 3 \\ 2 & -1 & 1 \end{vmatrix} = 10$, $[A_{ij}] = \begin{bmatrix} 2 & 2 & -2 \\ -2 & 3 & 7 \\ 8 & -7 & -13 \end{bmatrix}$, $\begin{bmatrix} 1 & 3 & -1 \\ 4 & -1 & 3 \\ 2 & -1 & 1 \end{bmatrix}^{-1} = (1/10)\begin{bmatrix} 2 & -2 & 8 \\ 2 & 3 & -7 \\ -2 & 7 & -13 \end{bmatrix} = \begin{bmatrix} 0.2 & -0.2 & 0.8 \\ 0.2 & 0.3 & -0.7 \\ -0.2 & 0.7 & -1.3 \end{bmatrix}$

(3) $\begin{vmatrix} 4 & 6 & -2 \\ 0 & -2 & 6 \\ 0 & 0 & 2 \end{vmatrix} = -16$, $[A_{ij}] = \begin{bmatrix} -4 & 0 & 0 \\ -12 & 8 & 0 \\ 32 & -24 & -8 \end{bmatrix}$, $\begin{bmatrix} 4 & 6 & -2 \\ 0 & -2 & 6 \\ 0 & 0 & 2 \end{bmatrix}^{-1} = (-1/16)\begin{bmatrix} -4 & -12 & 32 \\ 0 & 8 & -24 \\ 0 & 0 & -8 \end{bmatrix} = \begin{bmatrix} 0.25 & 0.75 & -2 \\ 0 & -0.5 & 1.5 \\ 0 & 0 & 0.5 \end{bmatrix}$

(4) $\begin{vmatrix} 4 & 3 & 4 & 3 \\ 3 & 1 & 2 & 1 \\ 4 & 2 & 3 & 2 \\ 8 & 4 & 6 & 3 \end{vmatrix} = -1$, $[A_{ij}] = \begin{bmatrix} 1 & 1 & -2 & 0 \\ 1 & 4 & -4 & 0 \\ -2 & -2 & 5 & -2 \\ 0 & -1 & 0 & 1 \end{bmatrix}$, 逆行列は $(-1)\begin{bmatrix} 1 & 1 & -2 & 0 \\ 1 & 4 & -2 & -1 \\ -2 & -4 & 5 & 0 \\ 0 & 0 & -2 & 1 \end{bmatrix} = \begin{bmatrix} -1 & -1 & 2 & 0 \\ -1 & -4 & 2 & 1 \\ 2 & 4 & -5 & 0 \\ 0 & 0 & 2 & -1 \end{bmatrix}$

[解5] (1) $\begin{bmatrix} 4 & 6 \\ 5 & -3 \end{bmatrix}\begin{bmatrix} x \\ y \end{bmatrix} = \begin{bmatrix} 14 \\ -14 \end{bmatrix}$, 係数行列を A として, $\det(A) = -42$, 余因子 $[A_{ij}] = \begin{bmatrix} -3 & -5 \\ -6 & 4 \end{bmatrix}$ だから, 逆行列は,

$A^{-1} = -\dfrac{1}{42}\begin{bmatrix} -3 & -6 \\ -5 & 4 \end{bmatrix} = \begin{bmatrix} 1/14 & 1/7 \\ 5/42 & -2/21 \end{bmatrix}$ となる. 方程式の両辺に係数行列の逆行列を左から掛けると,

$\begin{bmatrix} x \\ y \end{bmatrix} = \begin{bmatrix} 1/14 & 1/7 \\ 5/42 & -2/21 \end{bmatrix}\begin{bmatrix} 14 \\ -14 \end{bmatrix} = \begin{bmatrix} 1-2 \\ 5/3+4/3 \end{bmatrix} = \begin{bmatrix} -1 \\ 3 \end{bmatrix}$

(2) $\begin{bmatrix} 1 & 2 & 3 \\ 2 & 3 & 1 \\ 3 & 1 & 2 \end{bmatrix} \begin{bmatrix} x \\ y \\ z \end{bmatrix} = \begin{bmatrix} 9 \\ 12 \\ 15 \end{bmatrix}$, 係数行列 A について,$\det(A) = -18$, $[A_{ij}] = \begin{bmatrix} 5 & -1 & -7 \\ -1 & -7 & 5 \\ -7 & 5 & -1 \end{bmatrix}$ だから,逆行列は,

$A^{-1} = (-1/18) \begin{bmatrix} 5 & -1 & -7 \\ -1 & -7 & 5 \\ -7 & 5 & -1 \end{bmatrix}$,これを方程式の左側から掛けて,$\begin{bmatrix} x \\ y \\ z \end{bmatrix} = (-1/18) \begin{bmatrix} 5 & -1 & -7 \\ -1 & -7 & 5 \\ 7 & 5 & -1 \end{bmatrix} \begin{bmatrix} 9 \\ 12 \\ 15 \end{bmatrix} = \begin{bmatrix} 4 \\ 1 \\ 1 \end{bmatrix}$

[解6] (1) 行列のブール和 $\begin{bmatrix} 1 & 0 & 1 \\ 1 & 1 & 0 \\ 0 & 1 & 1 \end{bmatrix} + \begin{bmatrix} 1 & 0 & 1 \\ 0 & 1 & 0 \\ 1 & 0 & 0 \end{bmatrix} = \begin{bmatrix} 1 & 0 & 1 \\ 1 & 1 & 0 \\ 1 & 1 & 1 \end{bmatrix}$,行列のブール積 $\begin{bmatrix} 1 & 0 & 1 \\ 1 & 1 & 0 \\ 0 & 1 & 1 \end{bmatrix} \begin{bmatrix} 1 & 0 & 1 \\ 0 & 1 & 0 \\ 1 & 0 & 0 \end{bmatrix} = \begin{bmatrix} 1 & 0 & 1 \\ 1 & 1 & 1 \\ 1 & 1 & 0 \end{bmatrix}$

(2) 行列のブール和 $\begin{bmatrix} 1 & 0 & 0 & 1 \\ 0 & 1 & 0 & 0 \\ 1 & 0 & 1 & 0 \\ 0 & 0 & 1 & 0 \end{bmatrix} + \begin{bmatrix} 0 & 0 & 1 & 0 \\ 1 & 1 & 0 & 1 \\ 1 & 0 & 0 & 0 \\ 0 & 1 & 0 & 1 \end{bmatrix} = \begin{bmatrix} 1 & 0 & 1 & 1 \\ 1 & 1 & 0 & 1 \\ 1 & 0 & 1 & 0 \\ 0 & 1 & 1 & 1 \end{bmatrix}$,行列のブール積 $\begin{bmatrix} 1 & 0 & 0 & 1 \\ 0 & 1 & 0 & 0 \\ 1 & 0 & 1 & 0 \\ 0 & 0 & 1 & 0 \end{bmatrix} \begin{bmatrix} 0 & 0 & 1 & 0 \\ 1 & 1 & 0 & 1 \\ 1 & 0 & 0 & 0 \\ 0 & 1 & 0 & 1 \end{bmatrix} = \begin{bmatrix} 0 & 1 & 1 & 1 \\ 1 & 1 & 0 & 1 \\ 1 & 0 & 1 & 0 \\ 1 & 0 & 0 & 0 \end{bmatrix}$

[解7] A, B をそれぞれ行列とみなすと,行列の積 AB が各年ごとの必要経費を表すから,

$$\begin{bmatrix} 9 & 15 \\ 10 & 8 \\ 3 & 6 \end{bmatrix} \begin{bmatrix} 12 & 14 & 16 & 18 \\ 20 & 17 & 15 & 14 \end{bmatrix} = \begin{matrix} & \text{1年} & \text{2年} & \text{3年} & \text{4年} \\ \begin{bmatrix} 408 & 381 & 369 & 372 \\ 280 & 276 & 280 & 292 \\ 156 & 144 & 138 & 138 \end{bmatrix} & \begin{matrix} a \\ b \\ c \end{matrix} \end{matrix}$$

[解8] 行列 A の第 i 行での展開公式

$$|A| = a_{i1}A_{i1} + a_{i2}A_{i2} + \cdots + a_{in}A_{in}$$

において,$(a_{i1}, a_{i2}, \ldots, a_{ij}, \ldots, a_{in}) = (0, 0, \ldots, 1, \ldots, 0)$ とすると,A_{ij} の 1 つ目の行列式表現が得られる.■

同様に,行列 A の第 j 列での展開公式

$$|A| = a_{1j}A_{1j} + a_{2j}A_{2j} + \cdots + a_{nj}A_{nj}$$

において,$(a_{1j}, a_{2j}, \ldots, a_{ij}, \ldots, a_{nj}) = (0, 0, \ldots, 1, \ldots, 0)$ とすると,A_{ij} の 2 つ目の行列式表現が得られる.■

[解9] (1) I を単位行列として,

$$(k^{-1}A^{-1})(kA) = k(k^{-1}A^{-1})A = (k \cdot k^{-1})(A^{-1}A) = 1 \cdot I = I$$
$$(kA)(k^{-1}A^{-1}) = (k \cdot k^{-1})(AA^{-1}) = 1 \cdot I = I$$

であるから,$k^{-1}A^{-1}$ は kA の逆行列 $(kA)^{-1}$ と一致する.■

(2) I を単位行列として,

$$(B^{-1}A^{-1})(AB) = B^{-1}(A^{-1}A)B = B^{-1}IB = B^{-1}B = I$$
$$(AB)(B^{-1}A^{-1}) = A(BB^{-1})A^{-1} = A^{-1}IA = A^{-1}A = I$$

であるから,$B^{-1}A^{-1}$ は AB の逆行列 $(AB)^{-1}$ と一致する.■

(3) A の (i,j) 要素を a_{ij},B の (i,j) 要素を b_{ij} とする.$(A+B)^{\mathrm{t}}$ の (i,j) 要素は $A+B$ の (j,i) 要素だから,

$$(A+B)^{\mathrm{t}}(i,j) = (A+B)(j,i) = a_{ji} + b_{ji}$$

A^{t} の (i,j) 要素は A の (j,i) 要素だから a_{ji},B^{t} の (i,j) 要素は B の (j,i) 要素だから b_{ji} なので,

$$(A^{\mathrm{t}} + B^{\mathrm{t}})(i,j) = a_{ji} + b_{ji} = (A+B)^{\mathrm{t}}(i,j)$$

である.■

(4) A の (i,j) 要素を a_{ij} とする.$(kA)^{\mathrm{t}}$ の (i,j) 要素は kA の (j,i) 要素だから,

$$(kA)^{\mathrm{t}}(i,j) = (kA)(j,i) = ka_{ji}$$

A^{t} の (i,j) 要素は A の (j,i) 要素だから a_{ji} で,$(kA^{\mathrm{t}})(i,j) = kA(j,i) = ka_{ji} = (kA)^{\mathrm{t}}(i,j)$ である.■

(5) A の (i,j) 要素を a_{ij},B の (i,j) 要素を b_{ij} とする.$(AB)^{\mathrm{t}}$ の (i,j) 要素は AB の (j,i) 要素だから A の第 j 行 $(a_{j1}, a_{j2}, \ldots, a_{jn})$ と B の第 i 列 $(b_{1i}, b_{2i}, \ldots, b_{ni})^{\mathrm{t}}$ の積和で,

$$(AB)^{\mathrm{t}}(i,j) = AB(j,i) = a_{j1}b_{1i} + a_{j2}b_{2i} + \cdots + a_{jn}b_{ni}$$

である.$B^{\mathrm{t}}A^{\mathrm{t}}$ の (i,j) 要素は,B^{t} の第 i 行と A^{t} の第 j 列,つまり,B の第 i 列 $(b_{1i}, b_{2i}, \ldots, b_{ni})^{\mathrm{t}}$ と A の第 j 行

$(a_{j1}, a_{j2}, \ldots, a_{jn})$ の積和であるから,
$$B^{\mathrm{t}} A^{\mathrm{t}}(i,j) = a_{j1}b_{1i} + a_{j2}b_{2i} + \cdots + a_{jn}b_{ni} = (AB)^{\mathrm{t}}(i,j)$$
となる. ■

[解 10]　(1) 左辺を第 2 列で余因子展開すると,
$$(a_{12}+b_1)A_{12} + (a_{22}+b_2)A_{22} + (a_{13}+b_3)A_{32} = (a_{12}A_{12} + a_{22}A_{22} + a_{32}A_{32}) + (b_1A_{12} + b_2A_{22} + b_3A_{32})$$
第 1 項は A の行列式の余因子展開, 第 2 項は, A の第 2 列 $(a_{12}\ a_{22}\ a_{32})$ を $(b_1\ b_2\ b_3)$ で置き換えた行列の行列式の余因子展開であるから, 右辺と等しい. (これは, 行についても同様に成立し, 一般に, 任意の次数の行列式について成立する.)

(2) 与式の左辺を第 2 列で余因子展開すると,
$$ka_{12}A_{12} + ka_{22}A_{22} + ka_{13}A_{32} = k(a_{12}A_{12} + a_{22}A_{22} + a_{32}A_{32})$$
この式の右辺の ( ) の中は A の行列式の余因子展開であるから, 与式の右辺と等しい. (行でも同様で, 93 ページの行列式の性質の (1) である.)

(3) 左辺は, 右辺の行列式の第 1 列と第 2 列を入れ換えたものである. 左辺を第 2 列で余因子展開すると,
$$\begin{bmatrix} a_{12} & a_{11} & a_{13} \\ a_{22} & a_{21} & a_{23} \\ a_{32} & a_{31} & a_{33} \end{bmatrix} = -a_{11}\begin{bmatrix} a_{22} & a_{23} \\ a_{32} & a_{33} \end{bmatrix} + a_{21}\begin{bmatrix} a_{12} & a_{13} \\ a_{32} & a_{33} \end{bmatrix} - a_{31}\begin{bmatrix} a_{12} & a_{13} \\ a_{22} & a_{23} \end{bmatrix}$$

右辺の行列式を第 1 列で余因子展開すると
$$\begin{bmatrix} a_{11} & a_{12} & a_{13} \\ a_{31} & a_{22} & a_{23} \\ a_{31} & a_{32} & a_{33} \end{bmatrix} = a_{11}\begin{bmatrix} a_{22} & a_{23} \\ a_{32} & a_{33} \end{bmatrix} - a_{21}\begin{bmatrix} a_{12} & a_{13} \\ a_{32} & a_{33} \end{bmatrix} + a_{31}\begin{bmatrix} a_{12} & a_{13} \\ a_{22} & a_{23} \end{bmatrix}$$

これは左辺とは符号だけが異なるから, 与式が成立する. (行でも同様で, 93 ページの性質の (2) である.)

(4) 第 1 列と第 3 列が同じであるから, 入れ換えても同じ行列式である. (3) の性質より, 入れ換えると符号が変わるはずだから, 行列式の値は 0 である. (行でも同様で, 93 ページの性質の (3) である.)

(5) (1) と (2) の性質より, 左辺の行列式は, A の行列式と A の第 2 列を第 3 列で置き換えた行列式の k 倍との和になる. 後者は (4) の性質より 0 だから, 右辺と一致する. (行でも同様で, 93 ページの性質の (4) である.)

(6) 左辺は, A の第 1 行を第 3 行で置き換えた行列の行列式の, 第 1 列による余因子展開と一致する. これは第 1 行と第 3 行が一致する行列式であるから, (4) の性質より, 0 である. (93 ページの性質の (5) の 1 つ目である.)

(7) 左辺は, A の第 1 列を第 3 列で置き換えた行列の行列式の, 第 1 列による余因子展開と一致する. これは第 1 列と第 3 列が一致する行列式であるから, (4) の性質より, 0 である. (93 ページの性質の (5) の 2 つ目である.)

[解 11]　$X = O$ または $Y = O$ ならば $XY = O$ であることは自明であるから, [$XY = O$ ならば $X = O$ または $Y = O$] を証明すればよい. $X \neq O$ とすると, X の逆行列 X^{-1} が存在するから, $XY = O$ の両辺に X^{-1} を左から掛けると, $Y = X^{-1}O = O$, 同様に, $Y \neq O$ とすると $X = O$ である. もちろん, $X = Y = O$ のときは $XY = O$ である. よって, 証明できた.

[背理法] によればもっとすっきり証明できる. 条件付き命題 "P ならば Q" ($P \to Q$) の背理法では, $\sim Q$ (Q でない) を背理法の仮定として, 矛盾が生じることを示せばよい. Q: "$X = O$ または $Y = O$" のときは $\sim Q$: "$X \neq O$ かつ $Y \neq O$" であるから, これを背理法の仮定とする. このとき, X の逆行列 X^{-1} が存在するから, $XY = O$ の両辺に左から X^{-1} を掛けると $Y = O$ となる. これは背理法の仮定 $Y \neq O$ と矛盾する. よってもとの命題が成立する.

[解 12]　積 AA^{-1} の (i,j) 要素は A の第 i 行と A^{-1} の第 j 列の積和である. $|A| \cdot A^{-1}$ の第 j 列は A の余因子で表すと, $(A_{j1}\ A_{j2}\ \cdots\ A_{jn})$ である. したがって,
$$(|A| \cdot AA^{-1})(i,j) = a_{i1}A_{j1} + a_{i2}A_{j2} + \cdots + a_{in}A_{jn} = \begin{cases} 0 & i \neq j \text{ (93 ページの性質 (5) の 1 つ目)} \\ |A| & i = j \text{ (A の第 i 行による余因子展開)} \end{cases}$$
よって, $AA^{-1} = I$ である. 積 $A^{-1}A$ の (i,j) 要素は A^{-1} の第 i 行と A の第 j 列の積和であるから, 同様に,
$$(|A| \cdot A^{-1}A)(i,j) = a_{1i}A_{1j} + a_{2i}A_{2j} + \cdots + a_{ni}A_{nj} = \begin{cases} 0 & i \neq j \text{ (93 ページの性質 (5) の 2 つ目)} \\ |A| & i = j \text{ (A の第 i 行による余因子展開)} \end{cases}$$
よって, $A^{-1}A = I$ である. ■

7章　剰余演算

[ねらい]

　小数表現を学ぶ前の小学校の算数では，割り算で割り切れないときに「余り」を残す．この「余り」を「剰余」という．この章では，整数除算による剰余について，系統的に基礎的な知識を学ぶことを目的とする．

　「余り」は，何か単位になるものがあって，それで分けて行ったとき，それより小さいものが残る，それが「余り」である．剰余は，小学校で割り算を習って以来の，普通に使われる概念である．ここでは，整数における剰余，剰余そのものの性質，剰余の上で定義される算術演算について考える．素数で割って得られる剰余を対象にすると，通常の実数と同じような四則演算の体系が定義できる．少し奇妙な感じがする整数の演算体系，整数の剰余についての算術体系を学ぶ．

　現代暗号の主流は整数論に基づく暗号であるが，そこでは，この剰余が，基本的なそして重要な概念の1つとなっている．

[この章の項目]

除法定理
合同
剰余演算
累乗と累乗根
剰余の累乗と累乗根
剰余類と剰余系
剰余系における加法
剰余系における乗法
剰余系での逆数（発展課題）

■ 除法定理

まず **剰余** を定義する．整数 m を自然数 n で割って，商が q で余りが r とすると「$m \div n = q$ 余り r」であるが，数学的には，

$$m = q \times n + r$$

と表す．余り r は次の条件を満たす．

$$0 \leq r < n$$

一般に，任意の自然数 n と整数 m に対してこの関係を満す整数 q と r が一意に定まる．これを n による m の **整除** という．r が **剰余** である．n は除数（割る数），m は被除数（割られる数）である．この関係は **除法定理** と呼ばれている．

剰余が $r = 0$ のとき，n は m を割り切るといい，n は m の **約数**，n は m の **因数**，m は n の **倍数** などという．被除数が $m = 0$ のときは商 q も剰余 r も共に 0 となるので，0 は任意の自然数で割り切れる．

▶ [除法定理]
これは「除法の原理」とも呼ばれているが，割り算の定義のようなものである．割り算の計算アルゴリズムはこれを基礎として構成される．

剰余は正の整数については分かりやすいが，負の整数の剰余については注意が必要である．たとえば，$n = 3$ による $m = 5$ の剰余は $r = 2$ である．$m = -5$ のときはどうか．r を "余り" と考えると負の数はもともと足りない数というイメージがあるから「足りないものの余り」というのは想像しにくい．定義が必要である．

たとえば「$5 \div 3 = 1$ 余り 2」から類推して「$-5 \div 3 = -1$ 余り -2」とするのは，負の整数の剰余について 1 つの解釈（定義）である．この解釈では，数直線に表すと，0 を境にして対称に符号を変えた剰余が対応する．

m	⋯	-6	-5	-4	-3	-2	-1	0	1	2	3	4	5	6	7	8	⋯
r	⋯	0	-2	-1	0	-2	-1	0	1	2	0	1	2	0	1	2	⋯

コンピュータプログラムで使われている演算では剰余の計算にこの解釈を採用しているものがある．

▶ [負の整数の剰余]
3 による剰余の 2 つの解釈
[解釈 1]

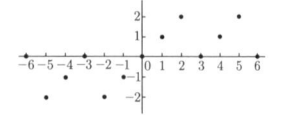

[解釈 2]

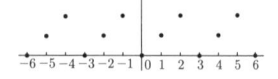

[解釈 2] が数学的な解釈である．

この負の整数の剰余の解釈は剰余 r についての条件 $0 \leq r < n$ を満たしていないので除法定理に従っていない．数学では除法定理に合うように負の整数の剰余を定義する．$-5 = -2 \times 3 + 1$ であるから，したがって剰余は $r = 1$ である．数学的には，3 による剰余は，次のように，0, 1, 2 が循環する．

m	⋯	-6	-5	-4	-3	-2	-1	0	1	2	3	4	5	6	7	8	⋯
r	⋯	0	1	2	0	1	2	0	1	2	0	1	2	0	1	2	⋯

■ 合同

自然数 n で整数 m_1 と m_2 を割ったそれぞれの剰余が同じであるとき，m_1 と m_2 の関係を次のように書く．

$$m_1 = m_2 \pmod{n}$$

n を法といい，m_1 と m_2 は **n を法として合同** であるという．これは，

$$m_1 = m_2 + kn$$

となる整数 k が存在することを意味している．たとえば

$$5 = 11 \pmod{3}$$
$$5 = 11 + (-2) \times 3$$

である．もちろん，m を n で割った剰余が r であるとすると，

$$m = r \pmod{n}$$

である．

■ 剰余演算

整数 m を自然数 n で整除して剰余 r を得ることを 2 項演算とみなして **剰余演算** といい，次のように書く．

$$m \bmod n = r$$

この "mod" は剰余演算記号で，$a+b$ の加算記号 "+"，$c \times d$ の乗算記号 "×" と同じような 2 項演算である．たとえば，

$$11 \bmod 3 = 2$$

である．

加法や乗法の演算結果の剰余演算については，次のような性質がある．

$$x + y \bmod n = (x \bmod n) + (y \bmod n) \pmod{n}$$
$$x \times y \bmod n = (x \bmod n) \times (y \bmod n) \pmod{n}$$

和や積の剰余は，剰余をとってから計算してもよいことになる．これを利用すると剰余計算を比較的簡単にすることができる．たとえば，

$$472 + 839 \bmod 5 = (472 \bmod 5) + (839 \bmod 5) = 2 + 4 = 6 = 1 \pmod 5$$
$$472 \times 839 \bmod 5 = (472 \bmod 5) \times (839 \bmod 5) = 2 \times 4 = 8 = 3 \pmod 5$$

と計算できる．また，次のように，途中で合同な負の数を利用してもよい．

$$496^6 \bmod 250 = (496 \bmod 250)^6 = (-4)^6 \pmod{250}$$

ここで，$(-4)^2 = 16, \quad (-4)^4 = (16)^2 = 256 = 6 \pmod{250}$，
$(-4)^6 = (-4)^4 \times (-4)^2 = 6 \times 16 = 96$ だから，求める結果は，$= 96$

▶ [mod]

mod は modulo（法として）の省略形で，n は法 (modulus, モジュラス) と呼ばれる．
「$\bmod n$」は「モジュロ n」あるいは簡単に「モッド n」と読む．

▶ [合同]

合同という言葉は，3 つの辺の長さがそれぞれ等しい 2 つの三角形は合同である，などという言葉と同じである．
合同という意味を強調して，

$$5 \equiv 11 \pmod{3}$$

と書くこともある．本書では等号記号 = で表している．

▶ [剰余演算の優先順位]

四則演算と剰余演算からなる数式では，mod は四則演算 $+, -, \times, /$ より下位の演算とする．

$$\times, / \gg +, - \gg \bmod$$

もちろん，同じ順位の演算は左から行い，この優先順位に従わない場合は，カッコを付けて演算順序を明示する．
たとえば，

$$6 + 5 \times 4 \bmod 3 - 2 =$$
$$((6 + (5 \times 4)) \bmod (3 - 2)$$

であるが，分かりにくいときはカッコを付けて

$$(6 + 5 \times 4) \bmod (3 - 2)$$

としよう．

■ 累乗と累乗根

まず，復習を兼ねて，通常の累乗と累乗根についてまとめておこう．実数を何回か掛けたものを **累乗**（ベキ乗）という．a を n 回掛け算したものを a^n と書く．肩の数字 n を **ベキ指数** あるいは単に **指数** という．累乗は次のように定義できる．

$$a^1 = a, \; a^{n+1} = a^n \times a, \quad n \geq 1$$

累乗について **指数法則** が成立する．a, b を実数，m, n を自然数として，

$$a^m a^n = a^{m+n} \quad \text{和の法則}$$
$$(a^m)^n = a^{mn} \quad \text{積の法則}$$
$$(ab)^n = a^n b^n \quad \text{分配の法則}$$

和の法則で $n = 0$ とすると $a^m a^0 = a^m$ となるから，a^0 は 1 とみなせる．

$$a^0 = 1$$

和の法則で $m = -n$ とすると $a^{-n} a^n = a^0 = 1$ だから，指数を負の整数に拡張すると，a^{-n} は a^n の逆数とみなせる．$x \neq 0$ の逆数を $1/x$ で表せば，

$$a^{-n} = 1/a^n$$

である．以上から，指数法則は任意の整数 n, m に対して成立する．

2 乗根（平方根）は，$a > 0$ の実数に対し，次の x についての方程式の解

$$x^2 = a \text{ ならば } x = a^{1/2}$$

で定義される．積の法則で，$m = 1/2, n = 2$ とすると $(a^{1/2})^2 = a^1 = a$ であるから，$a^{1/2}$ は a の 2 乗根とみなせる．同様に，n 乗根は

$$x^n = a \text{ ならば } x = a^{1/n}$$

で定義できる．n 乗根を総称して **累乗根**（ベキ乗根）という．累乗根の指数は有理数である．

以上より，累乗の指数は有理数まで拡張でき，指数法則が成立する．

■ 剰余の累乗と累乗根

法を M として，a を $a \neq 0 \pmod{M}$ の自然数とする．法 M での累乗は，

$$a^0 = 1 \pmod{M}, \; a^1 = a \pmod{M}, \; a^{n+1} = a^n \times a \pmod{M}, \; n \geq 1$$

と定義できる．実数の場合と同様の指数法則が成立する．

$$a^n a^m = a^{n+m} \pmod{M} \quad \text{和の法則}$$
$$(a^n)^m = a^{nm} \pmod{M} \quad \text{積の法則}$$
$$(ab)^n = a^n b^n \pmod{M} \quad \text{分配の法則}$$

実際の累乗計算では，**繰返し 2 乗法** と呼ばれる方法が使われる．これは指数法則を系統的に使う方法である．たとえば，$9^{11} \bmod 19$ は，

$$9^2 \bmod 19 = 81 \bmod 19 = 5$$

▶ [逆数の指数表現]
本書では逆数を a^{-1} と表しているが，これは，$a^{-n} = 1/a^n$ の $n = 1$ の場合に対応した記号である．
$$a^{-1} = 1/a$$

▶ [平方根記号]
2 乗根は $\sqrt{a}$ と書くこともあるが，$a \, (> 0)$ の 2 乗根 $a^{1/2}$ は正と負の 2 個あり，$\sqrt{a}$ は正の 2 乗根を表す約束である．
なお，自然数であっても，2 乗根は一般には無理数になる．
一般に，任意の実数 a に対し n 乗根 $a^{1/n}$ は複素数の範囲で n 個ある．

▶ [実数の指数]
累乗指数は，自然数から始めて，0 と負の整数へ拡張でき，さらに，有理数の指数にまで拡張でき，指数法則が成立した．
さらに，指数は任意の実数にまで拡張することができ，同じ指数法則が成立する．このためには，たとえば，
$$2^{\sqrt{2}}$$
のように指数が無理数のときの意味を定義する必要がある．
指数を複素数にまで拡張するには，オイラーの公式
$$e^{ix} = \cos(x) + i\sin(x)$$
を必要とする．

$9^4 \bmod 19 = (9^2)^2 \bmod 19 = 5^2 \bmod 19 = 25 \bmod 19 = 6$
$9^8 \bmod 19 = (9^4)^2 \bmod 19 = 6^2 \bmod 19 = 36 \bmod 19 = 17 = -2 \pmod{19}$
$9^{11} \bmod 19 = (9^8 \times 9^2 \times 9^1) = (-2) \times 5 \times 9 = -90 = 100 = 5 \pmod{19}$

とする．これは，指数の 11 を 2 のベキ乗の和で表すと

$$11_{(10 \text{進法})} = 8 + 2 + 1 = 1 \times 2^3 + 0 \times 2^2 + 1 \times 2^1 + 1 \times 2^0 = 1011_{(2 \text{進法})}$$

となることから，容易に理解できるだろう．

法 M が素数の場合には　フェルマーの小定理

$$a^{M-1} = 1 \pmod{M}, \quad \text{ただし，} a \neq 0 \pmod{M}$$

が成立することが示せる（演習 16 参照）．これから任意の整数 n について，

$$a^n = a^{n \bmod M-1} \pmod{M}, \quad \text{ただし } a \neq 0 \pmod{M}$$

が得られる．これを利用すると，たとえば次のように計算できる．

$$28^{78} \bmod 19 = 9^{78 \bmod 18} = 9^6 = 9^4 \times 9^2 = 6 \times 5 = 30 = 11 \pmod{19}$$

法 M での累乗根も同様に，$a \neq 0 \pmod{M}$ の自然数について，

$$x^n = a \pmod{M} \text{ ならば，} a^{1/n} = x \pmod{M}$$

と定義できる．なお，法 M のもとで x と合同なすべての整数 $x + kM$ が $a^{1/n}$ を与えるから，累乗根は $\{1, 2, \ldots, M-1\}$ の範囲で考えればよい．

たとえば，法を $M = 7$ とする．累乗根の範囲は $N_6 = \{1, 2, \ldots, 6\}$ である．N_6 の範囲では，$3^2 = 4^2 = 2 \pmod 7$ であるから，法 7 の下では 2 の 2 乗根は 2 個ある．

$$2^{1/2} = 3, 4 \pmod 7$$

ところで，$4 = -3 \pmod 7$ であるから，これは，$2^{1/2} = \pm 3 \pmod 7$ を意味している．また，$3^3 = 5^3 = 6^3 = 6 \pmod 7$ であるから，6 の 3 乗根は法 7 のもとでは 3 個ある（通常の 3 乗根では，2 つは複素数になる）．

$$6^{1/3} = 3, 5, 6 \pmod 7$$

また，5 乗根はすべての $x \in N_6$ について 1 つずつ存在する．

$$1^{1/5} = 1, \ 2^{1/5} = 4, \ 3^{1/5} = 5, \ 4^{1/5} = 2, \ 5^{1/5} = 3, \ 6^{1/5} = 6 \pmod 7$$

しかし，N_6 のすべての要素に累乗根が存在するわけではない．たとえば，$x^2 = 3 \pmod 7$ となる $x \in N_6$ はないから，3 の 2 乗根 $3^{1/2}$ はない．

法 $M = 13$ のとき，$12 = -1$ で，$5^2 = 12, 8^2 = (-5)^2 = 12$ だから，形式的には，

$$(-1)^{1/2} = 12^{1/2} = 5, 8 \pmod{13}$$

ということになる．複素数の世界では -1 の平方根は 2 つの虚数 $i, -i$ であるが，法 13 による剰余の世界では整数の 5 と 8 である．

▶ **[法 $M = 7$ での累乗表]**

法 7 のもとでの累乗根のことを系統的に調べるには，法 7 での累乗表を作ってみれば分かりやすい．フェルマーの小定理より，6 乗の結果はすべて 1 になるから，7 乗以上の累乗は計算する必要はない．

[法 7 での累乗表]

n \ x	1	2	3	4	5	6
2 x^2	1	4	2	2	4	1
3 x^3	1	1	6	1	6	6
4 x^4	1	2	4	4	2	1
5 x^5	1	4	5	2	3	6
6 x^6	1	1	1	1	1	1

▶ [剰余類の表現]
3 による剰余類を，添え字なしで [0], [1], [2] などと表すと，6 章で説明した 1×1 行列の表現と同じ形になるが，混乱はないと思う．念のため注意しておこう．

▶ [剰余系の表現]
Z_3 は，整数の部分集合

$\{0, 1, 2\}$

を表す場合と，法 3 での剰余系

$\{[0], [1], [2]\}$

を表す場合と，両方を兼ねる．したがって，Z_3 の要素 0 は，整数の 0 と剰余類の [0] と両方の意味を表す．

さらに，剰余類を表す場合も，剰余類の代表元 0 として剰余を表すときと，集合 [0] を表すとこと，両方の意味で使うこともある．

もっとも，いずれの意味であっても大きな相違はなく，混乱はないと思われる．

■ 剰余類と剰余系

整数と自然数の集合を Z, N とし，法を M，$0 \sim M-1$ の範囲の整数の集合を Z_M，Z_M から 0 を除いた $M-1$ 以下の自然数の集合を N_{M-1} とする．Z, N の添え字は要素の個数を表す．

$$Z_M = \{0, 1, 2, \ldots, M-1\}$$
$$N_{M-1} = \{1, 2, \ldots, M-1\}$$

法を $M = 3$ として，0 と合同な整数（3 の倍数）の集合を $[0]_3$ と表す．同様に，1 あるいは 2 と合同な整数（3 による剰余が 1 あるいは 2）の集合を $[1]_3, [2]_3$ と書く．

$$[0]_3 = \{3x \mid x \in Z\} = \{\ldots, -6, -3, 0, 3, 6, 9, \ldots\}$$
$$[1]_3 = \{3x + 1 \mid x \in Z\} = \{\ldots, -5, -2, 1, 4, 7, 10, \ldots\}$$
$$[2]_3 = \{3x + 2 \mid x \in Z\} = \{\ldots, -4, -1, 2, 5, 8, 11, \ldots\}$$

法が自明のときは，簡単のため，$[0]_3$ の代わりに単に $[0]$ などと書くことがある．

これらの集合それぞれを，法 3 による **剰余類**（じょうよるい）という．3 による剰余類は 3 による剰余が同じ整数の集合で，$[0], [1], [2]$ の 3 つある．すべての剰余類の集合を **剰余系**（じょうよけい）という．3 による剰余系は，

$\{[0], [1], [2]\}$

である．この剰余系は，$[\ ]$ の記号を省略し，整数の集合として，

$Z_3 = \{0, 1, 2\}$

と表すことが多い．

3 による剰余類は $[0], [1], [2]$ であるが，$[\ ]$ の中に書いた要素記号をその剰余類の **代表元**（だいひょうげん）という．代表元は同じ同値類の要素であればなんでもよい．たとえば，$[1] = [4] = [-2] = [25]$ であるが，これは，$1 = 4 = -2 = 25 \pmod{3}$ だからである．

なお，ほとんど自明であるが，3 による剰余類は，整数の集合を **直和分割**（ちょくわぶんかつ）する．

$Z = [0] + [1] + [2]$

以上のことは，任意の法 M による合同関係でも同様で，M による剰余系は $Z_M = \{0, 1, \ldots, M-1\}$ で表す．任意の $a \in Z_M$ は，a 自身を表すだけではなく，a と合同な整数もすべて代表している．また，M による剰余類は，Z を直和分割する．

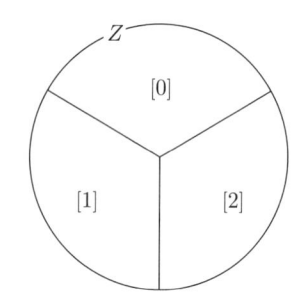

$Z = [0] + [1] + \cdots + [M-1]$

■ 剰余系における加法

法が3のとき，一般に，剰余が x の数と剰余が y の数とを加えると，剰余が $x+y$ の数になる．これを剰余類の加法として次のように定義する．

$$[x] + [y] = [x+y]$$

たとえば，$x = 7, y = 8$ とすると $x+y = 15$ で，$[7] = [1], [8] = [2], [15] = [0]$ であるから，

$$[1] + [2] = [0]$$

である．これは，$[1]$ の数と $[2]$ の数の和が3の倍数 $[0]$ になることを表す．これを，簡単に

$$1 + 2 = 0$$

と書く．法を明示して，

$$1 + 2 = 0 \pmod{3}$$

と書けば，これは合同関係を表している．上のように定義した演算は $Z_3 = \{0, 1, 2\}$ における **加法** である．$x, y \in Z_3$ として $x + y \in Z_3$ である．

加法　$x + y \pmod{3}$

Z_3 における加法をすべての要素の組合せで書き下ろすと表のようになる．この表より，Z_3 における 0 がこの加法に関する **零元**（れいげん）であること，すべての要素 x に **符号替え** $-x$ が存在することが分かる（$[x]$ の符号替えは $-[x] = [-x]$，たとえば $-[1] = [-1] = [2]$）．

Z_3 での加法表 $x+y$

$x \backslash y$	0	1	2
0	0	1	2
1	1	2	0
2	2	0	1

符号替え表 $-x$

x	$-x$
0	0
1	2
2	1

減法表 $x-y$

$x \backslash y$	0	1	2
0	0	2	1
1	1	0	2
2	2	1	0

さらに，すべての要素に符号替えが存在するから，符号替えの和として **減法** が定義できる．

減法　$x - y = x + (-y)$

以上より，Z_3 における加法には整数における加法と同じ性質（交換律，結合律，零元の存在，符号替えが存在，減法が可能）が成立する．

以上のことは，一般に任意の法 M で，Z_M における加法についても同様である．

▶ $[[1] + [2] = [0]]$

剰余が1の数と2の数は，それぞれ

$$3k + 1$$
$$3h + 2$$

と表せる．この和は

$$(3k+1) + (3h+2)$$
$$= 3(k+h+1) + 0$$

であるから，剰余は0となる．

▶ [加法表]

$x + y$ の演算表は，x を行に当て（左側），y を列に当て（上側）て表を構成する．

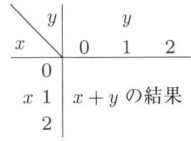

$x \backslash y$	y		
	0	1	2
0			
x　1		$x+y$ の結果	
2			

2章で論理演算の真理値表を示した．真理値表では，たとえば，選言 $P \vee Q$ を P, Q の2変数関数 $f(P, Q)$ とみて，関数表の形に表してある．

P	Q	$P \vee Q$
T	T	T
T	F	T
F	T	T
F	F	F

これを演算表として表すと，

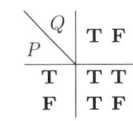

$P \backslash Q$	T	F
T	T	T
F	T	F

となる．

▶ [法3における符号替え]

0が零元であるとは，任意の $x \in Z_3$ について

$$x + 0 = 0 + x = x$$

を満たすことである．法3の加法表から0はこの性質を満たしていることが分かる．

これから，$x \in Z_3$ について，

$$x + x' = x' + x = 0$$

となる $x' \in Z_3$ が存在するとき，x' が x の符号替えである．x の符号替え x' を $-x$ と書く．法3の加法表から符号替え表を構成できる．

■ 剰余系における乗法

加法と同様に，3 による剰余類の乗法を次のように定義する．

$$[x] \times [y] = [x \times y]$$

たとえば，$x = 5, y = 8$ とすると，$[5] = [8] = [2]$, $[5 \times 8] = [40] = [1]$ で，

$$[2] \times [2] = [1]$$

となる．これは，剰余が 2 の数どうしの積は剰余が 1 の数になることを表している．これを，簡単に次のように書く．

$$2 \times 2 = 1$$

あるいは法を明示して

$$2 \times 2 = 1 \pmod 3$$

一般に，Z_3 における **乗法** は，法を明示すれば，

　　乗法　$x \times y \pmod 3$

である．Z_3 での乗法表を下に示す．これから，Z_3 における 1 がこの乗法に関する **単位元** であること，また，0 以外の要素 x に $x \times x^{-1} = x^{-1} \times x = 1$ となる **逆数** x^{-1} が存在すること，が分かる．

Z_3 での乗法表 $x \times y$			
x＼y	0	1	2
0	0	0	0
1	0	1	2
2	0	2	1

逆数表 x^{-1}	
x	$-x$
0	−
1	1
2	2

除法表 $x \div y$			
x＼y	0	1	2
0	−	0	0
1	−	1	2
2	−	2	1

さらに，Z_3 における乗法では，0 以外のすべての要素に逆数が存在するから，**除法** が定義できる．

　　除法　$x \div y = x \times y^{-1} \pmod M$, ただし $y \not\equiv 0 \pmod M$

たとえば，$2^{-1} = 2$ だから，$1 \div 2 = 1 \times 2^{-1} = 1 \times 2 = 2$ となる．

これらのことから，Z_3 における乗法にも有理数（あるいは実数）における乗法と同じ性質（交換律，結合律，単位元の存在，逆数が存在，除法が可能）があることが分かる．

さらに，加法に関する **分配律** も成立する．

　　分配律　$x \times (y + z) = x \times y + x \times z \pmod M$

以上より，Z_3 で四則演算が定義できた．四則演算の可能な体系を **体**（たい）という．有限個の要素からなる体は **有限体** である．Z_3 は 3 個の要素からなる有限体である．

有理数の集合では四則演算が可能である（5 章参照）から，有理数は体をなす（**有理数体**）．

▶ $[[2] \times [2] = [1]]$
剰余が 2 の数は，

$3k + 2$

と表せる．剰余が 2 の数どうしの積は，

$(3k + 2)(3h + 2)$
$= 9kh + 6k + 6h + 4$
$= 3(3kh + 2h + 2k + 1)$
$\quad + 1$

となるから，剰余は 1 となる．

▶ [法 3 における逆数]
1 が単位元であるとは，任意の $x \in Z_3$ について

$x \times 1 = 1 \times x = x$

を満たすことである．乗法表では，確かにそうなっている．
$x \in Z_3$ について，

$x \times x' = x' \times x = 1$

となる $x' \in Z_3$ が存在するとき，x' を x の逆数という．これを x^{-1} と書く．逆数は乗法表から得ることができる．
なお，$x = 0$ については，逆数条件を満たす x' が存在しないから，逆数は存在しない．

▶ [行列の四則演算]
6 章で，n 次の正則行列と零行列の集合 M_n でも四則演算が可能であることを示した．しかし，正則行列の和は正則とは限らない（95 ページ）から，M_n は体とはならない．

法 $M = 7$ でも Z_7 は有限体となるから，次のような計算ができる．

加法 $4 + 5 = 2$ 　　減法 $4 - 5 = 4 + (-5) = 4 + 2 = 6$

乗法 $4 \times 5 = 6$ 　　除法 $4 \div 5 = 4 \times 5^{-1} = 4 \times 3 = 5$

$M = 2$ を法とする剰余系 $Z_2 = \{0, 1\}$ はもっとも小さい有限体となる．法が 2 の有限体は，情報科学では基本となる有限体である．Z_2 における加法と乗法の演算表は極めて簡単である．

法 2 での加法（環和）

$x + y$	0	1
0	0	1
1	1	0

符号替え

x	$-x$
0	0
1	1

乗法

$x \times y$	0	1
0	0	0
1	0	1

逆数

x	x^{-1}
0	−
1	1

Z_2 における加法は 環和 あるいは 排他的論理和 と呼ばれており，$\oplus$ の記号で表されることが多い．

$$x \oplus y = x + y \pmod{2}$$

法が $M = 6$ の $Z_6 = \{0, 1, 2, 3, 4, 5\}$ で同様の演算を定義しよう．加法については，法 3 の場合と同じように定義でき，符号替えも得られ，したがって減法も定義できる．しかし，乗法では少し事情が異なる．Z_6 における乗法表を示す．

Z_6 における乗法表 $x \times y$

x \ y	0	1	2	3	4	5
0	0	0	0	0	0	0
1	0	1	2	3	4	5
2	0	2	4	0	2	4
3	0	3	0	3	0	3
4	0	4	2	0	4	2
5	0	5	4	3	2	1

逆数表 x^{-1}

x	$-x$
0	−
1	1
2	−
3	−
4	−
5	5

単位元は 1 である．$x = 2$ の行をみると，積が 1 になる y は存在しない．したがって，$x = 2$ の逆数は存在しない．これは，$x = 3, 4$ でも同様である．$x = 1$ と 5 のときのみ逆数が存在するから，1 あるいは 5 での除算のみ可能で，一般には除法が定義できない．剰余系 Z_6 では加減乗の三則演算しか定義できないのである．三則演算が定義できる系を 環 という．整数は環（整数環）であるが，Z_6 も環（有限環）である．

法 6 の場合，$2 \times 3 = 0, 4 \times 3 = 0$ となる．積が 0 となる非零要素 2, 3, 4 を 零因子 という．零因子は法 6 と互いに素でない要素で，逆数がない．

一般に，法 M が素数のときは Z_M に零因子が存在せず，加減乗除の四則演算が定義できるから，Z_M は有限体である．法 M が合成数（2 つ以上の素数の積）のときは，Z_M は零因子が存在するため有限環である．

▶[環和（排他的論理和）]
　環和（排他的論理和）は，2 章でふれた排他的選言と同じ性質の演算で，排他的選言で，$T = 1, F = 0$ としたものと同じになる．真理値表に合せて演算表を書けば，以下のように表すことができる．

排他的選言

x y	x XOR y
T T	F
T F	T
F T	T
F F	F

環和

x y	$x \oplus y$
1 1	0
1 0	1
0 1	1
0 0	0

▶[法 6 における逆数]
　法 6 の乗算表で，$x = 2$ のときに積が 1 になる y が存在しないのは，x も偶数で法も偶数であるから任意の y との積の剰余も偶数となるからである．
　つまり，
$$2 \times y \bmod 6 = r$$
は，
$$r = 2y + 6k$$
であるから，r も 2 の倍数でなければならず，1 にはならない．したがって，$x = 2$ の逆数は存在しない．
　一般に法 M と互いに素でない数は零因子となり，逆数をもたない．

■ 剰余系での逆数 (発展課題)

法 M のもとで m の逆数 w は,

$$m \times w = 1 \pmod{M}$$

の関係にある. w を求めるもっとも単純な方法は順に試す方法である. たとえば, $M = 11$ として $m = 5$ の逆数を求めよう. 左辺の $m \times w = 5 \times w$ に $w = 1, 2, 3, \ldots$ を順に代入して計算し, 法 11 による剰余が 1 になる w が見つかったら, それが求める 5^{-1} である. $w = 9$ のとき $5 \times w = 45 = 1$ となるから, $5^{-1} = 9$ である.

同じ計算をするのでも, 次のようにする方が少し計算の手間が省ける.

$$5 \times w = 1 + 11k$$

として, 右辺を $k = 1, 2, 3, \ldots$ と順に計算して, 最初に見つかった 5 の倍数を 5 で割って w を得る. $k = 4$ で $1 + 11 \times 4 = 45$ が得られるから, $w = 45/5 = 9$ となる.

▶ [$5 \times w = 1$ となる w]

w	$5 \times w$	mod 11
1	5	5
2	10	10
3	15	4
4	20	9
5	25	3
6	30	8
7	35	2
8	40	7
9	45	1 ⇐ 解

▶ [$5 \times w = 1 + 11k$ となる w]

k	$1 + 11k$	$5 \times w$
1	12	×
2	23	×
3	34	×
4	45	◯ 5 の倍数

$w = 45/5 = 9$

逆数を求めるとき, 上のような方法では法 M が大きいときにはやっかいである. 4 章のユークリッドの互除法を利用すると, M が大きい場合でも容易に計算できる. 法 M で M と互いに素な m の逆数を w とすると, $mw = 1 \pmod{M}$ であるから,

$$Mv + mw = 1$$

となる整数 v が存在する. これを M, m を係数とする v, w の方程式とみると, 整数解 v, w は無限にあるが, ユークリッドの互除法を利用して解の 1 つを得ることができる. たとえば, $M = 1357, m = 257$ として, $w = 257^{-1}$ を求めよう.

▶ [逆数計算のアルゴリズム]

この逆数計算手続きを一般化して, アルゴリズムとして表すと, 次のようになる.

M, m は, $M > m$ で, 互いに素であるとして, 法 M での m の逆数を求める.

入力 : M, m
1. 初期設定
   $(s, t) \Leftarrow (M, m)$
   $(v, w) \Leftarrow (0, 1)$
2. 商 q と剰余 r を求める
   $s = t \times q + r$,
   $r = s \bmod t$
3. $(s, t), (v, w)$ の更新
   $(s, t) \Leftarrow (t, r)$
   $(v, w) \Leftarrow (w, v - w \times q)$
4. $r = 1$ なら停止.
   $r > 1$ なら 2 と 3 を繰り返す.

出力 : $w \bmod M$ (m の逆数)

記号 $\Leftarrow$ は, その左辺を右辺で置き換える (右辺を左辺に代入する) ことを意味する. たとえば,

$(s, t) \Leftarrow (M, m)$

は, M の値を変数 s に代入し, m を t に代入する.

```
       1357 | 257        0          | 1
    5 -)1285             0 - 1×5 = -5
         72 | 216 (- 3              | 1 - (-5)×3 = 16
    1 -) 41   41         -5 - 16×1 = -21
         31 | 31  (- 1              | 16 - (-21)×1 = 37
    3 -) 30   10         -21 - 37×3 = -132
          1
```

よって, $257^{-1} = -132 = 1225 \pmod{1357}$

左がユークリッドの互除法で, 右がそれに対応した逆数を求める計算手続きである. 左側の 1357 と 257 は互除法の初期値, 右側の 0 と 1 は逆数計算の初期値である.

(1) まず, 左側の互除法で, $M = 1357$ を $m = 257$ で割って, 商 $q = 5$ と剰余 $r = 72$ を求め, 次いで, 右側の対応部分 (左欄) に, 直上の値 $a = 0$ と, 右欄直上の値 $b = 1$ から, $a - b \times q = 0 - 1 \times 5 = -5$ を求めて記入する.

(2) 次に, 互除法の部分で, 72 で 257 を割って, 商 $q = 3$, 剰余 $r = 41$ を求め, 右側の対応部分 (右欄) で, 直上の値 $a = 1$ と, 左欄の値 $b = -5$ から, $a - b \times q = 1 - (-5) \times 3 = 16$ を得て記入する.

(1) (2) を互除法で最大公約数 1 が得られるまで繰り返す. 終了時点で右側に得られた -132 が $m = 257$ の逆数である. $M = 1357$ による剰余をとれば $m^{-1} = 1225$ となる.

〈孫氏の剰余定理〉

「ある人の年齢は 3 で割ると 2 余り，5 で割ると 3 余り，7 で割ると 4 余るという．その人の年齢はいくつか．」という古くからあるパズルがある．

もし，3, 5, 7 で割ったときいつも 2 余るならば，年齢を x とすると，$x - 2$ は 3, 5, 7 の公倍数である．最小公倍数は $3 \times 5 \times 7 = 105$ だから，$x = 2$ あるいは $x = 107$ ということになる．剰余が同じでない場合はちょっとやっかいである．まず，7 での剰余が 4 となる数を書き上げると，

$$x = 7p + 4 = 4, 11, 18, 25, 32, 39, 46, 53, 60, 67, 74, 81, 88, 94, 101, \ldots$$

であるから，この中で 5 での剰余が 3 となるのは，

$$x = 5q + 3 = 18, 53, 88, \ldots$$

である．3 での剰余が 2 となるのは $x = 53$ で，答えは「53 歳」ということになる．$x = 158$ も得られるが，年齢としては不適切である．

これは，次の方程式（合同関係を含む方程式なので，合同方程式と呼ばれる）

$$\begin{cases} x = 2 \pmod{3} \\ x = 3 \pmod{5} \\ x = 4 \pmod{7} \end{cases}$$

の解の 1 つであるが，105 の倍数を除いて（法 105 のもとで）一意的である．この解を次のように表そう．

$$x = 2 \times a + 3 \times b + 4 \times c$$

ここで，b, c を 3 の倍数，a, c を 5 の倍数，a, b を 7 の倍数とすると，

$$x = 2 \times a \pmod{3}, \quad x = 3 \times b \pmod{5}, \quad x = 4 \times c \pmod{7}$$

であるから，$a = 1 \pmod{3}$，$b = 1 \pmod{5}$，$c = 1 \pmod{7}$ とすればよい．a は 5×7 の倍数で 3 による剰余が 1 だから $a = 70$，b, c も同様にして $(a, b, c) = (70, 21, 15)$ となる．よって，$x = 2 \times 70 + 3 \times 21 + 4 \times 15 = 263$ となるが，3, 5, 7 の最小公倍数 105 による剰余をとって $x = 53$ を得る．105 歳以上は稀だから，唯一の解となる．

このような合同方程式の解を一般化したものは **孫氏の定理** と呼ばれる古い定理である．（3〜5 世紀ごろの中国の算術書『孫子算経』にある剰余算術を一般化した定理とのことである．）しばしば，**中国人剰余定理** と呼ばれている．

[7 章のまとめ]

この章では，
1. 剰余に基づく合同関係と，剰余の演算体系について学んだ．
2. 剰余演算として，累乗と累乗根の演算について学んだ．
3. 合同関係は，整数全体を剰余類に分割し，剰余系を構成することを学んだ．
4. 剰余系において，加法，減法，乗法の三則演算が定義できることを学んだ．
5. 法が素数の剰余系では，逆数が定義でき，除算もできることを学んだ．

7章 演習問題

[演習1]☆ 次の剰余を求めよ.
(1) 835702 mod 3 (2) −38830972 mod 3
(3) 270853 mod 100 (4) −738023 mod 100

[演習2]☆ 次の剰余演算をせよ.
(1) 634×444 mod 7 (2) -250×913 mod 7
(3) 431×953 mod 61 (4) 370^2 mod 367

[演習3]☆ 次の剰余演算をせよ.
(1) 7^7 mod 11 (2) 123^{11} mod 19
(3) 12^{16} mod 23 (4) 63^{29} mod 100

[演習4]☆ 法を M として,次の逆数を $1 \sim M$ の範囲で求めよ.
(1) 4^{-1} (mod 7) (2) 9^{-1} (mod 13)
(3) 12^{-1} (mod 29) (4) 14^{-1} (mod 31)

[演習5]☆ 指定された法のもとで,次の計算をせよ.
(1) 法 3 (a) $2+2$ (b) $1-2$ (c) 2×2 (d) $1 \div 2$
(2) 法 5 (a) $4+3$ (b) $2-3$ (c) 3×3 (d) $4 \div 3$
(3) 法 7 (a) $5+6$ (b) $2-6$ (c) 6×4 (d) $3 \div 5$
(4) 法 13 (a) $7+10$ (b) $4-9$ (c) 6×9 (d) $7 \div 5$

[演習6]☆ 法 7 での剰余系 $Z_7 = \{0,1,2,\ldots,6\}$ で,次の問に答えよ.
(1) 加法表と符号替え表を示せ. (2) 減法表を示せ.
(3) 乗法表と逆数表を示せ. (4) 除法表を示せ.

[演習7]☆ 法 8 での剰余系 $Z_8 = \{0,1,2,\ldots,7\}$ で,次の問に答えよ.
(1) 加法表と符号替え表を示せ. (2) 減法表を示せ.
(3) 乗法表と逆数表を示せ. (4) 除算表(除法は定義されない)を示せ.

[演習8]☆☆ 指定された法のもとで,次の計算をせよ.(23 と 643 は素数であるから,(5), (6) はフェルマーの小定理に留意.)
(1) 390127 mod 24 (2) −849031067325 mod 24
(3) 254×1022 mod 509 (4) 11^{10} mod 119
(5) 876^{60} mod 23 (6) 1234567^{1290} mod 643

[演習9]☆☆ 法 100 での剰余系 $Z_{100} = \{0,1,2,\ldots,99\}$ で,次の問に答えよ.
(1) 零因子は何個存在するか.
(2) 7 の逆数を求めよ.
(3) $56 \div 49 = 8 \div 7$ (mod 100) となることを示し,計算結果を示せ.
(4) 除算 $621 \div 81$ (mod 100) を実行せよ.
(5) 零因子については逆数が存在しない.理由を簡単に説明せよ.

[演習 10] ☆☆　法 13 での剰余系 $Z_{13} = \{0, 1, 2, \ldots, 12\}$ で，次の問に答えよ．
  (1) 5 乗表を構成せよ．　　(2) $4^{1/5}$ を求めよ．
  (3) $9^{1/5}$ を求めよ．　　(4) $3^{1/5}$ を求めよ．
  (5) $10^{1/5}$ を求めよ．　　(6) $5^{1/5}$ を求めよ．

[演習 11] ☆☆　法 13 での剰余系 $Z_{13} = \{0, 1, 2, \ldots, 12\}$ で，次の問に答えよ．
  (1) 2 乗表を構成せよ．　　(2) $4^{1/2}$ を求めよ．
  (3) $9^{1/2}$ を求めよ．　　(4) $3^{1/2}$ を求めよ．
  (5) $10^{1/2}$ を求めよ．　　(6) $5^{1/2}$ を求めよ．

[演習 12] ☆☆　法 11 での剰余系 $Z_{11} = \{0, 1, 2, \ldots, 10\}$ で，次の問に答えよ．
  (1) 2 乗表を構成せよ．次に平方根表を示せ．
  (2) 3 乗表を構成せよ．次に 3 乗根表を示せ．
  (3) 5 乗表を構成せよ．次に 5 乗根表を示せ．

[演習 13] ☆☆　次の問に答えよ．
  (1) 法が 17 のとき，$(-1)^{1/2}$ (mod 17) を求めよ．
  (2) 法が 19 のとき，$(-1)^{1/2}$ (mod 19) を求めよ．

[演習 14] ☆☆☆　英語のアルファベットは 26 文字ある．A, B, C, $\ldots$, Z を $0, 1, 2, \ldots, 25$ に対応させて，アルファベットによる記号列で 26 進法位取り表現をする．

A	B	C	D	E	F	G	H	I	J	K	L	M	N	O	P	Q	R	S	T	U	V	W	X	Y	Z
0	1	2	3	4	5	6	7	8	9	10	11	12	13	14	15	16	17	18	19	20	21	22	23	24	25

たとえば，$\text{CBA}_{(26\text{進法})} = 2 \times 26^2 + 1 \times 26 + 0 = 1378_{(10\text{進法})}$ である．次の 26 進記法の数の剰余を求めよ．
  (1) MODE mod Q　　(2) LOVEIS mod OVER

[演習 15] ☆☆☆　次の逆数を求めよ．（ユークリッドの互除法を利用したアルゴリズムを利用する．なお，65537 と 122921 は素数である．）
  (1) 60^{-1} (mod 65537)　　(2) 27134^{-1} (mod 122921)

[演習 16] ☆☆☆　フェルマーの小定理は，次のようなものである．

　　M を素数として，任意の自然数 p について，次の関係が成立する．
　　　$p^M = p \pmod{M}$

これを，p に関する数学的帰納法で証明せよ．

[解 1]　(1) $835702 \bmod 3 = 1$
(2) $-38830972 \bmod 3 = -1 \bmod 3 = 2$
(3) $270853 \bmod 100 = 53$
(4) $-738023 \bmod 100 = -23 \bmod 100 = 77$

[解 2]　(1) $634 \times 444 \bmod 7 = 4 \times 3 \bmod 7 = 12 \bmod 7 = 5$
(2) $-250 \times 913 \bmod 7 = -5 \times 3 \bmod 7 = -15 \bmod 7 = -1 \bmod 7 = 6$
(3) $431 \times 953 \bmod 61 = 4 \times 38 \bmod 61 = 152 \bmod 61 = 30$
(4) $370^2 \bmod 367 = 3^2 \bmod 367 = 9$

[解 3]　(1) $7^2 = 49 = 5 \pmod{11}$, $7^4 = 5^2 = 25 = 3 \pmod{11}$ だから, $7^7 = (7^4 \cdot 7^2) \cdot 7 = (3 \cdot 5) \cdot 7 = 15 \cdot 7 = 4 \cdot 7 = 28 = 6 \pmod{11}$
(2) $123 \bmod 19 = 9$, $9^2 = 81 = 5 \pmod{19}$, $9^4 = 5^2 = 25 = 6 \pmod{19}$, $9^8 = 6^2 = 36 = 17 = -2 \pmod{19}$ だから, $123^{11} = 9^{11} = 9^8 \cdot 9^2 \cdot 9 = -2 \cdot 5 \cdot 9 = -10 \cdot 9 = 9 \cdot 9 = 81 = 5 \pmod{19}$
（なお, $123^9 = 123^8 \cdot 123 = -2 \cdot 9 = -18 = 1 \pmod{19}$ となることが分かれば, $123^{11} = 123^2 = 5 \pmod{19}$ は容易に得られる.）
(3) $12^2 = 144 = 6 \pmod{23}$, $12^4 = 6^2 = 36 = 13 \pmod{23}$, $12^8 = 13^2 = 169 = 8 \pmod{23}$, $12^{16} = 8^2 = 64 = 18 \pmod{23}$
(4) $63^2 = 3969 = 69 \pmod{100}$, $63^4 = 69^2 = 4761 = 61 \pmod{100}$, $63^8 = 61^2 = 3721 = 21 \pmod{100}$, $63^{16} = 21^2 = 441 = 41 \pmod{100}$, よって, $63^{29} = 63^{16} \cdot 63^8 \cdot 63^4 \cdot 63 = (41 \cdot 21) \cdot (61 \cdot 63) = 861 \cdot 3843 = 61 \cdot 43 = 2623 = 23 \pmod{100}$

[解 4]　(1) 4 の逆数を w として, $4w = 7k+1$ となる w を求める. $k=1$ のとき $7k+1 = 8$ で, $w = 8/4 = 2$.
(2) $9w = 13k+1$ となる w を求めるのに, 右辺が 9 の倍数になるかどうか, $k=1$ から順に試すと, $(k, 13k+1) : (1,14), (2,27)$ で, $k=2$ のとき, $w = 27/9 = 3$.
(3) $12w = 29k+1$ となる w を求める. 右辺が 12 の倍数かどうか $k=1$ から順に試す. 左辺は偶数だから k が奇数のときだけ試せばよいから, $(k, 29k+1) : (1,30), (3,88), (5,146), (7,204)$ で, $k=7$ のとき, $w = 204/12 = 17$.
(4) $14w = 31k+1$ となる w を求めるのに, 右辺が 14 の倍数かどうかを $k=1$ から順に試す. 左辺は偶数だから k が奇数のときだけ試せばよいから, $(k, 31k+1) : (1,32), (3,94), (5,156), (7,218), (9,280)$ で, $k=9$ のとき, $w = 280/14 = 20$.

[解 5]　(1) (a) $2+2 = 4 = 1 \pmod{3}$　(b) $1-2 = -1 = 2 \pmod{3}$　(c) $2 \times 2 = 4 = 1 \pmod{3}$
(d) $2 \times 2 = 4 = 1 \pmod{3}$ だから, $2^{-1} = 2 \pmod{3}$ で, $1 \div 2 = 1 \times 2^{-1} = 1 \times 2 = 2 \pmod{3}$
(2) (a) $4+3 = 7 = 2 \pmod{5}$　(b) $2-3 = -1 = 4 \pmod{5}$　(c) $3 \times 3 = 9 = 4 \pmod{5}$
(d) $3 \times 2 = 6 = 1 \pmod{5}$ だから, $3^{-1} = 2 \pmod{5}$ で, $4 \div 3 = 4 \times 3^{-1} = 4 \times 2 = 8 = 3 \pmod{5}$
(3) (a) $5+6 = 11 = 4 \pmod{7}$　(b) $2-6 = -4 = 3 \pmod{7}$　(c) $6 \times 4 = 24 = 3 \pmod{7}$
(d) $5 \times 3 = 15 = 1 \pmod{7}$ だから, $5^{-1} = 3$ で, $3 \div 5 = 3 \times 5^{-1} = 3 \times 3 = 9 = 2 \pmod{7}$
(4) (a) $7+10 = 17 = 4 \pmod{13}$　(b) $4-9 = -5 = 8 \pmod{13}$　(c) $6 \times 9 = 54 = 2 \pmod{13}$
(d) $5 \times 8 = 40 = 1 \pmod{13}$ だから, $5^{-1} = 8 \pmod{13}$ で, $7 \div 5 = 7 \times 5^{-1} = 7 \times 8 = 56 = 4 \pmod{13}$

[解 6] (1) 法 7 での加法表 (2) 法 7 での減法表
         $(x+y)$ と符号替え表 $(x-y)$

x\y	0	1	2	3	4	5	6	$-x$
0	0	1	2	3	4	5	6	0
1	1	2	3	4	5	6	0	6
2	2	3	4	5	6	0	1	5
3	3	4	5	6	0	1	2	4
4	4	5	6	0	1	2	3	3
5	5	6	0	1	2	3	4	2
6	6	0	1	2	3	4	5	1

x\y	0	1	2	3	4	5	6
0	0	6	5	4	3	2	1
1	1	0	6	5	4	3	2
2	2	1	0	6	5	4	3
3	3	2	1	0	6	5	4
4	4	3	2	1	0	6	5
5	5	4	3	2	1	0	6
6	6	5	4	3	2	1	0

(3) 法 7 での乗法表 (4) 法 7 での除法表
     $(x \times y)$ と逆数表 $(x \div y)$

x\y	0	1	2	3	4	5	6	x^{-1}
0	0	0	0	0	0	0	0	−
1	0	1	2	3	4	5	6	1
2	0	2	4	6	1	3	5	4
3	0	3	6	2	5	1	4	5
4	0	4	1	5	2	6	3	2
5	0	5	3	1	6	4	2	3
6	0	6	5	4	3	2	1	6

x\y	0	1	2	3	4	5	6
0	−	0	0	0	0	0	0
1	−	1	4	5	2	3	6
2	−	2	1	3	4	6	5
3	−	3	5	1	6	2	4
4	−	4	2	6	1	5	3
5	−	5	6	4	3	1	2
6	−	6	3	2	5	4	1

[解 7] (1) 法 8 での加法表 (2) 法 8 での減法表
         $(x+y)$ と符号替え表 $(x-y)$

x\y	0	1	2	3	4	5	6	7	$-x$
0	0	1	2	3	4	5	6	7	0
1	1	2	3	4	5	6	7	0	7
2	2	3	4	5	6	7	0	1	6
3	3	4	5	6	7	0	1	2	5
4	4	5	6	7	0	1	2	3	4
5	5	6	7	0	1	2	3	4	3
6	6	7	0	1	2	3	4	5	2
7	7	0	1	2	3	4	5	6	1

x\y	0	1	2	3	4	5	6	7
0	0	7	6	5	4	3	2	1
1	1	0	7	6	5	4	3	2
2	2	1	0	7	6	5	4	3
3	3	2	1	0	7	6	5	4
4	4	3	2	1	0	7	6	5
5	5	4	3	2	1	0	7	6
6	6	5	4	3	2	1	0	7
7	7	6	5	4	3	2	1	0

(3) 法 8 での乗法表 (4) 法 8 での除算表
     $(x \times y)$ と逆数表 $(x \div y)$

x\y	0	1	2	3	4	5	6	7	x^{-1}
0	0	0	0	0	0	0	0	0	−
1	0	1	2	3	4	5	6	7	1
2	0	2	4	6	0	2	4	6	−
3	0	3	6	1	4	7	2	5	3
4	0	4	0	4	0	4	0	4	−
5	0	5	2	7	4	1	6	3	5
6	0	6	4	2	0	6	4	2	−
7	0	7	6	5	4	3	2	1	7

x\y	0	1	2	3	4	5	6	7
0	−	0	−	0	−	0	−	0
1	−	1	−	3	−	5	−	7
2	−	2	−	6	−	2	−	6
3	−	3	−	1	−	7	−	5
4	−	4	−	4	−	4	−	4
5	−	5	−	7	−	1	−	3
6	−	6	−	2	−	6	−	2
7	−	7	−	5	−	3	−	1

[解 8]　(1) $390127 \bmod 24 = 7$

(2) $-849031067325 \bmod 24 = -21 \bmod 24 = 3$

```
            35376 294471
        24) 849031 067325
            849024
            ──────
                 7 067325
                 7 067304
                 ──────
                      21
```

(3) $254 \times 1022 = (254 \times 2) \times (1022 \div 2) = 508 \times 511 = -1 \times 2 = -2 = 507 \pmod{509}$

(4) $11^2 = 121 = 2 \pmod{119}$ だから, $11^{10} = (11^2)^5 = 2^5 = 32 \pmod{119}$

(5) $876^{60} = (876 \bmod 23)^{60 \bmod 22} \pmod{23} = 2^{16} \pmod{23}$
ところで, $2^8 = 256 = 3 \pmod{23}$ だから, $2^{16} = (2^8)^2 = 3^2 = 9 \pmod{23}$

(6) $1234567^{1290} = (1234567 \bmod 643)^{1290 \bmod 642} = 7^6 \pmod{643}$
ところで, $7^2 = 49, 7^4 = (49)^2 = 2401 = 472 \pmod{643}$ だから, $7^6 = 49 \times 472 = 23128 = 623 \pmod{643}$

[解 9]　(1) 零因子は 99 以下で 1 以上の 2 の倍数と 5 の倍数であるから, ($[x]$ は x 以下の最大の整数を表す **ガウス記号**)
$99 - n(2 \text{の倍数}) - n(5 \text{の倍数}) + n(10 \text{の倍数}) = 99 - [99/2] - [99/5] + [99/10] = 99 - 49 - 19 + 9 = 40$

(2) $7 \times w = 1 + 100k$ となる w を $k = 1$ から順に探す. $k = 3$ で $7 \times w = 301$, $w = 301/7 = 43$ となるから, $7^{-1} = 43 \pmod{100}$

(3) $56 \div 49 = k \pmod{100}$ とおくと, $56 = k \times 49$, 両辺に $7^{-1} = 43$ を掛けると $8 = k \times 7 \pmod{100}$ を得る. よって $56 \div 49 = 8 \div 7 \pmod{100}$ となる. したがって, $k = 8 \div 7 = 8 \times 43 = 344 = 44 \pmod{100}$.

(4) $81^{-1} = w$ として, $81 \times w = 1 + 100k$ となる w を $k = 1$ から順に調べると（左辺が 9 の倍数だから, k の 10 進位取り記法の各位の和が 8 となる k（9 の倍数に 1 足りない数）のみ試せばよい）, $k = 17$ のとき $81 \times w = 1701$, $w = 21$ となるから, $81^{-1} = 21$, だから, $621 \div 81 = 621 \times 81^{-1} = 21 \times 21 = 441 = 41 \pmod{100}$

(5) m の逆数が存在したとして, それを w とすれば, k を整数として $m \times w = 1 + 100k$ と表せる. m が零因子ならば, m と法 100 は公約数 $s \neq 1$ をもつ. そのとき, 左辺 $m \times w$ は s の倍数である. 右辺では, 100 が s の倍数なので第 2 項 $100k$ は s の倍数である. よって, 右辺は s の倍数ではない. したがって, m が零因子のときは逆数は存在しない.

[解 10]　(1)

x	0	1	2	3	4	5	6	7	8	9	10	11	12
x^5	0	1	6	9	10	5	2	11	8	3	4	7	12

(2) $10^5 = 4$ だから $4^{1/5} = 10 \pmod{13}$

(3) $3^5 = 9$ だから $9^{1/5} = 3 \pmod{13}$

(4) $9^5 = 3$ だから $3^{1/5} = 9 \pmod{13}$

(5) $4^5 = 10$ だから $10^{1/5} = 4 \pmod{13}$

(6) $5^5 = 5$ だから $5^{1/5} = 5 \pmod{13}$

[解 11]　(1)

x	0	1	2	3	4	5	6	7	8	9	10	11	12
x^2	0	1	4	9	3	12	10	10	12	3	9	4	1

(2) $2^2 = 4$, $11^2 = 4$ だから, $4^{1/2} = 2, 11 \pmod{13}$ （$11 = -2 \pmod{13}$ だから, $4^{1/2} = \pm 2$ に対応）

(3) $9^{1/2} = 3, 10 \pmod{13}$ （$10 = -3 \pmod{13}$ だから, $9^{1/2} = \pm 3$ に対応）

(4) $3^{1/2} = 4, 9 \pmod{13}$

(5) $10^{1/2} = 6, 7 \pmod{13}$

(6) $5^{1/2} \pmod{13}$ は存在しない

法 13 では, 2 乗関数は全域的でなく部分的である. 平方根は 2 つ存在する場合と, 存在しない場合とがある.

[解 12] (1)

x	0	1	2	3	4	5	6	7	8	9	10
x^2	0	1	4	9	5	3	3	5	9	4	1
$x^{1/2}$	0	1,10	−	5,6	2,9	4,7	−	−	−	3,8	−

(2)

x	0	1	2	3	4	5	6	7	8	9	10
x^3	0	1	8	5	9	4	7	2	6	3	10
$x^{1/3}$	0	1	7	9	5	3	8	6	2	4	10

(3)

x	0	1	2	3	4	5	6	7	8	9	10
x^5	0	1	10	1	1	1	10	10	10	1	10

x	0	1	2 3 4 5 6 7 8 9 10
$x^{1/5}$	0	1, 3, 4, 5, 9,	− − − − − − − − 2, 6, 7, 8, 10

[解 13] (1) $(-1)^{1/2} = 16^{1/2}$ (mod 17) である．2 乗表より，$4^2 = 16$, $13^2 = 169 = 16$ だから，$(-1)^{1/2} = 4, 13$

x	0	1	2	3	4	5	6	7	8	9	10	11	12	13	14	15	16
x^2	0	1	4	9	16	8	2	15	13	13	15	2	8	16	9	4	1

(2) $(-1)^{1/2} = 18^{1/2}$ (mod 19) である．しかし，2 乗表から分かるように，2 乗して 18 となる数は存在しない．

x	0	1	2	3	4	5	6	7	8	9	10	11	12	13	14	15	16	17	18
x^2	0	1	4	9	16	6	17	11	7	5	5	7	11	17	6	16	9	4	1

[解 14] (1) MODE mod Q $= 12 \times 26^3 + 14 \times 26^2 + 3 \times 26 + 4$ mod $16 = 220458$ mod $16 = 10$

(2) 8 桁の電卓で計算するために，4 桁ずつ区切る．

LOVEIS $=$ LO $\times 26^4 +$ VEIS $= (11 \times 26 + 14) \times 26^4 + (((21 \times 26 + 4) \times 26 + 8) \times 26 + 18) = 300 \times 26^4 + 372026$

OVER $= ((14 \times 26 + 21) \times 26 + 4) \times 26 + 17 = 260381$

ここで，26^4 mod OVER $= 456976$ mod $260381 = 196595$, VEIS mod OVER $= 372026$ mod $260381 = 175431$ だから，

LOVEIS mod OVER $=$ (LO $\times 26^4 +$ VEIS) mod OVER $= (300 \times 196595 + 175431)$ mod 260381
$= (58978500 + 175431)$ mod $260381 = (132394 + 175431)$ mod $260381 = 307825$ mod 260381
$= 47444 = ((2 \times 26 + 18) \times 26 + 4) \times 26 + 20 =$ CSEU

[解 15] (1)

```
        65537  | 60              0              | 1
 1092 -) 65520 |              0 − 1 × 1092 = −1092 | 1 − (−1092) × 3 = 3277
          17   | 51 (− 3
     1 -)   9 |  9          −1092 − 3277 × 1 = −4369 | 3277 − (−4369) × 1 = 7646
            8  |  8 (− 1
               |  1          よって，$60^{-1} = 7646$ (mod 65537)
```

(2)

```
        122921 | 27134            0              | 1
    4 -) 108536|              0 − 1 × 4 = −4     | 1 − (−4) × 1 = 5
         14385 | 14385 (− 1
    1 -) 12749 | 12749        −4 − 5 × 1 = −9    | 5 − (−9) × 7 = 68
          1636 | 11452 (− 7
    1 -)  1297 |  1297        −9 − 68 × 1 = −77  | 68 − (−77) × 3 = 299
           339 |  1017 (− 3
    1 -)   280 |   280        −77 − 299 × 1 = −376 | 299 − (−376) × 4 = 1803
            59 |   236 (− 4
    1 -)    44 |    44        −376 − 1803 × 1 = −2179 | 1803 − (−2179) × 2 = 6161
            15 |    30 (− 2
    1 -)    14 |    14        −2179 − 6161 × 1 = −8340 |
             1 |              よって，$27134^{-1} = −8340 = 114581$ (mod 122921)
```

[解 16] (1) $p=1$ のときは，自明である．

(2) $p=k$ のとき $k^M = k \pmod{M}$ と仮定する（帰納法の仮定）

$p=k+1$ のとき，2項定理より

$$(k+1)^M = k^M + {}_M\mathrm{C}_1 k^{M-1} + {}_M\mathrm{C}_2 k^{M-2} + \cdots + {}_M\mathrm{C}_{M-2} k^2 + {}_M\mathrm{C}_{M-1} k + 1$$

$i=1 \sim M-1$ では，${}_M\mathrm{C}_i = \frac{M(M-1)\cdots(M-i+1)}{i(i-1)\cdots 1}$ は自然数で，かつ，M は素数であるから，分母の 1 以外の因子 $i, (i-1), \ldots, 2$ は M の約数ではなく，分子の M 以外の因子 $(M-1), \ldots, (M-i+1)$ との間ですべて約分される．ゆえに，${}_M\mathrm{C}_i, i=1, \ldots, M-1$ は M の倍数である．

よって，$(k+1)^M = (k^M + 1) + ({}_M\mathrm{C}_1 k^{M-1} + {}_M\mathrm{C}_2 k^{M-2} + \cdots + {}_M\mathrm{C}_{M-2} k^2 + {}_M\mathrm{C}_{M-1} k) \pmod{M}$

第 1 項は帰納法の仮定より $k^M + 1 = k + 1 \pmod{M}$，第 2 項は M の倍数だから $= k+1 \pmod{M}$

(3) 以上より，任意の自然数 p についてフェルマーの小定理 $p^M = p \pmod{M}$ が成立する．■

8章　離散代数

[ねらい]

5～7章では，数，行列，あるいは剰余を対象に，それらの加法や乗法などの演算とその体系について学んだ．この章では，もう少し一般的な，やや抽象的な対象について，その演算とその性質を系統的に考え，理解することを目的とする．

整数では加減乗の演算が，実数では加減乗除の演算が可能である．7章で学んだ剰余系は整数の部分集合とみなせるが，法を素数とする剰余系でも四則演算が定義できた．6章で学んだ正則行列では乗除等が定義できた．これらの演算は，それぞれ異なる部分はあるが同じような性質をもっている．

演算の対象を抽象化し，演算の性質にだけ注目して考える．このような体系を，一般に「代数系」と呼んでいる．離散代数系は，演算の対象を離散的な集合とした代数系である．ここでは，おもに有限集合を対象とした代数系について，その基本的な性質を学ぶ．

[この章の項目]

演算
代数系
演算の性質
群
等式と演算
逆元の演算
置換群
巡回群
体
環
多項式の代数系（発展課題）

■ 演算

加法演算は 2 つの数の組 (x, y) にそれらの和である第 3 の数 $z = x + y$ を対応させる．一般に，ある離散集合 A における 2 項組 $(x, y) \in A^2$ に第 3 の A の要素 z を対応させる方法を A における **2 項演算** という．

2 項演算，2 項組 (x, y) から z への対応，を演算記号 $*$ で表そう．

$$x * y = z$$

演算記号 $*$ として記号 $+$ を用いたときは加法演算，記号 $\cdot$ のときは乗法演算という．集合 A が有限集合のときは，演算を掛け算の九九の形の演算表として書き上げることができ，加法表，乗法表などという．

ある x に y を対応させることを演算とみて，**1 項演算**（あるいは **単項演算**）という．ある数 $x \, (\neq 0)$ の逆数を与える演算 x^{-1} は 1 項演算である．逆数を $1/x$ と書くことも多い．これは 2 項演算の除算記号 / を使っているが，$1/(\ )$ で 1 つの演算記号である．x の符号替え $-x$ は 1 項演算であるが，演算記号 $-$ は減算の 2 項演算記号と同じ記号を使っている．

■ 代数系

集合 A の任意の要素について演算 $*$ の結果がやはり A の要素であるとき，演算 $*$ は A に **閉じている**，あるいは，演算 $*$ が A において定義されている，という．一般に，ある演算 $*$ が集合 A に閉じているとき，集合と演算からなる系 $(A; *)$ を **代数系** という．簡単に代数系 A とも書く．

$(A; *)$ は代数系 iff 任意の $x, y \in A$ に対し $x * y \in A$

集合 A が離散集合なら **離散代数系**，有限集合なら **有限代数系** という．

自然数の集合 N と通常の加算 $+$ からなる系 $(N; +)$ は代数系であるが，減算 $-$ は N に閉じていないから $(N; -)$ は代数系ではない．

演算は数だけではなく，さまざまな集合で定義できる．たとえば，$n \times n$ 正方行列の集合と行列の積からなる系は代数系である．正則行列の集合と行列の積からなる系も代数系である．しかし，正則行列の和は正則とは限らないから，正則行列の集合と行列の和からなる系は代数系ではない（6 章参照）．1 変数の実連続関数の集合を F とすると，2 つの連続関数の合成関数はまた連続関数であるから，関数の合成演算 $\cdot$ は F の中に閉じているので，$(F; \cdot)$ は代数系である（3 章参照）．また，演算は複数定義されていることもある．和 $+$ と積 $\cdot$ はそれぞれ整数の集合 Z に閉じているから，$(Z; +, \cdot)$ は代数系である（5 章参照）．論理演算（2 項演算の選言 $\vee$ と連言 $\wedge$，1 項演算の否定 $\sim$）は真理値の集合 $\{\mathbf{T}, \mathbf{F}\}$ に閉じているから，$(\{\mathbf{T}, \mathbf{F}\}; \vee, \wedge, \sim)$ は 3 つの演算からなる代数系である（2 章参照）．

▶ [2 項演算]

一般に，集合 A において，2 つの要素 $x, y \in A$ に第 3 の要素 $z \in A$ を対応させる 2 変数写像

$$f : A \times A \to A$$
$$z = f(x, y)$$

を **2 項演算** という．2 項演算では，演算記号 $*$ を 2 つの要素 x, y の間に置いて

$$z = x * y$$

と書く．これを 2 演算の **中置記法** という．

A における 1 変数関数を **1 項演算** という．1 項演算は，$-x$ のように前置したり，$(\ )^{-1}$ のように肩へ付けたりする．

▶ [マイナス記号 $-$]

マイナス記号 $-$ は，2 項演算の減算や 1 項演算の符号替え以外に，-12 などと負の数を表す記号としても使う．これは "12" の符号替えとみることもできるが，"-12" の 3 文字で 1 つの数を表しているとするのが普通である．

▶ [iff]

if and only if の省略形（27 ページ）．

■ 演算の性質

A で定義された 2 項演算を $*$ とし，代数系 $(A; *)$ での性質を考える．

［交換律］

ある $a, b \in A$ について，$a * b = b * a$ であるとき，a と b は $*$ に関して **可換** であるという．A の任意の 2 つの要素が可換であるとき，この性質を **交換律（可換律）** といい，演算 $*$ は A において可換であるという．

    交換律 任意の $x, y \in A$ について $x * y = y * x$

数の四則演算では，加法と乗法は可換であるが，減法と除法は可換ではない．また，正方行列の積演算，関数の合成演算は可換ではない．

［結合律］

A の任意の要素について次の性質が成立するとき，この性質を **結合律** といい，演算 $*$ は A において結合的であるという．

    結合律 任意の $x, y, z \in A$ について $x * (y * z) = (x * y) * z$

結合律が成立するときは，3 項以上の連続演算をカッコなしで $x * y * z$ としてもよい．結合律が成立しないときはカッコが必要である．

数の四則演算では，加法と乗法は結合的であるが，減法と除法は結合的ではない．正方行列の積演算，関数の合成演算は結合的である．

［単位元］

代数系 $(A; *)$ において次のような定数 $e \in A$ が存在するとき，e を演算 $*$ に関する **単位元** という．

    単位元 $e \in A$ で，任意の $x \in A$ に対し $x * e = e * x = x$

演算が加法 $+$ であるときは，加法に関する単位元を **零元** と呼ぶ．代数系で加法と乗法とが定義されているとき，単に単位元というと乗法に関する単位元を指す．

整数の代数系 $(Z; +, \cdot)$ では，零元は 0，単位元は 1 である．正方行列の積演算では単位元は単位行列，関数の合成演算では恒等関数である．

［逆元］

単位元 e が存在する代数系 $(A; *)$ において，$a \in A$ に対して次のような $a' \in A$ が存在するとき，a' を a の演算 $*$ に関する **逆元** という．

    逆元 $a \in A$ に対し $a' \in A$ で，$a * a' = a' * a = e$

加法に関する逆元は **符号替え** で $-a$ と書く．乗法に関する逆元は **逆数** で a^{-1} と書く．一般には，a の逆元を a^{-1} と書くことが多い．正則行列 A の積演算に関する逆元は **逆行列** A^{-1}，関数 f の合成演算に関する逆元は **逆関数** f^{-1} である．

▶［交換律］

四則演算の加法と乗法は可換
$3 + 4 = 4 + 3$
$5 \times 6 = 6 \times 5$

減法と除法は非可換
$6 - 4 \neq 4 - 6$
$8 \div 2 \neq 2 \div 8$

正方行列の積演算は非可換
$$\begin{bmatrix} 1 & 2 \\ 0 & 1 \end{bmatrix} \begin{bmatrix} 0 & 1 \\ 1 & 2 \end{bmatrix} \neq \begin{bmatrix} 0 & 1 \\ 1 & 2 \end{bmatrix} \begin{bmatrix} 1 & 2 \\ 0 & 1 \end{bmatrix}$$

関数の合成演算は非可換
$f(x) = x^2, \; g(x) = x + 1$
$f \cdot g(x) = f(g(x)) = (x+1)^2$
$g \cdot f(x) = g(f(x)) = x^2 + 1$
であるから，$f \cdot g \neq g \cdot f$

▶［結合律］

四則演算の加法と乗法は結合的
$2 + (3 + 4) = (2 + 3) + 4$
$2 \times (3 \times 4) = (2 \times 3) \times 4$

減法と除法は非結合的
$8 - (5 - 3) \neq (8 - 5) - 3$
$8 \div (4 \div 2) \neq (8 \div 4) \div 2$

正方行列の積演算は結合的
$A \cdot (B \cdot C) = (A \cdot B) \cdot C$

関数の合成演算は結合的
$f \cdot (g \cdot h) = (f \cdot g) \cdot h$

▶［演算順序と結合律］

2 項演算 $*$ が結合律を満たさないときは，
$x * y * z$
と書くことはできない．必ずカッコを付けて，
$x * (y * z)$
あるいは，
$(x * y) * z$
とする必要がある．演算をする順序によって結果が異なるからである．

減算は結合的ではないが，
$x - y - z$
と書く．これは左から順に演算する解釈規則を適用するから，
$(x - y) - z$
のカッコを省略したとみなしている．もちろん，
$x - (y - z)$
の場合は，このカッコは省略できない．

■ 群

G で定義された2項演算 $*$ による代数系 $(G;*)$ において，結合律が成立し，単位元が存在し，すべての要素に逆元が存在するとき，$(G;*)$ を **群** という．演算記号 $*$ を省略して単に G と書くことも多い．$*$ を2項演算として，代数系 $(G;*)$ が次の要件を満たすとき，G は群である．

群 (1) 演算 $*$ に関して結合律が成立する．
(2) 演算 $*$ に関する単位元が存在する．
(3) G の任意の元について，$*$ に関する逆元がそれぞれ存在する．

群では逆元は一意的で，x の逆元が x' ならば x' の逆元は x である．

可換律を満たす群を **可換群** という．演算 $*$ が加法記号 $+$ である可換群を **加群** という．演算 $*$ が乗法記号 $\cdot$ である群（可換でなくてもよい）を **乗法群** という．乗法群では，単位元を e，a の逆元を a^{-1} として，任意の a のベキ乗を次のように定義する．

$$a^0 = e,\ a^n = a^{n-1} \cdot a,\ a^{-n} = (a^{-1})^n,\ n \geq 1$$

整数の集合 Z とその上での加算 $+$ の系 $(Z;+)$ は加群である．法 M による剰余系 $Z_M = \{0,1,2,\ldots,M-1\}$ と剰余の和 $+$（$x+y \pmod M$）との系 $(Z_M;+)$ も加群をなす．

0以外の有理数の集合 $Q^+ (= Q - \{0\})$ と通常の積演算 $\times$ は可換乗法群 $(Q^+;\times)$ をなす．法7による剰余系 $N_6 = \{1,2,\ldots,6\}$ の積 $\times$ からなる系 $(N_6;\times)$ も可換乗法群である．$n \times n$ の正則な正方行列の集合 M_n と行列の積演算 $\cdot$ からなる代数系 $(M_n;\cdot)$ は非可換乗法群である．

論理演算の選言 $\vee$ は真理値の集合 $\{\mathbf{T},\mathbf{F}\}$ に閉じており，交換律と結合律も満たす．さらに，$\vee$ に関する単位元は $\mathbf{F}$ である．しかし，$\mathbf{F}$ の逆元は $\mathbf{F}$ 自身であるが，$\mathbf{T}$ の逆元は存在しない．つまり，$(\{\mathbf{T},\mathbf{F}\};\vee)$ は群ではない．$(\{\mathbf{T},\mathbf{F}\};\wedge)$ も同様である．

群 $(G;*)$ に対し，G の部分集合 $H \subset G$ について $(H;*)$ が群となっているとき，H は G の **部分群** であるという．G そのもの，および，単位元 e のみからなる集合 $\{e\}$ はともに **自明な部分群** である．ある部分群 H が，$H \neq G$ かつ $H \neq \{e\}$ ならば，H は **真部分群** であるという．

偶数の整数だけからなる集合を $2Z = \{2n \mid n \in Z\}$ とすると，$2Z \subset Z$ で，$(2Z;+)$ は $(Z;+)$ の真部分群である．法6による剰余系の加群 $(Z_6;+)$ において，Z_6 の部分集合 $\{0,3\}$ の系 $(\{0,3\};+)$ は真部分群である．法7による剰余系の加群 $(Z_7;+)$ には真部分群はない．

【ニールス・ヘンリック・アーベル】Niels Henrik Abel, 1802–1829 26歳で世を去ったノルウェーの数学者である．5次以上の代数方程式が代数的には解けないことを証明した．研究の中心は楕円関数とアーベル関数で，アーベル群などアーベルの名を冠している数学用語が多数ある．

▶[アーベル群]
可換群は **アーベル群** ともいう．

▶[有理数の乗法群]
0の逆数が存在しないから，$(Q;\times)$ は群にならない．0を除いた $(Q^+;\times)$ は可換乗法群となる．実数でも同様である．

▶[剰余系の乗法群]
法7のもとで，$(N_6;\times)$ は乗法群をなす．これは，
$G = \{5^n \bmod 7 \mid n = 1 \sim 6\}$
$= \{5,4,6,2,3,1\} = N_6$
となることから分かる．
単位元は1，$x = 5^n$ の逆元は $x^{-1} = 5^{-n} = 5^{6-n}$ である．

▶[正則行列の乗法群]
$n \times n$ の正則な正方行列は行列の積について乗法群をなす．単位元は単位行列，行列 A の逆元は A の逆行列 A^{-1} である．なお，行列の積は非可換である．

▶[連続関数の乗法群]
定義域と値域がともに実数全体である1変数の単調増加連続関数の集合を F とすると，関数の合成演算 $\cdot$ との系 $(F;\cdot)$ は非可換乗法群となる．単位元は恒等関数 $f(x) = x$ で単調増加，逆元は逆関数でこれも単調増加である．

■ 等式と演算

数式（演算式）は，代数系において，いくつかの項と演算からなる一連の処理を表した記号列である．項1つでも数式である．

一般に，同じ演算結果を生じる数式表現はいくつもある．2つの数式表現が同じ結果となる，という関係を等号 = でつないで **等式** として表す．たとえば，通常の代数式では次の等式が成立する．

$$a^3 + b^3 + c^3 - 3abc = (a+b+c)(a^2+b^2+c^2-ab-bc-ca)$$

ある等式があったとき，その等式の両辺に同じ要素を演算しても等式は成立する．P, Q を代数系 $(A;*)$ の数式として，任意の $a \in A$ について，

$$P=Q \text{ ならば } P*a = Q*a, \quad P=Q \text{ ならば } a*P = a*Q$$

が成立する．また，2つの等式の辺々を演算しても成立する．

$$P_1 = Q_1 \text{ かつ } P_2 = Q_2 \text{ ならば } P_1 * P_2 = Q_1 * Q_2$$

これらは，方程式を解いたりするときなど等式を変形するときに利用する基本的な性質である．ただし，逆は成立しない．

「$P*a = Q*a$（あるいは $a*P = a*Q$）ならば $P=Q$」とは限らない

たとえば，次の 2×2 正方行列では，$AC = BC$ であるが $A \neq B$ である．

$$A = \begin{bmatrix} 1 & 2 \\ 3 & 4 \end{bmatrix}, \quad B = \begin{bmatrix} -1 & 1 \\ 1 & 3 \end{bmatrix}, \quad C = \begin{bmatrix} 1 & -1 \\ -2 & 2 \end{bmatrix}, \quad AC = BC = \begin{bmatrix} -3 & 3 \\ -5 & 5 \end{bmatrix}$$

■ 逆元の演算

代数系 $(A;*)$ が群のとき，任意の $a \in A$ には逆元 $a^{-1} \in A$ が存在する．そうすると，$P*a = Q*a$ の両辺に右側から a^{-1} を演算すると，

$$\text{左辺} = (P*a)*a^{-1} = P*(a*a^{-1}) = P*e = P$$
$$\text{右辺} = (Q*a)*a^{-1} = Q*(a*a^{-1}) = Q*e = Q$$

であるから，$P=Q$ が導ける．したがって，上の等式の性質の逆が成立し，

$$P*a = Q*a \text{ ならば } P=Q, \quad a*P = a*Q \text{ ならば } P=Q$$

等式の両辺から同じ演算を除去することができる．一般に，a の $*$ に関する逆元 a^{-1} が存在するときだけこの性質が成立する．

加法演算では，これは両辺に符号替えを加えることであるが，それは両辺から減算していることと同じである．

乗法演算では，両辺に逆数を掛ける（除算をする）ことである．ただし，a が零元 0 のときは逆数 a^{-1} が存在しないから，この逆の性質（$P*a = Q*a$ ならば $P=Q$）は $a \neq 0$ のときに限り成立する．

▶ [論理演算の単位元と逆元]

任意の $x \in \{\mathbf{T}, \mathbf{F}\}$ に対し
$$x \vee \mathbf{F} = \mathbf{F} \vee x = x$$
であるから $\mathbf{F}$ は $\vee$ に関する単位元である．$x \in \{\mathbf{T}, \mathbf{F}\}$ の逆元は，
$$x \vee x' = x' \vee x = \mathbf{F}$$
を満たす $x' \in \{\mathbf{T}, \mathbf{F}\}$ である．
$x = \mathbf{F}$ のときは $x' = \mathbf{F}$
$x = \mathbf{T}$ のときは，存在しない．
$\wedge$ についても，$\mathbf{T}$ と $\mathbf{F}$ の役割を入れ換えれば，同様である．よって論理演算の体系は群にはならない．

▶ [等式と演算]

等式と演算の性質

$$P=Q \text{ ならば } P*a = Q*a$$

が成立するのは，演算の一意性による．つまり，2項演算 $x*y = z$ において，1つの2項組 (x, y) に対して z が必ず1つだけ決まるからである．

この性質の逆

$$P*a = Q*a \text{ ならば } P=Q$$

は，一般には成立しない．これが成立するのは，代数系が群をなす場合で，a の逆元が存在する場合である．

▶ [$AC = BC, A \neq B$]

この 2×2 行列では，$\det C = 0$ であるから C の逆行列が存在しない．このため，$AC = BC$ であるが $A \neq B$ となっている．

C が正則（$\det C \neq 0$）ならば，"$AC = BC$ ならば，$A = B$" が成立する．

■ 置換群

有限集合の中の全単射は **置換** である．全単射の合成は全単射である．3章で置換の積を写像の合成として定義した．置換の積は，たとえば，

$$\alpha\beta = \begin{pmatrix} 1 & 2 & 3 & 4 & 5 \\ 5 & 2 & 4 & 1 & 3 \end{pmatrix}\begin{pmatrix} 1 & 2 & 3 & 4 & 5 \\ 2 & 5 & 1 & 3 & 4 \end{pmatrix} = \begin{pmatrix} 2 & 5 & 1 & 3 & 4 \\ 2 & 3 & 5 & 4 & 1 \end{pmatrix}\begin{pmatrix} 1 & 2 & 3 & 4 & 5 \\ 2 & 5 & 1 & 3 & 4 \end{pmatrix}$$

$$= \begin{pmatrix} 1 & 2 & 3 & 4 & 5 \\ 2 & 3 & 5 & 4 & 1 \end{pmatrix}$$

である．写像の合成であるから，置換の積 $\alpha\beta$ は，β の置換結果を α がさらに置換する．同じ置換の積は $\alpha^2 = \alpha\alpha$ などとベキ表現する．また，**逆置換** α^{-1} は α の上段と下段を入れ換えたものである．

$$\alpha = \begin{pmatrix} 1 & 2 & 3 & 4 & 5 \\ 4 & 5 & 2 & 1 & 3 \end{pmatrix} \text{ について } \alpha^{-1} = \begin{pmatrix} 4 & 5 & 2 & 1 & 3 \\ 1 & 2 & 3 & 4 & 5 \end{pmatrix} = \begin{pmatrix} 1 & 2 & 3 & 4 & 5 \\ 4 & 3 & 5 & 1 & 2 \end{pmatrix}$$

置換の積は，一般には非可換である．

置換の積が置換の集合に閉じていれば，それは代数系である．たとえば，集合 $N_3 = \{1,2,3\}$ における置換の集合 $P = \{\alpha_1, \alpha_2, \alpha_3\}$

$$\alpha_1 = \begin{pmatrix} 1 & 2 & 3 \\ 1 & 2 & 3 \end{pmatrix},\ \alpha_2 = \begin{pmatrix} 1 & 2 & 3 \\ 2 & 3 & 1 \end{pmatrix},\ \alpha_3 = \begin{pmatrix} 1 & 2 & 3 \\ 3 & 1 & 2 \end{pmatrix}$$

は，容易に確認できるように，置換の積について閉じている．写像の合成は，交換律は満たさなかったが，結合律を満たす．置換の積も同じである．α_1 は恒等置換で，単位元 I である．また，α_3 は α_2 の逆置換であるから，互いに逆元となっている．したがって P は群をなす．一般に，置換のつくる代数系を **置換群** という．置換群は一般には非可換群であるが，P は可換群である．

$N_n = \{1, 2, \ldots, n\}$ におけるすべての置換の集合 S_n のつくる置換群を n 次の **対称群** という．対称群は非可換群である．対称群 S_3 は $N_3 = \{1,2,3\}$ における $3! = 6$ 個の置換からなる．

$$\begin{pmatrix} 1 & 2 & 3 \\ 1 & 2 & 3 \end{pmatrix},\ \begin{pmatrix} 1 & 2 & 3 \\ 1 & 3 & 2 \end{pmatrix},\ \begin{pmatrix} 1 & 2 & 3 \\ 2 & 1 & 3 \end{pmatrix},\ \begin{pmatrix} 1 & 2 & 3 \\ 2 & 3 & 1 \end{pmatrix},\ \begin{pmatrix} 1 & 2 & 3 \\ 3 & 1 & 2 \end{pmatrix},\ \begin{pmatrix} 1 & 2 & 3 \\ 3 & 2 & 1 \end{pmatrix}$$

上の例の置換群 P は S_3 の部分群になっている．一般に，S_n は $n!$ 個の置換からなる置換群である．

置換は **互換** (2つの要素のみ入れ換える置換) の積に分解できる．分解された互換の数の **奇偶** は一意的で，**偶置換** は偶数個の互換の積，**奇置換** は奇数個の互換の積で表せる．恒等置換は偶置換であり，偶置換の積は偶置換，逆置換も偶置換であるから，S_n のすべての偶置換の集合は S_n の部分群となる．上の例の P は S_3 の偶置換からなる部分群である．

集合 X における全単射の集合 F が写像の合成演算 "·" に関して群をなすとき，$(F; \cdot)$ を **変換群** という．置換群は変換群の一種である．

▶ [置換の代数系]
$P = \{\alpha_1, \alpha_2, \alpha_3\}$ は，置換の積について，可換群である．

$$\alpha_1 = \begin{pmatrix} 1 & 2 & 3 \\ 1 & 2 & 3 \end{pmatrix},$$
$$\alpha_2 = \begin{pmatrix} 1 & 2 & 3 \\ 2 & 3 & 1 \end{pmatrix},$$
$$\alpha_3 = \begin{pmatrix} 1 & 2 & 3 \\ 3 & 1 & 2 \end{pmatrix}$$

について，α_1 は恒等置換であるから，単位元である．また，

$$\alpha_2{}^2 = \begin{pmatrix} 1 & 2 & 3 \\ 2 & 3 & 1 \end{pmatrix}^2 = \begin{pmatrix} 1 & 2 & 3 \\ 3 & 1 & 2 \end{pmatrix}$$
$$= \alpha_3$$
$$\alpha_2{}^3 = \begin{pmatrix} 1 & 2 & 3 \\ 3 & 1 & 2 \end{pmatrix}^2 = \begin{pmatrix} 1 & 2 & 3 \\ 2 & 3 & 1 \end{pmatrix}$$
$$= \alpha_2$$
$$\alpha_2\alpha_3 = \alpha_3\alpha_2 = \begin{pmatrix} 1 & 2 & 3 \\ 1 & 2 & 3 \end{pmatrix}$$
$$= \alpha_1$$

であるから，P における積演算は P に閉じており，α_2 と α_3 は互いに逆置換である．これらの置換の積は可換で，結合律を満たすから，$(P, \cdot)$ は可換群をなす．

■ 巡回群

要素が順に対応している置換を **巡回置換** という．任意の置換は巡回置換の積に分解できる．2次の巡回置換は **互換** である．たとえば，

$$\alpha = \begin{pmatrix} 1 & 2 & 3 & 4 & 5 \\ 4 & 5 & 2 & 1 & 3 \end{pmatrix} = \begin{pmatrix} 1 & 5 & 2 & 4 & 3 \\ 4 & 5 & 2 & 1 & 3 \end{pmatrix} \begin{pmatrix} 1 & 2 & 3 & 4 & 5 \\ 1 & 5 & 2 & 4 & 3 \end{pmatrix}$$

$$= \begin{pmatrix} 1 & 2 & 3 & 4 & 5 \\ 4 & 2 & 3 & 1 & 5 \end{pmatrix} \begin{pmatrix} 1 & 2 & 3 & 4 & 5 \\ 1 & 5 & 2 & 4 & 3 \end{pmatrix} = (1\ 4)(2\ 5\ 3)$$

と分解できる．$(1\ 4)$ は互換，$(2\ 5\ 3)$ は3次の巡回置換である．

3次の巡回置換 $\alpha = (1\ 2\ 3)$ について，$\alpha^2 = \alpha\alpha = (1\ 3\ 2)$，$\alpha^3 = \alpha^2 \alpha = I$（恒等置換）となるから，$\alpha^0 = I$，$\alpha^1 = \alpha$ として，

$$C_3 = \{\alpha^i \mid i = 0, 1, 2\}$$

は，前ページに示した P と同じであり，置換の積に関して群となる．このようにベキ乗の集合からなる群を **巡回群** という．

一般に，n 次の巡回置換 α について，$\alpha^n = I = \alpha^0$ となるから，

$$C_n = \{\alpha^i \mid i = 0, 1, 2, \ldots, n-1\}$$

は巡回群をなす．α^i の逆置換は

$$\alpha^{-i} = \alpha^{n-i}$$

である．ベキ乗の性質 $\alpha^m \alpha^n = \alpha^n \alpha^m$ から分かるように，巡回群では積演算は可換であるから，巡回群は可換群（可換乗法群）である．巡回群の要素を構成するもとになる巡回置換 α を巡回群の **生成元** という．

任意の8次の巡回置換 α を生成元とする巡回群

$$C_8 = \{\alpha^0, \alpha^1, \alpha^2, \alpha^3, \alpha^4, \alpha^5, \alpha^6, \alpha^7\}$$

では，C_8 の部分集合 $\{\alpha^0, \alpha^2, \alpha^4, \alpha^6\}$，$\{\alpha^0, \alpha^4\}$ はいずれも積が集合内に閉じている．前者は α^2 を生成元とし，後者は α^4 を生成元とした巡回群（C_8 の部分巡回群）である．

法 $M = 8$ の剰余系 $Z_8 = \{0, 1, 2, 3, 4, 5, 6, 7\}$ は加法演算 $+$ とで加群をなす．いま，$a \in Z_8$ について，$a + a \pmod 8$ を $2a$ と書く代わりに a^2 とベキ表現しよう．一般のベキ $a^i (= ia)$ も同様とする．$a = 1$ とすれば，

$$Z_8 = \{1^i \mid i = 0, 1, 2, 3, 4, 5, 6, 7\} = \{0, 1, 2, 3, 4, 5, 6, 7\}$$

であるから，Z_8 は $a = 1$ を生成元とする巡回群である．また，$a = 2$ あるいは $a = 4$ を生成元とした $\{0, 2, 4, 6\}$，$\{0, 4\}$ はいずれも Z_8 の部分巡回群となっている．

一般に，巡回群 C_n は，n が素数のときは自明の部分群（単位元 I だけからなる群 $\{I\}$ と，C_n 全体からなる群）しかない．n が合成数のときは自明でない部分群がある．

▶ [巡回群でのベキ乗]

巡回群 C_3 では，任意の整数 k について，

$$\alpha^k = \alpha^{k \bmod 3}$$

となる．

一般に，C_n では，任意の整数 k について，

$$\alpha^k = \alpha^{k \bmod n}$$

である．

n 次の巡回群においてベキ指数に注目すると，ベキ指数の集合は，法 n での剰余系 $Z_n = \{0, 1, 2, \ldots, n-1\}$ がなす加群 $(Z; +)$ となっている．巡回置換の群は，ベキ指数での法 n の剰余系の加群と同じ構造である．

■ 体

数の集合では四則演算が可能である．基本となる演算は加法と乗法であり，減法は符号替えの加法として，除法は逆数の乗法として，それぞれ定義できる．四則演算の可能な体系を **体**(たい) という．有理数の集合 Q 上で通常の和 $+$ と積 $\cdot$ を定義した系 $(Q;+,\cdot)$ は体をなす．これを **有理数体** という．実数の集合，複素数の集合も体（**実数体**，**複素数体**）である．有限個の要素からなる体は **有限体** である．7章では法3による剰余系 Z_3 が有限体であることを示した．一般に法 M が素数の剰余系 Z_M は有限体である．

▶[行列のつくる代数系]
6章で，n 次の正則行列と零行列の集合 M_n で四則演算が定義できることを示した．しかし，正則行列の和は M_n に閉じていない（95ページ）から体とはならない．

もう少しきちんと体を定義しよう．**体** は集合 F 上で加法 $+$ と乗法 $\cdot$ が定義された代数系 $(F;+,\cdot)$ で，次のような性質をもつ系である．

[体の定義]
(1) $(F;+)$ は，交換律，結合律を満たし，**零元**(れいげん) 0 が存在し，かつ，任意の $x \in F$ について符号替え $-x$ が存在する．
(2) $(F;\cdot)$ は，交換律，結合律を満たし，**単位元**(たんいげん) 1 が存在し，かつ，任意の $x \in F, x \neq 0$ について逆数 x^{-1} が存在する．
(3) 乗法の加法に関する分配律が成立する．

(1) の性質は $(F;+)$ が可換群（加群）であること，(2) の性質は 0 を除いた $(F-\{0\};\cdot)$ も可換群（可換乗法群）であることを示している．

体では，加法 $+$ と乗法 $\cdot$ について，符号替えと零元以外の逆数が存在するから，移項や約分などの通常の等式の変形が可能となる．

移項　$x+y=z$ ならば $x=z-y \ (=z+(-y))$
約分　$x \cdot y = z$ ならば $x = z/y \ (= z \cdot y^{-1}), y \neq 0$

これから，次の性質が成立することが容易に分かる．

$x \cdot y = 0$ ならば，$x=0$ または $y=0$

▶[$xy=0$ ならば $x=0$ または $y=0$]
体では任意の非零元に逆数が存在するから，もし $x \neq 0$ ならば $xy=0$ の両辺に x^{-1} を乗算すれば $y=0$ が得られる．$y \neq 0$ でも同様に $x=0$ が得られる．もちろん，$x=y=0$ でも成立する．
以上より，体ではこの性質が成立する．

体では次の性質が成立する．この性質のため，体では一般に，零元 0 の逆数は存在せず，0 による除算を定義しない．

0 の性質　$x \cdot 0 = 0 \cdot x = 0$

これは次のようにして示すことができる．分配律から，

$x \cdot 0 = x \cdot (0+0) = (x \cdot 0) + (x \cdot 0)$

となる．この両辺に $x \cdot 0$ の符号替え $-(x \cdot 0)$ を加えると，結合律より

$0 = x \cdot 0$

が得られる．$0 \cdot x$ についても同様である．

■ 環

整数の集合 Z では，除算は被除数が除数で割り切れるときだけ可能であり，除法は定義できない．加減乗の三則演算が可能である．一般に，加減乗の三則演算可能な代数系を **環** という．Z は **整数環** である．法 6 による剰余系 $Z_6 = \{0, 1, 2, 3, 4, 5\}$ も加減乗の三則演算が可能である．加法 $+$ を $x + y \pmod{6}$，乗法 $\cdot$ を $x \cdot y \pmod{6}$ として $(Z_6; +, \cdot)$ は，7 章で説明したように符号替えが存在して減法が定義できるから，有限環である．しかし，$2, 3, 4$ には逆数が存在しないから除法は定義できない．

体でも三則演算は可能であるから体も環である．言い換えれば，除法の定義できる環が体である．

もう少しきちんと環を定義しよう．環は集合 R 上で加法 $+$ と乗法 $\cdot$ が定義された代数系 $(R; +, \cdot)$ で，次の性質をもつ系である．

[環の定義]
(1) $(R; +)$ は，交換律，結合律を満たし，零元 0 が存在し，かつ，任意の $x \in R$ について符号替え $-x$ が存在する（加法群をなす）．
(2) $(R; \cdot)$ は，交換律，結合律を満たし，単位元 1 が存在する．
(3) 乗法の加法に関する分配律が成立する．

体と異なるのは，(2) で逆数の存在を要求しないことだけである．環において，零元 0 以外のすべての要素に逆数が存在するものが，体である．

前ページで体において次の性質が成立することを示した．その証明では逆数が存在することは使わなかったから，環においても証明することができる．つまり，この性質は環で成立する性質である．

　　環において　$x \cdot 0 = 0 \cdot x = 0$

ところで，体で成立した「$x \cdot y = 0$ ならば $x = 0$ または $y = 0$」は環では成立するとは限らない．これは体での性質である．たとえば，環 Z_6 においては，$x = 3 (\neq 0), y = 4 (\neq 0)$ とすると，$x \cdot y = 0$ であるから，この性質は成立しない．しかし，整数は環（**整数環**）であるが，整数環ではこの性質が成立する（5 章 [演習 11][解] の〈補足〉参照）．

　　整数環において　$x \cdot y = 0$ ならば $x = 0$ または $y = 0$

環では，積の符号について，次の性質がある（もちろん体でも成立する）．任意の $x, y \in R$ に対し，

　　$(-x) \cdot y = x \cdot (-y) = -(x \cdot y)$
　　$(-x) \cdot (-y) = x \cdot y$

▶ **[単位的可換環]**
ここで定義した環 R は，詳しくは単位的可換環という．なお，R は実数の集合と同じ記号であるが，別のものである．

▶ **[積の符号]**
積の符号の性質は次のように示すことができる．
分配律から，
$(x \cdot (-y)) + (x \cdot y)$
$= ((-x) + x) \cdot y$
$= 0 \cdot y = 0$
が得られるが，これは $x \cdot y$ が $(-x) \cdot y$ の符号替えであることを示すから
$(-x) \cdot y = -(x \cdot y)$
が成立する．$x \cdot (-y)$ についても同様である．
また，このことから，
$(-x) \cdot (-y)$
$= -(x \cdot (-y))$
$= -(-(x \cdot y))$
$= x \cdot y$
である．

■ 多項式の代数系 (発展課題)

変数記号を x として, 定数係数のすべての多項式の集合 $\mathscr{P}$ を考える. 定数は 0 次の多項式である.

簡単のため, 多項式の係数はすべて法 2 の剰余系 $Z_2 = \{0,1\}$ としよう.

$$f(x) = x^3 + x^2 + 1$$
$$g(x) = x^4 + x^3 + x + 1$$

は, 3 次と 4 次の多項式である. 係数の演算は法 2 で行う. 法 2 のもとでは $1+1=0$ である. 多項式の和は, 同じ次数の項の係数を加えればよく,

$$\begin{aligned}f(x) + g(x) &= (x^3 + x^2 + 1) + (x^4 + x^3 + x + 1) \\ &= x^4 + (1+1)x^3 + x^2 + x + (1+1) = x^4 + x^2 + x\end{aligned}$$

となる. 多項式の積は, 項別に積をとって, 同じ次数の同類項をまとめて,

$$\begin{aligned}f(x) \cdot g(x) &= (x^3 + x^2 + 1) \cdot (x^4 + x^3 + x + 1) \\ &= (x^7 + x^6 \quad\quad + x^4) &\Leftarrow \times x^4 \\ &\quad +(x^6 + x^5 \quad\quad + x^3) &\Leftarrow \times x^3 \\ &\quad\quad +(x^4 + x^3 \quad\quad + x) &\Leftarrow \times x \\ &\quad\quad\quad +(x^3 + x^2 \quad\quad + 1) &\Leftarrow \times 1 \\ &= x^7 + (1+1)x^6 + x^5 + (1+1)x^4 + (1+1+1)x^3 + x^2 + x + 1 \\ &= x^7 + x^5 + x^3 + x^2 + x + 1 \quad (\Leftarrow 法 2 より)\end{aligned}$$

を得る. 多項式の和と積の結果は $\mathscr{P}$ の多項式である.

一般に, 係数が体の演算に従うとして, A, B, C を任意の定数係数多項式とすると, 多項式の加法と乗法について, 数の場合と同じように, 交換律, 結合律, 分配律が成立する.

交換律　$A + B = B + A$,
　　　　$AB = BA$
結合律　$(A + B) + C = A + (B + C)$,
　　　　$(AB)C = A(BC)$
分配律　$A(B + C) = AB + AC$

多項式 A の係数を符号替えした多項式は $-A$ と表せるが, これは A 自身の符号替えになっている. 一般に, 多項式の和と積は $\mathscr{P}$ に閉じているから $(\mathscr{P}; +, \cdot)$ は代数系である. この代数系が環となることは容易に分かるが, これを多項式環という.

法 2 のもとでは, 多項式の係数はすべて 0 または 1 である. $(\mathscr{P}; +, \cdot)$ の零元は定数 0 である. 1 の符号替えは 1 であるから, 多項式の符号替えは自分自身と同じである. 単位元は定数 1 である.

▶[多項式環]
6 章のコラムでディジタル通信における簡単な誤り訂正の可能性を紹介した. この 0, 1 を係数とする多項式環は, もっと効率のよい誤り検出・誤り訂正の技術・理論に対する数学的な基礎を与える.

〈抽象代数系〉

　本章で説明したのは，抽象代数と呼ばれる分野のごく一部である．そこでは，数だけではなく，さまざまな対象に対して演算を定義し，その数学的性質を考える．

　a と b からなる文字列を，たとえば $W = abaa$, $V = bb$ として，W と V の積を $WV = abaabb$ とする．つまり，2つの文字列をくっつけた文字列を作ることを文字列の積と呼ぶのである．そうすると，すべての文字列の集合はこの演算について閉じており，容易に分かるように結合律も満たす．長さが 0 の文字列を認めて，それを ε（イプシロン）と書くと，ε との積は文字列を変化させないから，これは単位元となる．結合律を満たし単位元の存在する代数系を，一般に，**モノイド** という．このような文字列の数学は自動翻訳などの自然言語処理や人工知能研究の基礎となっている．

　1 章で有限集合のベキ集合における集合演算（和，積，補の集合演算）を説明したがその演算と，2 章で説明した論理演算（選言，連言，否定）の演算とは，互いに似た性質をもっている．これらの演算をさらに抽象化した数学的論理は **ブール代数** と呼ばれている．論理は人の推論や診断手法の基礎であるが，このような抽象数学も知的処理システムの基礎となっている．

　人のもっているはさまざまな知識は互いに関係し合っており，階層的な概念構造や連携・連想による関連をもっている．これらの関係を抽象化した数学的代数モデルは，このような知識処理の基礎となっている．

[8 章のまとめ]

この章では，
1. 代数系の考え方と性質について，とくに群について，学んだ．
2. 置換群，巡回群について，その性質と特徴を学んだ．
3. 2 つの演算の定義された代数系として，体と環について基本を学んだ．
4. 体は，四則演算の可能な代数系であることを学んだ．
5. 発展課題では，体の要素を係数とする多項式の代数系（多項式環）を学んだ．

8章　演習問題

[演習1]☆　次の系が代数系かどうか答えよ．代数系ならば，交換律が成立するかどうか，単位元が存在するかどうか，を答えよ．

(1) $(Z_5; +)$ 　　$Z_5 = \{0, 1, 2, 3, 4\}$，$+$ は法 5 のもとでの加算 $x + y \pmod 5$
(2) $(Z_5; -)$ 　　$Z_5 = \{0, 1, 2, 3, 4\}$，$-$ は法 5 のもとでの減算 $x - y \pmod 5$
(3) $(Z_5; \cdot)$ 　　$Z_5 = \{0, 1, 2, 3, 4\}$，$\cdot$ は法 5 のもとでの乗算 $x \cdot y \pmod 5$
(4) $(B; *)$ 　　$B = a, b, c, d$，$*$ は次の演算表で定義する．
(5) $(B; \circ)$ 　　$B = a, b, c, d$，$\circ$ は次の演算表で定義する．
(6) $(B; \triangle)$ 　　$B = a, b, c, d$，$\triangle$ は次の演算表で定義する．

$x * y$	a	b	c	d		$x \circ y$	a	b	c	d		$x \triangle y$	a	b	c	d
a	b	c	d	a		a	b	a	b	c		a	c	d	a	c
b	a	b	c	d		b	a	b	c	d		b	d	b	b	a
c	d	d	b	c		c	b	c	b	c		c	a	b	c	d
d	a	b	c	d		d	c	d	a	c		d	c	a	d	b

[演習2]☆　整数の集合を Z とし，2 項演算 $*$ を次の式で定義する．代数系 $(Z; *)$ において交換律，結合律がそれぞれ成立するかどうか答えよ．成立しない場合は，成立しない例を挙げよ．なお，$\max(x, y)$ は x と y の大きい方を返す関数，$\min(x, y)$ は x と y の小さい方を返す関数である．

(1) $x * y = \max(2x, y)$ 　　　(2) $x * y = \max(x, y) - \min(x, y)$

[演習3]☆　法 5 による剰余系 $Z_5 = \{0, 1, 2, 3, 4\}$ と加法 $+$ からなる $(Z_5; +)$ は加群である．また，0 を除く剰余系 $N_4 = \{1, 2, 3, 4\}$ と法 5 による乗法 $\cdot$ とからなる $(N_4; \cdot)$ は可換乗法群である．次の問に答えよ．

(1) $(Z_5; +)$ と $(N_4; \cdot)$ における演算表をそれぞれ示せ．
(2) $(Z_5; +)$ における零元，$(N_4; \cdot)$ における単位元を示せ．
(3) $(Z_5; +)$ における符号替え表，$(N_4; \cdot)$ における逆元表を示せ．

[演習4]☆　次の置換群について，演算表と逆元表を示せ．

(1) $(\{P_0, P_1, P_2\}; \cdot)$ 　　$P_0 = \begin{pmatrix} 1 & 2 & 3 \\ 1 & 2 & 3 \end{pmatrix}, P_1 = \begin{pmatrix} 1 & 2 & 3 \\ 2 & 3 & 1 \end{pmatrix}, P_2 = \begin{pmatrix} 1 & 2 & 3 \\ 3 & 1 & 2 \end{pmatrix}$

(2) $(\{M_0, M_1, M_2, M_3\}; \cdot)$ 　　M_0, M_1, M_2, M_3 はそれぞれ次の置換である．

$$M_0 = \begin{pmatrix} 1 & 2 & 3 & 4 \\ 1 & 2 & 3 & 4 \end{pmatrix}, M_1 = \begin{pmatrix} 1 & 2 & 3 & 4 \\ 4 & 3 & 2 & 1 \end{pmatrix}, M_2 = \begin{pmatrix} 1 & 2 & 3 & 4 \\ 2 & 1 & 4 & 3 \end{pmatrix}, M_3 = \begin{pmatrix} 1 & 2 & 3 & 4 \\ 3 & 4 & 1 & 2 \end{pmatrix}$$

(3) $(\{Q_0, Q_1, Q_2, Q_3, Q_4, Q_5\}; \cdot)$ 　　$Q_0, \ldots, Q_5$ はそれぞれ次の置換である．

$$Q_0 = \begin{pmatrix} 1 & 2 & 3 \\ 1 & 2 & 3 \end{pmatrix}, Q_1 = \begin{pmatrix} 1 & 2 & 3 \\ 2 & 3 & 1 \end{pmatrix}, Q_2 = \begin{pmatrix} 1 & 2 & 3 \\ 3 & 1 & 2 \end{pmatrix}, Q_3 = \begin{pmatrix} 1 & 2 & 3 \\ 2 & 1 & 3 \end{pmatrix}, Q_4 = \begin{pmatrix} 1 & 2 & 3 \\ 3 & 2 & 1 \end{pmatrix}, Q_5 = \begin{pmatrix} 1 & 2 & 3 \\ 1 & 3 & 2 \end{pmatrix}$$

[演習5]☆☆　法 12 のもとでの加群 $(Z_{12}; +)$ のすべての部分群について，その演算表と符号替え表を示せ．ただし，自明の系 $(\{0\}; +), (Z_{12}; +)$ は省く．

[演習 6] ☆☆　次の多項式の和と積を求めよ．ただし，係数は $Z_2 = \{0, 1\}$ で，係数の加法と乗法は法 2 におけるものとする．

(1)　$f(x) = x^2 + x + 1$
$ g(x) = x^3 + x^2 + x$

(2)　$f(x) = x^4 + x^2 + 1$
$ g(x) = x^4 + x^2 + 1$

(3)　$f(x) = x^4 + x^3 + x^2 + x + 1$
$ g(x) = x^3 + x^2 + x$

[演習 7] ☆☆　2 つの実数 x, y からなる 2 項組 (x, y) について，加法 $+$ と乗法 $\cdot$ を次のように定義する．

$$(a, b) + (c, d) = (a+c, b+d), \quad (a, b) \cdot (c, d) = (ac - bd, ad + bc)$$

(1) 加法と乗法がともに，交換律，結合律を満たすことを示せ．
(2) 加法に関する乗法の分配律が成立することを示せ．
(3) 零元と単位元を示せ．
(4) (a, b) の符号替えと逆数を示せ．

[演習 8] ☆☆　$P = \{1, 2, 3, 6, 9, 18\}$ として，$(P; +, \cdot)$ の演算を次のように定義する．

　　加法 $x + y$ は x と y の公倍数で P に存在する最小のものを与える演算
　　乗法 $x \cdot y$ は x と y の公約数のうち P に存在する最大のものを与える演算

(1) この代数系の加法表と乗法表を構成せよ．
(2) 零元，単位元を示せ．
(3) それぞれの要素について，符号替え，逆数，が存在すればそれを示せ．

[演習 9] ☆☆☆　$N_6 = \{1, 2, 3, 4, 5, 6\}$ における演算 $\cdot$ を法 7 のもとでの積とすると，代数系 $(N_6; \cdot)$ は可換乗法群となる．次の問に答えよ．

(1) $\{3^n \mid n = 1, 2, 3, \ldots\} = N_6$ となる（3 が生成元である）ことを示せ．
(2) 3 以外の生成元があれば，それを示せ．
(3) $(N_6; \cdot)$ の自明でない部分群があれば，それを示せ．

[演習 10] ☆☆☆　一般に，乗法群 $(G; \cdot)$ において，任意の $x, y \in G$ に対し，次の性質が成立することを示せ．(x^{-i}, y^{-j} はそれぞれ x^i, y^j の逆元である．)

(1)　$(x \cdot y)^{-1} = y^{-1} \cdot x^{-1}$　　(2)　$(x^i \cdot y^j)^{-1} = y^{-j} \cdot x^{-i}$

[演習 11] ☆☆☆　次の加法と乗法の演算表は代数系 $(\{0, 1, a, b\}; +, \cdot)$ における演算を定義したものである．この代数系における符号替え表と逆数表を求めよ．また，それを利用して，減算表，除算表を構成せよ．

$x+y$	0	1	a	b
0	0	1	a	b
1	1	0	b	a
a	a	b	0	1
b	b	a	1	0

$x \cdot y$	0	1	a	b
0	0	0	0	0
1	0	1	a	b
a	0	a	b	1
b	0	b	1	a

[演習 12] ☆☆☆　有限代数系 $(A; *)$ において，次の問に答えよ．

(1) 演算 $*$ が交換律と結合律を満たすとき，次のことを示せ．

　　　ある $a, b \in A$ に対し，$a * a = a$, $b * b = b$ ならば $(a * b) * (a * b) = a * b$

(2) 演算 $*$ が $(x * y) * (y * z) = y$ を満たすとき，任意の $a, b, c \in A$ について

　　　$a * ((a * b) * c) = a * b$

　　という関係が成立することを示せ．

[解1] (1) 任意の $x,y \in Z_5$ について, $x+y \pmod 5$ は Z_5 に閉じているから $(Z_5; +)$ は代数系である.
$x+y \pmod 5 = y+x \pmod 5$ だから交換律が成立する.
$0+x = x+0 = x \pmod 5$ であるから, 0 は単位元である.

(2) 任意の $x,y \in Z_5$ について, $x-y \pmod 5$ は Z_5 に閉じているから $(Z_5; -)$ は代数系である.
$x=4, y=2$ とすると, $4-2 = 2 \pmod 5$, $2-4 = 3 \pmod 5$ だから, 一般には交換律は成立しない.
単位元は存在しない.

(3) 任意の $x,y \in Z_5$ について, $x \cdot y \pmod 5$ は Z_5 に閉じているから $(Z_5; \cdot)$ は代数系である.
$x \cdot y \pmod 5 = y \cdot x \pmod 5$ だから交換律が成立する.
$1 \cdot x = x \cdot 1 = x \pmod 5$ であるから, 1 は単位元である.

(4) 演算表より, 任意の $x,y \in B$ について, $x * y$ は B に閉じているから $(B; *)$ は代数系である.
演算表が主対角線に対称でないから, 交換律は成立しない.
任意の y について $b * y = y, d * y = y$ であるが, 任意の x について $x * b = x, x * d = x$ とはならないので, 単位元は存在しない.

(5) 演算表より, 任意の $x,y \in B$ について, $x \circ y$ は B に閉じているから $(B; \circ)$ は代数系である.
$x=c, y=d$ のとき, $c \circ d = c, d \circ c = a$ だから, 一般には交換律は成立しない.
任意の x について $b \circ x = x \circ b = x$ であるから, b は単位元である.

(6) 演算表より, 任意の $x,y \in B$ について, $x \triangle y$ は B に閉じているから $(B; \triangle)$ は代数系である.
演算表が主対角線に対称であるから, 交換律が成立する.
$c \triangle x = x \triangle c = x$ であるから, c は単位元である.

[解2] (1) 交換律は成立しない. たとえば, $x=3, y=2$ のとき,
$3 * 2 = \max(2 \times 3, 2) = 6$, $2 * 3 = \max(2 \times 2, 3) = 4$ である.
結合律も成立しない. たとえば, $(x,y,z) = (1,2,3)$ のとき,
$(1 * 2) * 3 = \max(2 \times \max(1,2), 3) = \max(4,3) = 4$,
$1 * (2 * 3) = \max(2 \times 1, \max(2,3)) = \max(2,3) = 3$
である.

(2) 任意の $x,y,z \in Z$ について,
$$\max(x,y) = \max(y,x), \quad \min(x,y) = \min(y,x)$$
であるから, 交換律 $x * y = y * x$ が成立する.

結合律は成立しない. たとえば, $(x,y,z) = (1,3,6)$ のとき,
$(1*3)*6 = (\max(1,3) - \min(1,3))*6 = (3-1)*6 = 2*6 = \max(2,6) - \min(2,6) = 6-2 = 4$
$1*(3*6) = 1*(\max(3,6) - \min(3,6)) = 1*(6-3) = 1*3 = \max(1,3) - \min(1,3) = 3-1 = 2$ である.

[解3] (1) $(Z_5; +)$ の加法表 $\quad$ $(N_4; \cdot)$ の乗法表 $\quad$ (2) $(Z_5; +)$ の零元：0 $\quad$ $(N_4; \cdot)$ の単位元：1

$x \backslash y$	0	1	2	3	4
0	0	1	2	3	4
1	1	2	3	4	0
2	2	3	4	0	1
3	3	4	0	1	2
4	4	0	1	2	3

$x \backslash y$	1	2	3	4
1	1	2	3	4
2	2	4	1	3
3	3	1	4	2
4	4	3	2	1

(3) $(Z_5; +)$ の符号替え表 $\quad$ $(N_4; \cdot)$ の逆数表

x	$-x$
0	0
1	4
2	3
3	2
4	1

x	x^{-1}
1	1
2	3
3	2
4	4

[解4] (1) P_0 は恒等置換, $P_1 \cdot P_1 = \begin{pmatrix} 1 & 2 & 3 \\ 3 & 1 & 2 \end{pmatrix} = P_2$, $P_2 \cdot P_2 = \begin{pmatrix} 1 & 2 & 3 \\ 2 & 3 & 1 \end{pmatrix} = P_1$,

$P_1 \cdot P_2 = P_2 \cdot P_1 = \begin{pmatrix} 1 & 2 & 3 \\ 1 & 2 & 3 \end{pmatrix} = P_0$ 以上を演算表にまとめると右表となる. 逆元表も併せて示す.

	P_0	P_1	P_2
P_0	P_0	P_1	P_2
P_1	P_1	P_2	P_0
P_2	P_2	P_0	P_1

演算表

P	P^{-1}
P_0	P_0
P_1	P_2
P_2	P_1

逆元表

(2) M_0 は恒等置換, $M_1 \cdot M_1 = M_2 \cdot M_2 = M_3 \cdot M_3 = \begin{pmatrix} 1 & 2 & 3 & 4 \\ 1 & 2 & 3 & 4 \end{pmatrix} = M_0$,

$M_1 \cdot M_2 = M_2 \cdot M_1 = \begin{pmatrix} 1 & 2 & 3 & 4 \\ 3 & 4 & 1 & 2 \end{pmatrix} = M_3$

$M_1 \cdot M_3 = M_3 \cdot M_1 = \begin{pmatrix} 1 & 2 & 3 & 4 \\ 2 & 1 & 4 & 3 \end{pmatrix} = M_2$

$M_2 \cdot M_3 = M_3 \cdot M_2 = \begin{pmatrix} 1 & 2 & 3 & 4 \\ 4 & 3 & 2 & 1 \end{pmatrix} = M_1$

これを演算表にまとめると上表になる．逆元はすべてもとと同じ元である．

	M_0	M_1	M_2	M_3
M_0	M_0	M_1	M_2	M_3
M_1	M_1	M_0	M_3	M_2
M_2	M_2	M_3	M_0	M_1
M_3	M_3	M_2	M_1	M_0

M	M^{-1}
M_0	M_0
M_1	M_1
M_2	M_2
M_3	M_3

(3) Q_0 は恒等置換, $Q_1 \cdot Q_1 = \begin{pmatrix} 1 & 2 & 3 \\ 3 & 2 & 1 \end{pmatrix} = Q_2$,

$Q_2 \cdot Q_2 = \begin{pmatrix} 1 & 2 & 3 \\ 2 & 3 & 1 \end{pmatrix} = Q_1$,

$Q_3 \cdot Q_3 = Q_4 \cdot Q_4 = Q_5 \cdot Q_5 = Q_0$,

$Q_1 \cdot Q_2 = Q_2 \cdot Q_1 = \begin{pmatrix} 1 & 2 & 3 \\ 1 & 2 & 3 \end{pmatrix} = Q_0$,

$Q_3 \cdot Q_5 = Q_4 \cdot Q_3 = Q_5 \cdot Q_4 = \begin{pmatrix} 1 & 2 & 3 \\ 2 & 3 & 1 \end{pmatrix} = Q_1$,

$Q_3 \cdot Q_4 = Q_4 \cdot Q_5 = Q_5 \cdot Q_3 = \begin{pmatrix} 1 & 2 & 3 \\ 3 & 1 & 2 \end{pmatrix} = Q_2$, $\quad Q_1 \cdot Q_5 = Q_2 \cdot Q_4 = Q_4 \cdot Q_1 = Q_5 \cdot Q_2 = \begin{pmatrix} 1 & 2 & 3 \\ 2 & 1 & 3 \end{pmatrix} = Q_3$,

$Q_1 \cdot Q_3 = Q_2 \cdot Q_5 = Q_3 \cdot Q_2 = Q_5 \cdot Q_1 = \begin{pmatrix} 1 & 2 & 3 \\ 3 & 2 & 1 \end{pmatrix} = Q_4$, $\quad Q_1 \cdot Q_4 = Q_2 \cdot Q_3 = Q_3 \cdot Q_1 = Q_4 \cdot Q_2 = \begin{pmatrix} 1 & 2 & 3 \\ 1 & 3 & 2 \end{pmatrix} = Q_5$,

以上を演算表にまとめると上表となる．逆元表も示す．

	Q_0	Q_1	Q_2	Q_3	Q_4	Q_5
Q_0	Q_0	Q_1	Q_2	Q_3	Q_4	Q_5
Q_1	Q_1	Q_2	Q_0	Q_4	Q_5	Q_3
Q_2	Q_2	Q_0	Q_1	Q_5	Q_3	Q_4
Q_3	Q_3	Q_5	Q_4	Q_0	Q_2	Q_1
Q_4	Q_4	Q_3	Q_5	Q_1	Q_0	Q_2
Q_5	Q_5	Q_4	Q_3	Q_2	Q_1	Q_0

Q	Q^{-1}
Q_0	Q_0
Q_1	Q_2
Q_2	Q_1
Q_3	Q_3
Q_4	Q_4
Q_5	Q_5

[解5] $x+y \pmod{12}$ の演算は，$A = \{0,2,4,6,8,10\}$, $B = \{0,3,6,9\}$, $C = \{0,4,8\}$, $D = \{0,6\}$ についてそれぞれ閉じているから，部分群をなす．これらと自明な系 $((\{0,1,\ldots,11\},+))$ と $(\{0\},+))$ 以外には部分群はない．加法表と符号替え表を示す．

A

$x \backslash y$	0	2	4	6	8	10	$-x$
0	0	2	4	6	8	10	0
2	2	4	6	8	10	0	10
4	4	6	8	10	0	2	8
6	6	8	10	0	2	4	6
8	8	10	0	2	4	6	4
10	10	0	2	4	6	8	2

B

$x \backslash y$	0	3	6	9	$-x$
0	0	3	6	9	0
3	3	6	9	0	9
6	6	9	0	3	6
9	9	0	3	6	3

C

$x \backslash y$	0	4	8	$-x$
0	0	4	8	0
4	4	8	0	8
8	8	0	4	4

D

$x \backslash y$	0	6	$-x$
0	0	6	0
6	6	0	6

[解6] (1) $f(x) + g(x) = x^2 + x + 1$
$\qquad\qquad\qquad + x^3 + x^2 + x$
$\qquad\qquad\quad = x^3 + (1+1)x^2 + (1+1)x + 1$
$\qquad\qquad\quad = x^3 + 1$

$f(x) \cdot g(x) = (x^2 + x + 1)(x^3 + x^2 + x)$
$\qquad\qquad = x^5 + x^4 + x^3$
$\qquad\qquad\quad + x^4 + x^3 + x^2$
$\qquad\qquad\qquad\quad + x^3 + x^2 + x$
$\qquad\qquad = x^5 + x^3 + x$

(2) $f(x) + g(x) = x^4 + x^2 + 1$
$\qquad\qquad\qquad + x^4 + x^2 + 1$
$\qquad\qquad\quad = (1+1)x^4 + (1+1)x^2 + (1+1)$
$\qquad\qquad\quad = 0$

$f(x) \cdot g(x) = (x^4 + x^2 + 1)(x^4 + x^2 + 1)$
$\qquad\qquad = x^8 + x^6 + x^4$
$\qquad\qquad\quad + x^6 + x^4 + x^2$
$\qquad\qquad\qquad\quad + x^4 + x^2 + 1$
$\qquad\qquad = x^8 + x^4 + 1$

(3) $f(x) + g(x) = x^4 + x^3 + x^2 + x + 1$
$\qquad\qquad\qquad + x^3 + x^2 + x$
$\qquad\qquad\quad = x^4 + 1$

$f(x) \cdot g(x) = (x^4 + x^3 + x^2 + x + 1)(x^3 + x^2 + x)$
$\qquad\qquad = x^7 + x^6 + x^5 + x^4 + x^3$
$\qquad\qquad\quad + x^6 + x^5 + x^4 + x^3 + x^2$
$\qquad\qquad\qquad\quad + x^5 + x^4 + x^3 + x^2 + x$
$\qquad\qquad = x^7 + x^5 + x^4 + x^3 + x$

[解 7] (1) 加法　交換律：$(c,d)+(a,b) = (c+a, d+b) = (a+c, b+d) = (a,b)+(c,d)$
　　　　　　　結合律：$((a,b)+(c,d))+(e,f) = (a+c, b+d)+(e,f) = (a+c+e, b+d+f)$
　　　　　　　　　　　$= (a,b)+(c+e, d+f) = (a,b)+((c,d)+(e,f))$
　　乗法　交換律：$(c,d) \cdot (a,b) = (ca-db, da+cb) = (ac-bd, ad+bc) = (a,b) \cdot (c,d)$
　　　　　結合律：$((a,b) \cdot (c,d)) \cdot (e,f) = (ac-bd, ad+bc) \cdot (e,f) = ((ac-bd)e - (ad+bc)f, (ac-bd)f + (ad+bc)e)$
　　　　　　　　　$= (ace - bde - adf - bcf, acf - bdf + ade + bce)$
　　　同様にすると，$(a,b) \cdot ((c,d) \cdot (e,f)) = (ace - bde - adf - bcf, acf - bdf + ade + bce)$
　　　となるから，$((a,b) \cdot (c,d)) \cdot (e,f) = (a,b) \cdot ((c,d) \cdot (e,f))$ が成立.

(2) $(a,b) \cdot ((c,d)+(e,f)) = (a,b)(c+e, d+f) = (a(c+e) - b(d+f), a(d+f) + b(c+e))$
$(a,b) \cdot (c,d) + (a,b) \cdot (e,f) = (ac-bd, ad+bc) + (ae-bf, af+be)$
$= (ac+ae-bd-bf, ad+af+bc+be)) = (a(c+e) - b(d+f), a(d+f) + b(c+e))$
よって，分配律 $(a,b) \cdot ((c,d)+(e,f)) = (a,b) \cdot (c,d) + (a,b) \cdot (e,f)$ が成立する.

(3) $(0,0) + (a,b) = (a,b) + (0,0) = (a,b)$ であるから，零元は $(0,0)$.
$(1,0) \cdot (a,b) = (a,b) \cdot (1,0) = (a,b)$ であるから，単位元は $(1,0)$ である.

(4) $(a,b) + (-a, -b) = (a-a, b-b) = (0,0)$ だから，(a,b) の符号替えは $-(a,b) = (-a, -b)$ となる.
$(a,b) \cdot (a, -b) = (a^2+b^2, -ab+ba) = (a^2+b^2, 0)$ であるから，任意の $(a,b) \neq (0,0)$ について，(a,b) の逆数は $(a,b)^{-1} = \left(\dfrac{a}{a^2+b^2}, \dfrac{-b}{a^2+b^2}\right)$ であり，確かに，$(a,b) \cdot (a,b)^{-1} = (1,0)$ となる.
なお，これは，複素数 $a+bi = (a,b)$ の四則演算の定義である.

[解 8] (1) 加法表 $x+y$　　　　乗法表 $x \cdot y$　　　　(2) 任意の $x \in P$ に対して，$1+x = x+1 = x$ だから，1 が零元である．また，$18 \cdot x = x \cdot 18 = x$ だから，18 が単位元である．

x, y の最小の公倍数　　　x, y の最大の公約数

$x \backslash y$	1	2	3	6	9	18
1	1	2	3	6	9	18
2	2	2	6	6	18	18
3	3	6	3	6	9	18
6	6	6	6	6	18	18
9	9	18	9	18	9	18
18	18	18	18	18	18	18

$x \backslash y$	1	2	3	6	9	18
1	1	1	1	1	1	1
2	1	2	1	2	2	2
3	1	1	3	3	3	3
6	1	2	3	6	3	6
9	1	2	3	3	9	9
18	1	2	3	6	9	18

(3) x の符号替え　$x=1$ の符号替えは $-x=1$ ($1+1=1$ となる), $x \neq 1$ の符号替えは存在しない．
x の逆数　$x=18$ の逆数は $x^{-1}=18$ ($18 \cdot 18 = 18$ となる), $x \neq 18$ のとき，逆数は存在しない．

[解 9] (1) $3^1 = 3 \pmod 7$, $3^2 = 3 \cdot 3 = 2 \pmod 7$, $3^3 = 2 \cdot 3 = 6 \pmod 7$, $3^4 = 6 \cdot 3 = 4 \pmod 7$,
$3^5 = 4 \cdot 3 = 5 \pmod 7$, $3^6 = 5 \cdot 3 = 1 = 3^0 \pmod 7$, $n \geq 7$ については巡回する．よって，3 は N_6 の生成元である．■

(2) $\{5^n \mid n=1,2,3,\ldots\} = \{5, 4, 6, 2, 3, 1\} = N_6$ となるから，5 も生成元である．3 と 5 以外にはない．

(3) $\{3^0, 3^2, 3^4\} = \{1, 2, 4\}$ と $\{3^0, 3^3\} = \{1, 6\}$ の 2 つの部分群がある．

[解 10] (1) e を単位元とすると，$(x \cdot y) \cdot (y^{-1} \cdot x^{-1}) = x \cdot (y \cdot y^{-1}) \cdot x^{-1} = x \cdot e \cdot x^{-1} = x \cdot x^{-1} = e$,
同様に，$(y^{-1} \cdot x^{-1}) \cdot (x \cdot y) = e$ となるから，$y^{-1} \cdot x^{-1}$ は $x \cdot y$ の逆数 $(x \cdot y)^{-1}$ と一致する．■

(2) $(x^i \cdot y^j) \cdot (y^{-j} \cdot x^{-i}) = x^i \cdot (y^j \cdot y^{-j}) \cdot x^{-i} = x^i \cdot e \cdot x^{-i} = x^i \cdot x^{-i} = e$,
同様に，$(y^{-j} \cdot x^{-i}) \cdot (x^i \cdot y^j) = e$ となるから，$y^{-j} \cdot x^{-i}$ は $x^i \cdot y^j$ の逆数 $(x^i \cdot y^j)^{-1}$ と一致する．■

[解 11] 符号替え表　　減法表　　　　　　逆数表　　　　除法表

x	$-x$
0	0
1	1
a	a
b	b

$x-y$	0	1	a	b
0	0	1	a	b
1	1	0	b	a
a	a	b	0	1
b	b	a	1	0

x	x^{-1}
0	–
1	1
a	b
b	a

$x \cdot y$	0	1	a	b
0	–	0	0	0
1	–	1	b	a
a	–	a	1	b
b	–	b	a	1

[解 12] (1) 左辺 $= (a*b)*(a*b) = (a*b)*(b*a) = a*(b*(b*a)) = a*((b*b)*a) = a*(b*a)$
$= a*(a*b) = (a*a)*b = a*b =$ 右辺　■

(2) 与えられた関係で，$x=c, y=a, z=b$ とすると，$(c*a)*(a*b) = a$ となるから，
左辺 $= a*((a*b)*c) = ((c*a)*(a*b))*((a*b)*c)$
さらに，$x = (c*a), y = (a*b), z = c$ とおくと，
$= ((c*a)*(a*b))*((a*b)*c) = (a*b) = a*b =$ 右辺　■

9章　離散関係

[ねらい]

「関係」ということばは日常的にもよく使われる．数学的には「関係」は，普通には「2項関係」を意味する．この章では，この「関係」の性質，関係の演算（合成）について，基本的な理解を得ることを目的とする．2項関係は2つの要素の間の関係である．関係する2つの要素対で表すと，同じ関係をもつすべての要素対の集合全体で，その関係を示すことができる．逆に，要素対の集合はある関係を表しているとみなすことができる．数学的には，関係を2つの集合の直積（すべての要素対の集合）の部分集合として定義する．3章で学んだ写像もある特徴（多対1対応）をもった関係とみることができる．

ここでは，有限集合を対象とする関係，離散関係の基本的な性質とその合成演算，さらに，関係の中でも重要な同値関係について学ぶ．関係の表現手法としてしばしば用いられる関係グラフと関係行列についても理解し，関係の合成演算は関係行列の積で表すことができることを学ぶ．

[この章の項目]

2項関係
関係グラフと関係行列
逆関係
関係の和
関係の合成
中の関係の合成
中の関係の性質
同値関係
同値類
同値関係の階層性（発展課題）

■ 2項関係

2つの要素間の関係，たとえば「学生 a が科目 b を受講している」という関係を2項組 (a,b) で表そう．これは，A を学生の集合，B を科目の集合とすると，A と B の直積 $A \times B$ の要素である．「科目の受講」関係を，全員の学生について，科目の受講を表すすべての2項組の集合で定義する．この関係を R とすると，R は直積 $A \times B$ の部分集合で表せる．

　　　学生 A から科目 B への受講関係 $R \subset A \times B$

一般に，集合 A,B の直積の部分集合 R を A から B への **2項関係** あるいは簡単に **関係** という．A を学生の集合，B を開講科目の集合，C を試験の得点の集合とすると，3項組 (a,b,c) は「a さんの科目 b の試験成績は c 点であった」という3項関係を表す．この3項関係の全体は直積 $A \times B \times C$ の部分集合である．以下では離散集合における2項関係を対象とする．

たとえば，$A = \{a,b,c,d\}$，$B = \{S,T,U\}$ として，A から B への関係 R を

$$R = \{(a,S),(b,S),(b,T),(d,S),(d,U)\}$$

とする．$A \times B$ の要素は右図のように平面上の格子点で表すことができるから，A から B への関係 R はこの格子点の部分集合として描くことができる．

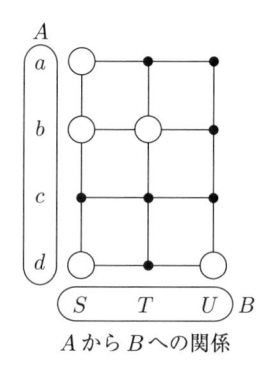

A から B への関係

この例から分かるように，A から B への2項関係は「多対多」の対応である．一方，A にもれのない A から B への「多対1」の関係は **写像** である．

集合 A から A への2項関係を，A の **中の関係**（あるいは，A の **上の関係**，A における関係）という．この関係は $A^2 = A \times A$ の部分集合である．

一般に，関係 R において，a と b が関係しているとき「a は b と関係 R にある」「a から b へ R の関係がある」などといい，

$$(a,b) \in R, \quad \text{あるいは}, \quad aRb$$

と書く．aRb は関係の **中置記法** である．

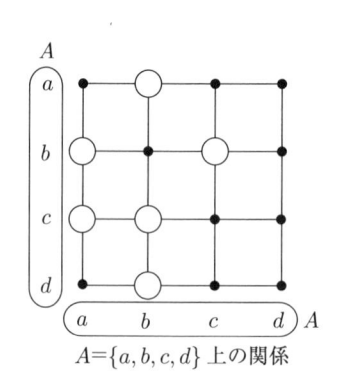

$A = \{a,b,c,d\}$ 上の関係

▶ [2項組]

2項組は，2つの要素を順に並べてカッコでくくったものである．1章で説明した集合 A,B の直積 $A \times B$ は，第1成分を A の要素，第2成分を B の要素としたすべての2項組の集合であった．

$A \times B$
$= \{(x,y) | x \in A, y \in B\}$

2項組は **順序対** ともいう．n 個の要素を順に並べたものが n 項組である．

x-y 平面上の点を座標として $(3,-5)$ などと表すのは，x 座標と y 座標の2項組で表している．3次元空間の点は，x-y-z 座標系では，3項組 (x,y,z) で表す．

▶ [関係の中置記法]

「a は b と等しい」という関係は

$a = b$

と表す．また，「a と b は等しくない」「a は b より大きい」という関係はそれぞれ，

$a \neq b$
$a > b$

と書く．これらの記号

"$=$"
"$\neq$"
"$>$"

はそのような関係を表す記号であり，$a = b$ などの表現は，中置記法による関係表現である．

■ 関係グラフと関係行列

有限集合 A から B への2項関係は，A の要素と B の要素を並べておいて，A の要素 a から B の要素 p へ関係があるとき，a から p へ矢印でつないだ図で表すことができる．これを，**関係グラフ** という．要素を囲っている○を **節点**，節点をつないでいる矢印を **有向辺** という．

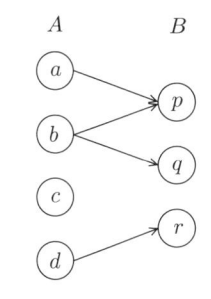

右上の図の A から B への関係 R を右のような行列 R で表すことができる．これは R に含まれている2項組に対応する行列要素を1，含まれていない2項組については0とした行列である．このような行列 R を関係 R の **関係行列** という．簡単のため，関係行列も同じ記号 R で表す．

$$R = \begin{bmatrix} 1 & 0 & 0 \\ 1 & 1 & 0 \\ 0 & 0 & 0 \\ 0 & 0 & 1 \end{bmatrix} \begin{matrix} a \\ b \\ c \\ d \end{matrix}$$

有限集合 A の中の関係の関係グラフは，A の要素間を有向辺でつないだものになる．要素 $a \in A$ が a 自身と関係しているならば $(a,a) \in R$ であるから，関係グラフには節点 a から出て a にもどる **ループ** がある．

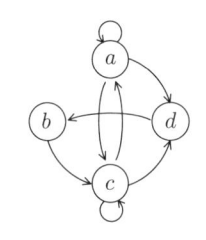

A の中の関係 R の関係行列は正方行列になる．関係行列の主対角要素が1の要素は関係グラフのループに対応する．

$$R = \begin{bmatrix} 1 & 0 & 1 & 1 \\ 0 & 0 & 1 & 0 \\ 1 & 0 & 1 & 1 \\ 0 & 1 & 0 & 0 \end{bmatrix} \begin{matrix} a \\ b \\ c \\ d \end{matrix}$$

一般に，2つの集合を $A = \{a_1, a_2, \ldots, a_m\}$, $B = \{b_1, b_2, \ldots, b_n\}$ として，A から B への関係 R の関係行列 R は $m \times n$ 行列で，(i,j) 要素 r_{ij} は，

$$r_{ij} = \begin{cases} 1 & a_i R b_j \text{ のとき} \\ 0 & \text{それ以外のとき} \end{cases}$$

と定義できる．

▶ [関係グラフ]
節点と有向辺からなる図を一般に離散グラフという．離散グラフ自身は10章と11章で説明する．

■ 逆関係

A から B への関係 R のすべての2項組の第1成分と第2成分を入れ換えた B から A への関係を R の **逆関係** という．R の逆関係を R^{inv} と書けば，

$$R^{\text{inv}} = \{(x,y) | yRx\}$$

である．逆関係の関係グラフは，もとの関係グラフで，有向辺の矢印の向きだけを逆にしたものである．逆関係の関係行列はもとの関係行列の行と列を入れ換えた転置行列である．

▶ [逆関係]
関係 R の逆関係を R^{-1} と書くこともある．本書では R の逆関係を R^{inv} と表す．これは，本書では簡単のため関係と関係行列を同じ記号で表しており，行列 A の逆行列を表すのに A^{-1} を用いているからである．

もともと，逆関係 R^{inv} の関係行列は逆行列に対応しているわけではない．

■ 関係の和

A を学生の集合，$B = \{合, 否, 保留\}$ として，P を「離散数学に合格したかどうか」という A から B への関係，Q を「解析学に合格したかどうか」という A から B への関係とすると，$P \cup Q$ は「離散数学か解析学かどちらかに合格したかどうか」という A から B への関係を表す．一般に，関係 P, Q がともに集合 A から集合 B への関係であるとき，P と Q の和 $S = P \cup Q$ を **関係の和** という．

$$S = \{(x,y) | xPy \text{ または } xQy\}$$

和の関係 S の関係行列を S とする．行列 S は，関係 P と Q の関係行列を P, Q とすれば，行列 P と Q の和 $P + Q$ で行列要素が 0 以外のとき 1 とした行列となる．このような行列の和を **行列のブール和** と呼ぼう．$n(A) = m$，$n(B) = n$ とすると，$P = [p_{ij}]$，$Q = [q_{ij}]$ はともに $m \times n$ 行列で，行列のブール和 $S = P + Q = [s_{ij}]$ も $m \times n$ 行列である．S の (i, j) 要素 s_{ij} は

$$s_{ij} = \begin{cases} 1 & p_{ij} = 1 \text{ あるいは } q_{ij} = 1 \text{ のとき} \\ 0 & p_{ij} = q_{ij} = 0 \text{ のとき} \end{cases}$$

と定義できる．

▶ [関係の和]
$\{a, b, c, d\}$ から $\{A, B, C\}$ への関係 P, Q の和

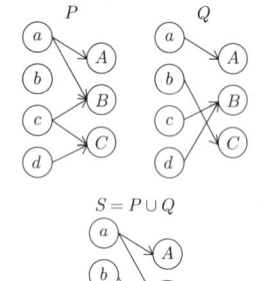

関係行列のブール和

$$P = \begin{bmatrix} 1 & 1 & 0 \\ 0 & 0 & 0 \\ 0 & 1 & 1 \\ 0 & 0 & 1 \end{bmatrix} \begin{matrix} a \\ b \\ c \\ d \end{matrix} \quad Q = \begin{bmatrix} 1 & 0 & 0 \\ 0 & 0 & 1 \\ 0 & 1 & 0 \\ 0 & 1 & 0 \end{bmatrix} \begin{matrix} a \\ b \\ c \\ d \end{matrix}$$

$$P \cup Q = \begin{bmatrix} 1 & 1 & 0 \\ 0 & 0 & 1 \\ 0 & 1 & 1 \\ 0 & 1 & 1 \end{bmatrix} \begin{matrix} a \\ b \\ c \\ d \end{matrix}$$

■ 関係の合成

学生の集合 A，科目の集合 B，教員の集合を C とする．学生 a_1 が科目 b_1 を受講していて，科目 b_1 は教員 c_1 が担当していたとすると，a_1 は b_1 を経由して c_1 に教えてもらっている．一般には，同じ教員が複数の科目を担当しているから，c_1 が担当している科目を 1 つでも受講していれば a_1 は c_1 に教えてもらうことになる．

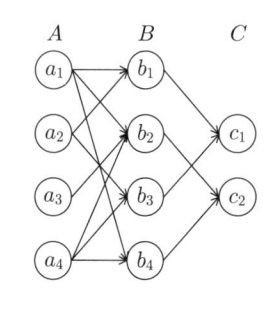

学生の受講科目を A から B への関係 P，科目の担当教員を B から C への関係 Q とすると，学生が教えてもらう教員は B を介した A から C への間接的関係である．共通の要素を介した間接的関係を **合成関係** という．

一般に，P が A から B への，Q が B から C への関係として，合成関係 $R = P \cdot Q$ を次のように定義する．

$$R = P \cdot Q = \{(x, z) | xPy \text{ かつ } yQz\}$$

合成の演算記号は省略して PQ と書くことが多い．関係の合成を **関係の積** ともいう．なお，関係の合成は関数の合成と似ているが，関数の合成とは演算の記載順序が逆であることに注意されたい．

$f : A \to B$，$g : B \to C$ とすると，合成関数は $g \cdot f : A \to C$

A から B への関係 P の関係行列を P, B から C への関係 Q の関係行列を Q とし，合成関係 $R = PQ$ の関係行列を R とする．合成関係行列 R は，まず関係行列 P と Q との行列としての積を求め，得られた行列において，成分の値が 0 以外のときは 1 とした行列と一致する．このようにして得られる行列の積を **行列のブール積** と呼ぼう．R は P, Q の行列のブール積によって得られる．（行列のブール積の成分を計算するとき，$1 + 1 = 1$ とする加算規則を使うことになる．）

$n(A) = l$, $n(B) = m$, $n(C) = n$ として，$P = [p_{ij}]$ は $l \times m$ 行列，$Q = [q_{jk}]$ は $m \times n$ 行列で，$R = PQ = [r_{ik}]$ は $l \times n$ 行列となる．(i, k) 要素 r_{ik} は

$$r_{ik} = \begin{cases} 1 & p_{i1}q_{1k} + p_{i2}q_{2k} + \cdots + p_{im}q_{mk} > 0 \\ 0 & p_{i1}q_{1k} + p_{i2}q_{2k} + \cdots + p_{im}q_{mk} = 0 \end{cases}, \quad i = 1 \sim l, \ k = 1 \sim n$$

と定義できる．なお R の (i, k) 要素が 1 となるのは，A の i 要素と C の k 要素を仲介する B の要素 j が 1 つでも存在するときだけである．たとえば，前ページの学生の受講関係では次のようになる（学生 a_1 は教員 c_1, c_2 に，学生 a_2 は教員 c_1 にだけ教えてもらっている）．

$$P = \begin{bmatrix} 1 & 1 & 0 & 1 \\ 1 & 0 & 1 & 0 \\ 0 & 1 & 0 & 0 \\ 0 & 1 & 1 & 1 \end{bmatrix} \begin{matrix} a_1 \\ a_2 \\ a_3 \\ a_4 \end{matrix}, \quad Q = \begin{bmatrix} 1 & 0 \\ 0 & 1 \\ 1 & 0 \\ 0 & 1 \end{bmatrix} \begin{matrix} b_1 \\ b_2 \\ b_3 \\ b_4 \end{matrix}, \quad R = PQ = \begin{bmatrix} 1 & 1 \\ 1 & 0 \\ 0 & 1 \\ 1 & 1 \end{bmatrix} \begin{matrix} a_1 \\ a_2 \\ a_3 \\ a_4 \end{matrix}$$

■ 中の関係の合成

有限集合 A の中の関係 R は A から A への 2 項関係で，$A^2 = A \times A$ の部分集合である．関係行列 R は正方行列になる．関係行列の主対角要素が 1 の要素には関係グラフでループがある．A の中の関係 R 自身の合成 $R \cdot R$ も A の中の関係で，次のように書く．

$$R^2 = R \cdot R$$

関係行列が単位行列（主対角要素がすべて 1 で他はすべて 0）となる A の中の関係は **恒等関係** という．恒等関係を I として，R のベキを次のように定義する．

$$R = \begin{bmatrix} 0 & 1 & 0 & 1 \\ 1 & 0 & 0 & 0 \\ 0 & 1 & 1 & 0 \\ 0 & 0 & 0 & 0 \end{bmatrix}, \quad R^2 = \begin{bmatrix} 1 & 0 & 0 & 0 \\ 0 & 1 & 0 & 1 \\ 1 & 1 & 1 & 0 \\ 0 & 0 & 0 & 0 \end{bmatrix}$$

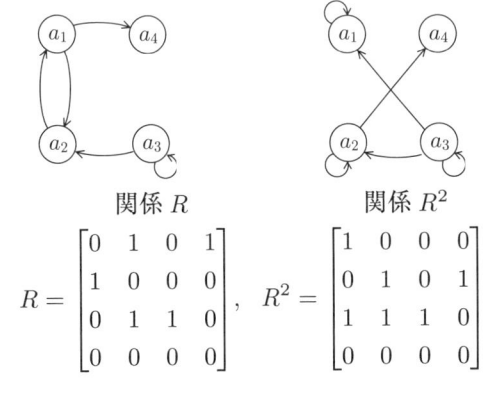

$$R^0 = I, \ R^n = R^{n-1}R, \quad n = 1, 2, 3, \ldots$$

R^n は，間に $n - 1$ 個の要素を介した A の中の間接的関係である．

▶ [関係行列の積]

本文中の P, Q に対して，P と Q との積をとる．

$$R = PQ = \begin{bmatrix} 1 & 1 & 0 & 1 \\ 1 & 0 & 1 & 0 \\ 0 & 1 & 0 & 0 \\ 0 & 1 & 1 & 1 \end{bmatrix} \begin{bmatrix} 1 & 0 \\ 0 & 1 \\ 1 & 0 \\ 0 & 1 \end{bmatrix}$$

R は 4×2 行列となる．R の $(1, 1)$ 要素は，P の第 1 行と Q の第 1 列の積

$$[1\ 1\ 0\ 1][1\ 0\ 1\ 0]^t$$
$$= 1 \cdot 1 + 1 \cdot 0 + 0 \cdot 1 + 1 \cdot 0$$

$(1, 2)$ 要素は，P の第 1 行と Q の第 2 列の積

$$[1\ 1\ 0\ 1][0\ 1\ 0\ 1]^t$$
$$= 1 \cdot 0 + 1 \cdot 1 + 0 \cdot 0 + 1 \cdot 1$$

から得られる．他も同様である．$1 + 1 = 1$ に留意して，

$$R = \begin{bmatrix} 1 \cdot 1 + 1 \cdot 0 + 0 \cdot 1 + 1 \cdot 0 \\ 1 \cdot 0 + 1 \cdot 1 + 0 \cdot 0 + 1 \cdot 1 \\ 1 \cdot 1 + 0 \cdot 0 + 1 \cdot 1 + 0 \cdot 0 \\ 1 \cdot 0 + 0 \cdot 1 + 1 \cdot 0 + 0 \cdot 1 \\ 0 \cdot 1 + 1 \cdot 0 + 0 \cdot 1 + 0 \cdot 0 \\ 0 \cdot 0 + 1 \cdot 1 + 0 \cdot 0 + 0 \cdot 1 \\ 0 \cdot 1 + 1 \cdot 0 + 1 \cdot 1 + 1 \cdot 0 \\ 0 \cdot 0 + 1 \cdot 1 + 1 \cdot 0 + 1 \cdot 1 \end{bmatrix}$$

$$= \begin{bmatrix} 1 & 1 \\ 1 & 0 \\ 0 & 1 \\ 1 & 1 \end{bmatrix}$$

となる．

▶ [恒等関係]

$A = \{a_1, a_2, a_3, a_4\}$ における恒等関係 I の関係行列は

$$I = \begin{bmatrix} 1 & 0 & 0 & 0 \\ 0 & 1 & 0 & 0 \\ 0 & 0 & 1 & 0 \\ 0 & 0 & 0 & 1 \end{bmatrix}$$

で，関係グラフは

である．

一般に，恒等関係 I について

$$I^2 = I$$

であるから，恒等関係 I のすべてのベキ乗は I である．

$$I^n = I$$

また，I の和についても，

$$I \cup I = I$$

である．

▶[中の関係の性質]
反射的 aRa

対称的 aRb ならば bRa

推移的 aRb かつ bRc
　　　ならば aRc

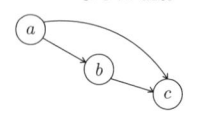

次のようなことに注意する．関係 R が推移的であるとき，a と b が対称的
　　$aRb,\ bRa$
ならば，推移律より
　　aRb かつ bRa ならば aRa
であるから，a は反射的である．同様に b も反射的である．

■ 中の関係の性質

離散集合 A の中の関係 R について，いくつかの性質を定義しよう．まず，要素間の性質を定義する．$a,b,c \in A$ として，R において

　　aRa　（a は **反射的** である）

　　aRb ならば bRa　（a と b は **対称的** である）

　　aRb かつ bRc ならば aRc　（a,b,c は（この順に）**推移的** である）

反射性は自分自身と関係があること，対称性は双方向の関係があること，推移性は a と c が b を介して間接的に関係するときは a から c への直接の関係も存在すること，を示す．この要素間の性質を用いて A の中の関係 R の性質を定義する．たとえば，関係 R が反射的であるとは，R が反射律を満たすことで，A のすべての要素が反射的であることを意味する．

反射律　任意の $x \in A$ に対し，xRx

対称律　任意の $x,y \in A$ に対し，xRy ならば yRx

推移律　任意の $x,y,z \in A$ に対し，xRy かつ yRz ならば xRz

R が反射的であれば，R の関係グラフはすべての要素にループが存在し，R の関係行列の主対角要素 r_{ii} はすべて 1 となる．恒等関係 I はすべての要素が自分自身とだけ関係する関係であるから，反射律を満たす．$n = n(A)$ として，恒等関係 I の関係行列は n 次の単位行列である．

R が対称的であるときは，R の関係グラフのすべての有向辺は双方向である．また，R の関係行列は対称行列で，(i,j) 要素が $r_{ij} = 1$ ならば，対角線に対称な位置の (j,i) 要素も $r_{ji} = 1$ である．なお，定義から容易に分かるように，恒等関係 I も対称律を満たす．

R が推移的であるときは，任意の a,b について，c を介する間接的関係が存在すれば a と b の間に直接の関係が存在する．そのような関係は R 自身の合成 $R^2 = R \cdot R$ で得られるから，R^2 が R に含まれることになる．逆に，R^2 が R に含まれていれば推移的である．したがって，R が推移律を満たすための必要十分条件は，

　　$R^2 \subset R$

である．R の関係行列も R で表そう．合成関係 R^2 は関係行列 R の積 R^2 で表せるから，関係 R が推移律を満たす必要十分条件は関係行列 R が

　　$R^2 + R = R$

となることである．恒等関係 I が推移律を満たすことも容易に示せる．

なお，a から b への関係が一方向的であるとき反対称的であるというが，反対称律自身は次のように定義される．

反対称律　任意の $x,y \in A$ に対し，xRy かつ yRx ならば $x=y$

恒等関係 I は $x=y$ とすればこの定義を満たすから，I は，反射律・対称律・反対称律・推移律をすべて満たす関係である．

▶[反対称性]
a から b への一方向の関係

■ 同値関係

有限集合 A の中の関係 R が，反射律，対称律，推移律をすべて満たすとき，R は A における **同値関係** であるという．

同値関係の特徴を検討しよう．$A=\{a,b,c,d,e,f,g\}$ で，右図のような A の中の同値関係 R の関係グラフを考える．

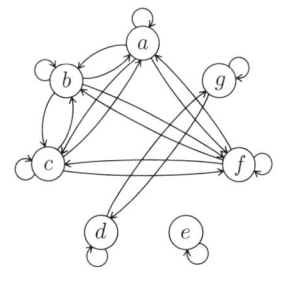

R は反射的であるから，すべての要素には反射的ループがある．次に aRb を取り上げると，対称律が成立するから，bRa も存在して，双方向になる．次に aRc であるから，a と c の間，さらに推移律から b と c の間も，双方向の関係がある．同様に cRf であるから，f は a,b,c すべてと双方向に関係している．d と g は互いに関係があるが，a,b,c,f のグループからは分離している．e は他と関係がなく孤立している．結局，関係グラフは上図のようになる．

同値関係 R

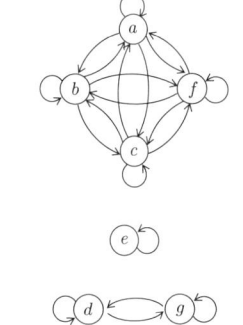

▶[同値関係 R]

同値関係 R の関係行列は次の R のようになる．ところで，a,b,c,f はすべて反射的で双方向の関係があり，d,g も同様で，e は孤立していて，それらのグループは互いに分離しているから，要素の順序を並べ換えると，上図の関係行列は右のような形になる（側注の図参照）．

$$R=\begin{bmatrix} 1 & 1 & 1 & 0 & 0 & 1 & 0 \\ 1 & 1 & 1 & 0 & 0 & 1 & 0 \\ 1 & 1 & 1 & 0 & 0 & 1 & 0 \\ 0 & 0 & 0 & 1 & 0 & 0 & 1 \\ 0 & 0 & 0 & 0 & 1 & 0 & 0 \\ 1 & 1 & 1 & 0 & 0 & 1 & 0 \\ 0 & 0 & 0 & 1 & 0 & 0 & 1 \end{bmatrix} \begin{matrix} a \\ b \\ c \\ d \\ e \\ f \\ g \end{matrix} \quad \begin{bmatrix} 1 & 1 & 1 & 1 & 0 & 0 & 0 \\ 1 & 1 & 1 & 1 & 0 & 0 & 0 \\ 1 & 1 & 1 & 1 & 0 & 0 & 0 \\ 1 & 1 & 1 & 1 & 0 & 0 & 0 \\ 0 & 0 & 0 & 0 & 1 & 0 & 0 \\ 0 & 0 & 0 & 0 & 0 & 1 & 1 \\ 0 & 0 & 0 & 0 & 0 & 1 & 1 \end{bmatrix} \begin{matrix} a \\ b \\ c \\ f \\ e \\ d \\ g \end{matrix}$$

一般に，同値関係のグラフでは，すべての節点はいくつかの島に別れ，各島の中ではループとともにすべての節点間に双方向の矢印がある．関係行列では，主対角要素はすべて 1 であるが，さらに，節点の順序をうまく並べ換えると，1 だけで構成された小さい正方行列が対角線にそって並んだ形になる．

■ 同値類

関係 R を離散集合 A における同値関係とするとき，$a \in A$ に対し a と同値な関係 R をもつすべての要素の集合を $[a]_R$ と書く．簡単のため添え字の R は省略することもある．

$$[a]_R = \{x | x \in A, aRx\}$$

この集合 $[a]_R$ を A における R による a の **同値類** という．a を $[a]$ の **代表元**(げん) というが，これは同値類のラベルである．A の同値類 $[a]$ は関係 R によって表される性質を共通の性質とする要素，いわば a の仲間を集めたものである．一般には同値類は複数ある．前ページの同値関係 R の例では，$A = \{a, b, c, d, e, f, g\}$ から

$$[a] = \{a, b, c, f\}, \ [e] = \{e\}, \ [d] = \{d, g\}$$

の3つの同値類が得られる．代表元は同じ同値類の他の要素でもよい．

$$[a] = [b] = [c] = [f] = \{a, b, c, f\}, \ [d] = [g] = \{d, g\}$$

たとえば，A をある学部の学生の集合，A の中の関係 R を xRy : "x と y は同じ学科である" とすると，A において R は反射律，対称律，推移律を満たすから同値関係である．H学科の学生 a さんを代表元とする A の同値類 $[a]$ は H学科に所属する学生の集合である．H学科の他の学生を代表元としても同じ同値類が得られる．

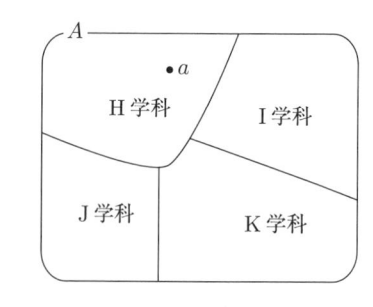

同値類は同じ学科の学生の集合で，その学部にある学科の数だけある．また，A のすべての学生は，どれかの学科（同値類）に必ず属し，2つ以上の学科（同値類）には属さない．得られたすべての同値類をすべて集めると，全体の集合 A となる．学科の同値類は A を **直和分割**(ちょくわ)する．

一般に，同値類は代表元の選び方によらず，一意的である．同値類は A を直和に分割する．言い換えれば，A の任意の要素は必ずどれかの同値類に所属し，かつ，1つにしか所属しない．

学科所属と同じような関係であるクラブ所属の関係を考えよう．学生の集合 A の中の関係 S を，$xSy =$ "x は y と同じクラブに所属している" とする．クラブに入っていない学生は「無所属クラブ」に所属するとすると，すべての学生はどれかのクラブに所属する．しかし，b さんが P, Q の2つのクラブに所属していて，a さんは P だけ，c さんは Q だけとすると，aSb で，かつ，bSc であるが，aSc は成立しないから，S においては a, b, c は推移的ではない．したがって関係 S は同値関係ではない．

▶[同値類の集合]

同値関係 R による A のすべての同値類の集合を A の R に関する **商集合** といい，A/R と書く．A を学生の集合，R を同じ学科である関係，とすると，

$$A/R = \{H, I, J, K\}$$

である．

▶[同値類の一意性]

同値類の一意性は，ある同値類が代表元によらず，1つに決まることを意味する．

「任意の $b \in [a]$ について $[b] = [a]$ である」

まず，$[b] \subset [a]$ を示す．任意の $c \in [b]$ について bRc が成立する．$b \in [a]$ だから aRb が成立する．よって，推移律より aRc が成立するから，$c \in [a]$ である．ゆえに，$[b] \subset [a]$.

次に，$[a] \subset [b]$ を示す．これは同じような議論で，任意の $c \in [a]$ について $c \in [b]$ を示すことができるから，$[a] \subset [b]$.

以上より，$[b] = [a]$ である．

剰余が等しいという合同関係は同値関係である．たとえば，法 $M=3$ の合同関係は xRy : "$x=y \pmod 3$" だから，

反射律　$x=x \pmod 3$

対称律　$x=y \pmod 3$ ならば $y=x \pmod 3$

推移律　$x=y \pmod 3$ かつ $y=z \pmod 3$ ならば $x=z \pmod 3$

であり，同値関係の条件を満たす．この同値関係から得られる同値類は

$[0]_3 = \{x | x \bmod 3 = 0\}$: 0 と合同な整数の集合

$[1]_3 = \{x | x \bmod 3 = 1\}$: 1 と合同な整数の集合

$[2]_3 = \{x | x \bmod 3 = 2\}$: 2 と合同な整数の集合

である．この同値類は剰余類と一致している．また，整数の集合 Z は法 3 による合同関係により，互いに素で（共通な要素をもたない）かつ空でない 3 つの同値類に直和分割される．

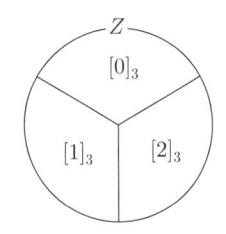

$Z = [0]_3 + [1]_3 + [2]_3$

一般に，整数の集合 Z は M を法とする合同関係によって M 個の同値類 $[i]$，$i=0 \sim M-1$ に直和分割される．この同値類は法 M による剰余類である．

法 M での合同関係は整数の集合 Z から $Z_n = \{0,1,2,\ldots,M-1\}$ への写像（関数）$f(n)$ で表せる．

$f : Z \to Z_n, \ f(n) = n \bmod M$

関数値は剰余で，同じ関数値 r となる $n \in Z$ が同値類 $[r]_M$ を構成する．

$[r]_M = \{n | n \in Z, \ f(n) = r\}$

一般に，X から Y への写像 $f : X \to Y$ による X の中の関係

xRy : "$f(x) = f(y)$"

は同値関係である．$f(a) = b$ として，同じ関数値 $b \in Y$ に対応する $x \in X$ の集合は f による同値関係の同値類 $[a]_f$ である．

$[a]_f = \{x | f(x) = f(a)\}$

写像 f が単射ならば，すべての同値類は 1 つの要素だけからなる．

たとえば，$N_6 = \{1,2,\ldots,6\}$ として，2 個のサイコロの出目の組合せ $(x,y) \in N_6{}^2$ から和が偶数（丁）か奇数（半）かへの対応を表す関数

$f : N_6{}^2 \to \{丁, 半\}$

は，36 個の要素からなる $N_6{}^2 = N_6 \times N_6$ を 2 つの同値類に直和分割する．

$[丁] = \{(1,1),(1,3),\ldots,(6,6)\}$, $[半] = \{(1,2),(1,4),\ldots,(6,5)\}$

同値類のラベルとしては，分かりやすくするため丁，半を使った．

▶ [恒等関係 I の同値類]

恒等関係 I は，反射律，対称律，推移律の性質を満たすから，同値関係である．

$A = \{a,b,c,d,e\}$ の中の恒等関係 I の関係行列は，5 次の正方単位行列で，関係グラフは 5 つのループからなる．

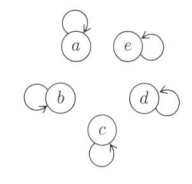

この I の同値類は 5 個あり，それぞれ 1 つの要素からなる．

$[a] = \{a\}, \quad [b] = \{b\},$
$[c] = \{c\}, \quad [d] = \{d\},$
$[e] = \{e\}$

▶ [合同関係による同値類]

整数の集合 Z の法 3 による合同関係 R_3 によって得られる同値類は剰余類 $[0],[1],[2]$ である．R_3 による商集合（前ページの註参照）は剰余系

$Z/R_3 = \{[0],[1],[2]\}$

である．この商集合は簡単に，

$Z_3 = \{0,1,2\}$

と書くことが多い．

▶ [関数が決める同値関係]

関数 $f : X \to Y$ について，X の中の関係 R を，

xRy : "$f(x) = f(y)$"

とすると，R は同値関係である．

[反射律]

任意の $x \in X$ に対し "$f(x) = f(x)$" であるから，xRx．

[対称律]

任意の $x,y \in X$ に対し "$f(x) = f(y)$ ならば $f(y) = f(x)$" であるから，xRy ならば yRx．

[推移律]

任意の $x,y,z \in X$ について "$f(x) = f(y)$ かつ $f(y) = f(z)$ ならば $f(x) = f(z)$" であるから，xRy かつ yRz ならば xRz．

■ 同値関係の階層性 （発展課題）

一般に，ある集合における同値関係はその集合を直和分割する．逆に，集合が直和分割できるときは，その直和分割に対応する同値関係が定義できる．分類するには基準が必要であるが，その基準は論理的には同値関係に対応する．大量の資料を整理してまとめてボックスに入れたりファイリングするのは資料の分類である．医療診断はいくつかの検査結果や所見による病気の分類である．しばしばどこへ分類していいか分からない資料や疾病があるが，そのときは分類基準が同値関係になっていないのである．

ところで，書類を分類して得たファイル自身をいくつかにまとめて分類したり，診断をいくつかの診断グループに分類するなど，さらに大きなまとまりに分類することも普通に行われる．その分類基準は下位の分類自身を対象とした同値関係である．

上のようなことが数学的な系でも存在する．たとえば，法 12 による剰余系は

$$Z_{12} = \{[0]_{12}, [1]_{12}, [2]_{12}, \ldots, [11]_{12}\}$$

である．この剰余系は，整数の法 12 による分類である．

$$Z = [0]_{12} + [1]_{12} + [2]_{12} + \cdots + [11]_{12}$$

これは整数の集合 Z における次の関係 R_{12} が同値関係であることを示している．

$$xR_{12}y : \text{"}x = y + h \text{ となる } h \in [0]_{12} \text{ が存在する"}$$

ただし，$x, y \in Z$ である．$[0]_{12}$ は 12 の倍数の集合である．

さらに，Z_{12} を再分類してみる．少し検討すると，Z_{12} の剰余類ごとに 3 の剰余で分類できることが分かる．Z_{12} を 3 の剰余で分類したものを $[0]_{12\text{-}3}, [1]_{12\text{-}3}, [2]_{12\text{-}3}$ と表すと，

$$[0]_{12\text{-}3} = \{[0]_{12}, [3]_{12}, [6]_{12}, [9]_{12}\}$$
$$[1]_{12\text{-}3} = \{[1]_{12}, [4]_{12}, [7]_{12}, [10]_{12}\}$$
$$[2]_{12\text{-}3} = \{[2]_{12}, [5]_{12}, [8]_{12}, [11]_{12}\}$$

となる．これは，法 12 で分類された Z_{12} をさらに分類したもので，Z_{12} を直和分割している．

$$Z_{12} = [0]_{12\text{-}3} + [1]_{12\text{-}3} + [2]_{12\text{-}3}$$

これは Z_{12} における次の関係 $R_{12\text{-}3}$ が同値関係であることを示している．

$$xR_{12\text{-}3}y : \text{"}x = y + h \text{ となる } h \in [0]_{12\text{-}3} \text{ が存在する"}$$

ただし，$x, y \in Z_{12}$ で，この表現における加法 $+$ は Z_{12} における加法である（法 12 による剰余系の加法）．

▶ [Z_{12} の同値類の階層性]
Z_{12} における加法 $+$

$$[x]_{12} + [y]_{12} = [x + y \bmod 12]_{12}$$

によって $(Z_{12}; +)$ は群をなす．さらに，Z_{12} における法を 3 とする加法 $+$ によって $(Z_{12\text{-}3}; +)$ も群をなす．

もう少し詳しく書けば，$x, y \in Z_{12}$ として，

$$[x]_{12\text{-}3} + [y]_{12\text{-}3} = [x + y \bmod 3]_{12\text{-}3}$$

で定義される加法である．零元は $[0]_{12\text{-}3}$，符号替え（加法に関する逆元）は $-[x]_{12\text{-}3} = [-x]_{12\text{-}3}$ である．$-x$ は Z_{12} における符号替えである．

$Z_{12\text{-}3}$ を簡単に Z_3 と書くと，以上のことは，Z_3 が Z_{12} の部分群であることを示している．

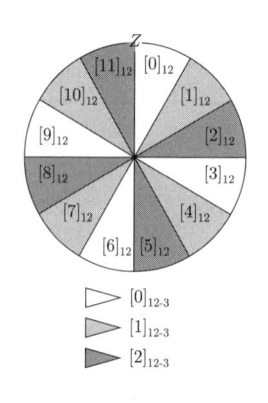

⟨関係の合成と関数の合成⟩

A から B への関係があって，任意の $x \in A$ に対して $y \in B$ が必ず 1 つだけ関係するとき，これはもれのない多対 1 対応であるから，写像（関数）である．たとえば下図のような A から B への関数 f と B から C への関数 g があって，その合成関数 $h = g \cdot f$ を作ると，

$$f = \begin{pmatrix} a_1 & a_2 & a_3 & a_4 \\ b_2 & b_1 & b_3 & b_1 \end{pmatrix} \begin{matrix} A \\ B \end{matrix}, \quad g = \begin{pmatrix} b_1 & b_2 & b_3 \\ c_3 & c_2 & c_4 \end{pmatrix} \begin{matrix} B \\ C \end{matrix}, \quad h = g \cdot f = \begin{pmatrix} a_1 & a_2 & a_3 & a_4 \\ c_2 & c_3 & c_4 & c_3 \end{pmatrix} \begin{matrix} A \\ C \end{matrix}$$

となる．写像 f, g をそれぞれ関係 R, S とみると，関係行列 R は 4×3 行列，S は 3×4 行列で，その積 $T = R \cdot S$ の関係行列は，次のように得られる．

$$R = \begin{array}{c} \\ \begin{bmatrix} 0 & 1 & 0 \\ 1 & 0 & 0 \\ 0 & 0 & 1 \\ 1 & 0 & 0 \end{bmatrix} \end{array} \begin{matrix} b_1 \; b_2 \; b_3 \\ a_1 \\ a_2 \\ a_3 \\ a_4 \end{matrix} \qquad S = \begin{bmatrix} 0 & 0 & 1 & 0 \\ 0 & 1 & 0 & 0 \\ 0 & 0 & 0 & 1 \end{bmatrix} \begin{matrix} c_1 \; c_2 \; c_3 \; c_4 \\ b_1 \\ b_2 \\ b_3 \end{matrix}, \quad T = R \cdot S = \begin{bmatrix} 0 & 1 & 0 & 0 \\ 0 & 0 & 1 & 0 \\ 0 & 0 & 0 & 1 \\ 0 & 0 & 1 & 0 \end{bmatrix} \begin{matrix} c_1 \; c_2 \; c_3 \; c_4 \\ a_1 \\ a_2 \\ a_3 \\ a_4 \end{matrix}$$

合成関数 $h = g \cdot f$ と合成関係 $T = R \cdot S$ とは同じ関係を表している．しかし，積演算の表記順序が異なっていることに注意されたい．

関係の合成は数値の四則演算と同じ扱いで，合成は左から演算する．集合 A から集合 B への関係 R，B から集合 C への関係 S の合成は $R \cdot S$ と左から書く．

関数の合成はオペレータ（演算子）としての合成である．オペレータは右側にある対象 x に作用するので $f(x)$ の形で書く．A から B への関数 $y = f(x)$，B から C への関数 $z = g(y)$ の合成は，f による x に対する作用結果 y を g が操作するから $z = g(f(x))$ である．関数の合成では $g \cdot f(x)$ と，右から書く．

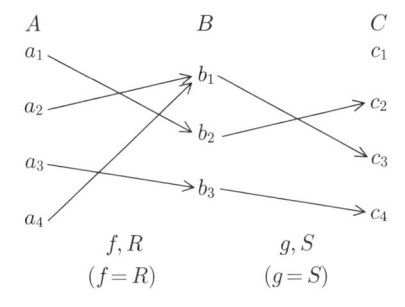

$$
\begin{matrix} A & B & C \end{matrix}
$$

（図：$A = \{a_1, a_2, a_3, a_4\}$，$B = \{b_1, b_2, b_3\}$，$C = \{c_1, c_2, c_3, c_4\}$ の要素間の対応関係の図）

$f, R \qquad g, S$
$(f = R) \qquad (g = S)$

[9 章のまとめ]

この章では，
1. 関係とその性質，関係の和と積（合成）演算の基本について学んだ．
2. 関係の表現方法として関係グラフ，関係行列とその演算について学んだ．
3. 中の関係の性質と積演算，および関係行列表現について学んだ．
4. 同値関係と同値類について，基本的な知識を学んだ．
5. 同値関係と同値類との関係を学んだ．

9章　演習問題

[演習1]☆　A, B, C, D, E の5人の中で，関係 R を xRy：" x は y を知っている"，関係 S を xSy：" x と y は互いに知っている"，とする．S は R の部分関係である．R を

$$R = \{(A,B), (A,D), (A,E), (B,A), (B,E), (C,A), (C,B), (C,E), (E,B), (E,C)\}$$

とする．ただし，R の反射的関係は簡単のため省略してある．次の問に答えよ．
(1) R と S の関係グラフをそれぞれ示せ．
(2) R と S の関係行列をそれぞれ示せ．
(3) R と S の逆関係について，関係グラフと関係行列をそれぞれ示せ．

[演習2]☆　$A = \{a, b, c\}$，$B = \{1, 2, 3\}$，$C = \{\alpha, \beta, \gamma\}$ として，A から B への関係 R，B から C への関係 S が次のように定義されている．次の問いに答えよ．

$$R = \{(a,3), (c,1), (c,2)\}, \quad S = \{(1,\alpha), (2,\gamma), (2,\beta), (3,\alpha)\}$$

(1) R, S および合成関係 $R \cdot S$ をそれぞれ関係グラフに示せ．
(2) R, S および合成関係 $R \cdot S$ の関係行列をそれぞれ示せ．

[演習3]☆　$A = \{a, b, c, d, e\}$ の中の同値関係 R が次のように定義されている．

$$R = \{(a,a), (a,c), (a,e), (b,b), (c,a), (c,c), (c,e), (d,d), (e,a), (e,c), (e,e)\}$$

(1) R を関係グラフで表せ．　　　　　(2) R を関係行列で表せ．
(3) R による同値類をすべて求めよ．

[演習4]☆　次の関係グラフで表された関係は，反射律，対称律，推移律，反対称律の性質を満足するかどうか，答えよ．

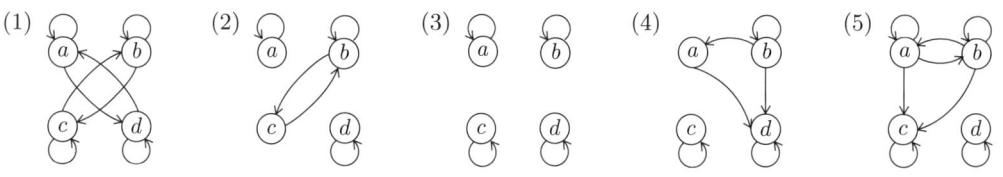

(1)　(2)　(3)　(4)　(5)

[演習5]☆　A を1から6までの整数として，A の中の関係を，

$$xRy : \text{"} x \text{ と } y \text{ の差が 1 である"} \quad (x - y = \pm 1)$$

とするとき，次の問に答えよ．
(1) R の関係行列と関係グラフとをそれぞれ示せ．
(2) R^2 の関係行列を求めよ．また関係グラフを描け．
(3) R^3, R^4, R^5 の関係行列をそれぞれ示せ．
(4) R^6, R^7 の関係行列はどうなるか，説明せよ．

[演習 6]☆☆ 自然数の集合 N の中の次の関係 R は，反射律，対称律，反対称律，推移律の性質をそれぞれ満足するかどうか答えよ．任意の $x, y \in N$ に対し，

(1) xRy : "x は y と等しいか y より小さい"

(2) xRy : "x は y より小さい"

(3) xRy : "$x = y \pmod{2}$"

[演習 7]☆☆ 食材 a, b, c, d, e に含まれているビタミン A, B, C, D, E と必須アミノ酸 F, G, H, I を左図に，料理 P, Q, R, S に用いる食材を右図にまとめてある．料理 P, Q, R, S に含まれているビタミンと必須アミノ酸をそれぞれ示せ．

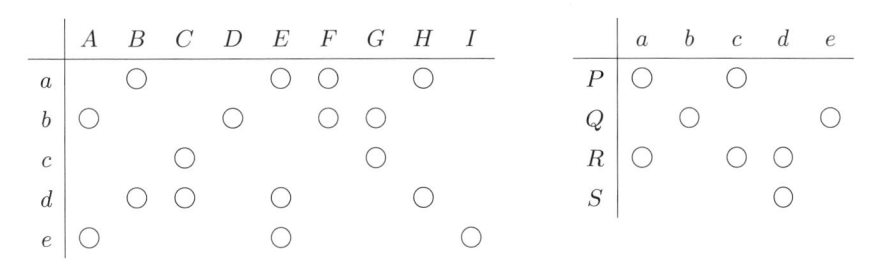

	A	B	C	D	E	F	G	H	I
a		○			○	○		○	
b	○			○		○	○		
c			○				○		
d		○		○		○			
e	○			○				○	

	a	b	c	d	e
P	○		○		
Q		○			○
R	○		○	○	
S				○	

[演習 8]☆☆ 右の関係行列 R で表された $A = \{a, b, c, d, e\}$ の中の関係 R について，次の問に答えよ．

(1) $R^1 (= R)$ を関係グラフに表せ．

(2) R^0 と R^2 の関係行列と関係グラフを示せ．

(3) R^3, R^4, R^5 の関係行列を示せ．

(4) R^6, R^7 の関係行列はどうなるか説明せよ．

(5) $R^* = R^0 + R^1 + R^2 + R^3 + R^4 + \cdots$ の関係行列と関係グラフを示せ．

$$R = \begin{bmatrix} 0 & 0 & 1 & 0 & 0 \\ 0 & 0 & 0 & 0 & 1 \\ 0 & 0 & 0 & 1 & 0 \\ 1 & 0 & 0 & 1 & 0 \\ 0 & 1 & 0 & 0 & 0 \end{bmatrix}$$

[演習 9]☆☆ 集合 $A = \{a, b, c, d\}$ において定義できる，異なった同値関係は何通りあるか．同じ同値類を生じさせる同値関係は本質的には同じ同値関係である．

[演習 10]☆☆☆ 次の整数の集合の中の関係が同値関係かどうか答えよ．また，同値関係ならば同値類を示せ．

(1) xRy : "$x + y = 0 \pmod{2}$"

(2) xRy : "$x = y + 2 \pmod{6}$"

(3) xTy : "$x = y + 2 \pmod{6}$" として，$R = T + T^2 + T^3$

[演習 11]☆☆☆ 集合 $\{1, 2, 3, 4\}$ の中の関係で，次の性質をもつ関係の例を挙げ，その関係グラフを示せ．

(1) 反射的かつ対称的であるが，推移的でない関係

(2) 反射的かつ反対称的であるが，推移的でない関係

(3) 対称的でかつ反対称的な関係

(4) 対称的かつ推移的であるが，反射的でも反対称的でもない関係

(5) 推移的であるが，反射的でも対称的でもない関係

[演習 12]☆☆☆ 離散集合 A の中の関係 R が推移的であるための必要十分条件は，$R^2 \subset R$ が成立することである．このことを示せ．

[解1] (1) R, S （グラフ）

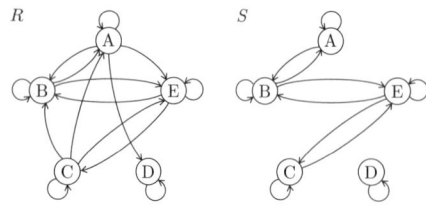

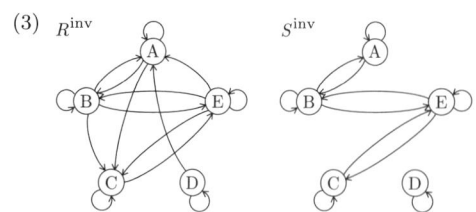

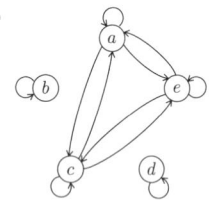

(2)
$$R\begin{array}{c|ccccc} & A & B & C & D & E \\ A & 1 & 1 & 0 & 1 & 1 \\ B & 1 & 1 & 0 & 0 & 1 \\ C & 1 & 1 & 1 & 0 & 1 \\ D & 0 & 0 & 0 & 1 & 0 \\ E & 0 & 1 & 1 & 0 & 1 \end{array} \qquad S\begin{array}{c|ccccc} & A & B & C & D & E \\ A & 1 & 1 & 0 & 0 & 0 \\ B & 1 & 1 & 0 & 0 & 1 \\ C & 0 & 0 & 1 & 0 & 1 \\ D & 0 & 0 & 0 & 1 & 0 \\ E & 0 & 1 & 1 & 0 & 1 \end{array}$$

(3) R^{inv}, S^{inv} （グラフ）

$$R^{\text{inv}}\begin{array}{c|ccccc} & A & B & C & D & E \\ A & 1 & 1 & 1 & 0 & 0 \\ B & 1 & 1 & 1 & 0 & 1 \\ C & 0 & 0 & 1 & 0 & 1 \\ D & 1 & 0 & 0 & 1 & 0 \\ E & 1 & 1 & 1 & 0 & 1 \end{array} \qquad S^{\text{inv}}\begin{array}{c|ccccc} & A & B & C & D & E \\ A & 1 & 1 & 0 & 0 & 0 \\ B & 1 & 1 & 0 & 0 & 1 \\ C & 0 & 0 & 1 & 0 & 1 \\ D & 0 & 0 & 0 & 1 & 0 \\ E & 0 & 1 & 1 & 0 & 1 \end{array}$$

[解2] (1) R, S, $R \cdot S$ （グラフ）

(2)
$$R\begin{array}{c|ccc} & 1 & 2 & 3 \\ a & 0 & 0 & 1 \\ b & 0 & 0 & 0 \\ c & 1 & 1 & 0 \end{array} \quad S\begin{array}{c|ccc} & \alpha & \beta & \gamma \\ 1 & 1 & 0 & 0 \\ 2 & 0 & 1 & 1 \\ 3 & 1 & 0 & 0 \end{array} \quad R\cdot S\begin{array}{c|ccc} & \alpha & \beta & \gamma \\ a & 1 & 0 & 0 \\ b & 0 & 0 & 0 \\ c & 1 & 1 & 1 \end{array}$$

[解3] (1) （グラフ）

(2)
$$\begin{array}{c|ccccc} & a & b & c & d & e \\ a & 1 & 0 & 1 & 0 & 1 \\ b & 0 & 1 & 0 & 0 & 0 \\ c & 1 & 0 & 1 & 0 & 1 \\ d & 0 & 0 & 0 & 1 & 0 \\ e & 1 & 0 & 1 & 0 & 1 \end{array}$$

(3) $\{a, c, e\}$, $\{b\}$, $\{d\}$

[解4]

	(1)	(2)	(3)	(4)	(5)
反射律	○	×	○	×	○
対称律	○	○	○	×	×
推移律	○	×	○	○	○
反対称律	×	×	○	○	×

(1) は，反射的・対称的・推移的であるが，反対称的ではない．
(2) は，cRb かつ bRc であるが，cRc が成立しないから推移的ではない．
(3) の関係は恒等関係で，反射的・対称的・推移的・反対称的である．
(4) は，すべての関係が反対称的であり，推移律も成立する．
(5) の関係は，反射的・推移的であるが，対称的でも反対称的でもない．

[解5] (1)
$$R = \begin{array}{c|cccccc} & 1 & 2 & 3 & 4 & 5 & 6 \\ & 0 & 1 & 0 & 0 & 0 & 0 \\ & 1 & 0 & 1 & 0 & 0 & 0 \\ & 0 & 1 & 0 & 1 & 0 & 0 \\ & 0 & 0 & 1 & 0 & 1 & 0 \\ & 0 & 0 & 0 & 1 & 0 & 1 \\ & 0 & 0 & 0 & 0 & 1 & 0 \end{array}$$

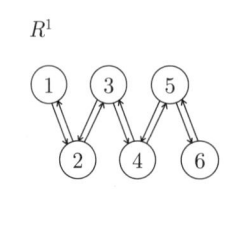

R^1 （グラフ）

(2)
$$R^2 = \begin{array}{c|cccccc} & 1 & 2 & 3 & 4 & 5 & 6 \\ & 1 & 0 & 1 & 0 & 0 & 0 \\ & 0 & 1 & 0 & 1 & 0 & 0 \\ & 1 & 0 & 1 & 0 & 1 & 0 \\ & 0 & 1 & 0 & 1 & 0 & 1 \\ & 0 & 0 & 1 & 0 & 1 & 0 \\ & 0 & 0 & 0 & 1 & 0 & 1 \end{array}$$

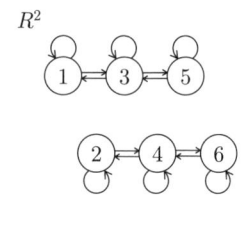

R^2 （グラフ）

(3)
$$R^3 = \begin{bmatrix} 0&1&0&1&0&0\\1&0&1&0&1&0\\0&1&0&1&0&1\\1&0&1&0&1&0\\0&1&0&1&0&1\\0&0&1&0&1&0 \end{bmatrix},\ R^4 = \begin{bmatrix} 1&0&1&0&1&0\\0&1&0&1&0&1\\1&0&1&0&1&0\\0&1&0&1&0&1\\1&0&1&0&1&0\\0&1&0&1&0&1 \end{bmatrix},\ R^5 = \begin{bmatrix} 0&1&0&1&0&1\\1&0&1&0&1&0\\0&1&0&1&0&1\\1&0&1&0&1&0\\0&1&0&1&0&1\\1&0&1&0&1&0 \end{bmatrix}$$

(4) R^6 は次のようになり，R^4 と一致する．

$$R^6 = \begin{bmatrix} 1&0&1&0&1&0\\0&1&0&1&0&1\\1&0&1&0&1&0\\0&1&0&1&0&1\\1&0&1&0&1&0\\0&1&0&1&0&1 \end{bmatrix} = R^4,\ R^7 = R^5$$

[解6] (1) この関係 R は $x \leq y$ と表すことができる．"$x \leq x$ である" から反射律が成立する．

"$x \leq y$ ならば $y \leq x$" となるのは $x = y$ のときだけであるから一般には対称的ではなく，対称律は成立しない．

"$x \leq y$ かつ $y \leq x$ ならば $x = y$ である" から，反対称律が成立する．

"$x \leq y$ かつ $y \leq z$ ならば $x \leq z$ である" から，推移律が成立する．

(2) この関係 R は $x < y$ と表すことができる．

"$x < x$" は成立しないから，反射律は成立しない．

"$x < y$ ならば $y < x$" とはならないから，対称律は成立しない．

"$x < y$ かつ $y < x$" は成立することがないから，"$x < y$ かつ $y < x$ ならば $x = y$ である" の前件が常に成立しないので（反対称律とは矛盾しないから），反対称律は成立する．

"$x < y$ かつ $y < z$ ならば $x < z$ である" は常に成立するから，推移律は成立する．

(3) $x = y \pmod{2}$ が成立することは，$x = y + 2k$ となる整数 k が存在することと同じである．

$x = x + 2 \cdot 0$ と表せるから "$x = x \pmod{2}$" が成立するので，反射律が成立する．

$x = y + 2k$ ならば $y = x + 2(-k)$ と表せるから，"$x = y \pmod{2}$ ならば $y = x \pmod{2}$" で，対称律を満たす．

$x = y + 2k$ かつ $y = x + 2k'$ であっても $k = -k'$ でなければ $x = y$ とは限らない．したがって，"$x = y \pmod{2}$ かつ $y = x \pmod{2}$ ならば $x = y$ である" は一般には成立しないから，反対称律は成立しない．

$x = y + 2k$ かつ $y = z + 2k'$ ならば $x = z + 2(k + k')$ と表せる．よって，"$x = y \pmod{2}$ かつ $y = z \pmod{2}$ ならば $x = z \pmod{2}$ である" が成立するから，推移律も成立する．

[解7] 食材から栄養素への関係行列 X

$$\begin{array}{c|ccccccccc} & A & B & C & D & E & F & G & H & I \\ \hline a & 0 & 1 & 0 & 0 & 1 & 1 & 0 & 1 & 0 \\ b & 1 & 0 & 0 & 1 & 0 & 1 & 1 & 0 & 0 \\ c & 0 & 0 & 1 & 0 & 0 & 0 & 1 & 0 & 0 \\ d & 0 & 1 & 1 & 0 & 1 & 0 & 0 & 1 & 0 \\ e & 1 & 0 & 0 & 0 & 1 & 0 & 0 & 0 & 1 \end{array}$$

料理から食材への関係行列 Y

$$\begin{array}{c|ccccc} & a & b & c & d & e \\ \hline P & 1 & 0 & 1 & 0 & 0 \\ Q & 0 & 1 & 0 & 0 & 1 \\ R & 1 & 0 & 1 & 1 & 0 \\ S & 0 & 0 & 0 & 1 & 0 \end{array}$$

料理から栄養素への関係行列 $Z = XY$

$$\begin{array}{c|ccccccccc} & A & B & C & D & E & F & G & H & I \\ \hline P & 0 & 1 & 1 & 0 & 1 & 1 & 1 & 1 & 0 \\ Q & 1 & 0 & 0 & 1 & 1 & 1 & 1 & 0 & 1 \\ R & 0 & 1 & 1 & 0 & 1 & 1 & 1 & 1 & 0 \\ S & 0 & 1 & 1 & 0 & 1 & 0 & 0 & 1 & 0 \end{array}$$

料理に含まれている栄養素表

	A	B	C	D	E	F	G	H	I
P		○	○		○	○	○	○	
Q	○			○	○	○	○		○
R		○	○		○	○	○	○	
S		○	○		○			○	

[解8] (1) グラフ

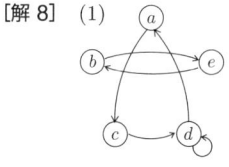

(2) $R^0 = \begin{bmatrix} 1 & 0 & 0 & 0 & 0 \\ 0 & 1 & 0 & 0 & 0 \\ 0 & 0 & 1 & 0 & 0 \\ 0 & 0 & 0 & 1 & 0 \\ 0 & 0 & 0 & 0 & 1 \end{bmatrix}$, $R^2 = \begin{bmatrix} 0 & 0 & 0 & 1 & 0 \\ 0 & 1 & 0 & 0 & 0 \\ 1 & 0 & 0 & 1 & 0 \\ 1 & 0 & 1 & 1 & 0 \\ 0 & 0 & 0 & 0 & 1 \end{bmatrix}$

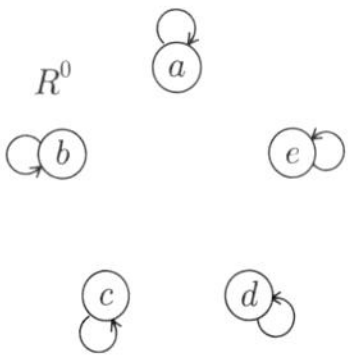

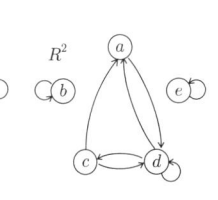

(3) $R^3 = \begin{bmatrix} 1 & 0 & 0 & 1 & 0 \\ 0 & 0 & 0 & 0 & 1 \\ 1 & 0 & 1 & 1 & 0 \\ 1 & 0 & 1 & 1 & 0 \\ 0 & 1 & 0 & 0 & 0 \end{bmatrix}$, $R^4 = \begin{bmatrix} 1 & 0 & 1 & 1 & 0 \\ 0 & 1 & 0 & 0 & 0 \\ 1 & 0 & 1 & 1 & 0 \\ 1 & 0 & 1 & 1 & 0 \\ 0 & 0 & 0 & 0 & 1 \end{bmatrix}$, $R^5 = \begin{bmatrix} 1 & 0 & 1 & 1 & 0 \\ 0 & 0 & 0 & 0 & 1 \\ 1 & 0 & 1 & 1 & 0 \\ 1 & 0 & 1 & 1 & 0 \\ 0 & 1 & 0 & 0 & 0 \end{bmatrix}$

(4) $R^6 = \begin{bmatrix} 1 & 0 & 1 & 1 & 0 \\ 0 & 1 & 0 & 0 & 0 \\ 1 & 0 & 1 & 1 & 0 \\ 1 & 0 & 1 & 1 & 0 \\ 0 & 0 & 0 & 0 & 1 \end{bmatrix} = R^4$, $R^7 = R^5$

(5) $R^* = \begin{bmatrix} 1 & 0 & 1 & 1 & 0 \\ 0 & 1 & 0 & 0 & 1 \\ 1 & 0 & 1 & 1 & 0 \\ 1 & 0 & 1 & 1 & 0 \\ 0 & 1 & 0 & 0 & 1 \end{bmatrix}$ (R^* を，R の反射的推移的閉包という．R^* は同値関係である．)

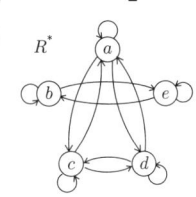

[解9] A の直和分割が同値関係に対応する．直和分割をもれなく数え上げるために，分割数で場合分けする．

分割数 1 　$\{\{a,b,c,d\}\}$ の 1 通り

分割数 2 　$3:1$ 分割（たとえば $\{\{a,b,c\},\{d\}\}$）は，3 つになる要素を決めればよいから ${}_4C_3 = 4$ 通り

　　　　　$2:2$ 分割（たとえば $\{\{a,b\},\{c,d\}\}$）は，a と組になる要素を決めればよいから ${}_3C_1 = 3$ 通り

分割数 3 　$2:1:1$ 分割（たとえば $\{\{a,b\},\{c\},\{d\}\}$）は，2 つの要素の組を決めればよいから ${}_4C_2 = 6$ 通り

分割数 4 　$\{\{a\},\{b\},\{c\},\{d\}\}$ の 1 通り

以上より，15 通りある．

[解10] (1)（[解6] (3) と同じように考えればよいが，ここでは剰余系で考える．）

2 による整数の剰余類を $[0],[1]$ とする．整数 x が属する剰余類を $[x]$ と表すと，x が偶数ならば $x \in [0]$ で $[x] = [0]$，奇数ならば $x \in [1]$ で $[x] = [1]$ である．これによって関係 R は xRy : "$[x]+[y]=[0]$" と表せる．2 による剰余類の集合（剰余系）$\{[0],[1]\}$ における加法表は右のようになる．加法表より，任意の整数 x,y,z について

+	$[0]$	$[1]$
$[0]$	$[0]$	$[1]$
$[0]$	$[1]$	$[0]$

　$[x]+[x]=[0]$ であるから，xRx が成立する．よって，R は反射律を満たす．

　$[x]+[y]=[0]$ ならば $[y]+[x]=[0]$ であるから，"xRy ならば yRx" が成立し，R は対称律を満たす．

　$[x]+[y]=[0]$ かつ $[y]+[z]=[0]$ ならば，辺々加えると 左辺 $= ([x]+[y])+([y]+[z]) = [x]+([y]+[y])+[z] = [x]+[z]$，右辺 $= [0]+[0]=[0]$ であるから，$[x]+[z]=[0]$ が成立する．よって，"xRy かつ yRz ならば xRz" が成立するから，R は推移律を満たす．

以上より，R は同値関係である．任意の x について，x と同値関係 xRy にある y は $[x]+[y]=[0]$ を満たすから $y \in [x]$ である．よって，R の同値類は $[0],[1]$ の 2 つである．

(2) 任意の整数 x について，$x \equiv x+2 \pmod{6}$ となることはないから，R は反射律を満たさない．よって，R は同値関係ではない．

(3) 6 による整数の剰余類を $[0],[1],\ldots,[5]$ とする．xTy は，剰余系 $\{[0],[1],\ldots,[5]\}$ における加法を使うと，$[x]=[y]+[2]$ と表すことができる．この表現で，xTy が成立するのは，$[0]=[4]+[2]$, $[1]=[5]+[2]$, $[2]=[0]+[2]$, $[3]=[1]+[2]$, $[4]=[2]+[2]$, $[5]=[3]+[2]$ のときであるから，$[0]T[4]$, $[1]T[5]$, $[2]T[0]$, $[3]T[1]$, $[4]T[2]$, $[5]T[3]$ である．この T を剰余系における関係行列で表し，T^2, T^3 の関係行列を求め，さらに $R = T + T^2 + T^3$ を求めると，次のようになる．

$$T = \begin{bmatrix} 0 & 0 & 0 & 0 & 1 & 0 \\ 0 & 0 & 0 & 0 & 0 & 1 \\ 1 & 0 & 0 & 0 & 0 & 0 \\ 0 & 1 & 0 & 0 & 0 & 0 \\ 0 & 0 & 1 & 0 & 0 & 0 \\ 0 & 0 & 0 & 1 & 0 & 0 \end{bmatrix}, \quad T^2 = \begin{bmatrix} 0 & 0 & 1 & 0 & 0 & 0 \\ 0 & 0 & 0 & 1 & 0 & 0 \\ 0 & 0 & 0 & 0 & 1 & 0 \\ 0 & 0 & 0 & 0 & 0 & 1 \\ 1 & 0 & 0 & 0 & 0 & 0 \\ 0 & 1 & 0 & 0 & 0 & 0 \end{bmatrix}, \quad T^3 = \begin{bmatrix} 1 & 0 & 0 & 0 & 0 & 0 \\ 0 & 1 & 0 & 0 & 0 & 0 \\ 0 & 0 & 1 & 0 & 0 & 0 \\ 0 & 0 & 0 & 1 & 0 & 0 \\ 0 & 0 & 0 & 0 & 1 & 0 \\ 0 & 0 & 0 & 0 & 0 & 1 \end{bmatrix}, \quad R = \begin{bmatrix} 1 & 0 & 1 & 0 & 1 & 0 \\ 0 & 1 & 0 & 1 & 0 & 1 \\ 1 & 0 & 1 & 0 & 1 & 0 \\ 0 & 1 & 0 & 1 & 0 & 1 \\ 1 & 0 & 1 & 0 & 1 & 0 \\ 0 & 1 & 0 & 1 & 0 & 1 \end{bmatrix}, \quad R^2 = \begin{bmatrix} 1 & 0 & 1 & 0 & 1 & 0 \\ 0 & 1 & 0 & 1 & 0 & 1 \\ 1 & 0 & 1 & 0 & 1 & 0 \\ 0 & 1 & 0 & 1 & 0 & 1 \\ 1 & 0 & 1 & 0 & 1 & 0 \\ 0 & 1 & 0 & 1 & 0 & 1 \end{bmatrix}$$

R の関係行列は，主対角要素がすべて 1 で，対称行列であるから，R は反射的で，対称的である．さらに，上に示したように $R^2 = R$ であるから $R^2 \subset R$ で，推移的でもある．よって，R は同値関係である．任意の x について，x と同値関係にある y は，R の関係行列の要素が 1 となっている $y \in [x],[x+2],[x+4]$ であるから，R の同値類は $[0]+[2]+[4]$ と $[1]+[3]+[5]$ の 2 つである．（なお，この同値類は，容易に分かるように，偶数の集合と奇数の集合でもある．）

[解11] それぞれ 1 例のみ示す．

(1) (2) (3) (4) (5)

[解12] P = 「関係 R は推移的である」，Q = 「$R^2 \subset R$」として，Q が P であるための必要条件 $P \to Q$，十分条件 $Q \to P$ をそれぞれ示す．なお，$R^2 \subset R$ は，任意の $x,z \in A$ について「xR^2z ならば xRz である」ことを意味する．

必要条件：関係 R が推移的であるとき，任意の $x,y,z \in A$ について，「xRy かつ yRz ならば xRz である」が成立する．「xRy かつ yRz」であることは xR^2z の成立を意味するから，言い換えれば，「xR^2z ならば xRz である」が成立する．よって，R が推移的ならば $R^2 \subset R$ である．

十分条件：$R^2 \subset R$ は，任意の $x,z \in A$ について「xR^2z ならば xRz」を意味するが，これは，ある $y \in A$ が存在して「xRy かつ yRz ならば xRz」となることを意味する．言い換えれば，任意の x,y,z について「xRy かつ yRz が成立するならば xRz も成立する」ことであるから，R は推移的である．■

10章　離散グラフ

[ねらい]

　9章で学んだ関係グラフは離散グラフの一種である．離散グラフは，いくつかの節点をいくつかの辺でつないだもので，図として表すことができる．この章では，有限個の節点を有限個の辺でつないだ有限グラフを対象に，その性質について基本的な知識を得ることを目的とする．

　グラフは図形として描いて表現できるため，概念を可視化する手法として，至る所でさまざまに工夫したものが使われている．組織図は組織の構成員の関係をグラフで表したものであるし，化学でおなじみの分子の構造図もグラフである．コンピュータプログラムの構造を可視化するブロックダイヤグラムなど，極めて普通に使われている．ここでは，抽象的な節点集合上で定義される離散グラフの性質，グラフの行列による表現について，基礎的な理解を得る．

[この章の項目]

離散グラフ
同型グラフ
離散グラフの特徴
離散無向グラフ
隣接行列
隣接行列の和
隣接行列の積
多重グラフの隣接行列
オイラーグラフ

▶ [離散グラフ]
節点はノード，頂点，バーテックス，あるいは単に点，などと呼ばれることもある．
辺は，エッジ，弧，アーク，などともいう．

▶ [ループ]
1つの節点からでて同じ節点に戻るループは，多くの場合有向グラフで使う．
無向単純グラフではループを認めないことが多いが，認める場合もある．
多重グラフでは，ループ自身も多重となることを認める．
節点 a から b を繋いでいる辺を節点対の2項組（順序対）で (a,b) のように表すときは，節点 a でのループは (a,a) となる．

▶ [多重グラフ]
節点 a から b を繋いでいる辺を節点対の2項組（順序対）で (a,b) のように表すと，辺の集合 E はこのような2項組の集合である．多重グラフでは，E は同じ要素を複数含むことを許す 多重集合 である．
たとえば，次の辺の多重集合
　$\{(a,a),(a,a),$
　　$(a,b),(a,b),(a,b)\}$
では，a には2重のループがあり，a から b へは3本の辺がある．

▶ [無向辺の順序対表現]
無向辺を表すのに，常に2つの順序対 $(a,b),(b,a)$ を揃えて a と b をつなぐ無向辺とする表現方法もある．しかし，冗長なので，あまり使われない．

▶ [多重辺の表現]
多重グラフでは，多重辺を区別する必要がなければ，順序対を辺の数だけ並べて，多重集合とすればよい．しかし，多重辺のそれぞれの辺を区別する必要があるときは，順序対だけではなく，辺ラベル（辺の名前）も必要である．
たとえば，節点 a と b をつなぐ辺のラベルを e とすると，辺を3項組 (a,b,e) で表す．

■ 離散グラフ

離散的な 節点 と2つの節点を結ぶ 辺 からなる集合を 離散グラフ，あるいは単に グラフ という．辺でつながれた節点は互いに 隣接点 である．節点の集合を V，辺の集合を E とすると，E はつないでいる節点対の集合で表せるから，$V \times V$ の部分集合 $E \subset V \times V$ である．グラフ G は V と E を指定すれば決定できる．これを $G(V, E)$ と書く．ここでは V, E とも有限集合の 有限グラフ を対象とする．

小さい有限グラフは図に描いて表すことができる．節点を○などで示し，辺は節点を結ぶ線分で示す．2つの節点の間に高々1つの辺しかないグラフを 単純グラフ，複数の辺を許すグラフを 多重グラフ と呼ぶが，どちらも単にグラフという．必要なときは区別する．グラフで，1つの節点から出て同じ節点にもどる辺（ループ）を許すことがある（図(b)の節点d）．

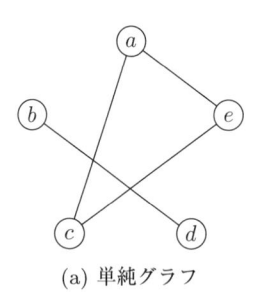

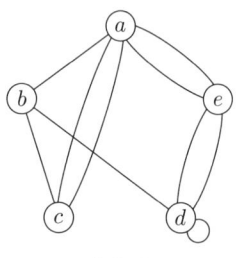

(a) 単純グラフ　　　(b) 多重グラフ

離散グラフで辺の向きを考えることも多い．始節点から終節点へ向かう矢印をもった辺を 有向辺 という．グラフの辺がすべて有向辺であるとき 有向グラフ あるいは ダイグラフ という．9章の関係グラフは有向グラフである．始節点と終節点を区別しない辺を 無向辺 という．無向辺だけしか含まないグラフは 無向グラフ である．無向グラフも有向グラフもどちらも単にグラフというが，必要なときには区別する．

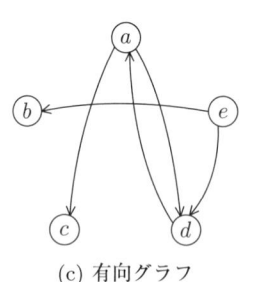

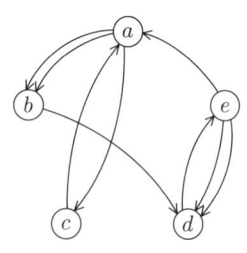

(c) 有向グラフ　　　(d) 多重有向グラフ

有向グラフでは節点 a から節点 b へ向う辺と，b から a に向う辺とは区別するが，同じ向きの辺は1つである．有向グラフで同じ向きの辺が複数存在することを許したグラフを 多重（有向）グラフ という．前者を区別して 単純（有向）グラフ という．単純グラフは 線形グラフ とも呼ばれる．

■ 同型グラフ

離散グラフ (V, E) で，すべての節点に異なったラベルを付けて V を表し，辺を節点ラベルの2項組（順序対）で表して E を記述しよう．通常は，順序対は有向辺に対応する．始節点 a から終節点 b へ向う有向辺を順序対 (a, b) で表す．これは関係グラフの表現法と同じである．無向グラフでは $(a, b), (b, a)$ のどちらも同じ無向辺を表すから，分かりやすくするため上位の節点ラベルの節点を第1成分として，(a, b) とすることが多い．下の2つのグラフ G_1, G_2 は次のようになる．

$$G_1 = (\{a, b, c, d, e\}, \{(a, b), (b, c), (c, d), (d, e), (a, e)\})$$
$$G_2 = (\{p, q, r, s, t\}, \{(p, r), (p, s), (q, s), (q, t), (r, t)\})$$

▶ [節点ラベル]

節点ラベルを1列に順序付けたとき，先に並ぶ節点ラベルの節点を上位とすることが多い．たとえば，アルファベット順に並べるときは，a が上位，b が下位である．

離散グラフを図形で表したとき，節点の配置によっては同じグラフでもみかけが異なって見える．G_1, G_2 は，節点の並べ方を変える，つまり，節点のラベルを次のように対応させると，同じ形のグラフになる．辺の対応も示しておこう．

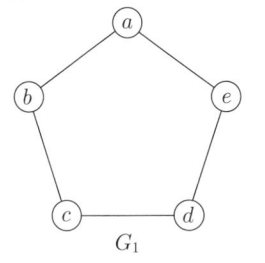

$$a \mapsto p, \ b \mapsto r, \ c \mapsto t, \ d \mapsto q, \ e \mapsto s$$
$$(a, b) \mapsto (p, r), \ (b, c) \mapsto (r, t), \ (c, d) \mapsto (t, q)$$
$$(d, e) \mapsto (q, s), \ (a, e) \mapsto (p, s)$$

ラベルを無視して節点の隣接関係という点から見れば，同じ隣接関係を表しているグラフである．

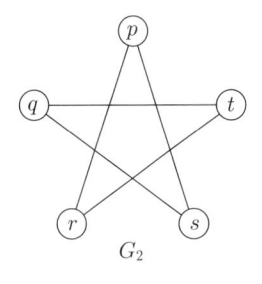

一般に，節点の数と辺の数が同じ2つのグラフ $G_1(V_1, E_1), G_2(V_2, E_2)$ について，V_1 の節点から V_2 の節点へ1対1対応させる写像（全単射）

$$f : V_1 \to V_2$$

があって，そのとき辺もちょうどうまく対応しているならば，写像 f は G_1, G_2 の隣接関係を保存するという．上に示した節点の対応は2つのグラフの隣接関係を保存する写像である．

隣接関係を保存する全単射 f が存在する2つのグラフは互いに **同型**（どうけい）であるという．そのような f を **同型写像** という．上に示した対応は，上の図の2つのグラフの同型写像の例である．同型なグラフはラベル記号以外は本質的に同じグラフである．通常，「異なったグラフ」とは互いに同型でないグラフを意味する．

以上のことは多重グラフでも同様である．また，有向グラフでは，同型写像は辺の向きも含めて隣接関係を保存する全単射である．

▶ [同型グラフ]

離散グラフで，節点をボール，辺をボールに着いたゴムひもとみなすと，ボールの位置を任意に変えてグラフを変形させることができる．変形して得られるグラフは，もとのグラフと同型である．また，もとのグラフと同型なグラフはすべてこのような変形操作で得ることができる．

変形させるとき，節点の上下関係を保ったまま変形したり，左右を入れ換えないように変形したりすることもある．

ボールとゴムでできた2つの離散グラフがこのような変形によって一致すれば，それは同型グラフである．

▶ [節点の次数]
[無向グラフ]
　次数 = 4

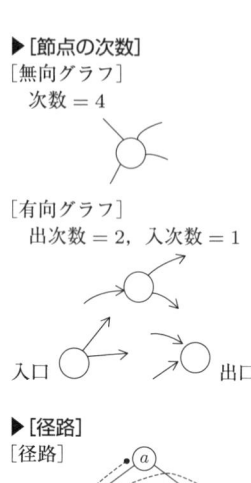

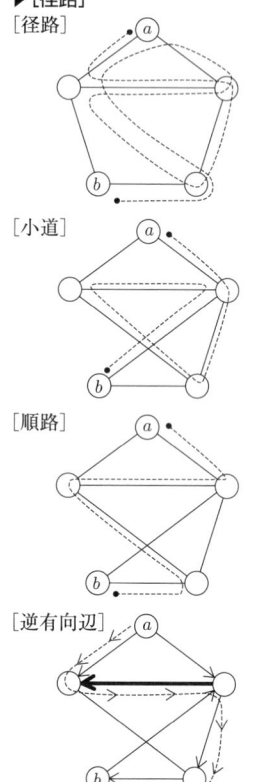

[有向グラフ]
　出次数 = 2，入次数 = 1

入口　　　　　　出口

▶ [径路]
[径路]

[小道]

[順路]

[逆有向辺]

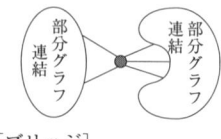

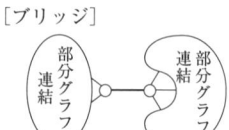

▶ [連結グラフ]
[カットポイント]
部分連結グラフ　部分連結グラフ

[ブリッジ]
部分連結グラフ　部分連結グラフ

■ 離散グラフの特徴

無向グラフで，節点に接続する辺の数（隣接節点の数）を，その節点の **次数** という．次数が偶数の節点を **偶節点**，奇数の節点を **奇節点** という．次数 0 の節点は **孤立点** である．

有向グラフでは，ある節点を終節点とする辺の数をその節点の **入次数**，始節点とする辺の数を **出次数** という．入出次数の和を単に **次数** という．次数 = 0 の節点は孤立点，入次数 = 0 かつ出次数 ≠ 0 の節点を **入口**，出次数 = 0 かつ 入次数 ≠ 0 の節点を **出口** という．

無向グラフにおいて，節点 a から隣接点を経由して節点 b へ至る節点（多重グラフの場合は辺も含めて）の系列を，a と b の 2 つの節点を結ぶ **径路**（あるいは **経路**），径路を構成する辺の数をその径路の **長さ** という．径路の途中で辺が重複しない（節点は重複してもよい）径路を **小道** と呼び，節点が重複しない径路を **順路** と呼ぶ．閉じた小道を **閉路** という．節点の重複のない順路による閉路は **単純閉路** と呼ばれる．

径路の概念を有向グラフに拡張できる．節点 a から有向辺の向きに沿った隣接点を経由して節点 b へ至る節点（と辺）の系列を a から b への **有向径路** という．有向小道，有向順路 も同様に定義できる．閉じた有向小道（有向順路）は **有向閉路**（単純有向閉路）である．有向辺の向きを無視して径路を構成することがあるが，それは単に a と b の間の **径路** という．径路に向きを考えたとき，辺の向きが径路の向きと逆のとき，その辺を **逆有向辺** という．逆有向辺を含まない径路は有向径路である．

無向グラフで，任意の 2 つの節点間に径路が存在するグラフを **連結** であるといい，そのグラフを **連結グラフ** という．連結グラフにおいて，ある 2 つの節点間の最短の順路の長さをその節点間の **距離** という．連結グラフのすべての 2 節点間の距離の最大値をそのグラフの **直径** という．連結グラフで，ある節点とそれに連結する辺を除くと非連結になる節点を **切断点**（カットポイント）といい，ある辺を除くと非連結になるときその辺を **橋**（ブリッジ）という．

有向グラフにおいても，有向辺の向きを無視した径路で考えれば，連結性に関する以上の概念は同じように定義できる．

■ 離散無向グラフ

無向グラフにおいて，すべての節点が他のすべての節点と辺で結ばれているとき，それを **完全グラフ** という．n 個の点からなる完全グラフを記号 K_n で表す．すべての節点の次数が等しいグラフを **正則グラフ** といい，節点の次数 k をその正則グラフの **次数** という．完全グラフ K_n は次数 $n-1$ の正則グラフである．

節点の集合 V を2つの部分集合 P, Q に 直和分割 $V = P + Q$ すると，辺の集合 E が P と Q の間の辺だけ $E \subset P \times Q$ となるようにできるとき，そのグラフを **2部グラフ** という．P と Q の節点が互いにすべて結ばれている2部グラフを **完全2部グラフ** と呼ぶ．$n(P) = m, n(Q) = n$ の完全2部グラフを $K_{m,n}$ と表す．

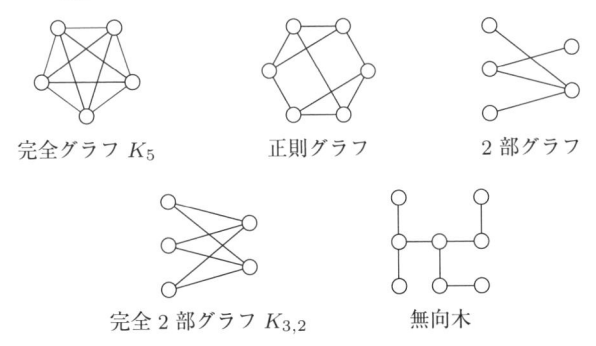

完全グラフ K_5　　正則グラフ　　2部グラフ

完全2部グラフ $K_{3,2}$　　無向木

任意の2節点間に必ず1つだけ順路が存在する単純グラフを **木**（無向木）という．木は閉路のない連結グラフである．いくつかの木が集まった非連結グラフを **林** あるいは **森** ということがある．木は2部グラフになっている．

単に **木** というと，11章で取り上げる有向グラフの根付き木をさすのが普通である．

任意の無向グラフ $G = (V, E)$ に対して，同じ節点の集合 V からなる完全グラフを $G_K = (V, E_K)$ として，E_K の辺のうち E 以外の辺からなるグラフ $G' = (V, E'), E' = E_K - E$ を G の **補グラフ** という．G の補グラフ G' が G 自身に同型であるとき，G を **自己補グラフ** という．

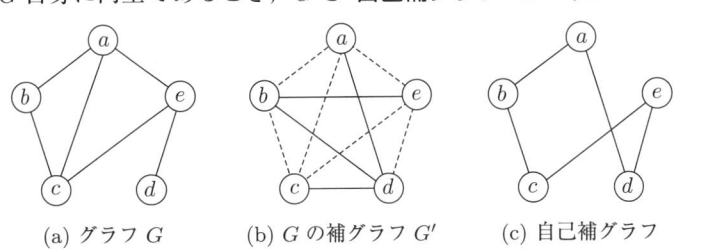

(a) グラフ G　　(b) G の補グラフ G'　　(c) 自己補グラフ

▶ [無向木]
無向木は2部グラフに同型である．

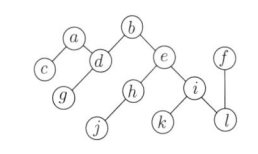

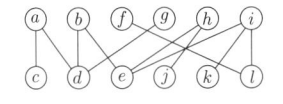

次の無向木はすべて同型である．

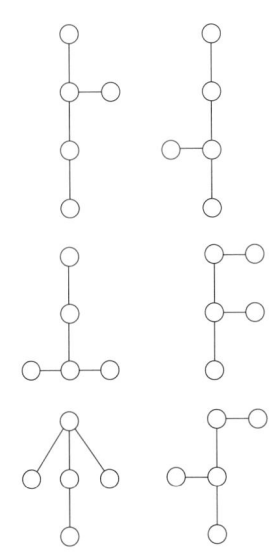

■ 隣接行列

関係行列を 9 章で説明したが，これを離散グラフの表現に利用できる．V の中の関係である隣接関係を表す関係行列を **隣接行列** という．

有向グラフ $G(V,E)$ の節点数を $n(V)=n$ とすると，隣接行列 $A=[a_{ij}]$ は $n\times n$ 正方行列で，節点 v_i から節点 v_j へ向う有向辺があるときのみ (i,j) 成分を $a_{ij}=1$ とする．対角成分はループ辺に対応する．

$$a_{ij}=\begin{cases}1 & v_i \text{ から } v_j \text{ へ向う有向辺が存在するとき}\\ 0 & \text{そうでないとき}\end{cases}$$

無向グラフでは，隣接行列は対称行列とする．

$$a_{ij}=a_{ji}=\begin{cases}1 & v_i \text{ と } v_j \text{ をつなぐ無向辺が存在するとき}\\ 0 & \text{そうでないとき}\end{cases}$$

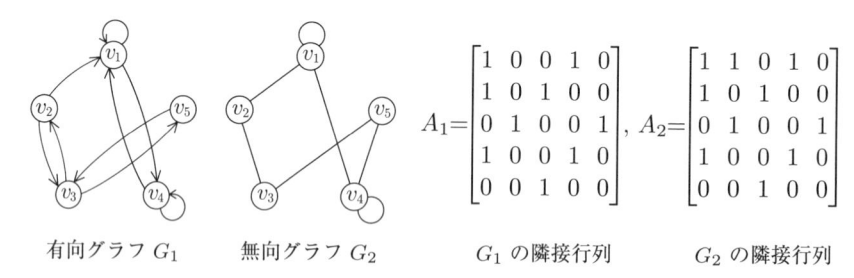

$$A_1=\begin{bmatrix}1&0&0&1&0\\1&0&1&0&0\\0&1&0&0&1\\1&0&0&1&0\\0&0&1&0&0\end{bmatrix},\ A_2=\begin{bmatrix}1&1&0&1&0\\1&0&1&0&0\\0&1&0&0&1\\1&0&0&1&0\\0&0&1&0&0\end{bmatrix}$$

有向グラフ G_1　　無向グラフ G_2　　G_1 の隣接行列　　G_2 の隣接行列

▶ [行列のブール和]
行列のブール和は，各成分ごとの和を取った結果が 0 でなければその成分を 1 とする行列の和演算である．

$$A=\begin{bmatrix}0&1&0&1\\1&0&0&0\\0&0&1&0\\1&0&0&0\end{bmatrix}$$

$$B=\begin{bmatrix}0&1&1&0\\1&0&0&1\\1&0&0&0\\0&1&0&0\end{bmatrix}$$

$G=A+B$

$$=\begin{bmatrix}0+0&1+1&0+1&1+0\\1+1&0+0&0+0&0+1\\0+1&0+0&1+0&0+0\\1+0&0+1&0+0&0+0\end{bmatrix}$$

$$=\begin{bmatrix}0&1&1&1\\1&0&0&1\\1&0&1&0\\1&1&0&0\end{bmatrix}$$

■ 隣接行列の和

9 章で関係行列に対して **行列のブール和，行列のブール積** を導入した．それをここでも利用しよう．

節点の集合 V 上の 2 つの単純無向グラフ（あるいは有向グラフ）$A(V,E_A)$, $B(V,E_B)$ の **和グラフ** $G=A\cup B$ を

$$G(V,E)=G(V,E_A\cup E_B)$$

とする．これは関係の和を関係グラフで表したときと同じである．

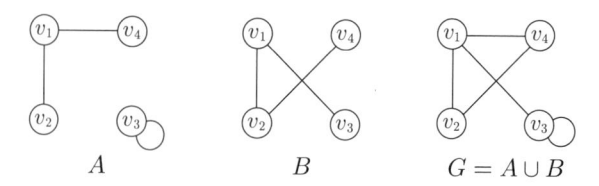

　　　A　　　　　　　B　　　　　$G=A\cup B$

和グラフの隣接行列 $G=A+B=[g_{ij}]$ は，隣接行列 $A=[a_{ij}]$, $B=[b_{ij}]$ の行列のブール和で得られる．

$$G=A+B \qquad g_{ij}=\begin{cases}1 & a_{ij}+b_{ij}>0 \text{ のとき}\\ 0 & a_{ij}+b_{ij}=0 \text{ のとき}\end{cases}$$

■ 隣接行列の積

下図のような 5 個の節点からなる単純グラフ G を考える．隣接行列を $G = [g_{ij}]$ として，G の G 自身との行列のブール積 $G^2 = G \cdot G$ は長さ 2 の径路による間接的隣接関係を表す．実際 G^2 の $(2,4)$ 成分 $g^2{}_{24}$ は，

$$g^2{}_{24} = g_{21}g_{14} + g_{22}g_{24} + g_{23}g_{34} + g_{24}g_{44} + g_{25}g_{54}$$
$$= 1 \cdot 1 + 0 \cdot 0 + 0 \cdot 1 + 0 \cdot 1 + 0 \cdot 0 = 1$$

である．第 1 項が $g_{21}g_{14} = 1$ なのは，v_2 と v_4 の間に v_1 を介した長さ 2 の径路があるからである．g_{44} は v_4 のループであるが，これも径路の長さに加える．

一般に，$g^2{}_{ij}$ は v_i と v_j の間の長さ 2 の径路の有無を表す．なお，行列のブール和や積の計算では $1 + 1 = 1$ の加算規則を使う．

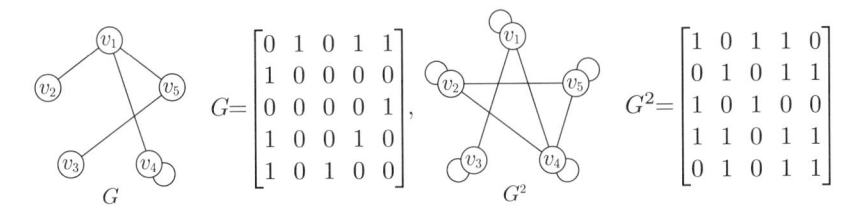

$$G = \begin{bmatrix} 0 & 1 & 0 & 1 & 1 \\ 1 & 0 & 0 & 0 & 0 \\ 0 & 0 & 0 & 0 & 1 \\ 1 & 0 & 0 & 1 & 0 \\ 1 & 0 & 1 & 0 & 0 \end{bmatrix}, \quad G^2 = \begin{bmatrix} 1 & 0 & 1 & 1 & 0 \\ 0 & 1 & 0 & 1 & 1 \\ 1 & 0 & 1 & 0 & 0 \\ 1 & 1 & 0 & 1 & 1 \\ 0 & 1 & 0 & 1 & 1 \end{bmatrix}$$

同様に考えれば，G の k 次のベキ乗 G^k は，長さ k の径路による間接的隣接関係を表す．

有向グラフの場合，G^2 は長さ 2 の有向径路による間接的隣接関係の有無を表す．G^k は，長さ k の有向径路による間接的隣接関係を表す．

無向グラフの隣接行列 G のベキ乗行列のブール和

$$G_k = G + G^2 + G^3 + \cdots + G^k$$

の (i, j) 成分は v_i, v_j 間に長さ k 以下の径路が存在するかどうかを表す．2 節点間の順路は，節点の数を n として，$n-1$ より長くなることはないから，グラフ G が連結であれば行列 G_k のすべての要素が 1 となる $k \leq n-1$ が存在する．たとえば，上のグラフ G の場合は，右のように，$k = 3$ で $G_3 = G + G^2 + G^3$ はすべて 1 となる．

$$G^3 = \begin{bmatrix} 1 & 1 & 0 & 1 & 1 \\ 1 & 0 & 1 & 1 & 0 \\ 0 & 1 & 0 & 1 & 1 \\ 1 & 1 & 1 & 1 & 1 \\ 1 & 0 & 1 & 1 & 0 \end{bmatrix}$$

$$G_3 = \begin{bmatrix} 1 & 1 & 1 & 1 & 1 \\ 1 & 1 & 1 & 1 & 1 \\ 1 & 1 & 1 & 1 & 1 \\ 1 & 1 & 1 & 1 & 1 \\ 1 & 1 & 1 & 1 & 1 \end{bmatrix}$$

有向グラフの場合は，有向辺をすべて無向辺で置き換えた隣接行列で考えれば，連結性については同様である．

▶ [行列のブール積]

行列のブール積は，通常の行列の積を計算した結果，各成分が 0 でなければその成分を 1 とする行列の演算である．G を

$$G = \begin{bmatrix} 0 & 1 & 0 & 1 & 1 \\ 1 & 0 & 0 & 0 & 0 \\ 0 & 0 & 0 & 0 & 1 \\ 1 & 0 & 0 & 1 & 0 \\ 1 & 0 & 1 & 0 & 0 \end{bmatrix}$$

とすると，

$$G^2 = \begin{bmatrix} 1 & 0 & 1 & 1 & 0 \\ 1 & 0 & 0 & 0 & 0 \\ 0 & 0 & 0 & 0 & 1 \\ 1 & 0 & 0 & 1 & 0 \\ 1 & 0 & 1 & 0 & 0 \end{bmatrix} \begin{bmatrix} 1 & 0 & 1 & 1 & 0 \\ 1 & 0 & 0 & 0 & 0 \\ 0 & 0 & 0 & 0 & 1 \\ 1 & 0 & 0 & 1 & 0 \\ 1 & 0 & 1 & 0 & 0 \end{bmatrix}$$

の $(1,1)$ 要素は，
$= (1\ 0\ 1\ 1\ 0)(1\ 1\ 0\ 1\ 1)^t$
$= 1 \cdot 1 + 0 \cdot 1 + 1 \cdot 0 + 1 \cdot 1 + 0 \cdot 1$
$= 1$

$(1,2)$ 要素は，
$= (1\ 0\ 1\ 1\ 0)(0\ 0\ 0\ 0\ 0)^t$
$= 0$

などとなるから，

$$G^2 = \begin{bmatrix} 1 & 0 & 1 & 1 & 0 \\ 0 & 1 & 0 & 1 & 1 \\ 1 & 0 & 1 & 0 & 0 \\ 1 & 1 & 0 & 1 & 1 \\ 0 & 1 & 0 & 1 & 1 \end{bmatrix}$$

である．

▶ [連結グラフ]

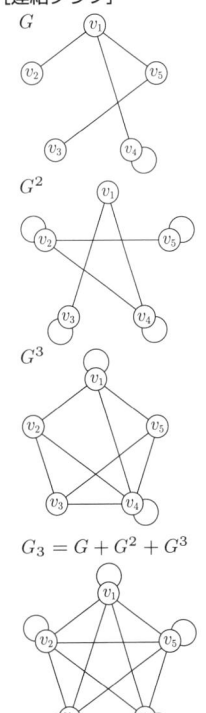

▶[多重グラフの行列の積]
多重グラフ G の辺にラベルを付けて，

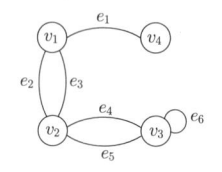

とする．隣接行列 G の積

$$G = \begin{bmatrix} 0 & 2 & 0 & 1 \\ 2 & 0 & 2 & 0 \\ 0 & 2 & 1 & 0 \\ 1 & 0 & 0 & 0 \end{bmatrix}$$

$$G^2 = \begin{bmatrix} 5 & 0 & 4 & 0 \\ 0 & 8 & 2 & 2 \\ 4 & 2 & 5 & 0 \\ 0 & 2 & 0 & 1 \end{bmatrix}$$

において，G^2 の $(1,1)$ 要素 $= 5$ は，v_1 から v_1 への長さ 2 の径路が，

$v_1\text{-}e_1\text{-}v_4\text{-}e_1\text{-}v_1$
$v_1\text{-}e_2\text{-}v_2\text{-}e_2\text{-}v_1$
$v_1\text{-}e_3\text{-}v_2\text{-}e_3\text{-}v_1$
$v_1\text{-}e_2\text{-}v_2\text{-}e_3\text{-}v_1$
$v_1\text{-}e_3\text{-}v_2\text{-}e_2\text{-}v_1$

の 5 通りあることに対応する．また，$(2,3)$ 要素 $= 2$ は，v_2 から v_3 への長さ 2 の径路が，

$v_2\text{-}e_4\text{-}v_3\text{-}e_6\text{-}v_3$
$v_1\text{-}e_5\text{-}v_3\text{-}e_6\text{-}v_3$

の 2 通りあるからである．

■ 多重グラフの隣接行列

隣接行列を多重グラフに拡張しよう．多重グラフでは，辺の有無だけではなく，何本の辺があるかも重要である．行列要素を $0,1$ ではなく辺の接続数とする．多重無向グラフでは，

$$a_{ij} = k \qquad v_i \text{ と } v_j \text{ をつなぐ無向辺が } k \text{ 本存在する } (k \geq 0)$$

多重無向グラフの隣接行列は対称行列である．多重有向グラフでは，

$$a_{ij} = k \qquad v_i \text{ から } v_j \text{ へ向う有向辺が } k \text{ 本存在する } (k \geq 0)$$

多重グラフで，隣接行列の積を，行列のブール積ではなく通常の行列の積としよう．こうすると，容易に分かるように，隣接行列 G の 2 乗 G^2 の (i,j) 要素 g^2_{ij} は v_i と v_j の間の長さ 2 の径路の数を表す．有向グラフの場合は，v_i から v_j への長さ 2 の有向径路の数となる．もちろん，同じ節点間でも辺が異なれば異なった径路である．

隣接行列 G の k 次のベキ乗 G^k は，長さ k の径路（有向グラフの場合は有向径路）の数からなる行列を得る．

$$G = \begin{bmatrix} 0 & 2 & 0 & 1 \\ 2 & 0 & 2 & 0 \\ 0 & 2 & 1 & 0 \\ 1 & 0 & 0 & 0 \end{bmatrix},\ G^2 = \begin{bmatrix} 5 & 0 & 4 & 0 \\ 0 & 8 & 2 & 2 \\ 4 & 2 & 5 & 0 \\ 0 & 2 & 0 & 1 \end{bmatrix},\ G^3 = \begin{bmatrix} 0 & 18 & 4 & 5 \\ 18 & 4 & 18 & 0 \\ 4 & 18 & 9 & 4 \\ 5 & 0 & 4 & 0 \end{bmatrix}$$

多重グラフ G

このグラフ G で，v_1 から v_2 への長さ 3 の径路は 18 通りあることが分かる．

隣接行列 G の通常の行列の積によるベキ乗の和

$$G_k = G + G^2 + G^3 + \cdots + G^k$$

の (i,j) 成分は v_i, v_j 間の長さ k 以下の径路（有向グラフの場合は有向径路）の数を表す．

単純グラフにおいても，隣接行列の積を行列のブール積ではなく通常の行列の積によって計算すると，G^2 は長さ 2 の径路の数を行列要素とする間接的関係の隣接行列となる．G^k は長さ k の径路の数を表し，G_k は長さ k 以下の径路の数を表す．

たとえば，前ページの単純無向グラフ G については次のようになる．

$$G = \begin{bmatrix} 0 & 1 & 0 & 1 & 1 \\ 1 & 0 & 0 & 0 & 0 \\ 0 & 0 & 0 & 0 & 1 \\ 1 & 0 & 0 & 1 & 0 \\ 1 & 0 & 1 & 0 & 0 \end{bmatrix},\ G^2 = \begin{bmatrix} 3 & 0 & 1 & 1 & 0 \\ 0 & 1 & 0 & 1 & 1 \\ 1 & 0 & 1 & 0 & 0 \\ 1 & 1 & 0 & 2 & 1 \\ 0 & 1 & 0 & 1 & 2 \end{bmatrix},\ G^3 = \begin{bmatrix} 1 & 3 & 0 & 4 & 4 \\ 3 & 0 & 1 & 1 & 0 \\ 0 & 1 & 0 & 1 & 2 \\ 4 & 1 & 1 & 3 & 1 \\ 4 & 0 & 2 & 1 & 0 \end{bmatrix},\ G_3 = \begin{bmatrix} 4 & 4 & 1 & 6 & 5 \\ 4 & 1 & 1 & 2 & 1 \\ 1 & 1 & 1 & 1 & 3 \\ 6 & 2 & 1 & 6 & 2 \\ 5 & 1 & 3 & 2 & 2 \end{bmatrix}$$

■ オイラーグラフ

多重無向グラフで，すべての辺を1回だけ通る小道が存在するとき，その小道を **周遊可能小道** といい，その多重グラフを **周遊可能グラフ** という．一筆書きが可能な図形は周遊可能グラフである．閉じた周遊可能小道を **オイラー閉路** といい，オイラー閉路を少なくとも1つ有する多重グラフを **オイラーグラフ** と呼ぶ．多重有向グラフについては，逆有向辺を含まない有向小道による閉路をオイラー閉路とする．

オイラーの名前の付いた定理は多数あるが，オイラー閉路に関するオイラーの定理は，次のようなものである．

[オイラーの定理]
多重無向グラフ G がオイラーグラフであるための必要十分条件は，G が連結であり，かつ，すべての節点が偶節点であることである．

このオイラーの定理は内容的には簡明であるが，きちんと証明しようとすると少々やっかいである．次ページに証明法の概要を簡単に説明しておく．

この定理から，2個以下の奇節点をもつ連結グラフは周遊可能で，一筆書きできる図形であることが分かる．なお，次のことを指摘しておく．離散グラフにおいて，すべての節点の次数の和は辺の数の2倍に等しい．これは辺が節点の2項組で表せることから容易に分かる．離散グラフでは奇節点の数は偶数個に限る．

奇節点が0個の場合はすべて偶節点であるから，定理からオイラー閉路が存在する．オイラー閉路に沿って描けば一筆書きできる．奇節点が2個の場合，その2個をつなぐ辺を1本追加するとすべての節点は偶節点になるから，オイラー閉路が存在する．追加した辺もオイラー閉路に含まれているはずだから，それを除去するとすべての辺を周遊する一筆書きが得られる．2つの奇節点は一筆書きの端点（始点と終点）になる．

奇数点が4個以上の場合，奇節点は一筆書きの端点にしかなりえないから，全体を一筆で書くことはできない．

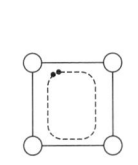

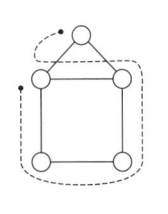

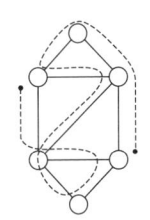

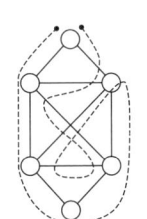

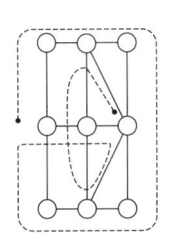

▶ [一筆書き]
一筆書きは，線画図形を一筆で描くことである．描き始めたら，最後までペンを紙面から離すことなく描く．そのような図形はもちろん連続な図形でなければならない．
線画図形を離散グラフとみれば，それは周遊可能グラフである．
一筆書きの始点と終点が同一であれば，それは周遊可能な閉路であるから，オイラーグラフである．

▶ [オイラーの定理]
この定理は多重無向グラフについてのものであるが，これを多重有向グラフに拡張することもできる．

一筆書きの例

[オイラーの定理の証明]（発展課題）

オイラーの定理の証明について少し検討しよう．グラフの連結性については自明であるから，要点は，連結グラフに対して，P:"すべての節点が偶節点である" ことが Q:"オイラーグラフである" ための必要十分条件となっていることの証明である．必要条件は "Q ならば P"($Q \to P$)，十分条件は "P ならば Q"($P \to Q$) である．ここでは考え方だけを説明する．

必要条件は容易である．G がオイラーグラフならばオイラー閉路 L が存在し，L が各節点を通るときは入って出ていくはずで，かつ L はすべての辺を1回だけ通るから，すべての節点の次数は偶数である．

十分条件は，オイラー閉路を構成する方法（アルゴリズム）を具体的に示すのが分かりやすい．閉路を帰納的に拡張して，オイラー閉路を構成する．以下に概要を示す．G の節点がすべて偶節点であるとする．

(1) 任意の節点を通る小道の閉路を1つ構成し，それを L とする．
(2) L がすべての節点を通るならば，L はオイラー閉路である．そうでなければ，G から L の辺を除き，辺を除いたために孤立する節点も除くと，残りはいくつかの連結部分グラフからなる．各部分グラフのすべての節点は偶節点で，かつ，L と共通の節点を1つ以上含む．
(3) 1つの連結部分グラフを G' として，G' の中で L と共通の節点を通る小道の閉路 L' を構成する．L' と L を共通の節点でつなぐと1つの小道の閉路になる．それを改めて L として，(2)へもどる．

このアルゴリズムは4章で説明した帰納的アルゴリズムである．

この証明における帰納的アルゴリズムを簡単な例で示しておこう．
まず，図 (a) の G で適当な閉路（図 (a) の太線の閉路）を構成し L とする．G から L を除いた図 (b) を G' とすると，G' でもすべて偶節点である．G' で適当な閉路を L' とする．L と L' を連結して閉路を構成し，それを改めて L とする．G から新しく構成した L を除いた図 (c) を改めて G' とする．この G' は1つの閉路で表せるので，これをまた L' とする．L と L' を連結した閉路を L とすると，L はオイラー閉路である（図 (d)）．

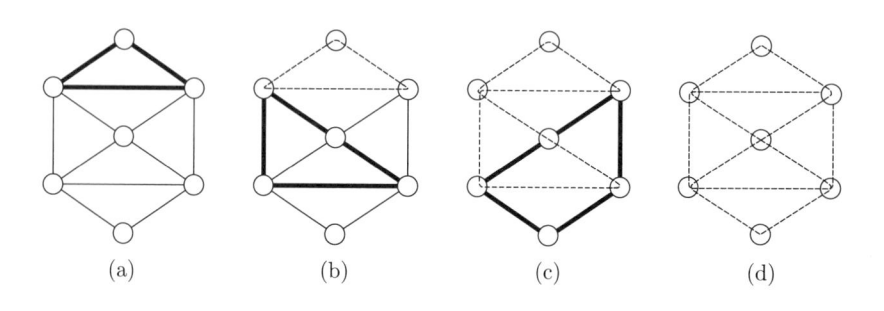

(a)   (b)   (c)   (d)

⟨ハミルトン閉路⟩

　無向グラフで，すべての節点を一度だけ通る順路の閉路を **ハミルトン閉路** といい，そのような閉路の存在するグラフを **ハミルトングラフ** という．有向グラフにおいては，逆有向辺を含まない有向順路による閉路をハミルトン閉路とする．

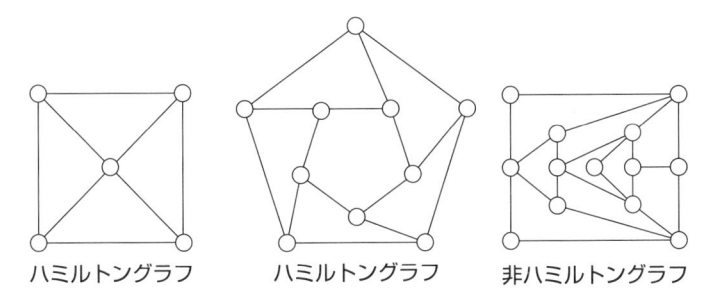

　　　ハミルトングラフ　　　ハミルトングラフ　　　非ハミルトングラフ

　与えられた連結グラフがオイラーグラフであるかどうかは，オイラーの定理を利用した簡単な判定法が存在した．しかし，ハミルトングラフかどうか効率的に判定する方法（アルゴリズム）は存在しないと考えられている．可能な閉路をすべて調べる必要がある．

　ある地域に n 個の都市があって，セールスマンがすべての都市を順に 1 度だけ巡って出発した都市に戻る順路は，n 個の節点からなるグラフのハミルトン閉路である．**巡回セールスマン問題** は，グラフのそのような順路の最短径路を求める問題である．一般には，最短のハミルトン閉路を簡単に発見する手続き（アルゴリズム）はなく，基本的にはすべての可能な閉路を調べる必要があると考えられている．

【ウィリアム・ローワン・ハミルトン】William Rowan Hamilton, 1805–1865 アイルランドの数学者，物理学者，天文学者．ダブリンの生まれ．最小作用の原理，ハミルトンの正準運動方程式などにより解析力学の基礎を確立．

　四元数と呼ばれる高次複素数を発見．

[10 章のまとめ]

この章では，
1. 離散グラフの基本的な性質とその隣接行列表現について学んだ．
2. 無向グラフ，有向グラフそれぞれの特徴について学んだ．
3. 隣接行列の積が表す離散グラフの特徴について学んだ．
4. オイラーの定理と離散グラフの周遊可能性の関係について学んだ
5. 発展課題として，平面グラフとそのオイラーの定理について学んだ．

10章　演習問題

[演習1]☆　次の無向グラフ $G(V, E)$ の図を描け．また，連結かどうか答え，カットポイントとブリッジがあればそれぞれ示せ．
  (1) $V = \{P, Q, R, S, T\}$, $E = \{(P,Q), (P,R), (P,T), (Q,R), (Q,S), (Q,T), (R,S)\}$
  (2) $V = \{P, Q, R, S, T\}$, $E = \{(P,Q), (P,S), (Q,S), (R,T)\}$
  (3) $V = \{P, Q, R, S, T\}$, $E = \{(P,Q), (P,R), (P,S), (Q,T), (R,S)\}$

[演習2]☆　右の無向グラフについて，問に答えよ．
  (1) A から F への順路は何通りあるか．
  (2) E を含む異なる単純閉路はいくつあるか
  (3) A と F の間の距離を求めよ．
  (4) グラフの直径を求めよ．
  (5) カットポイントはどれか，すべて示せ．
  (6) ブリッジはどれか，すべて示せ．

[演習3]☆　次の完全グラフと完全2部グラフを描け．
  (1) K_3　　　　　　　(2) K_4　　　　　　　(3) K_5
  (4) $K_{2,2}$　　　　　　(5) $K_{3,3}$　　　　　(6) $K_{3,4}$

[演習4]☆　次の正則グラフの例を，それぞれ2つ以上描け．
  (1) 節点が6個からなる3次の正則グラフ
  (2) 節点が6個からなる4次の正則グラフ
  (3) 節点が7個からなる4次の正則グラフ

[演習5]☆　右の隣接行列は，(A) 無向グラフ，(B) 有向グラフ，のものである．節点の集合を $\{a, b, c, d, e\}$，隣接行列を A とする．(A), (B) それぞれについて，次の問に答えよ．

(A) $\begin{bmatrix} 0 & 0 & 1 & 0 & 1 \\ 0 & 0 & 0 & 1 & 0 \\ 1 & 0 & 0 & 0 & 1 \\ 0 & 1 & 0 & 0 & 0 \\ 1 & 0 & 1 & 0 & 0 \end{bmatrix}$

  (1) 隣接行列 A の表すグラフを描け．
  (2) 行列のブール積により A^2 を求めよ．
  (3) (2) の A^2 の表すグラフを描け．
  (4) 通常の行列の積により A^2 を求めよ．
  (5) (4) の A^2 の表すグラフを描け．
  (6) a から c へ至る長さ2の径路 (A)，あるいは有向径路 (B)，はいくつあるか．
  (7) a から c へ至る長さ3以下の径路あるいは有向径路はいくつあるか．

(B) $\begin{bmatrix} 1 & 0 & 1 & 1 & 0 \\ 0 & 0 & 0 & 0 & 1 \\ 1 & 0 & 0 & 0 & 0 \\ 0 & 0 & 1 & 0 & 0 \\ 0 & 1 & 0 & 0 & 0 \end{bmatrix}$

[演習6]☆　図のグラフは周遊可能かどうか答え，周遊可能なら周遊小道を1つ示せ．
  (1)　　　　　　　　　(2)

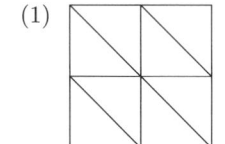

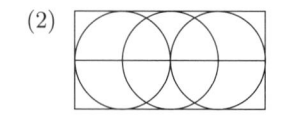

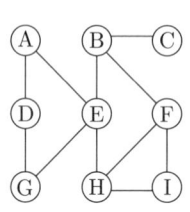

[演習 7] ☆☆ 節点が 5 個の 3 次の正則グラフを描け．節点が 7 個の場合はどうか．

[演習 8] ☆☆ 節点が 3 個，4 個，5 個，6 個，7 個からなる自己補グラフが存在すれば，それぞれ 1 つ示せ．存在しない場合は理由を説明せよ．

[演習 9] ☆☆ 次の (a), (b) の 2 つのグラフは同型である．同型写像を求めよ．

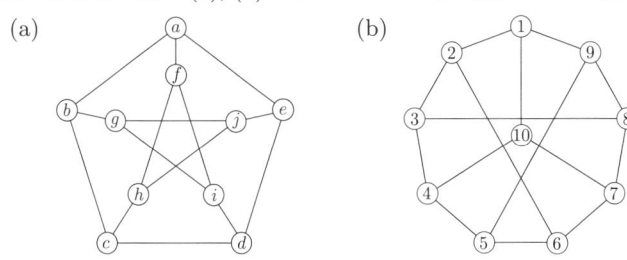

(a)   (b)

[演習 10] ☆☆ 次のことを証明せよ．
(1) 無向グラフにおいてすべての節点の次数の和は，辺の数の 2 倍に等しい．
(2) 無向グラフにおける奇節点の数は偶数個（0 個を含む）である．
(3) 有向グラフにおいてすべての節点の入次数の総和は出次数の総和と等しい．

[演習 11] ☆☆ 2 個以下の奇節点をもつ有限連結な無向グラフは周遊可能であることを，証明せよ．

[演習 12] ☆☆☆ 有限連結な多重有向グラフにおいて，逆有向弧を含まないオイラー閉路が存在するために多重有向グラフが満たすべき必要十分条件を示せ．（オイラーの定理の多重有向グラフへの拡張）

[演習 13] ☆☆☆ 無向グラフ $G = (V, E)$ の V の中の関係 R を次のように定義する．$x, y \in V$ として，

xRy：節点 x と y の間に径路がある

とすると，R は V の中の同値関係である．このことを示せ．また，R による同値類はどのようなものか，簡単に説明せよ．（同値関係は，反射律，対称律，推移律を満たす関係である．9 章を参照．）

[演習 14] ☆☆☆ n 個の節点からなる連結無向グラフ G について次のことを，n に関する数学的帰納法により示せ．
(1) G は $n-1$ 本以上の辺をもつ．
(2) G が木であるのは，G が $n-1$ 本の辺をもつとき，かつ，そのときに限る．

[演習 15] ☆☆☆ 次の問に答えよ．
(1) 6 個の節点からなる任意の無向グラフ G とその補グラフ G' は，いずれか一方が三角関係を有する（辺を直線で描くと節点を頂点とする三角形がある）ことを示せ．
(2) 6 人の人が集まったとき，その中の少なくとも 3 人は，互いに知人であるか，あるいは互いに知人でないか，どちらかである．このことを示せ．

[解1] (1) 連結
カットポイント：なし
ブリッジ：なし

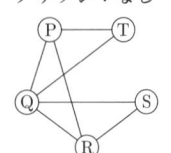

(2) 非連結
カットポイント：R, T
ブリッジ：(R, T)

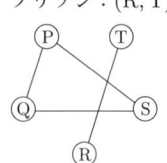

(3) 連結
カットポイント：P, Q
ブリッジ：(P, Q), (Q, T)

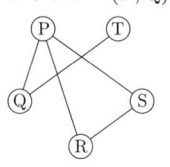

[解2] (1) A→Eは2通り，E→Fは3通りあるから，A→Fは，$2 \times 3 = 6$ 通り．
(2) E–A–D–G–E, E–B–F–H–E, E–B–F–I–H–E の3通り．
(3) A→Fの最短径路の長さは3（たとえばA–E–B–F）だから，AとFの間の距離は3．
(4) 節点間の最大距離は4（たとえばD–A–E–B–C）だから，直径は4．
(5) カットポイントは，B, E．
(6) ブリッジは，(B, C)．

[解3] (1) K_3 (2) K_4 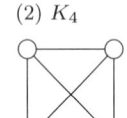 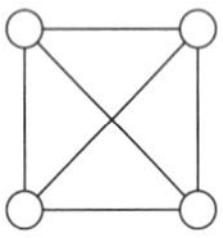 (3) K_5 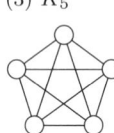 (4) $K_{2,2}$ 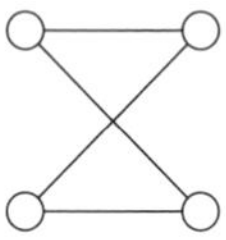 (5) $K_{3,3}$ 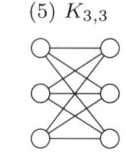 (6) $K_{3,4}$

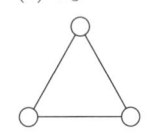

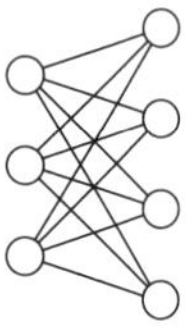

[解4] (1) 節点数6個
3次の正則グラフ

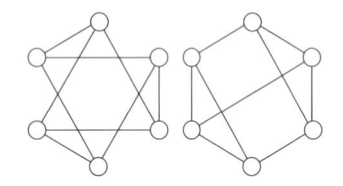

(2) 節点数6個
4次の正則グラフ

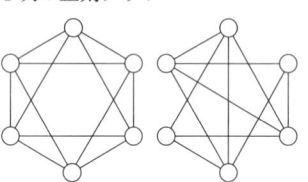

(3) 節点数7個
4次の正則グラフ

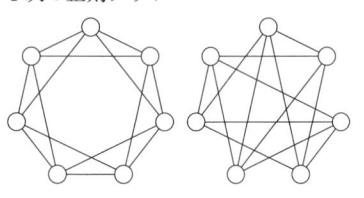

[解5] AのグラフとBのグラフとについて，それぞれ (1)〜(7) に答える．

(A) (1)

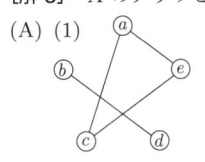

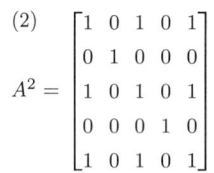

(2) $A^2 = \begin{bmatrix} 1 & 0 & 1 & 0 & 1 \\ 0 & 1 & 0 & 0 & 0 \\ 1 & 0 & 1 & 0 & 1 \\ 0 & 0 & 0 & 1 & 0 \\ 1 & 0 & 1 & 0 & 1 \end{bmatrix}$

(3)

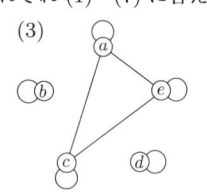

(4) $A^2 = \begin{bmatrix} 2 & 0 & 1 & 0 & 1 \\ 0 & 1 & 0 & 0 & 0 \\ 1 & 0 & 2 & 0 & 1 \\ 0 & 0 & 0 & 1 & 0 \\ 1 & 0 & 1 & 0 & 2 \end{bmatrix}$

(5)

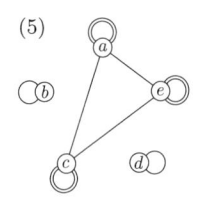

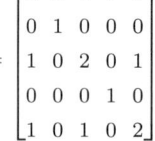

(6) (4) の行列 A^2 の (a, c) 要素が a から c への長さ2の径路の数であるから，1通り（a–e–c）である．

(7) 通常の行列の積から，$A^3 = \begin{bmatrix} 2 & 0 & 3 & 0 & 3 \\ 0 & 0 & 0 & 1 & 0 \\ 3 & 0 & 2 & 0 & 3 \\ 0 & 1 & 0 & 0 & 0 \\ 3 & 0 & 3 & 0 & 2 \end{bmatrix}$ が得られるから，$A + A^2 + A^3 = \begin{bmatrix} 4 & 0 & 5 & 0 & 5 \\ 0 & 1 & 0 & 2 & 0 \\ 5 & 0 & 4 & 0 & 5 \\ 0 & 2 & 0 & 1 & 0 \\ 5 & 0 & 5 & 0 & 4 \end{bmatrix}$ となる．この行列の (a, c) 要素が a から c への長さ3以下の径路の数であるから，5通りである．

(B) (1)

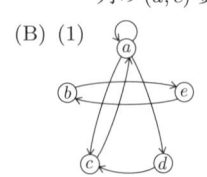

(2) $A^2 = \begin{bmatrix} 1 & 0 & 1 & 1 & 0 \\ 0 & 1 & 0 & 0 & 0 \\ 1 & 0 & 1 & 1 & 0 \\ 1 & 0 & 0 & 0 & 0 \\ 0 & 0 & 0 & 0 & 1 \end{bmatrix}$

(3)

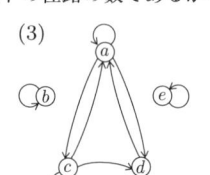

(4) $A^2 = \begin{bmatrix} 2 & 0 & 2 & 1 & 0 \\ 0 & 1 & 0 & 0 & 0 \\ 1 & 0 & 1 & 1 & 0 \\ 1 & 0 & 0 & 0 & 0 \\ 0 & 0 & 0 & 0 & 1 \end{bmatrix}$

(5)

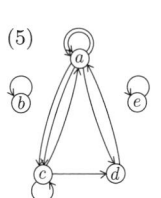

(6) (4) の行列 A^2 の (a, c) 要素が a から c への長さ 2 の有向径路の数だから，2 通り（a–a–c, a–d–c）である．

(7) 通常の行列の積から，$A^3 = \begin{bmatrix} 4 & 0 & 3 & 2 & 0 \\ 0 & 0 & 0 & 0 & 1 \\ 2 & 0 & 2 & 1 & 0 \\ 1 & 0 & 1 & 1 & 0 \\ 0 & 1 & 0 & 0 & 0 \end{bmatrix}$ が得られるから，$A + A^2 + A^3 = \begin{bmatrix} 7 & 0 & 6 & 4 & 0 \\ 0 & 1 & 0 & 0 & 2 \\ 4 & 0 & 3 & 2 & 0 \\ 2 & 0 & 2 & 1 & 0 \\ 0 & 2 & 0 & 0 & 1 \end{bmatrix}$ となる．この行列の (a, c) 要素が a から c への長さ 3 以下の有向径路の数であるから，6 通りである．

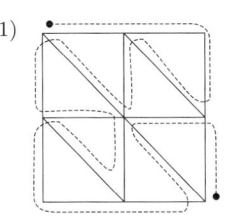

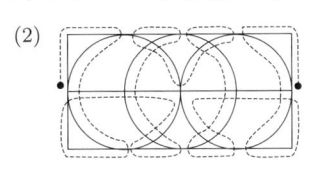

[解6] (1) (2)

[解7] 節点が 5 個の 3 次の正則グラフは存在しない．そのようなグラフが存在したとすると，辺の数は，$5 \times 3/2$ となるはずであるが，これは整数ではないから，そのようなグラフは存在しない．節点が 7 個の 3 次の正則グラフも同様で，そのようなグラフが存在したとすると，辺の数 $7 \times 3/2$ は整数ではないから，そのようなグラフは存在しない．

[解8] 一般に，自己補グラフの辺の数は完全グラフの辺の数の 1/2 である．節点数が 3 個のグラフでは，完全グラフの辺の数は 3 であるから，自己補グラフは存在しない．また，節点数が 6 個，7 個では，完全グラフの辺の数は $6 \times 5/2 = 15$，$7 \times 6/2 = 21$ であるから，やはり自己補グラフは存在しない．節点数 4, 5 個の自己補グラフの例をそれぞれ 2 通り示す．

節点数 4

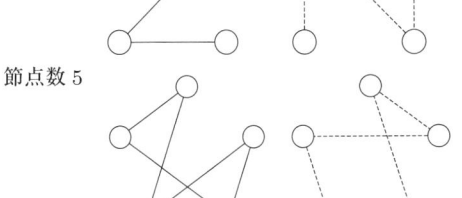

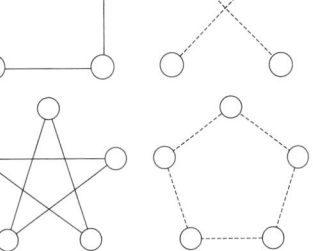

節点数 5

[解9] 写像 $\begin{pmatrix} a & b & c & d & e & f & g & h & i & j \\ 1 & 2 & 3 & 8 & 9 & 10 & 6 & 4 & 7 & 5 \end{pmatrix}$ は，(a) のグラフを (b) のグラフに対応させるから，同型写像である．（なお，(a) を (b) に対応させる同型写像は，多数ある．これはそのうちの 1 つである）

[解10]
(1) 無向グラフで，すべての辺を中央で切断すると，グラフはすべての節点が 1 つずつバラバラとなり，それぞれの節点に着いている辺の数は節点の次数と等しい．この操作によって辺の数は 2 倍になるから，すべての節点の次数の和は辺の数の 2 倍である．■

(2) (1) よりすべての節点の次数の和は偶数であるから，奇節点の数は偶数個でなければならない．■

(3) (1) と同様の操作を有向辺について行うと，1 つの辺は，始節点（出次数に数える）と終節点（入次数に数える）に別れて着く．したがって，すべての節点の入次数の総和と出次数の総和は等しい．■

[解11] 奇節点のないグラフはすべて偶節点であり，オイラー閉路が存在する．オイラー閉路はグラフのすべての辺を 1 回だけ通るから，それは周遊可能径路である．

奇節点が 1 個のグラフは，すべての節点の次数の和は偶数でなければならないから（[演習10] (2) 参照），存在しない．

奇節点が 2 個のグラフでは，2 個の奇節点を繋ぐ辺を追加すればすべて偶節点となり，オイラー閉路が存在する．このオイラー閉路に沿う径路から，追加した辺を除くと，1 つの奇節点から他の奇節点へ至る径路が得られるが，その径路はもとのグラフのすべての辺を 1 回だけ通るから，周遊可能径路である．■

[解 12] 必要条件：逆有向弧のないオイラー閉路が存在すれば，すべての節点で入次数と出次数が同じである．

十分条件：すべての節点で入次数と出次数が同じであれば，逆有向弧のないオイラー閉路が存在する．

[解 13] 反射性：x と x の間には長さが 0 の径路があるから，"xRx" が成立する．よって，R は反射律を満たす．

対称性：x と y の間に径路があれば，y と x の間にも径路があるから，"xRy ならば yRx" が成立する．よって，R は対称律を満たす．

推移性：x と y の間に径路があり，y と z の間に径路があれば，x と z の間には y を経由する径路があるから，"xRy かつ yRz ならば xRz" が成立する．よって，R は推移律を満たす．

以上より，R は同値関係である．■

任意の節点 x について，x との間に径路のある節点はすべて x の同値類である．言い換えれば，節点 x と連結な節点の集合が x の同値類であるから，同値類はグラフ G の連結部分に対応する．

[解 14]
(1) [基本段階] $n = 2$ のとき，2 個の節点からなる連結グラフは $n - 1 = 1$ 本の辺からなり，$n - 2 = 0$ 本では連結グラフにはできない．

[帰納段階] $n = k$ のとき，k 個の節点からなる連結グラフを G_k とすると，G_k は $k - 1$ 本以上の辺からなり，$k - 2$ 本では連結グラフにはできないと仮定する．（帰納法の仮定）

$n = k + 1$ のとき，$n = k + 1$ の連結グラフ G_{k+1} は G_k に 1 つの節点とそれとを繋ぐ辺を 1 本以上加えたものである．G_k は $k - 1$ 本以上の辺をもつから，G_{k+1} は $(k - 1) + 1 = k$ 本以上の辺からなる連結グラフである．

[結論] 以上より，n 個の節点からなる連結グラフ G は $n - 1$ 本以上の辺をもつ．■

(2) 木は任意の 2 つの節点間に 1 つだけ順路が存在するグラフであるから，閉路が存在せず，かつ，連結である．連結であるから，(1) より，$n - 1$ 本以上の辺が必要である．

[基本段階] $n = 2$ のとき，2 個の節点からなる木は $n - 1 = 1$ 本の辺からなる．

[帰納段階] $n = k$ のとき，k 個の節点からなる木を T_k として，T_k は $k - 1$ 本の辺からなると仮定する．（帰納法の仮定）

$n = k + 1$ のとき，T_{k+1} は T_k に 1 つの節点とそれとを繋ぐ辺を 1 本追加したものである．これは $(k - 1) + 1 = k$ 本の辺からなる木である．

ところで，辺を 2 本以上追加すると閉路ができる．たとえば，辺を 2 本追加して，追加した節点 a と T_k の節点 b, c とをそれぞれ繋ぐと，T_k では b と c の間に順路があったから，T_{k+1} ではそれとこの順路 b-a-c と合せて閉路が形成される．よって，$n = k + 1$ の木 T_{k+1} は k 本の辺からなる．

[結論] 以上より，n 個の節点からなる木は $n - 1$ 本の辺をもつ．■

[解 15]
(1) 節点集合を $\{v_1, v_2, \ldots, v_6\}$ とする．v_1 は残りの $v_2, \ldots, v_6$ と G あるいは G' のどちらか一方でのみ隣接する．したがって，v_1 は G あるいは G' で 3 個以上の節点と隣接する．いま，v_1 は v_2, v_3, v_4 と G で隣接しているとしても一般性を失わない．もし，G で v_2, v_3, v_4 のうち少なくとも 2 つが隣接していれば，それらと v_1 とで三角関係が成立する．もし，G で v_2, v_3, v_4 のどれも隣接していなければ，v_2, v_3, v_4 は G' で三角関係となっている．よって，題意が証明できた．■

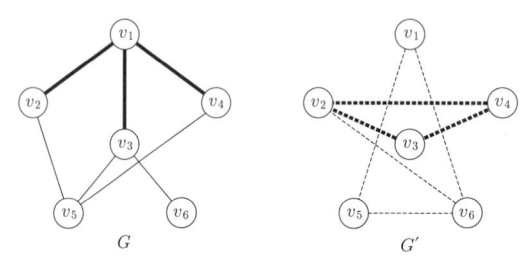

(2) 6 人の人を節点 $v_1, v_2, \ldots, v_6$ に対応させ，互いに知人であるとき対応する節点を辺で繋ぐと，6 人の人の知人関係は 6 個の節点からなる無向グラフ G で表すことができる．互いに知人でない関係は，知人関係のグラフ G の補グラフ G' である．(1) より，$v_1, v_2, \ldots, v_6$ は G あるいは G' で三角関係があるから，少なくとも 3 人は，互いに知人であるか，あるいは，互いに知人ではない．よって，題意が示せた．■

11章　木グラフ

[ねらい]

「木」は閉路を含まない有限離散グラフであるが，通常は有向グラフの木「有向木」で，その中でも「根付き木」を指す．この章では，木と根付き木について，その性質，特徴について理解することを目的とする．また，木を表現する方法としてしばしば使われるリスト表現についても基礎的な知識を学ぶ．

根付き木は，1つの節点からはじめて次々に枝分れする木で，系統的な分類あるいは探索の過程を表すときにしばしば用いられる．たとえば，社長をトップとする会社の組織図は，根付き木で表せる．木は離散グラフであるから，10章で学んだ図によるグラフ表現や隣接行列で表すことができる．閉路がないという木の特徴はリストで簡単に表すことができる．リストは構文解析や数式表現では普通に使われる表現方法である．ここでは，木について基礎的な知識を整理するとともに，構文木，探索木についても基本的な理解を得る．

[この章の項目]

木
根付き木
順序木
構文木
構文木のリスト表現
グラフの探索と探索木
横型探索と縦型探索（発展課題）
最適探索（発展課題）

▶ [節点の次数]
　ある節点に接続する辺の数を，その節点の次数という．

▶ [同型なグラフ]
　節点を並べ換えると同じ形になるグラフを，同型である，という．
　もう少し正確にいえば，2つのグラフの節点のラベルをうまく対応させると隣接関係が全く同じになるグラフを，互いに同型であるという．

▶ [無向木]
　n 個の節点からなるグラフ T について，次の (A)～(D) のうち 1 つが成立することが確認できれば，T は木である．
(A) T では，任意の節点間に順路が必ず 1 つだけ存在する．
(B) T は，連結でかつ閉路をもたない．
(C) T は，連結で $n-1$ 個の辺をもつ．
(D) T は，$n-1$ 個の辺をもち閉路をもたない．
　これから，n 個の節点からなる連結グラフにおいて，辺の数が n 以上ならば閉路が存在することが分かる．

■ 木

　単純無向グラフで，任意の**節点**（せってん）間に順路が 1 つだけ必ず存在するものを**無向木**（むこうぎ）という．n 個の節点からなる木は，辺の数が $n-1$ である．木で，次数が 1 の節点を**端点**（たんてん），次数が 2 以上の節点を**分岐節点**という．通常，基本的に同じ（同型な）木は同一視する．「異なる木」は同型でないグラフの木である．たとえば，節点が 5 個で構成される異なる木は，下の図の (a)～(c) である．(d)(e) はともに (b) と同型である．

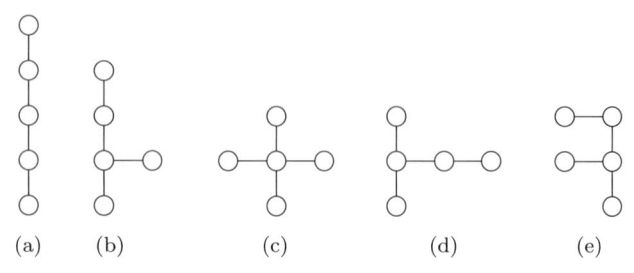

節点数 5 の無向木

　連結有向グラフで，逆有向辺も許す一般の閉路が存在しないグラフを，**有向木**（ゆうこうぎ）という．有向木において，入次数 = 0 の節点（入口）を**根**（ね）（ルート）と呼び，出次数 = 0 の節点（出口）を**葉**（は）という．葉は端点である．

　有向木を図に表すとき，有向辺の向きを常に下向きに描くことができる．根節点を上方に，葉節点を下方に描き，分岐節点は，有向辺の向きが下方を向くように置く．有向辺を常に下向きに描くとき，有向辺の矢印を省略して，無向グラフのように描くことが多い．4 個の節点からなる異なる有向木の例を図に示す．

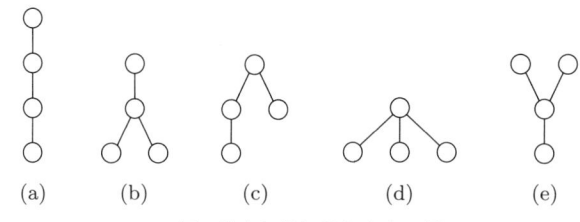

4 個の節点からなる有向木の例

▶ [根付き木]
　同型な根付き木は，上下関係を保存する同型写像（変形）で一致する木である．
　(a) と (b) は同型な根付き木であるが，(c) とは同型ではない（無向木としては同型である）．

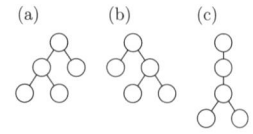

(a)　(b)　(c)

　n 個の節点から構成される無向木あるいは有向木の辺の数は $n-1$ である．

■ 根付き木

　根を 1 つだけもつ有向木を**根付き木**（ねっきぎ）という．単に**木**というと根付き木をさすのが普通である．木は連結な有向グラフで，1 つの根といくつかの葉があり，かつ根からすべての葉へ至る有向順路がそれぞれ 1 つだけ存在する．根と葉以外の節点は**分岐節点**である．木の有向辺を**枝**という．節点数が 4 の根付き木は，上の有向木の図で (a)～(d) の 4 種類ある．(c) は

根が2つある．節点数が5の場合，異なる根付き木は9種類ある．

木の最上位節点は根である．根付き木を図に描くとき，根を最上位に置くので木を逆さに描いたようになる．根からある節点に至る順路の長さをその節点の **深さ**（あるいは **高さ**）という．

木の任意の連結部分はやはり木で，**部分木** という．一般には，ある分岐節点とそれより下の部分全体からなる部分木をさすことが多い．根付き木で，節点 d が節点 a の子節点となっているとき，d を根とする部分木を a の **枝** ということもある．

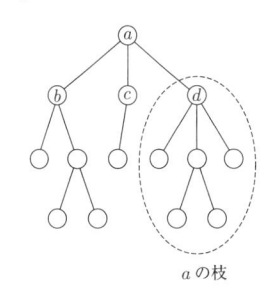

一般の有向木において，有向辺でつながれた2つの節点のうち，上位節点（有向辺の始節点）を **親節点**，下位節点（有向辺の終節点）を **子節点** という．これを **親子関係** という．

根付き木では，根以外の節点の親節点は1つに限る．共通の親をもつ節点は **兄弟節点** あるいは **姉妹節点** という．さらに **祖先子孫関係** を定義できる．節点 x の親 y を x の **祖先**（x は y の **子孫**）といい，さらに，x の祖先が y で，y の祖先が z ならば，z も x の祖先（x は z の子孫）とする．これは親子関係に推移性を加えた関係である．

木のある節点から出る枝の数（出次数）をその節点の **分岐次数** という（単に **次数** ということもある）．葉以外のすべての節点の分岐次数が常に n（≥ 2）のとき **n 分木**（**n 進木**）という．$n=2$ の **2分木** はさまざまな記述やデータ構造としてよく用いられている．

なお，分岐次数が高々 n（n 以下）である木を n 分木ということもある．これに対し分岐数が常に一定であるような木は **正則** であるという．

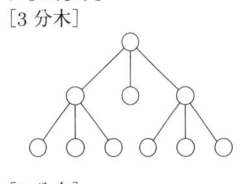

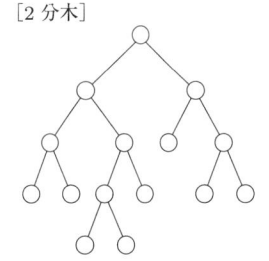

木の各節点に意思決定のための条件を配置し，条件が成立したら左の枝へ，不成立なら右の枝へ進めて，ルールの連鎖により意思決定を行う方法がある．これはグラフに表すと2分木になっている．各節点に3択ルールを配置すればその節点からは3つの枝分かれが生じる3分木となる．

一般に，分岐節点にルールを配置し，葉節点に結論を置いた木を **決定木** という．決定木は多数の関係するルールから簡単に構成できるから，古くからさまざまなところで使われてきた．化学物質の分析知識，仕事の手引き（マニュアル）など，多くの経験知識が決定木で表されている．

診断用に構成した決定木を **診断木** という．医療診断，故障診断，建築物診断，危険度診断，経営診断など，トラブルの原因を追及したり，トラブルの起こりそうなところを予見したり，将来の発展を予測する．診断はさまざまな行動の前提となる．すべての診断ルールがある値を基準として正常か異常か判断するルールならば，診断木は2分木になる．

▶[部分木と枝]
枝は下方への有向辺自身をさすが，根付き木の場合はこのような部分木をさすことも多い．

a の枝

▶[n 分木]
[3 分木]

[2 分木]

■ 順序木

木の兄弟節点に上下関係を導入したものを，**順序根付き木**，あるいは簡単に **順序木** という．単に **木** ということもある．グラフの図表現では，兄弟節点の上位節点を左に，右に下位節点を配置する．順序木では兄弟節点の上下関係をその子孫にまで拡張しておくのが普通である．簡単に言えば，上位の兄弟節点の子孫は，下位の兄弟節点の子孫よりも上位であるという関係である．この関係を **継承関係** と呼ぼう．

例えば次の図の順序木で，兄弟節点 b_1, b_2, b_3 には，b_1, b_2, b_3 の順で上位の継承関係がある．b_2 の枝に属する節点は b_1 の枝に属している節点より下位の継承関係にあり，b_3 の枝にある節点より上位の継承関係にある．

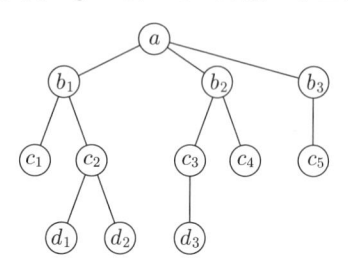

▶ [順序木の継承関係]
順序木における継承関係は，世襲制における継承関係のモデルである．兄弟の中では年長者が上位継承者で，上位継承者の子孫は，下位継承者の子孫より上位である．

祖先は子孫より上位であるから，この継承関係は順序木のすべての節点に順位付けを可能とする．上図の節点を上位から継承関係順に並べると，次のようになる．

$$a, b_1, c_1, c_2, d_1, d_2, b_2, c_3, d_3, c_4, b_3, c_5$$

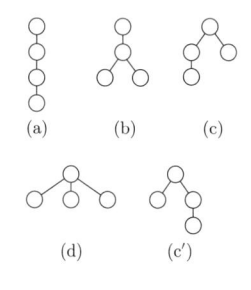

順序木では左右を区別するから，異なる順序木は根付き木より種類が多い．4つの節点からなる異なる順序木は，170ページ下の図で (a)～(d) と，(c) の左右を入れ換えた右図の (c′) とで，5種類ある．5つの節点の場合は14種類ある．

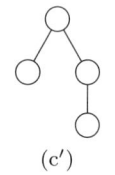

▶ [同型でない順序木]
根付き木における同型写像は左右の関係も保存する必要がある．4つの節点からなる同型でない順序木は次の5通りある．

(a)　(b)　(c)

(d)　(c′)

順序木は，継承関係で番号付けができるが，さらに，継承を利用して次のようなラベル付けもできる．下の図の順序木では，12個の節点 A～L についている◯内の番号は，継承関係の上位からの番号である．1.1 とか 1.2.2 などの数字列は節点ラベルである．このラベルは，根節点のラベルを1とし，子節点のラベルは，親から継承したラベルの後ろに枝番を付けて構成したもので，教科書の章や節などの番号付けと似ている．

▶ [順序木のラベル付け]
順序木の節点のラベル構成法を帰納的に示そう．

a. 根節点のラベルを1とする．
b. 親節点のラベルが w のとき，子節点のラベルを，左の上位節点から順に w の枝番を付ける．

$w.1$
$w.2$
$\vdots$

なお，このラベル付けで "." を用いたが，これは単なるデリミタ (区切り記号) であって，他の記号でも空白でもよい．

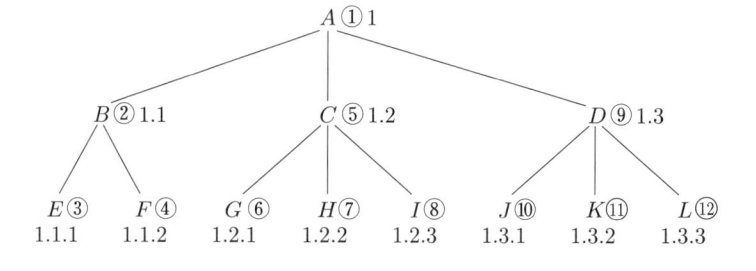

構文木

数式は一連の演算からなる．ここでは，簡単のため，数の四則演算からなる数式について考えよう．数式はたとえば

$$6 \div 2 - 1 + (9 - 4) \times 7$$

のように書く．数式を評価して結果を求めるには，演算を実行する順序が重要である．この数式は6つの項と5つの演算からなるが，すべての演算をカッコで明示すれば，

$$(((6 \div 2) - 1) + ((9 - 4) \times 7))$$

である．普通はカッコを減らして見やすくするため，2項演算より1項演算を優先，積と商を和と差より優先，同じ順位の演算は左を優先とし，この規則で決められない演算順序はカッコで明示するので，最初の式のようになる．

この数式の演算順序の構造を，順序木によって表すことができる．これを，数式の**構文木**という．分岐節点は演算記号，葉節点は数である．各演算記号の左の枝は演算の第1項，右の枝は第2項に対応し，この2つの項に値が得られていれば演算をすることができる．

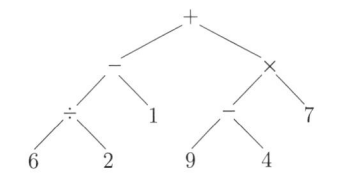

次の英文について考えてみよう．

　I saw a man on the hill with a telescope.

英文は句を基本とする構造となっている．on the hill がひとまとまりで a man を修飾していて「丘の上の男」を意味し，a man はそれを含めて saw の対象で，with a telescope もひとまとまりになって saw を修飾し「望遠鏡で見た」となる，という構造である．これらの句の構造をカッコで明示的に表すと，次のようになる．

　(I (saw ((a man) (on (the hill))) (with (a telescope)))).

これを次のような順序木で表したものを，文の**構文木**という．分岐節点の○は，名詞句などの句の単位を表している．

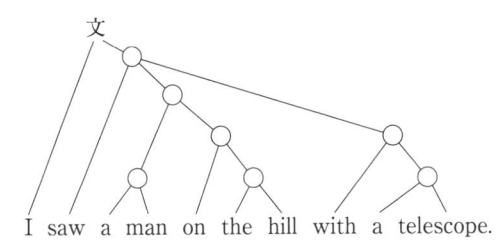

▶[英文の構文木]
　この英文には他にもいくつかの解釈が可能である．たとえば，with a telescope が hill を修飾していると「望遠鏡の設置されている丘」の意味になる．

　(I (saw ((a man) (on (the hill) (with (a telescope))))))．

また，man を修飾していると「丘の上にいる望遠鏡をもった男」の意味になる．

　(I (saw ((a man) (on (the hill)) (with (a telescope))))))．

■ 構文木のリスト表現

いくつかの成分をカンマで区切って並べてカッコでくくったものを **リスト** という．リストの成分としてリスト自身が入ってもよい．リストの成分のもとになる基本要素を **アトム** といい，記号あるいは記号列がアトムになりえる．たとえば，"boy"，"12" はアトムである．$a \sim f$ をアトムとして，(a, b, c) や $((a, b), c, (d, (e), f))$ はリストである．各成分を区切るカンマをデリミタ（区切り記号）と呼ぶが，空白などを使うこともある．

順序木をリストで表すことができる．たとえば，部分順序木の根を第 1 成分に，根の子節点を第 2 成分以降に数だけ並べてリストとしよう．子節点が部分木になっている場合はそれ自身もリストで表す．例を示す．

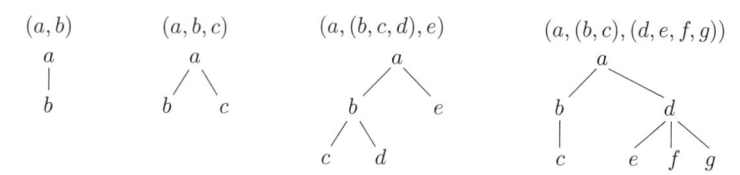

```
  (a, b)        (a, b, c)       (a, (b, c, d), e)      (a, (b, c), (d, e, f, g))
    a              a                   a                        a
    |             / \                 / \                      / \
    b            b   c               b   e                    b   d
                                    / \                      / \ /|\
                                   c   d                    c  c e f g
```

数式は，数式の構文木をリスト表現した記号列である．たとえば，
$$(((6 \div 2) - 1) + ((9 - 4) \times 7))$$
では，2 項演算を表す部分木は（第 1 項，演算記号，第 2 項）で，部分木の根は第 2 成分に置く．演算記号を 2 つの項の間に置くので **中置記法** と呼ぶ．中置記法では，前ページのように演算の優先順位によってカッコを減らす．

2 項演算を表すリストを（演算記号，第 1 項，第 2 項）とする数式の記法がある．根を第 1 成分に置くリストの記法で，**前置記法** あるいは **ポーランド記法** と呼ばれている．

  前置記法 $(+ \ (- \ (\div \ 6 \ 2) \ 1) \ (\times \ (- \ 9 \ 4) \ 7))$

逆に（第 1 項，第 2 項，演算記号）とする記法もよく使われており，**後置記法** あるいは **逆ポーランド記法** と呼ばれている．

  後置記法 $(((6 \ 2 \ \div) \ 1 \ -) \ ((9 \ 4 \ -) \ 7 \ \times) \ +)$

演算記号が何項演算であるかが分っていれば，前置記法，後置記法の数式ではすべてのカッコを省略できる．

  前置記法 $+ \ - \ \div \ 6 \ 2 \ 1 \ \times \ - \ 9 \ 4 \ 7$

  後置記法 $6 \ 2 \ \div \ 1 \ - \ 9 \ 4 \ - \ 7 \ \times \ +$

文を (I (saw ((a man) (on (the hill))) (with (a telescope)))). と書いたのも，順序木としての構文木のリスト表現である．文は数式のように演算の項数が決まっていないから，カッコをすべて除いてしまうと，もとの構文木の構造を再構成できないので，同じ文が異なった構文木に対応してしまうことがある．

▶[線形リスト]
 成分がアトムのみからなるリストを **線形リスト** という．(a, b, c) は 3 つのアトムからなる線形リストである．

▶[構文木と数式]
 数式の構文木の部分木

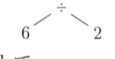

```
    ÷
   / \
  6   2
```

をリストで
 $(6 \div 2)$
と表す．さらに，上位の部分木

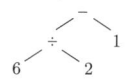

```
      -
     / \
    ÷   1
   / \
  6   2
```

を，上のリストを第 1 成分として含むリスト
 $((6 \div 2) - 1)$
で表す．同様にして，全体の構文木をリストで表すと
 $(((6 \div 2) - 1) + ((9 - 4) \times 7))$
となる．

▶[ポーランド記法]
 ポーランド記法（前置記法）は，リスト表現の数式で演算記号を前に移せば得られる．たとえば，
 $(6 \div 2)$
 $((6 \div 2) - 1)$
では，演算記号を前にして
 $(\div \ 6 \ 2)$
 $(- \ (\div \ 6 \ 2) \ 1)$
とする．

 なお，ポーランド記法の呼び名は，この記法を提唱したポーランドの論理数学者 **ヤン・ルカシビッツ** (Jan Lukasiewicz) に由来する．

【ヤン・ルカシビッツ】Jan Lukasiewicz 1878–1956 ポーランドの論理学者，哲学者．ルヴフ（現ウクライナのリヴィウ）生まれ．「ポーランド記法」は彼の発案によるものである．

■ グラフの探索と探索木

迷路は離散グラフで表すことができる．右の無向グラフでA〜Hは洞窟内の部屋とし，線はそれらの部屋を繋ぐ通路とする．この迷路で，入口Sから入ってGにある宝を見つけたい．迷路全体はどうなっているか探索者には分からない．

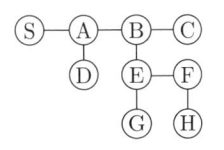

迷路の無向グラフ

離散グラフにおいて，1つの節点を **開始節点** とし，1つ以上の節点を **目標節点（ゴール）** として，開始節点から目標節点に至る順路（有向グラフなら有向順路）を見つけるという問題を考える．このような問題を一般に離散グラフの **探索問題** という．

開始節点を根節点とし，次に開始節点のすべての隣接節点を調べて根節点の子節点とする（これを根節点を展開するという）．さらに子節点を展開して孫節点を得る，…．こうして次々と探索を広げていく様子は木で表すことができる．この木をグラフの **探索木** という．

離散グラフの探索は探索木を構成することであり，探索方法は探索木を成長させる方法である．探索木を成長させる途中で目標節点が見つかれば，そこで探索は終了である．開始節点から始めてすべての節点が展開された探索木を **完全探索木** という．

連結グラフ G における連結部分グラフが G のすべての節点を含む木であるとき，その木を G の **全域木** という．全域木は一般にはいくつもある．右図の太線は1つの例である．

連結グラフ G の探索において，探索の途中に既に探索した節点が繰り返し出てくることがある．これはグラフに閉路が存在するためであるが，実際の探索過程では同じ節点が現われたらそれより先は探索しない．重複節点のどちらが採用されるかは探索順序に依存するから，探索方法が異なれば探索木が異なる．重複して現われる節点を省略した探索木は，G の全域木の部分木となっている．完全探索木は全域木の1つである．

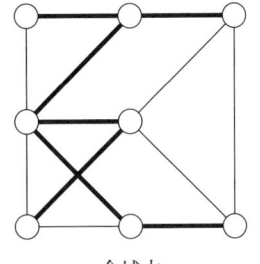

全域木

対戦ゲームでは局面に応じて次の手を打つが，手を打つと局面が変化する．局面を節点とし，打つ手を変化した局面をつなぐ辺とすると，局面の変化を有向グラフで表せる．数手先まであれこれの手を読むことは，有向グラフの探索と同じである．ゲームの探索木を **ゲーム木** と呼ぶ．

人工知能分野では，問題の解決法や知識の処理法を状態の変化として表し，状態の変化の様子を状態空間で表す．状態空間を離散グラフとみなすと，問題や知識を処理して最適な結果を得ることを状態空間の探索として定式化することができる．多くの探索手法が提案され，使われている．

▶ [探索木と完全探索木]

図の迷路には閉路がないので完全探索木は有限である．閉路があると，閉路をぐるぐる回る径路があるから，完全探索木は無限に伸びる．

図の迷路のグラフを，Sから順に各部屋を調べて行く様子を木に表したものが探索木である．

探索木

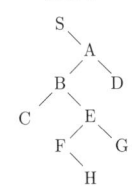

Sを展開してAを得る．次にAを展開するとBとDを得る．Dは展開できなくて行き止まりである．Bは展開できてCとEを得るが，Cは行き止まりである．Eを展開するとGとFを得る．Gは行き止まり，FからはHを得て，Hは行き止まりである．すべての枝が行き止まりになるから，これは完全探索木である．

■ 横型探索と縦型探索 (発展課題)

探索を進めるとき，探索木の節点を1つずつ調べていくとする．どのような順序で探索を進めるかの方法を **探索戦略** という．探索木を構成する戦略である．探索戦略にはさまざまな方法が提案されているが，基本となるのは **横型探索**（幅優先探索）と **縦型探索**（深さ優先探索）である．

横型探索では，探索木を1段ずつ順に探索しながら降りていって，ゴールを発見する．探索木の横方向（幅方向）に探索するのでこの名がある．

縦型探索は，探索木の1つの枝を選んで先へ先へ深く探索し，行き止まり（ゴールでもなく枝もない節点）になったら引き返して，隣の枝の探索を進める，という方法である．行き止まりから引き返すことを **バックトラック** という．探索木を縦に深く探索するのでこの名がある．

探索において，節点 A がゴールかどうか判断し，ゴールでない場合は A を展開しその子節点を得る．これを A の「調査」と呼ぼう．得られた子節点は未調査である．未調査の節点の集まりから1つ選んで調査し，新たに未調査節点を得る．未調査の節点と調査済みの節点を記憶するのに，探索が進むと数が変化するので，大きさの可変なリスト表現を使おう．

未調査節点のリストを OpenList，調査済み節点のリストを ClosedList と名付け，それぞれ O(), C() と表す．OpenList の節点は先頭から1つずつ順に取り出して調査する．調査が終わった節点は ClosedList へ移す．探索が終了したときに開始節点 S からゴール G までの径路を容易に得るために，各節点には親節点の名前（これを親へのポインタと呼ぶ）を添えておく．A が B を展開して得られた節点ならば A[B] と書く．

ある探索ステップで 2 つのリストが次のようであったとする．

O(B[S], D[S], C[A]), C(S[], A[S])

このステップでは，OpenList が未調査の B，D，C の3つの節点をこの順に含んでおり，B と D は S を展開して得られ，C は A から得た，ということを表している．また ClosedList には，調査済みの節点として S，A があり，A の親は S であることを示している．S は開始節点なので，親ポインタは空である．

横型探索では，各段の節点を順に調べるから，OpenList の節点は調査によって得られた順に節点を並べておけばよい．新たに得られた節点はリストの後ろに挿入する．探索が循環するのを防ぐため，展開によって同じ節点が得られたら先に得られた方を優先する．

縦型探索では1つの枝を先へ先へ探索するが，バックトラックがおこるから未調査枝をバックトラックしやすいように残しておかねばならない．新たな節点を常にOpenList の先頭へ挿入しよう．そうすると行き止まりでは次の探索候補が自然と先頭にきてバックトラックできる．展開によって同じ節点が得られたら，後から得られた方を優先する．

次の図 (a) の迷路を探索しよう．このグラフでは閉路があるから完全探索木は無限になる．図 (b) は探索木の一部である．

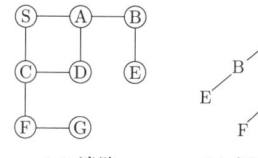

(a) 迷路　　(b) 探索木の一部（重複節点を含む）

▶ [OpenList]

横型探索における OpenList の使い方を，**先入れ先出し方式**（first-in-first-out, FIFO）という．これは **待ち行列** とも呼ばれる．窓口にできる行列は，先頭の人から順に対応され，後から来た人は後ろへ並ぶ．

縦型探索における OpenList の使い方を **後入れ先出し方式**（last-in-first-out, LIFO）という．これは **スタック** とも呼ばれる．スタックは積み上げた状態を意味する．積み上げた皿は，上から順に使われ，また，追加の皿は上に乗せられる．

▶ [盲目的探索]

横型探索も縦型探索も盲目的探索と呼ばれている．グラフが巨大になると効率が低下するので，そのための工夫がいろいろ提案されている．

多くの実際的な問題ではゴールは深いところにあるから，縦型探索を基本とした探索手法が使われる．重み付きグラフ探索は，評価を利用して探索の効率化をはかっている．

横型探索と縦型探索（発展課題）　177

横型探索のアルゴリズムで探索すると，S, A, C, B, D, F, E, G の順でゴールに到達する．OpenList, ClosedList が探索の進展に伴ってどう変化するか示しておこう．

O(S[]), C()
O(A[S], C[S]), C(S[])
O(C[S], B[A], D[A]), C(S[], A[S])
O(B[A], D[A], F[C]), C(S[], A[S], C[S])
O(D[A], F[C], E[B]), C(S[], A[S], C[S], B[A])
O(F[C], E[B]), C(S[], A[S], C[S], B[A], D[A])
O(E[B], G[F]), C(S[], A[S], C[S], B[A], D[A], F[C])
O(G[F]), C(S[], A[S], C[S], B[A], D[A], F[C], E[B])

G はゴールなので，ここで終了．得られた経路は，G[F]←F[C]←C[S]←S である．

縦型探索では，S, A, B, E, D, C, F, G の順に探索してゴールに到達する．得られた経路は G[F]←F[C]←C[D]←D[A]←A[S]←S である．A から B の枝を探索すると E が行き止まりで，バックトラックして A のもう 1 つの枝 D の探索をする．

▶[横型探索の探索木]

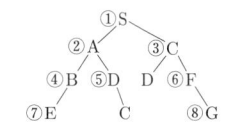

横型探索は，一段ずつ調べる，という性格から，探索木の比較的浅いところにあるゴールを探索するときには有効であるが，目標が深いところにあると手間がかかる．

▶[縦型探索の探索木]

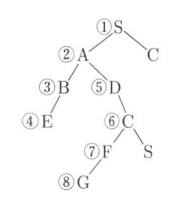

縦型探索は深いゴールの探索に向くが，探索木が大きいと極めて手間がかかる．

[横型探索のアルゴリズム]
INITIALIZE:
　0. OpenList, ClosedList とも空とする（O(), C()）．
　1. 開始節点 S を OpenList に入れる（O(S)）．
LOOP:
　2. OpenList が空ならば，S からゴールに至る径路は存在しない．終了．
　3. OpenList の先頭を取りだし，OpenList から除く．それを A とする．
　4. A がゴールならば，S からゴールに至る節点の系列を出力して終了．
　5. A がゴールでなければ，A を展開し到達可能な節点の集合 P_A を求める．
　6. A を ClosedList の最後に入れる．
　7. P_A が空ならば 2 へもどる．（A が葉節点のとき）
　8. P_A が空でなければ，その節点を適当な順序で OpenList の末尾に追加する．
　　8a. このとき，追加した節点には $[A]$ を添字として付けておく．
　　8b. P_A に OpenList あるいは ClosedList の節点と同じ節点があれば，それを P_A から除いておく．
LOOP_END: 2 にもどる．

[縦型探索のアルゴリズム]　（横型探索と，ステップ 8 だけが異なる．）
　8. P_A が空でなければ，その節点を適当な順序で OpenList の先頭に追加する．
　　8a. このとき，追加した節点には $[A]$ を添字として付けておく．
　　8b. P_A に ClosedList の節点と同じ節点があれば，それを P_A から除いておく．
　　8c. OpenList に P_A の節点と同じ節点があれば，それを OpenList から除く．

▶[重み付きグラフ]
　いくつかの都市を節点，辺を都市間交通機関として，地図を離散グラフに表す．辺の重みをそのコスト（道のりあるいは費用）とすると，この離散グラフは重み付きグラフである．
　いくつかの都市を順次訪問する計画をたてるとき，訪問順の径路を構成する辺のコストの和はその径路全体のコストを表す．

▶[ダイクストラ法]
　ダイクストラ法では探索すべきグラフの全体が事前に分かっているのが普通で，OpenList と ClosedList は長さの可変なリストである必要はなく，固定的な長さの配列などで表すことも多い．
　ダイクストラ法で，OpenList が空となるまで探索・調査を継続すれば，ClosedListには，すべての節点についてSからの最適径路とその評価値が得られている．

【エズガー・ダイクストラ】
Edsger Wybe Dijkstra, 1930–2002 オランダ人の情報工学者．1972 年，プログラミング言語の基礎研究に対してチューリング賞を受賞．構造化プログラミングの提唱者．

■ **最適探索**（発展課題）

　離散グラフの辺に重み（距離，価値，経費など）を付けることがある．これを **重み付きグラフ** という．重みによって径路の善し悪しをみることになるが，それは一般に評価と呼ばれる．値が大きい方が評価が高いときは **価値評価**，値が小さい方が高いときは **コスト評価** である．価値評価でもその逆数や符号替えで評価すれば，コスト評価となる．また，ある径路のコストは径路を構成する辺のコストの和となるとする．

　コスト付きの連結離散グラフで，ある 2 つの節点間の最適な径路（径路のコストが最小の径路）を見つける問題を **最適径路探索** という．ある開始節点 S から他の節点までの最短径路を求める方法に **ダイクストラのアルゴリズム** がある．これについて，簡単に説明しよう．

　節点の評価（開始節点 S からこの節点までの最適径路のコスト）を問題としているから，探索のための節点の標記に，親節点へのポインタだけでなく，その時までに得られている径路のコストも一緒に添えておこう．たとえば A[B,5] は，節点 A は節点 B の展開から得られていて，その径路での S から A までのコストは 5 である，ということを表す．OpenList, ClosedList による探索法をこれに適用しよう．評価の良い方から探索を進めるため，OpenList は評価の高い（コストの低い）順に並べておき，先頭の節点から調査し，展開する．OpenList の節点は，後からより評価の高い径路が見つかったら新しい親ポインタと評価値で書き換える．ゴール G が OpenList の先頭にきてそれが取り出されると G の評価が確定し，探索が終了する．

　ここで紹介した探索方法は，一般には **最適探索** と呼ばれる一連の探索法と基本的には同じである．人工知能の教科書などを参照されたい．

　重み付き離散グラフで，構成する辺の重みの和が最小の全域木を **最小全域木** という．最小全域木 T の探索には極めて単純な **クルスカルのアルゴリズム** がある．まず，グラフのすべての辺を重みの小さい方から順に並べておき，そのリストを E とする．グラフの節点の数を n とする．

[クルスカルのアルゴリズム]
1. $T = \{\}$
2. E の先頭から辺 e を取り出す．
   e が T の辺と閉路を作らなければ，e を T に加える．
   e が T の辺と閉路を作るならば，e を捨てる．
3. 2 の手順を，T の要素の数が $n(T) = n - 1$ となるまで繰り返す．

以上の手続きで得られる T が最小全域木である．

〈ダイクストラのアルゴリズム〉

重み付き離散グラフを最適径路探索するダイクストラのアルゴリズムを，横型・縦型探索のアルゴリズムと同様の形で示しておこう．

[ダイクストラのアルゴリズム]
INITIALIZE:
  0. OpenList, ClosedList とも空とする（O(), C()）．
  1. 開始節点 S を OpenList に入れる（O(S)）．
LOOP:
  2. OpenList が空ならば，S からゴールに至る径路は存在しない．終了．
  3. OpenList の先頭を取りだし，OpenList から除く．それを A とする．
  4. A がゴールならば，S からゴールに至る節点の系列と評価値を出力して終了．
  5. A がゴールでなければ，A を展開し到達可能な節点の集合 P_A を求める．
  6. A を，親へのポインタと評価を付けたまま ClosedList の最後に入れる．
  7. P_A が空ならば 2 へもどる．（A が葉節点のとき）
  8. P_A が空でなければ，P_A のすべての節点を評価し，OpenList に追加する．OpenList を評価の良い順に並べ直す．
    8a. 追加した節点には 親ポインタ A と評価値を添字として付けておく．
    8b. P_A に OpenList と同じ節点があれば，評価の良い方を残し他方は除く．
    8c. P_A に ClosedList の節点と同じ節点があれば，それを P_A から除いておく．

[11 章のまとめ]

この章では，
1. 木，有向木，根付き木，順序木について基本的な知識を学んだ．
2. 数式や簡単な英文の構文木をリスト表現する考え方について学んだ．
3. 迷路などのグラフを探索するときの過程を表す探索木について学んだ．
4. 発展課題として，基本的な探索方法である横型探索と縦型探索，および応用上重要な最適探索について，基本的なところを学んだ．

11章　演習問題

[演習1]☆　次の無向グラフにおける可能な全域木をすべて示せ.

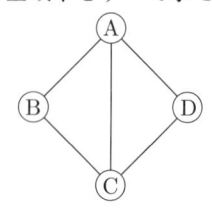

[演習2]☆　異なる（同型でない）無向木について，次の問に答えよ.
 (1) 節点が2～4個からなる無向木をすべて描け.
 (2) 節点が5個からなる無向木をすべて描け.
 (3) 6個の節点で構成される無向木をすべて描け.
 (4) 7個の節点で構成される無向木はいくつあるか.

[演習3]☆　異なる（同型でない）根付き木について，次の問に答えよ.
 (1) 節点が2個あるいは3個からなる根付き木をすべて描け.
 (2) 4個の節点で構成される根付き木をすべて描け.
 (3) 5個の節点で構成される根付き木はいくつあるか.

[演習4]☆　異なる（同型でない）有向木について，次の問に答えよ.
 (1) 節点が2個あるいは3個からなる有向木をすべて描け.
 (2) (2) 節点が4個からなる有向木をすべて描け.

[演習5]☆　異なる（同型でない）順序木について，次の問に答えよ.
 (1) 節点が2個あるいは3個からなる順序木をすべて描け.
 (2) 4個の節点で構成される順序木をすべて描け.
 (3) 5個の節点で構成される順序木はいくつあるか.

[演習6]☆☆　A～Hの8人がトーナメントで対戦した結果，図のようになった.

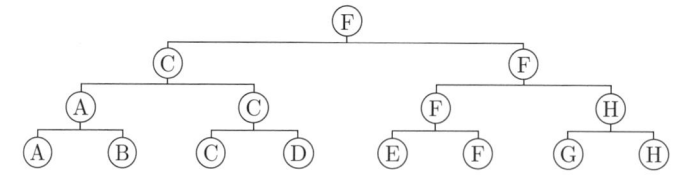

勝者を上位，敗者を下位とする関係を考える．この関係に推移性を含めよう．たとえば，AはBに勝ったからAはBより上位で，CはそのAに勝ったから，CはAだけでなくBよりも上位である．推移性を含めたこの上位下位関係は，最上位のFを根とする根付き木で表すことができる．次の問に答えよ．
 (1) このトーナメントにおける上位下位関係を表す根付き木を描け.
 (2) 最上位のFは1位であるが，2位はこのトーナメントでは決定できない．その理由を説明せよ．
 (3) 2位を決定する最小試合数のトーナメントをF以外のチームで構成せよ．（既に決定している上位下位関係を壊すかもしれない対戦はしないこと.）
 (4) (3)で構成したトーナメントでCが2位となったとき，3位を決定するトーナメントを構成せよ．

[演習7] ☆☆　次のリストの表す順序木を描け．ただし，リストの第1成分は部分木の根を表す記法である．

(1) (a, b, c, d)　　(2) $(a, (b, (c, d)))$　　(3) $(a, (b, c), (d, e))$

(4) $(a, (b, (c, d, e), (f, g)))$　　(5) $(a, (b, (c, d), e), (f, (g, h, i)), j)$

[演習8] ☆☆　次のリストを，句構造を明示した構文木として，図に描け．

$((\text{The}, (\text{young}, \text{man})), ((\text{saw}), ((a, (\text{little}, \text{girl})), ((\text{coming}, \text{slowly}), (\text{towards}, \text{him})))))$

[演習9] ☆☆　次の中置記法で表された数式の構文木を示し，それを利用してそれぞれ前置記法，後置記法の数式記法で表せ．

(1) $1 + 2 \times (3 - 4)$　　(2) $(1 + 2) \times (3 - 4)$　　(3) $(1 + 2 \times 3) \div (4 - 5)$

(4) $1 \times 2 - (3 - 4) \times (5 - 6 - 7)$

[演習10] ☆☆　中置記法数式 $2 + 3 \times 4 + 5$ を考える．この数式のすべての可能な解釈を，カッコ ( ) によって演算順序を明示して示し，さらに構文木を示せ．もし，中置記法の解釈規則を仮定するとこの数式の解釈は1通りに決る．その解釈はどれか．

[演習11] ☆☆☆　次のようなニセがねパズルで，1台の天秤を使って，できるだけ少ない天秤使用回数でニセがねを発見する方法を検討し，発見する手順を，例にならって，探索木として表せ．

（例）6枚のコイン A, B, C, D, E, F のうち1枚が少し軽いとき，天秤を2回使うと発見できる．（AB–CD は天秤の左に A と B を，右に C, D を載せる操作を表し，AB\CD は AB 側が上がる（軽い）ことを表す．AB/CD は逆に CD 側が上がること，AB = CD は釣り合ったことを表す．）

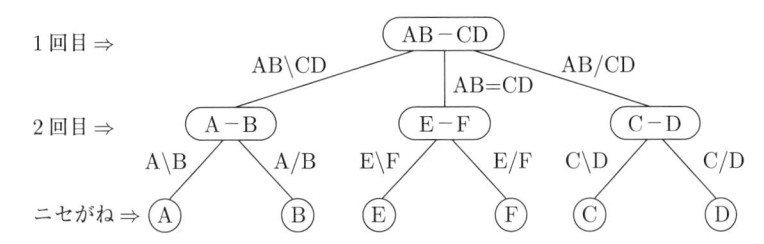

(1) 9枚のコインがある．そのうち1枚はニセがねで少し軽い．

(2) 12枚のコインに重さの少し異なるニセがねが1枚混じっているが，その重さは軽いか重いか不明である．

[演習12] ☆☆☆　次の迷路において，入口 S から出口 G へ至る順路の探索木を，横型探索，縦型探索のそれぞれの戦略に基づいて構成して描き，探索順序を番号で示せ．（探索の枝は，アルファベット順に左から並べることとする．また，枝の展開には親節点は含まないこととする．）

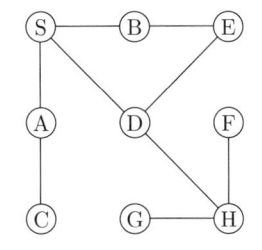

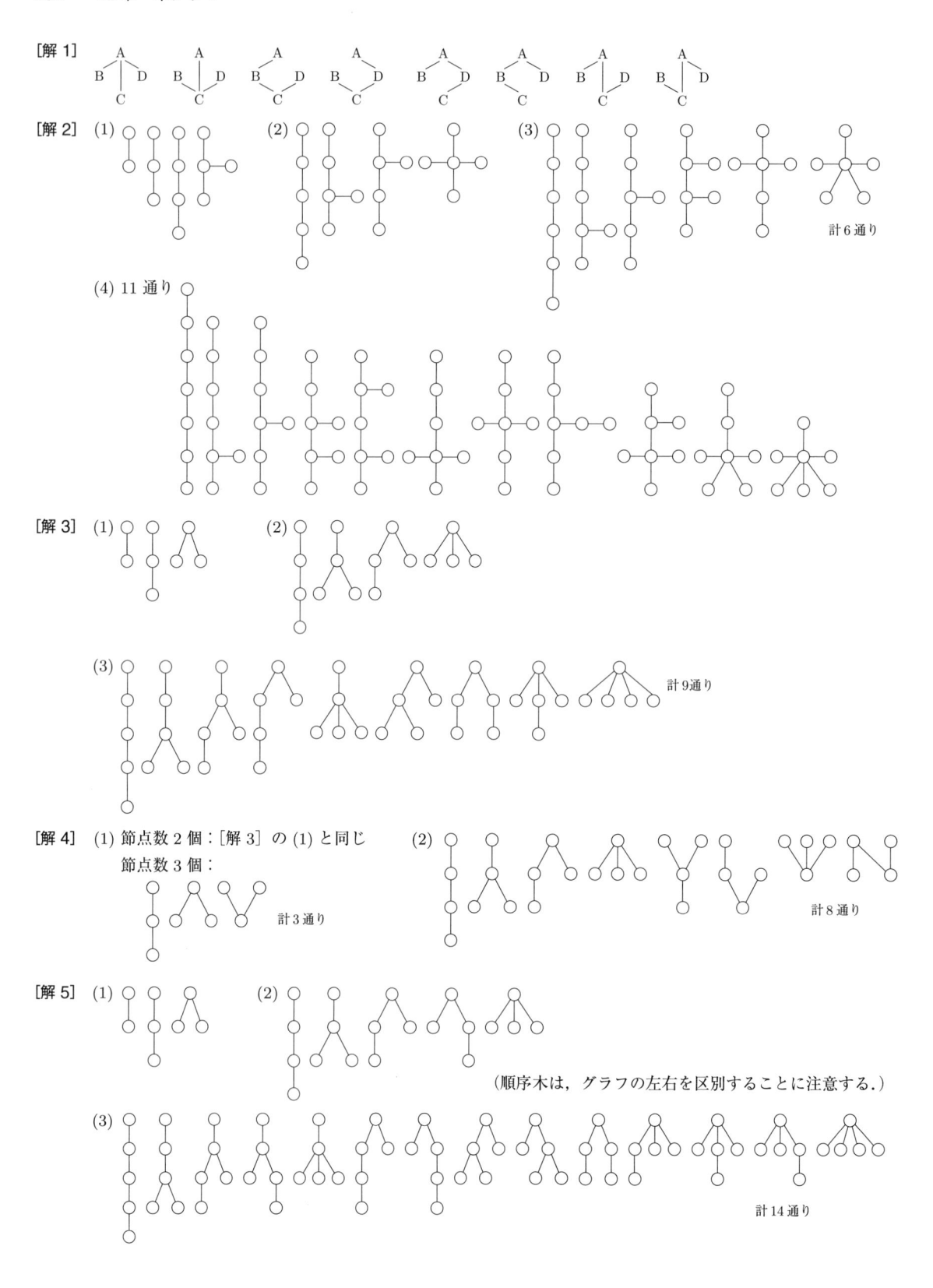

[解1] 図のように 8 通り（A を根とする木，B,C,D の配置）

[解2] (1) （無順序木 節点数 4：2 通り省略図示）
(2) （節点数 5：3 通り）
(3) （節点数 6：計 6 通り）
(4) 11 通り （節点数 7）

[解3] (1) （節点数 3：2 通り）
(2) （節点数 4：4 通り）
(3) （節点数 5：計 9 通り）

[解4] (1) 節点数 2 個：[解 3] の (1) と同じ
    節点数 3 個：計 3 通り
(2) 計 8 通り

[解5] (1) （節点数 3：2 通り）
(2) （節点数 4：5 通り）

（順序木は，グラフの左右を区別することに注意する．）

(3) 計 14 通り

[解 6] (1) [トーナメント図: F を頂点とし, C, E, H が直下. C の下に A, D. A の下に B. H の下に G.]

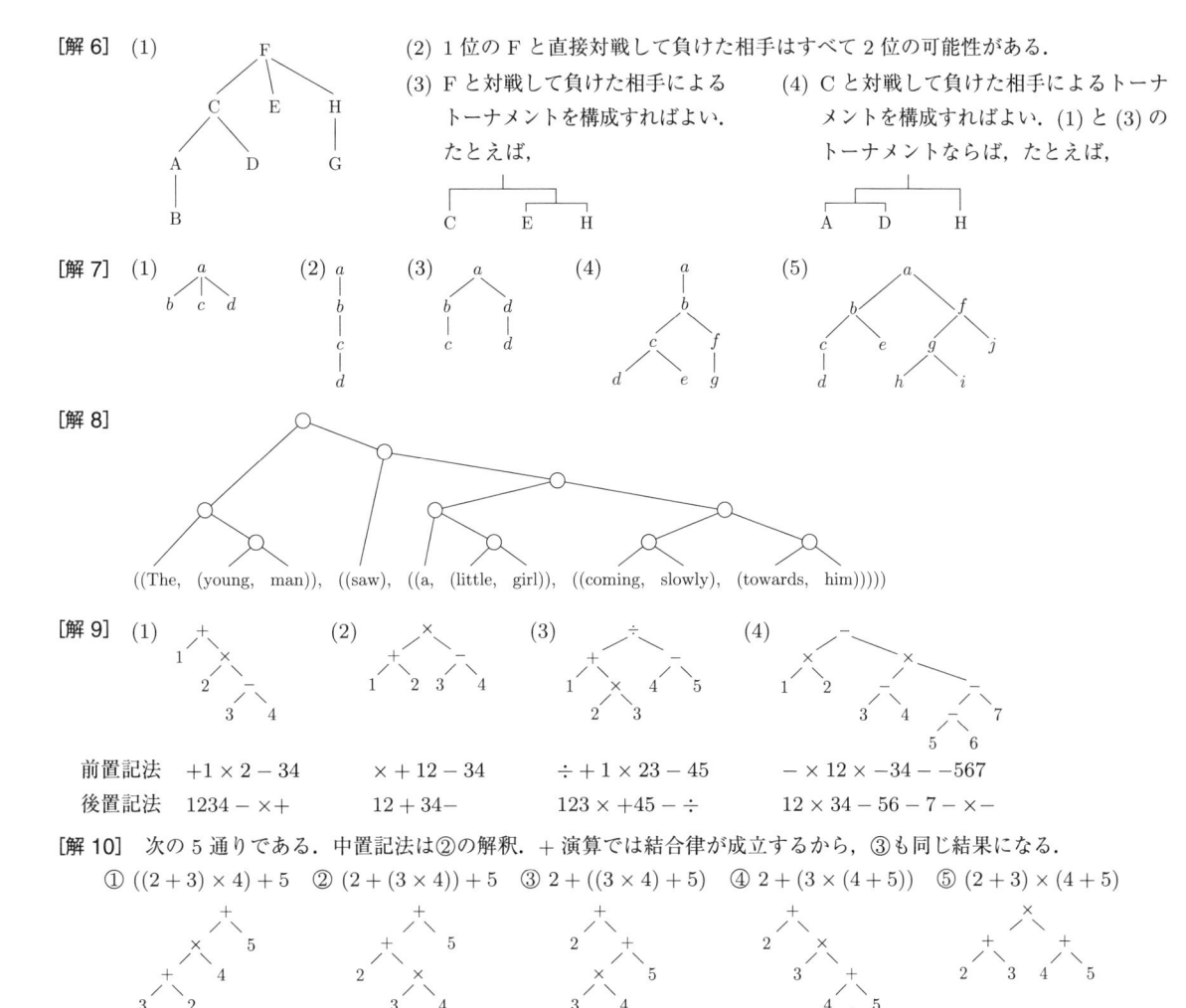

(2) 1位のFと直接対戦して負けた相手はすべて2位の可能性がある.

(3) Fと対戦して負けた相手によるトーナメントを構成すればよい. たとえば,

[トーナメント図: C, E, H]

(4) Cと対戦して負けた相手によるトーナメントを構成すればよい. (1)と(3)のトーナメントならば, たとえば,

[トーナメント図: A, D, H]

[解 7] (1) a-(b,c,d) (2) a-b-c-d (3) a-(b,d), b-c (4) a-b-(c,f), c-(d,e), f-g (5) a-(b,f), b-c, c-d, f-(e,g,j), g-(h,i)

[解 8] [構文木] ((The, (young, man)), ((saw), ((a, (little, girl)), ((coming, slowly), (towards, him)))))

[解 9] (1) +, 1, ×, 2, −, 3, 4
(2) ×, +, 1, 2, −, 3, 4
(3) ÷, +, 1, ×, 2, 3, −, 4, 5
(4) −, ×, 1, 2, ×, −, 3, 4, −, −, 5, 6, 7

前置記法 $+1 \times 2 - 34$ $\times +12 - 34$ $\div +1 \times 23 - 45$ $- \times 12 \times -34 - -567$

後置記法 $1234 - \times +$ $12 + 34-$ $123 \times +45 - \div$ $12 \times 34 - 56 - 7 - \times -$

[解 10] 次の5通りである. 中置記法は②の解釈. +演算では結合律が成立するから, ③も同じ結果になる.

① $((2+3) \times 4) + 5$ ② $(2+(3\times 4)) + 5$ ③ $2+((3\times 4)+5)$ ④ $2+(3\times(4+5))$ ⑤ $(2+3)\times(4+5)$

[構文木 5つ]

[解 11] (1) コインをA〜Iとする. 次のようにすれば, 最大2回の天秤操作でニセがねを発見できる. なお, ABC−EDF は, A, B, C のコインを天秤の左に, D, E, F のコインを右に置くことを意味し, A\B は天秤の左が上がって右が下がって傾いた状態を, A/B は逆に傾いた状態を, A=B は天秤の釣り合った状態を表している.

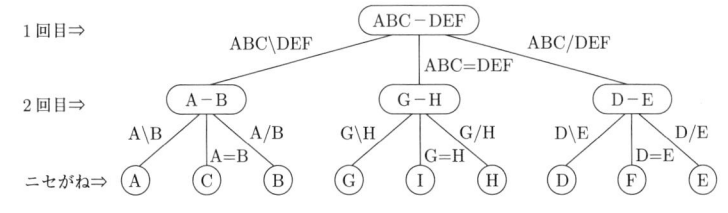

[探索木]
1回目⇒ ABC−DEF
  ABC\DEF / ABC=DEF / ABC/DEF
2回目⇒ A−B, G−H, D−E
  A\B A=B A/B → A C B
  G\H G=H G/H → G I H
  D\E D=E D/E → D F E
ニセがね⇒

(2) コインを①〜⑫とする. 次のようにすれば, 最大3回の天秤操作でニセがねを発見できる. 図では, たとえば, ①②③④−⑤⑥⑦⑧ は天秤の左に4枚のコイン①②③④を, 右側に⑤⑥⑦⑧のコインを載せる操作を表し, \ は天秤が傾いて左が上がり右が下がった探索の枝, / は逆に傾いた枝, = は左右が釣り合った枝, を表す. ○は正しいと判断されたコインである. 多くの探索木が構成できるが, その1つを示す.

探索木の節点に記載した行列様の表現は, 上段は軽い可能性のあるコインの番号, 下段は重い可能性のあるコインの番号を表す. たとえば, 最上段の節点では, ①〜⑫のコインがすべて軽いか重い可能性があることを表し, 2段目左の節点では①〜④のコインが軽い可能性, ⑤〜⑧のコインが重い可能性があることを表す. 探索木の葉節点は, たとえば3段目の最左の節点は①が軽いことを表す. × の葉節点は起こりえない枝である.

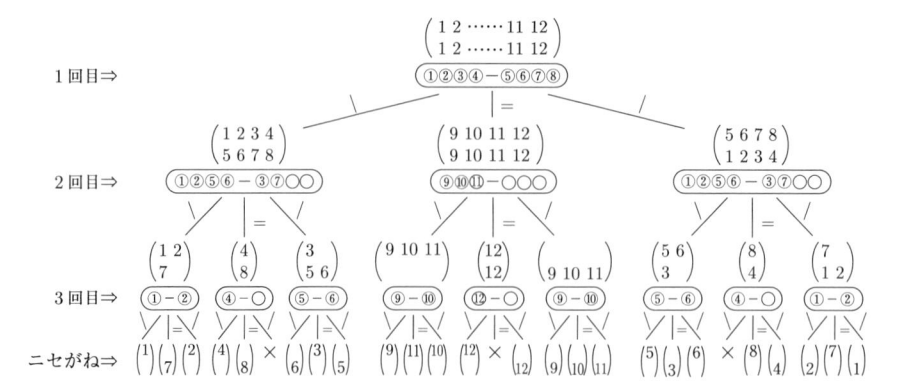

1回目⇒
$\begin{pmatrix} 1\ 2\ \cdots\cdots 11\ 12 \\ 1\ 2\ \cdots\cdots 11\ 12 \end{pmatrix}$
①②③④−⑤⑥⑦⑧

2回目⇒
$\begin{pmatrix} 1\ 2\ 3\ 4 \\ 5\ 6\ 7\ 8 \end{pmatrix}$ ①②⑤⑥−③⑦○○　　$\begin{pmatrix} 9\ 10\ 11\ 12 \\ 9\ 10\ 11\ 12 \end{pmatrix}$ ⑨⑩⑪−○○○　　$\begin{pmatrix} 5\ 6\ 7\ 8 \\ 1\ 2\ 3\ 4 \end{pmatrix}$ ①②⑤⑥−③⑦○○

3回目⇒
$\begin{pmatrix} 1\ 2 \\ 7 \end{pmatrix}$ ①−②　$\begin{pmatrix} 4 \\ 8 \end{pmatrix}$ ④−○　$\begin{pmatrix} 3 \\ 5\ 6 \end{pmatrix}$ ⑤−⑥　　$\begin{pmatrix} 9\ 10\ 11 \\ \end{pmatrix}$ ⑨−⑩　$\begin{pmatrix} 12 \\ 12 \end{pmatrix}$ ⑫−○　$\begin{pmatrix} \\ 9\ 10\ 11 \end{pmatrix}$ ⑨−⑩　　$\begin{pmatrix} 5\ 6 \\ 3 \end{pmatrix}$ ⑤−⑥　$\begin{pmatrix} 8 \\ 4 \end{pmatrix}$ ④−○　$\begin{pmatrix} 7 \\ 1\ 2 \end{pmatrix}$ ①−②

ニセがね⇒ $(1)(7)(2)\ (4)(8)\ \times\ (6)(3)(5)$　$(9)(11)(10)\ (12)\times(12)\ (9)(10)(11)$　$(5)(3)(6)\ \times\ (8)(4)\ (2)(7)(1)$

たとえば，⑨⑩⑪−○○○の代わりに⑨⑩−○○を天秤に掛けると 9～12 のうちからニセコインを特定できるが，下の図の⑫のように，その軽重を知るにはもう一度天秤を使う必要がある．

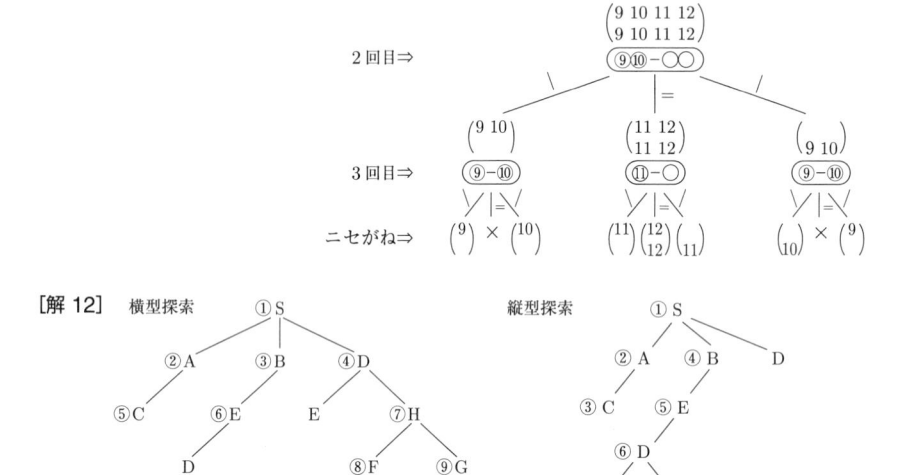

2回目⇒
$\begin{pmatrix} 9\ 10\ 11\ 12 \\ 9\ 10\ 11\ 12 \end{pmatrix}$
⑨⑩−○○

3回目⇒
$\begin{pmatrix} 9\ 10 \\ \end{pmatrix}$ ⑨−⑩　　$\begin{pmatrix} 11\ 12 \\ 11\ 12 \end{pmatrix}$ ⑪−○　　$\begin{pmatrix} \\ 9\ 10 \end{pmatrix}$ ⑨−⑩

ニセがね⇒ $(9)\times(10)$　$(11)(12)(12)(11)$　$(10)\times(9)$

[解 12] 横型探索　　　　　　　　　　　縦型探索

①S — ②A, ③B, ④D；②A→⑤C；③B→⑥E, E；④D→⑦H；⑦H→⑧F, ⑨G；⑤C→D

①S — ②A, ④B, D；②A→③C；④B→⑤E；⑤E→⑥D；⑥D→⑦H, S；⑦H→⑧F, ⑨G

なお，OpenList，ClosedList が，探索が進むに従って変化する様子は次のようになる．

横型探索：①0(S[]) C()　　②0(A[S], B[S], D[S]) C(S[])　　③0(B[S], D[S], C[A]) C(S[], A[S])　　④0(D[S], C[A], E[B]), C(S[], A[S], B[S])　　⑤0(C[A], E[B], H[D]) C(S[], A[S], B[S], D[S])　　⑥0(E[B], H[D]) C(S[], A[S], B[S], D[S], C[A])　　⑦0(H[D]) C(S[], A[S], B[S], D[S], C[A], E[B])　　⑧0(F[H], G[H]) C(S[], A[S], B[S], D[S], C[A], E[B], H[D])　　⑨0(G[H]) C(S[], A[S], B[S], D[S], C[A], E[B], H[D], F[H])　G をチェックするとゴールであるから，ここで終了．得られた径路は G[H]←H[D]←D[S]←S である．

縦型探索：①0(S[]) C()　　②0(A[S], B[S], D[S]) C(S[])　　③0(C[A], B[S], D[S]) C(S[], A[S])　　④0(B[S], D[S]) C(S[], A[S], C[A])　　⑤0(E[B], D[S]) C(S[], A[S], C[A], B[S])　　⑥0(D[E]) C(S[], A[S], C[A], B[S], E[B])　　⑦0(H[D]) C(S[], A[S], C[A], B[S], E[B], D[E])　　⑧0(F[H], G[H]) C(S[], A[S], C[A], B[S], E[B], D[E], H[D])　　⑨0(G[H]) C(S[], A[S], C[A], B[S], E[B], D[E], H[D], F[H])　G をチェックするとゴールであるから，ここで終了．得られた径路は G[H]←H[D]←D[E]←E[B]←B[S]←S である．

12章　順序の数学

[ねらい]

「順序」は，基本的には離散集合における順序関係から構成される．順序関係をもつ集合の構造が順序構造である．9章で「関係」について学んだが，順序関係も関係の一種であり，日常的に良く使われることばである．この章では，順序関係の性質と特徴について理解し，その順序構造における上限・下限の概念と，その数学的な演算としての性質を学ぶ．

順序関係は基本的には上下関係である．上司と部下の関係は上下関係であるが，部下どうしの間では上下関係はない．このような関係を半順序関係という．単に順序というとこの半順序をさす．ところで，2つずつの間では上下関係があっても全体としては順序の無い構造もある．たとえばジャンケンのグー・チョキ・パーの勝ち負け関係は3すくみの構造で，全体としては上下関係を決めることができないので，順序関係ではない．

順序関係の定義された集合を順序集合という．順序集合上では上限，下限の概念が重要である．順序集合について理解し，上限，下限の意味を学ぶ．さらに，発展課題として，順序集合上で定義される加法と乗法について理解し，それらの演算からなる代数系を知る．

[この章の項目]

順序関係
順序集合のグラフと関係行列
いくつかの順序関係の例
上限と下限
順序集合上の演算（発展課題）
分配律と補元（発展課題）
ブール代数 B_2（発展課題）

■ 順序関係

任意の自然数には大小関係がある．a が b より大きく，b が c より大きければ，必ず a は c より大きい．これを大小関係の **推移性** という．

サッカーなどの大会では対戦によって参加チームを順序付ける．A〜H の 8 チームによるトーナメント戦で下図 (a) のような結果であったとしよう．C は直接対戦した D, A, F より上位である．B とは対戦していないが，A は B より上位であるから C も B より上位であるとみなす．これは上位下位関係の推移性である．推移性により C はすべてのチームより上位である．

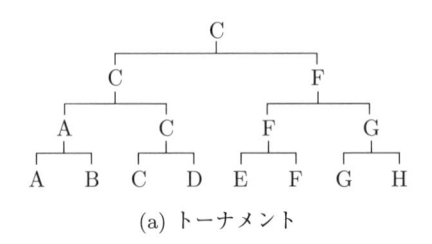

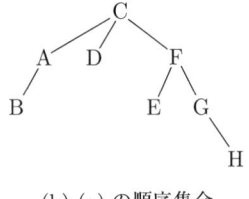

(a) トーナメント　　　　　　(b) (a) の順序集合

F は，A, B, D とは直接の対戦はなく，推移性でも上下関係が決まらない．これを **比較不能** という．比較可能な関係を図示すると，図 (b) のように表せる．上下比較が可能な場合は上下に線で（直接あるいは間接に）つないであるが，比較不能な場合は上下につなぐ線はない．このような集合の中の関係を **順序関係** という．順序関係を表す関係記号として主に $\le$ を使う．a より b が上位にあるとき $a \le b$ と書く．

順序関係をもう少し詳しく定義する．まず，同じ要素との間でも順序関係を認め，a は a 自身の上位でも下位でもあるとする．これを順序関係の **反射性** という．さらに，上下関係には方向があり，$a \ne b$ で b が a の上位ならば a は b の上位ではありえない．これを **反対称性** という．**推移性** は同値関係で重要な性質であったが，順序関係でも重要である．一般に，次の 3 つの性質が成立する関係 $\le$ を A における **順序関係** という．

反射律　　任意の $x \in A$ に対し $x \le x$

反対称律　任意の $x, y \in A$ に対し $x \le y$ かつ $y \le x$ ならば $x = y$

推移律　　任意の $x, y, z \in A$ に対し $x \le y$ かつ $y \le z$ ならば $x \le z$

順序関係の定義された集合 A を **順序集合** という．

一般の順序関係では比較不能な場合がある．数の大小関係のようにすべての要素を一列に並べることができる順序関係を **全順序関係** という．一般の順序関係は **半順序関係** といい，単に順序というと半順序をさす．

前章の根付き木における祖先子孫関係に反射性を加えると順序関係となる．順序木における継承関係に反射性を加えると全順序関係となる．

▶[順序関係の記号 $\le$]
順序関係を表す記号 $\le$ は，$a \le b$ で a が b の下位であること，b が a の上位であることを表す．
逆向きの記号 $\ge$ を使うこともある．$a \ge b$ は a が b の上位であることを表す．

▶[反対称性]
反対称性は，関係の方向が一方向であることで，
$a \ne b$ かつ $a \le b$
ならば $b \le a$ はありない
ということである．これは，反対称律の定義
$x \le y$ かつ $y \le x$
ならば $x = y$
と異なっているように見えるが，実際は同じ意味である．

反対称律の定義を 2 章で説明した命題論理式で表そう．
P : "$x \le y$", Q : "$y \le x$", R : "$x = y$" とすると，この定義は，$P \land Q \to R$ である．この対偶
$\sim R \to \sim(P \land Q)$
は論理的にはもとの命題と同じ意味である．これを変形すると
$\sim R \to \sim(P \land Q)$
$= \sim R \to \sim P \lor \sim Q$
$= R \lor \sim P \lor \sim Q$
$= \sim(\sim R \land P) \lor \sim Q$
$= \sim R \land P \to \sim Q$
となる．これを文で表せば，
$x \ne y$ かつ $x \le y$
ならば $y \le x$ は成立しない
となる．

▶[順序集合]
全順序関係をもつ順序集合を **全順序集合** という．一般の順序関係をもつ集合の場合は **半順序集合** というが，単に順序集合というと半順序集合をさす．

順序集合のグラフと関係行列

有限順序集合は関係グラフで表現することができる．有向辺は上位から下位に向わせよう．右図は集合 $A = \{a, b, c, d, e, f\}$ における順序関係を関係グラフに表したものである．反射律はすべての節点でのループ有向辺の存在を意味する．反対称律により，2つの要素間には一方向のみの関係しかない．推移律が成立するから，a から b へ有向辺があり，b から c への有向辺があるから，a から c への有向辺も存在する．

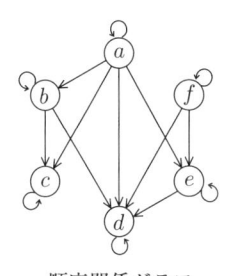

順序関係グラフ

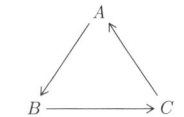

順序関係グラフにおいて，矢印の向きを常に下向きになるように上位の要素を上方に配置し，反射的ループを省略し，推移的に得られる関係を表す有向辺を除き，さらに，有向辺の矢印を省いて表したグラフを **ハッセ図** という．

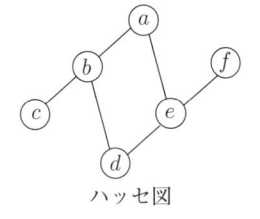

ハッセ図

ハッセ図において，辺で直接つながれた節点の上位側を **親節点**，下位側を **子節点** と呼ぶ．図の d には b と e の2つの親節点がある．

$A = \{a_1, a_2, \ldots, a_n\}$ として，A における順序関係 $\leq$ を関係行列として表現できる．順序関係行列 $R = [r_{ij}]$ は $n \times n$ の正方行列で，i と j の要素が $a_i \leq a_j$ の関係にあれば $r_{ij} = 1$，関係 $a_i \leq a_j$ が成立しなければ $r_{ij} = 0$，とした正方行列である．

右の行列は上の図の順序集合の関係行列表現である．反射律が成立しているから，すべての主対角要素は $r_{ij} = 1$ となっている．

$$R = \begin{bmatrix} 1 & 1 & 1 & 1 & 1 & 0 \\ 0 & 1 & 1 & 1 & 0 & 0 \\ 0 & 0 & 1 & 0 & 0 & 0 \\ 0 & 0 & 0 & 1 & 0 & 0 \\ 0 & 0 & 0 & 1 & 1 & 0 \\ 0 & 0 & 0 & 1 & 1 & 1 \end{bmatrix} \begin{matrix} a \\ b \\ c \\ d \\ e \\ f \end{matrix}$$

反対称律が成立しているから，ある行列要素が $r_{ij} = 1$ ($i \neq j$) であれば，その主対角線に対称な位置の行列要素は $r_{ij} = 0$ である．

推移的であるから，合成関係 $R \cdot R$ は R に含まれており（$R^2 \subset R$），関係行列表現では $R^2 + R = R$ となっている．関係行列 R の2乗 R^2 を計算すれば容易に確認できる．

▶ [3スクミ]

図のような関係は，一方向の矢印だけ含む関係であるが推移的ではない．これは3スクミと呼ばれ，ジャンケンゲームのグー，チョキ，パーの関係と同じである．

▶ [順序関係の関係行列]

9章で，関係行列の和と積について説明した．これは順序関係の関係グラフでも同様である．

推移性を保証する

$$R^2 + R = R$$

の左辺は，$R^2 = R \cdot R$ は行列のブール積，$R^2 + R$ は行列のブール和，である．

R を図の順序関係とすると，

$$R = \begin{bmatrix} 1 & 1 & 1 & 1 & 1 & 0 \\ 0 & 1 & 1 & 1 & 0 & 0 \\ 0 & 0 & 1 & 0 & 0 & 0 \\ 0 & 0 & 0 & 1 & 0 & 0 \\ 0 & 0 & 0 & 1 & 1 & 0 \\ 0 & 0 & 0 & 1 & 1 & 1 \end{bmatrix}$$

$$R^2 = \begin{bmatrix} 1 & 1 & 1 & 1 & 1 & 0 \\ 0 & 1 & 1 & 1 & 0 & 0 \\ 0 & 0 & 1 & 0 & 0 & 0 \\ 0 & 0 & 0 & 1 & 0 & 0 \\ 0 & 0 & 0 & 1 & 1 & 0 \\ 0 & 0 & 0 & 1 & 1 & 1 \end{bmatrix}$$

であるから，推移律の関係 $R^2 + R = R$ が成立している．なお，この場合は $R^2 = R$ となっている．

■ いくつかの順序関係の例

[約数関係]

自然数の集合において，"x は y の約数である" という関係は順序関係である．約数である関係を記号 $\leq$ で表そう．

$x \leq y$：" x は y の約数である（y は x で割り切れる）"

これを **約数関係** と呼ぶ．

たとえば $A = \{1, 2, 3, 6, 8, 12\}$ において，3 と 6 とは比較可能で $3 \leq 6$ であるが，6 と 8 は比較不能である．右図は，A における約数関係をハッセ図で表したものである．

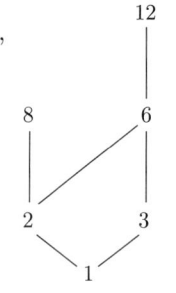

約数関係のハッセ図

[集合の包含関係]

2 つの集合の **包含関係** $\subset$ は順序関係である．有限集合 $X = \{a, b\}$ のベキ集合 $\mathscr{P}(X)$ は 4 個の集合からなるが，この包含関係 $\subset$ を $\mathscr{P}(X)$ のすべての要素についてハッセ図として示すと，下の図 (a) のようになる．

要素が 1 つだけの集合 $X = \{a\}$ では部分集合は X 自身と空集合の 2 つしかなく，下図 (b) のような極めて簡単なハッセ図となる．これは $\{0, 1\}$ での数の大小関係による順序集合，あるいは，真理値の集合 $\{\mathbf{T}, \mathbf{F}\}$ において $\mathbf{F} \leq \mathbf{T}$ と定義した順序集合のハッセ図と同型である．

[2 項組の優越関係]

自然数の 2 項組 (x, y) の集合において，次のように定義される関係 $\leq$ は順序関係である．これを **優越関係** といい，2 項組 (a_2, b_2) は (a_1, b_1) に **優越する** という．

$(a_1, b_1) \leq (a_2, b_2)$ iff $a_1 \leq a_2$ かつ $b_1 \leq b_2$ （この $\leq$ は大小関係）

下の図 (c) は 2 項組の優越関係の例で，"○" の 2 項組 $(4, 2)$ は，"☆" の 2 項組 $(1, 1), (1, 2), \ldots, (3, 2), (4, 1)$ に優越しており，"△" の 2 項組 $(4, 3), (4, 4), (5, 2), (5, 3), (5, 4), \ldots$ に優越されている．"•" の 2 項組とは優越関係はない．

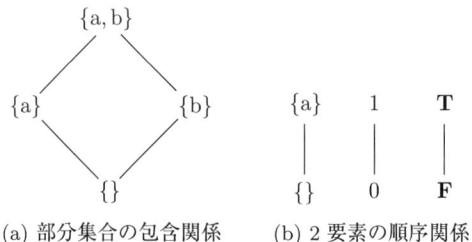

(a) 部分集合の包含関係　　(b) 2 要素の順序関係　　(c) 優越関係

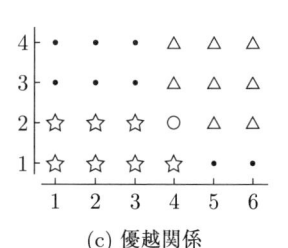

▶ [約数関係]

約数関係は順序関係である．
(1) a は a 自身の約数であるから反射的である．
(2) a が b の約数で，かつ，b が a の約数であるならば $a = b$ であるから，反対称的である．
(3) a が b の約数で，かつ b が c の約数ならば，a は c の約数でもあるから，推移的である．

▶ [集合の包含関係]

U のベキ集合における 2 つの集合の包含関係 $\subset$ は順序関係である．A, B, C を U の任意の部分集合とすると，包含関係は次の性質がある．

[反射律]
　$A \subset A$

[反対称律]
　$A \subset B$ かつ $B \subset A$
　　ならば $A = B$

[推移律]
　$A \subset B$ かつ $B \subset C$
　　ならば $A \subset C$

なお，離散集合 U のベキ集合 $\mathscr{P}(U)$ は，U のすべての部分集合からなる集合である．U 自身と空集合も U の部分集合である．

▶ [iff]

if and only if の省略形（27 ページ）．

▶ [優越関係]

自然数の 2 項組 (a, b) の優越関係 $\leq$ は順序関係である．定義から，次の性質が成立することが分かる．

[反射律]
　$(a, b) \leq (a, b)$

[反対称律]
$(a_1, b_1) \leq (a_2, b_2)$
　かつ $(a_2, b_2) \leq (a_1, b_1)$
　　ならば $(a_1, b_1) = (a_2, b_2)$

[推移律]
$(a_1, b_1) \leq (a_2, b_2)$
　かつ $(a_2, b_2) \leq (a_3, b_3)$
　　ならば $(a_1, b_1) \leq (a_3, b_3)$

[分割の細分関係]

有限集合 X をいくつかの空でない部分集合の直和で表すことを X の **分割** という．分割は，直和分割した部分集合の集合 A で表すことができる．

$$A = \{X_1, X_2, \cdots, X_k\},\ X = X_1 + X_2 + \cdots + X_k,\ k \geq 1$$
$$\text{ただし，} X_i \neq \{\},\ X_i \cap X_j = \{\},\ i \neq j$$

X の分割 A の中のいくつかの X_i をさらに直和分割した X の分割を，A の **細分** という．$n(X) = n$ とすれば，分割数 k は $k \leq n$ である．

たとえば，$X = \{a,b,c,d\}$ として，分割 $B = \{\{b,d\},\{a\},\{c\}\}$ は分割 $A = \{\{b,c,d\},\{a\}\}$ の細分である．$C = \{\{a,c\},\{b\},\{d\}\}$ は A の細分ではない．

細分関係に反射性を含めると，有限集合 X の分割の集合において細分関係は順序関係である．A が B の細分であるという関係を $A \leq B$ で表そう．$X = \{a,b,c\}$ の分割は 5 つある．$\{\{a,c\},\{b\}\} \leq \{\{a,b,c\}\}$ であるが，$\{\{a,c\},\{b\}\}$ と $\{\{b,c\},\{a\}\}$ は細分関係にない．すべての分割について細分関係をハッセ図に表すと次図 (a) のようになる．

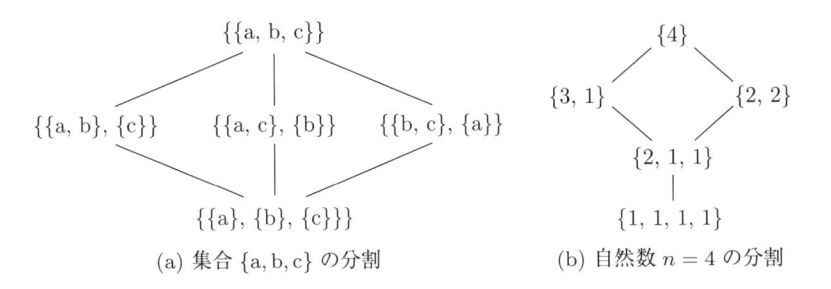

```
              {{a, b, c}}
             /     |     \
    {{a,b},{c}} {{a,c},{b}} {{b,c},{a}}
             \     |     /
             {{a},{b},{c}}

         {4}
        /   \
     {3,1}  {2,2}
        \   /
       {2,1,1}
          |
       {1,1,1,1}
```

(a) 集合 $\{a,b,c\}$ の分割　　(b) 自然数 $n = 4$ の分割

分割において，分割した集合の大きさにだけ注目すると，自然数の分割となる．自然数の分割は，自然数 n をいくつかの自然数の和として表すことである．n の分割 A とは，$a_1, a_2, \ldots, a_k$ を自然数として，

$$A = \{a_1, a_2, \ldots, a_k\},\ a_1 + a_2 + \cdots + a_k = n,\ a_i > 0$$

である．$k \leq n$ である．分割の大きさだけが関心事であるから，

$$a_1 \geq a_2 \geq \cdots \geq a_k > 0$$

としてよい．なお，a_i は同じ数でもよいから，A は **多重集合** である．

たとえば，$n = 3$ のときは，分割は $\{3\}, \{2,1\}, \{1,1,1\}$ の 3 通りある．$n = 4$ の分割は 5 通りある．このときのハッセ図を上の図 (b) に示す．$n = 5$ のときは 7 通りの分割がある．

自然数の分割 A が分割 B の細分ならば，B のすべての要素が A の 1 つ以上の要素の和になっている．

自然数 n のすべての分割において，細分関係は順序関係である．

▶ **[集合の分割の細分関係]**

離散集合 X の分割についての細分関係 $\leq$ は順序関係である．

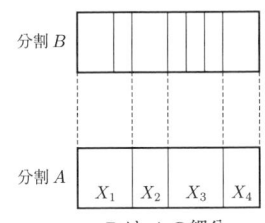

```
分割 B  |  |  |  |  |  |
分割 A  | X_1 | X_2 | X_3 | X_4 |
```
B は A の細分

A, B, C を X の任意の分割とする．

[反射律]
　分割 A は自分自身の細分であるから，$A \leq A$．

[反対称律]
　A が B の細分で，かつ，B が A の細分なら，A と B は同じ分割だから，$A \leq B$ かつ $B \leq A$ ならば $A = B$．

[推移律]
　A が B の細分で，B が C の細分なら，A は C の細分だから，$A \leq B$ かつ $B \leq C$ ならば $A \leq C$．

▶ **[多重集合]**

集合では，同じ要素は 1 つに限る．$\{2,1,1\}$ のように同じ要素を複数含んでもよいとする集合を，多重集合という．

▶ **[$n = 5$ の分割]**

$n = 5$ の分割は，
$\{5\}, \{4,1\}, \{3,2\},$
$\{3,1,1\}, \{2,2,1\},$
$\{2,1,1,1\}, \{1,1,1,1,1\}$
の 7 通りある．

▶ [上界と上限, 下界と下限]
★☆:上界, ☆:上限
▲△:下界, △:下限

$A = \{①, ②\}$ の上界・下界

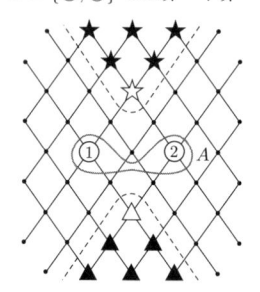

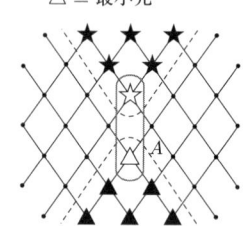

$A = \{☆, △\}$ の上界・下界
☆ = 最大元,
△ = 最小元

■ 上限と下限

順序集合 $(X; \leq)$ において, ある要素 p について, p より上位にある X の要素が p 以外には存在しないとき, p を X における **極大元** という. 右図の a, b は極大元である. 有限順序集合では極大元は必ず存在する. 極大元どうしは比較不能である. 極大元 p が 1 つしかないとき, p は X の他のすべての要素の上位にある. これを **最大元** といい, $\max(X) = p$ と書く.

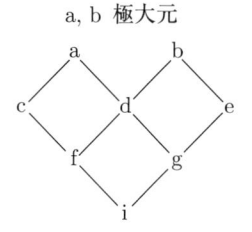

a, b 極大元

i 極小元, 最小元

$\max(X)$　任意の $x \in X$ に対し $x \leq p$ となる $p \in X$ を返す関数

同様に **極小元, 最小元** も定義できる. 極小元 q が 1 つだけなら q は最小元で, $\min(X) = q$ と書く. 上の図の i は極小元で, 最小元でもある.

$\min(X)$　任意の $x \in X$ に対し $q \leq x$ となる $q \in X$ を返す関数

ある順序集合 X とその部分集合 $A \subset X$ について, A のすべての要素より上位である X の要素が存在するとき, そのような要素すべての集合を X における A の **上界** という. これを $\mathrm{Upper}(A)$ と書く. 同様に, A のすべての要素に対して下位である X の要素の集合を X における A の **下界** といい, $\mathrm{Lower}(A)$ と書く.

$\mathrm{Upper}(A) = \{u \mid 任意の\ x \in A\ について\ x \leq u\ となる\ u \in X\}$

$\mathrm{Lower}(A) = \{v \mid 任意の\ x \in A\ について\ v \leq x\ となる\ v \in X\}$

上の図において, $\mathrm{Upper}(\{f, g\}) = \{a, b, d\}$, $\mathrm{Lower}(\{f, g\}) = \{i\}$ である.

$A \subset X$ の上界に最小元が存在するとき, それを X における A の **上限** といい, $\sup(A)$ と書く. A に最大元が存在すれば, それは A の上限でもある ($\sup(A) = \max(A)$).

下界に最大元が存在するときは, それを X における A の **下限** といい, $\inf(A)$ と書く. A に最小元が存在すれば, それは A の下限でもある ($\inf(A) = \min(A)$).

上限　$\sup(A) = \min(\mathrm{Upper}(A))$

下限　$\inf(A) = \max(\mathrm{Lower}(A))$

上の図において,

$\sup(\{f, g\}) = \min(\{a, b, d\}) = d$, $\inf(\{f, g\}) = \max(\{i\}) = i$

である.

▶ [上界・下界などの読み方]
これらの記号は次のように読むことが多い.
Upper　アッパー
Lower　ロアー
sup　シュプ
inf　インフ

$X = \{1, 2, 3, 12, 18, 36\}$ における約数関係をハッセ図に示すと右図のようになる．X の最大元は 36, 最小元は 1 である．$\{2, 3\}$ の上界は $\{12, 18, 36\}$ であるが，この上界に最小元はないから，上限はない．下界は $\{1\}$ で，1 は最小元で，かつ，下限である．

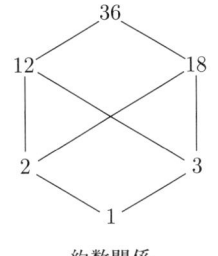

自然数の集合 N における約数関係では，$\{m, n\}$ の上界は m と n の公倍数，下界は公約数であるから，上限は最小公倍数（LCM），下限は最大公約数（GCM）である．

$$\sup(\{m, n\}) = \text{LCM}(m, n), \ \inf(\{m, n\}) = \text{GCD}(m, n)$$

▶[36 の約数の約数関係]
$36 = 2^2 \cdot 3^2$ のすべての約数の約数関係では，$\sup(\{2, 3\}) = 6$ となる．

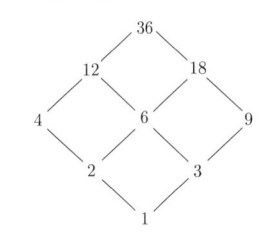

自然数の 2 項組 (x, y) における優越関係で $A = \{(m_1, n_1), (m_2, n_2)\}$ の上界 $\text{Upper}(A)$ は $\{(m, n) \mid m \geq \max(m_1, m_2), \ n \geq \max(n_1, n_2)\}$ である．したがって，上限は

$$\sup(A) = (\max(m_1, m_2), \max(n_1, n_2))$$

である．同様に下限は

$$\inf(A) = (\min(m_1, m_2), \min(n_1, n_2))$$

となる．図の優越関係では，○で示した $\{(2, 4), (5, 2)\}$ の上限 $(5, 4)$ "△" と下限 $(2, 2)$ "☆" を示す．▲と△は上界，★と☆は下界である．

▶[優越関係の上限・下限]
$A = \{(2, 4), (5, 2)\}$ について，
$\text{Upper}(A)$
 $= \{(a, b) \mid a \geq \max(2, 5),$
  $b \geq \max(4, 2)\}$
 $= \{(a, b) \mid a \geq 5, b \geq 4\}$
$\sup(A)$
 $= (\max(2, 5), \max(4, 2))$
 $= (5, 4)$

$\text{Lower}(A)$
 $= \{(a, b) \mid a \leq \min(2, 5),$
  $b \leq \min(4, 2)\}$
 $= \{(a, b) \mid a \leq 2, b \leq 2\}$
$\inf(A)$
 $= (\min(2, 5), \min(4, 2))$
 $= (2, 2)$

根付き木における順序関係の反射性を加味した祖先子孫関係では，任意の節点の集合の上限は存在する（すべての節点に共通の祖先）が，すべての節点が共通の枝に属していなければ下限は存在しない．右図の根付き木では，$\sup(\{d, j\}) = b$, $\inf(\{b, e, i\}) = i$ である．

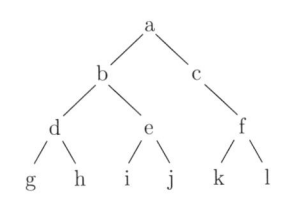

有限集合 X のベキ集合 $\mathscr{P}(X)$ における包含関係では，X 自身が最大元，空集合 $\{\}$ が最小元である．任意の $A, B \in \mathscr{P}(X)$ に対して，$\{A, B\}$ の上界は A と B をともに含んでいる部分集合であるから，その最小元は $A \cup B$ となる．下界も同様であるから，上限と下限が常に存在する．

$$\sup(\{A, B\}) = A \cup B$$
$$\inf(\{A, B\}) = A \cap B$$

有限集合あるいは自然数に対するすべての分割の集合において定義された細分関係でも，常に上限と下限が存在する．

■ 順序集合上の演算 （発展課題）

有限順序集合 L で，上限 $\sup(\{x,y\})$ と下限 $\inf(\{x,y\})$ が必ず存在するとしよう．この上限と下限を与える関数を，L における 2 項演算とみなすことができる．上限を L における **和** と定義し，加法の演算記号 $+$ で表す．また，下限を **積** と定義して乗法の演算記号 $\cdot$ で表す．任意の要素 $x, y \in L$ に対して

加法 $\quad x + y = \sup(\{x, y\})$

乗法 $\quad x \cdot y = \inf(\{x, y\})$

L はこれらの演算について閉じているから $(L; +, \cdot)$ は 2 つの演算が定義された代数系である．このような代数系を **束**（そく）という．なお，束でも，数式表現は，積の演算記号 $\cdot$ は省略し，積は和に優先する表記とする．

ベキ集合における包含関係，自然数の集合における優越関係，分割の集合における細分関係では，常に上限と下限が存在するから，束となる．

次図は $X = \{1, 2, 3, 6\}$ における約数関係のハッセ図である．任意の要素対 (x, y) に上限と下限が存在するから，X は束である．演算表を示す．

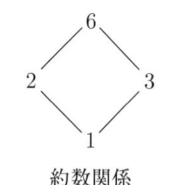

▶ [束と順序集合]

一般に交換律，結合律，吸収律，ベキ等律を満たし，零元と単位元の存在する代数系を **束** という．

ここでは，順序集合 $(L; \leq)$ から束 $(L; +, \cdot)$ を定義したが，逆に，束 L における関係 $\leq$ を

$x + y = y$ のとき $x \leq y$

によって定義すると，束における加法と乗法の性質から，関係 $\leq$ が L における順序関係であることを示せる．

[反射律]

ベキ等律から $x + x = x$ であるから，$x \leq x$

[反対称律]

$x + y = y$ かつ $x + y = x$ ならば，$x = y$ であるから，$x \leq y$ かつ $y \leq x$ ならば $x = y$

[推移律]

$x + y = y$ かつ $y + z = z$ ならば，$x + z = x + (y + z) = (x + y) + z = y + z = z$ であるから，$x \leq y$ かつ $y \leq z$ ならば $x \leq z$．

関係 $\leq$ を "$x \cdot y = x$ のとき $x \leq y$" で定義しても同じように示せる．

束と，任意の 2 つの元に上限と下限が存在する順序集合とは同等である．

$x+y$		y			
和	x	1	2	3	6
	1	1	2	3	6
	2	2	2	6	6
	3	3	6	3	6
	6	6	6	6	6

$x \cdot y$		y			
積	x	1	2	3	6
	1	1	1	1	1
	2	1	2	1	2
	3	1	1	3	3
	6	1	2	3	6

約数関係

束における加法と乗法について，上の定義から次のような性質が示せる．任意の $x, y, z \in L$ に対して，

交換律 $\quad x + y = y + x, \ x \cdot y = y \cdot x$

結合律 $\quad (x + y) + z = x + (y + z), \ (x \cdot y) \cdot z = x \cdot (y \cdot z)$

吸収律 $\quad (x + y) \cdot x = x, \ (x \cdot y) + x = x$

ベキ等律 $\quad x + x = x, \ x \cdot x = x$

である．これらは，順序集合の上限と演算の性質から容易に理解できる．

L は上限，下限が必ず存在する有限順序集合だから，**最大元** I と **最小元** O が存在する．この O と I は L における零元および単位元となる．

零元 $O \quad x + O = O + x = x, \ x \cdot O = O \cdot x = O$

単位元 $I \quad x \cdot I = I \cdot x = x, \ x + I = I + x = I$

上の $X = \{1, 2, 3, 6\}$ における約数関係では，最小元 O は 1，最大元 I は 6 である．

以上の束における演算の性質は，加法と乗法でまったく同じ形である．これを，束における **双対原理**（そうついげんり）という．

■ 分配律と補元 (発展課題)

189 ページの自然数 $n=4$ の分割の細分関係のハッセ図は右の図の (a) のハッセ図と同型である．これが束であることは加法（上限）と乗法（下限）の演算表を構成すればすぐに分かる．この束では次の 2 つの分配律（積の和に関する分配律と，和の積に関する分配律）が成立する．

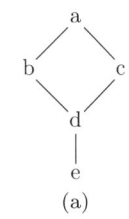

分配律 $(x+y)z = xz+yz,$
$xy+z = (x+z)(y+z)$

これを直接示すのは少々面倒であるが，x,y,z に a〜e を割り当てて，すべての組合せで左辺と右辺が同じになることを示せばよい．

189 ページの $\{a,b,c\}$ の分割の細分関係を表すハッセ図は，右図の (b) のハッセ図と同型である．これも束であるが，分配律で，$(x,y,z)=(b,c,d)$ と置くと，

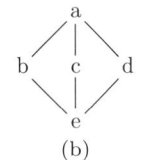

$(b+c)d = ad = d, \quad bd+cd = e+e = e$

となるから，分配律を満たさない．

一般に，分配律を満たす束を **分配束** という．

上の図 (b) の束では，任意の要素 x に対し，次のような性質をもった要素 x' が存在する．x' を x の **補元** という．

補元 $x+x' = I$ かつ $x \cdot x' = O$

O, I は零元（最小元）と単位元（最大元）で，この場合は $O = e$, $I = a$ である．補元を表としてまとめると右のようになる．補元は 1 つとは限らない．b の補元 b′ は c と d の 2 つある．

上の図 (a) の束では $O = e$, $I = a$ である．b の補元を検討すると $b+c = a$ であるが，b との積が e となる要素は存在しない．a と e は，それぞれ e と a が補元である．この束では補元は存在するとは限らない．

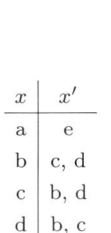

一般に，分配律を満たし，すべての要素に補元が存在する束を **ブール代数** という．ブール代数では補元は 1 つだけ存在する．

前ページの $\{1,2,3,6\}$ における約数関係のハッセ図は，束となっており，かつ，分配律が成立し，すべての要素に補元が存在するからブール代数となる．188 ページに $\{a,b\}$ の部分集合の包含関係のハッセ図を示したが，これもブール代数となっている．

▶ [図 (a), (b) の上限/下限表]
上限/下限の表（/の左が上限，/の右が下限）

(a)

	a	b	c	d	e
a	a/a	a/b	a/c	a/d	a/e
b	a/b	b/b	a/d	b/d	b/e
c	a/c	a/d	c/c	c/d	c/e
d	a/d	b/d	c/d	d/d	d/e
e	a/e	b/e	c/e	d/e	e/e

(b)

	a	b	c	d	e
a	a/a	a/b	a/c	a/d	a/e
b	a/b	b/b	a/e	a/e	b/e
c	a/c	a/e	c/c	a/e	c/e
d	a/d	a/e	a/e	d/d	d/e
e	a/e	b/e	c/e	d/e	e/e

▶ [図 (a) の分配律]
図 (a) の束は分配律
$(x+y)z = xz+yz,$
$xy+z = (x+z)(y+z)$
を満たす．これは示すには，a〜e を x,y,z へ割り当てる仕方 $5^3 = 125$ 通りあるについて調べる必要がある．

$x = y$ であれば，ベキ等律より両辺は一致する．

x,y,z が a あるいは e ならば，容易に両辺が等しいことを示せる．

残りは b, c, d を x,y,z に割り当てる仕方である．x, y および b, c について対称で，$x \neq y$ のときだけでよいから，結局，

$(x,y,z) = (b,c,b), (b,c,d),$
$(b,d,b), (b,d,d)$

の 4 通りについてだけ成立を示せば，分配律の成立を示せることになる．

x	x'
a	e
b	c, d
c	b, d
d	b, c
e	a

x	x'
a	e
b	−
c	−
d	−
e	a

■ ブール代数 B_2（発展課題）

束となるもっとも簡単な順序集合は，188 ページの下図 (b) に示した 2 つの要素からなるハッセ図と同型のものである．2 個の要素からなる集合 $B_2 = \{0, 1\}$ において，大小関係を $0 \leq 1$ としたものを基本とする．B_2 は，最小元が 0，最大元が 1 で，上限，下限演算に関して束となる．

この束は，分配律を満たし，補元も存在し，ブール代数となっている．これを **ブール代数** B_2 という．補元が存在する束で分配律が成立すると，補元は一意的で，必ず 1 つだけ存在する．なお，ブール代数は **ブール束** ともいう．

▶[補元の一意性]
実際，x', x'' をともに x の補元であるとすると，
$$x' = Ix' = (x + x'')x'$$
$$= xx' + x''x' = xx'' + x''x'$$
$$= xx'' + x'x'' = (x + x')x''$$
$$= Ix'' = x''$$
よって，ブール代数では補元は 1 つだけ存在する．

B_2 においては，補元を返す 1 項演算として上付き線で **補演算** $^-$ を表す．また，和を **ブール和**（あるいは **論理和**），積を **ブール積**（あるいは **論理積**）と呼ぶ．補演算を **ブール否定**（あるいは **論理否定**，単に **否定** とも）と呼ぶこともある．

B_2 における和，積，補の演算を **ブール演算** といい，B_2 を変域とする変数を **ブール変数** という．

B_2 の演算表

$x+y$	0	1
0	0	1
1	1	1

$x \cdot y$	0	1
0	0	0
1	0	1

x	$\overline{x}$
0	1
1	0

```
1
|
0
```
B_2 のハッセ図

有限集合 X のベキ集合 $\mathscr{P}(X)$ における集合演算（和 $\cup$，積 $\cap$，補 $^-$）の体系は代数系 $(\mathscr{P}(X); \cup, \cap, ^-)$ をなす．これを **集合代数** という．包含関係の上限・下限は和集合・積集合に対応し，補元は補集合に対応する．集合演算の体系を抽象化したものはブール代数となっている．

1 つの要素からなる集合 $X = \{a\}$ のすべての部分集合は（ベキ集合）は $\{\{\}, \{a\}\}$ である．包含関係によるハッセ図は B_2 と同型であるから，これはブール代数 B_2 と同じである．

【ジョージ・ブール】George Boole, 1815–1864 イギリスの数学者・哲学者．今日のコンピュータを理論的に支える記号論理学であるブール代数の提唱者．

2 章で説明した論理演算の体系は代数系 $(\{\mathbf{T}, \mathbf{F}\}; \vee, \wedge, \sim)$ をなしている．これを **論理代数** という．

真理値の集合 $\{\mathbf{T}, \mathbf{F}\}$ は，$\mathbf{F} \leq \mathbf{T}$ の上下関係によって B_2 と同じ構造になる．論理演算の体系は，$\mathbf{F}$ を 0 に，$\mathbf{T}$ を 1 に，さらに $\vee$ を $+$ に，$\wedge$ を $\cdot$，$\sim$ を $^-$ にそれぞれ対応させると，ブール代数 B_2 の演算体系とまったく同一である．

論理代数は，論理の体系を抽象化して構成されたものであるが，それをさらに数学的に抽象化したものがブール代数 B_2 である．

〈ブール代数 B_2 の回路モデル〉

電気的な回路で，ブール代数 B_2 の演算系を表すことができる．変数 x, y, z をブール代数 B_2 の変数としよう．電気回路で，$x = 0$ を電流の流れていない状態，$x = 1$ を電流の流れている状態に対応させると，$x + y, xy, \bar{x}$ は図のような電磁リレー回路に対応させることができる．

図 (a) で，G はグランド線で，たとえば x と G の間が繋がれる（オンになる）と電磁石が働いて x のスイッチが入り，出力のランプ z が点く．y と G の間を繋いでも同じだから，(a) は x または y がオン（$x = 1$ または $y = 1$）のとき，出力 z がオン（$z = 1$）となるから，$z = x + y$ となっている．

図 (b) では，x と y がともにオン（$x = 1, y = 1$）のときにのみ出力 z もオン（$z = 1$）となるから，出力は $z = xy$ である．

図 (c) では，x がオフ（$x = 0$）のときスイッチが入っていて出力 z がオン（$z = 1$）で，x がオン（$x = 1$）のときスイッチが切れて出力がオフ（$z = 0$）になるから，出力は $z = \bar{x}$ である．

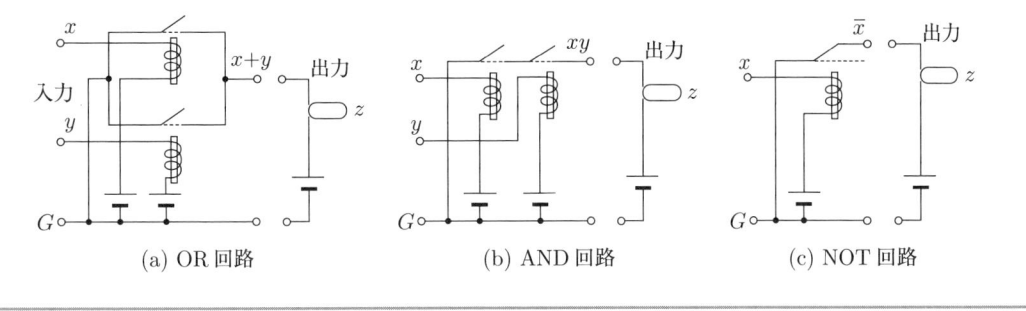

(a) OR 回路　　(b) AND 回路　　(c) NOT 回路

[12章のまとめ]

この章では，

1. 順序関係と順序集合の考え方，その特徴と性質について学んだ．
2. 順序集合の関係グラフ表現と関係行列表現を学んだ．
3. 一般的な順序関係について，いくつかの例について知識を得た．
4. 順序集合における上界と下界，上限と下限について学んだ．
5. 発展課題として，順序集合上の加法演算と乗法演算の性質，補演算の定義，およびブール代数 B_2 について，理解した．

12章　演習問題

[演習1]☆　次の語の集合 L における派生語関係をハッセ図に示せ．$L = \{$affect, affectation, affected, affectedness, affectedly, affecting, affectingly, affection, affectionate, affectionately, affective$\}$

[演習2]☆　次の分割について，異なる分割をすべて示し，細分関係による分割の順序関係をハッセ図に示せ．
(1) 集合 $X = \{0, 1\}$ の分割　　(2) 集合 $X = \{0, 1, 2\}$ の分割
(3) 自然数 $n = 4$ の分割　　(4) 自然数 $n = 5$ の分割

[演習3]☆　次の分割について，異なる分割の数を答えよ．
(1) 集合 $X = \{0, 1, 2, 3\}$ の分割　　(2) 自然数 $n = 6$ の分割

[演習4]☆　図は，離散数学に関連する用語の概念上の上下関係をある側面から順序関係としてとらえ，ハッセ図に表したものである．この順序集合について次の問に答えよ．
(1) 極大元，極小元が存在すれば，それを答えよ．
(2) 最大元，最小元が存在すれば，それを答えよ．
(3) $\{$剰余系, 離散関係$\}$ の上界と下界を答えよ．
(4) $\{$剰余系, 離散関係$\}$ の上限と下限を答えよ．
(5) $\{$数の体系, 離散関係$\}$ の上限と下限を答えよ．
(6) $\{$剰余系, 離散集合$\}$ の上限と下限を答えよ．
(7) $\{$離散数学, 同値関係$\}$ の上限と下限を答えよ．

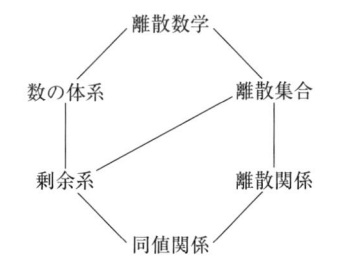

[演習5]☆　$U = \{1, 2, 3, 8, 12, 18, 36\}$ における約数関係を $\leq$ として，順序集合 $(U; \leq)$ について，次の問に答えよ．
(1) U における約数関係による順序集合をハッセ図に描け．
(2) 極大元，極小元が存在すればそれを答えよ．また，最大元，最小元が存在すればそれを答えよ．
(3) U の部分集合 $\{2, 18\}, \{3, 36\}, \{8, 18\}, \{2, 3\}, \{12, 18\}$ について，それぞれに上界，下界が存在すればそれを答えよ．また，上限，下限が存在すればそれを答えよ．

[演習6]☆☆　次の2項組あるいは3項組における関係 $\geq$ が順序関係かどうか答え，順序関係ならばハッセ図で表せ．（$x_1 \geq x_2$ などの $\geq$ は数の大小関係）
(1) $U = \{0, 1\}$ とし，$U^2 = U \times U$ において

$x_1 \geq x_2$ かつ $y_1 \geq y_2$ のとき $(x_1, y_1) \geq (x_2, y_2)$

(2) $U = \{0, 1, 2\}$ とし，U^2 において

$x_1 \geq x_2$ かつ $y_1 \geq y_2$ のとき $(x_1, y_1) \geq (x_2, y_2)$

(3) $U = \{0, 1\}$ とし，U^3 において

$x_1 \geq x_2$ かつ $y_1 \geq y_2$ かつ $z_1 \geq z_2$ のとき $(x_1, y_1, z_1) \geq (x_2, y_2, z_2)$

(4) $U = \{1, 2, 3\}$ とし，U^2 において，

$x_1 + y_1 \geq x_2 + y_2$ のとき $(x_1, y_1) \geq (x_2, y_2)$

[演習 7] ☆☆ 次の集合における約数関係 $\leq$ が作る順序集合において，順序集合のハッセ図を描き，上限表と下限表（任意の 2 つの要素対について上限あるいは下限を演算表としてまとめたもの）を構成せよ．

(1) $\{1,3\}$ (2) $\{2,4,8\}$ (3) $\{1,2,3,6\}$ (4) $\{1,2,3,4,12\}$

[演習 8] ☆☆ 有限集合 $U = \{a,b,c\}$ のベキ集合（部分集合の集合）$\mathscr{P}(U)$ における包含関係 $\subset$ は順序関係で，束をなす．この束について，次の問に答えよ．

(1) U のベキ集合 $\mathscr{P}(U)$ を示せ．
(2) $\mathscr{P}(U)$ における包含関係による順序集合をハッセ図に描け．
(3) $\mathscr{P}(U)$ の任意の 2 つの要素の上限表と下限表（任意の 2 つの要素対について上限あるいは下限を演算表としてまとめたもの）を構成せよ．

[演習 9] ☆☆☆ ［演習 8］の束において，次の問に答えよ．

(1) この束における零元，単位元を示せ．
(2) この束における補元の表を構成せよ．

[演習 10] ☆☆☆ 次の表は，食材 a, b, c, d, e に含まれているビタミン A, B, C, D, E と必須アミノ酸 F, G, H, I を表している．

この関係は，次のような意味で束となる．食材の集合を $L = \{a,b,c,d,e\}$ とし，L における演算 $+$ と $\cdot$ を，$x, y \in L$ について，$x + y = $ "x または y を含む"，$x \cdot y = $ "x および y を含む"，とすると，これらの演算は，交換律，結合律，吸収律，ベキ等律を満たすから $(L; +, \cdot)$ は束となる．積の演算記号 $\cdot$ は数式中では省略する．

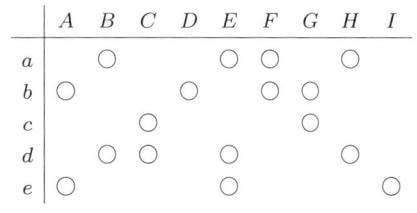

	A	B	C	D	E	F	G	H	I
a				○	○	○		○	
b	○				○	○	○		
c			○				○		
d		○	○		○			○	
e	○				○				○

たとえば，必須アミノ酸 F は食材 a または b を使えばよいから，$F = a + b$ と表せる．同様に $G = b + c$ で，$FG = (a+b)(b+c)$ は F と G を同時に含む組合せを表す．交換律，結合律，分配律，吸収律，ベキ等律などの束の性質を用いて簡単にすると，

$$FG = (a+b)(b+c) = a(b+c) + b(b+c) = (ab+ac) + b = (ab+b) + ac = b + ac$$

となる．これは，F と G を同時に含むためには，b だけ，あるいは，a と c を同時に使えばよい，ということを意味する．次の問いに答えよ．

(1) $A \sim I$ の栄養素を含む食材を，それぞれ数式で表せ．
(2) ビタミンをすべて含む食材の組合せをすべて示せ．
(3) 必須アミノ酸をすべて含む食材の組合せをすべて示せ．
(4) ビタミンと必須アミノ酸をすべて含む食材の組合せをすべて示せ．

[演習 11] ☆☆☆ n ヶ所のスイッチ $S_i, i = 1 \sim n$ で 1 つの電燈 L を点滅させる回路がある．L が消灯（点灯）していると，どのスイッチでも点灯（消灯）できる．スイッチ S_i が右に倒れている状態を 0，左に倒れている状態を 1 とし，L が消灯の状態を 0，点灯の状態を 1 とすると，L は S_i $(i = 1, \ldots, n)$ の関数 $L(S_1, \ldots, S_n)$ となる．スイッチがすべて右に倒れている状態では消灯状態 $L(0, \ldots, 0) = 0$ とする．$n = 2$ と $n = 3$ の場合について，L の関数表をそれぞれ構成せよ．

198   12章　順序の数学

[解 1]

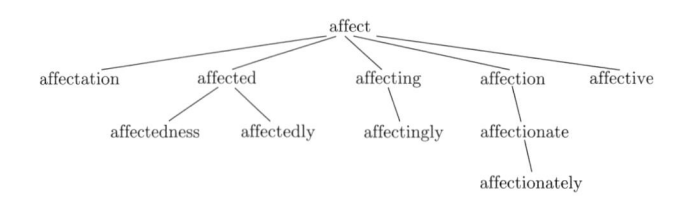

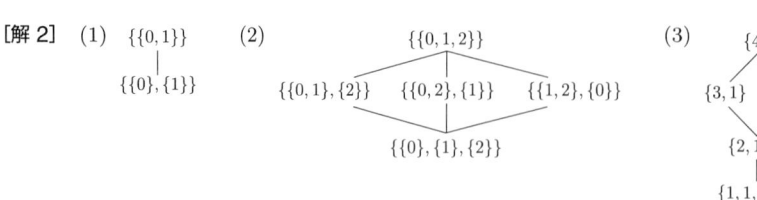

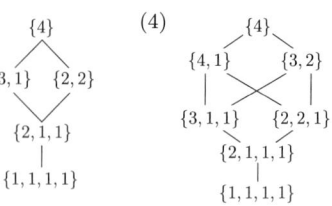

```
                        affect
        ┌──────────┬────────┬────────┬──────────┐
   affectation  affected  affecting  affection  affective
                 ┌────┬────┐          │          │
           affectedness affectedly affectingly affectionate
                                                    │
                                               affectionately
```

[解 2]　(1)　$\{\{0,1\}\}$ 　　(2) 　$\{\{0,1,2\}\}$ 　　(3) 　$\{4\}$ 　　(4) 　$\{4\}$
　　　　　　│　　　$\{4,1\}$ 　$\{3,2\}$
　　　　　$\{\{0\},\{1\}\}$　　$\{\{0,1\},\{2\}\}$　$\{\{0,2\},\{1\}\}$　$\{\{1,2\},\{0\}\}$　$\{3,1\}$　$\{2,2\}$　$\{3,1,1\}$　$\{2,2,1\}$
　　　　　　　　　　　　　　　　$\{\{0\},\{1\},\{2\}\}$　　　　　　　$\{2,1,1\}$　　$\{2,1,1,1\}$
　　　　　　　　　　　　　　　　　　　　　　　　　　　　　　　　$\{1,1,1,1\}$　　$\{1,1,1,1\}$

[解 3]　(1) 15 通り．系統的に分割するのに，分割して得る部分集合の数を基本とすると，次のようにできる．
　　　　1 個への分割　　　　　　　$\{\{0,1,2,3\}\}$：1 通り
　　　　2 個への分割　3:1 の分割　$\{\{0,1,2\},\{3\}\}, \{\{0,1,3\},\{2\}\}, \{\{0,2,3\},\{1\}\}, \{\{1,2,3\},\{0\}\}$：4 通り
　　　　　　　　　　　2:2 の分割　$\{\{0,1\},\{2,3\}\}, \{\{0,2\},\{1,3\}\}, \{\{0,3\},\{1,2\}\}$：3 通り
　　　　3 個への分割　　　　　　　$\{\{0,1\},\{2\},\{3\}\}, \{\{0,2\},\{1\},\{3\}\}, \{\{0,3\},\{1\},\{2\}\}, \{\{1,2\},\{0\},\{3\}\},$
　　　　　　　　　　　　　　　　　$\{\{1,3\},\{0\},\{2\}\}, \{\{2,3\},\{0\},\{1\}\}$：6 通り
　　　　4 個への分割　　　　　　　$\{\{0\},\{1\},\{2\},\{3\}\}$：1 通り

(2) 11 通り．系統的に分割するのに，たとえば最大の数を基礎に分類すると，次のようになる．
　　$\{6\},$
　　$\{5,1\},$
　　$\{4,2\}, \{4,1,1\},$
　　$\{3,3\}, \{3,2,1\}, \{3,1,1,1\},$
　　$\{2,2,2\}, \{2,2,1,1\}, \{2,1,1,1,1\},$
　　$\{1,1,1,1,1,1\}$

[解 4]　(1) 極大元：離散数学，極小元：同値関係　　(2) 最大元：離散数学，最小元：同値関係
　　　　(3) 上界：{離散数学,離散集合}，下界：{同値関係}　　(4) 上限：離散集合，下限：同値関係
　　　　(5) 上限：離散数学，下限：同値関係　　(6) 上限：離散集合，下限：剰余系
　　　　(7) 上限：離散数学，下限：同値関係

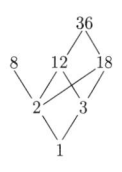

[解 5]　(1)
```
           36
        ╱  │  ╲
       8  12  18
       │ ╱ ╲ │
       2     3
        ╲   ╱
          1
```
(2) ハッセ図を参照して下の結果を得る．

極大元	8, 36
最大元	ナシ
極小元	1
最小限	1

(3) ハッセ図より，下の結果を得る．

	上界	下界	上限	下限
$\{2, 18\}$	$\{18, 36\}$	$\{1, 2\}$	18	2
$\{3, 36\}$	$\{36\}$	$\{1, 3\}$	36	3
$\{8, 18\}$	−	$\{1, 2\}$	−	2
$\{2, 3\}$	$\{12, 18, 36\}$	$\{1\}$	−	1
$\{12, 18\}$	$\{36\}$	$\{1, 2, 3\}$	36	−

[解 6]　(1) 順序関係である　　(2) 順序関係である　　(3) 順序関係である

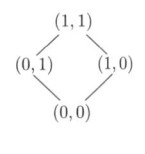

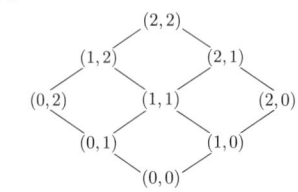

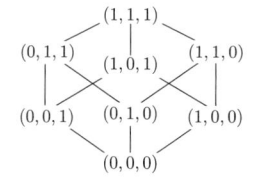

```
      (1,1)              (2,2)                      (1,1,1)
     ╱    ╲            ╱     ╲              ┌──────┼──────┐
  (0,1)  (1,0)      (1,2)    (2,1)       (0,1,1) (1,0,1) (1,1,0)
     ╲    ╱        ╱    ╲   ╱    ╲          ╲  ╳  ╳  ╳  ╱
      (0,0)     (0,2)  (1,1)  (2,0)       (0,0,1)(0,1,0)(1,0,0)
                   ╲   ╱  ╲   ╱              └──────┼──────┘
                  (0,1)   (1,0)                  (0,0,0)
                      ╲   ╱
                      (0,0)
```

(4) 反射的かつ推移的であるが，反対称的ではないから順序関係ではない．たとえば $(1,2) \geq (2,1)$ かつ $(2,1) \geq (1,2)$ であるが，$(1,2) = (2,1)$ ではない．

[解 7] (1) {1,3}   1
              |
              3

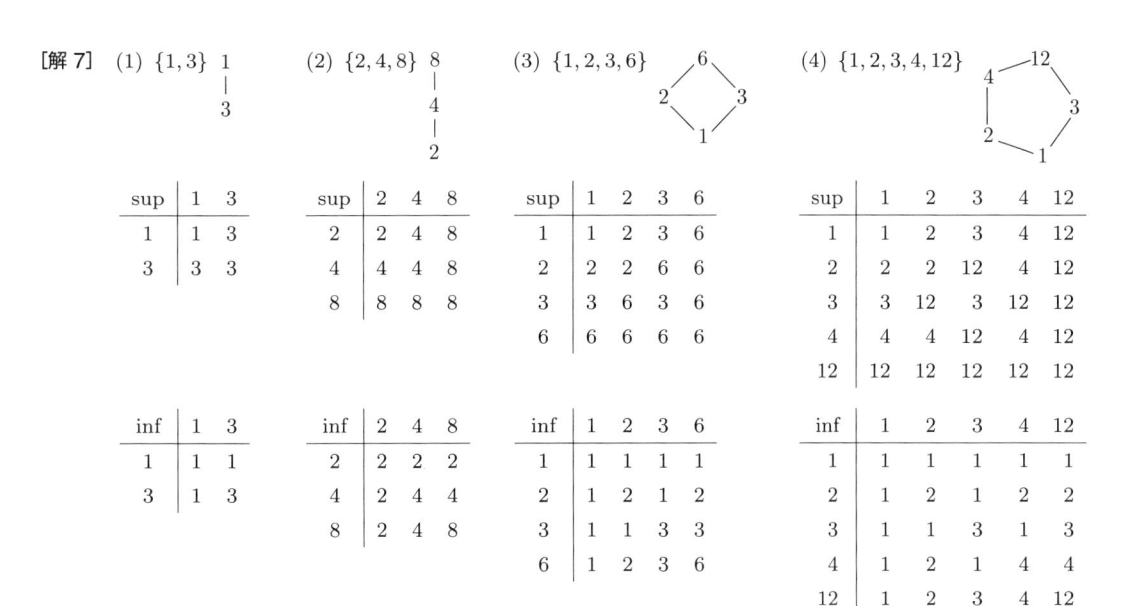

(2) {2,4,8}   8
              |
              4
              |
              2

(3) {1,2,3,6}   6
               2 3
                1

(4) {1,2,3,4,12}   12
                 4
                 2   3
                     1

sup	1	3
1	1	3
3	3	3

sup	2	4	8
2	2	4	8
4	4	4	8
8	8	8	8

sup	1	2	3	6
1	1	2	3	6
2	2	2	6	6
3	3	6	3	6
6	6	6	6	6

sup	1	2	3	4	12
1	1	2	3	4	12
2	2	2	12	4	12
3	3	12	3	12	12
4	4	4	12	4	12
12	12	12	12	12	12

inf	1	3
1	1	1
3	1	3

inf	2	4	8
2	2	2	2
4	2	4	4
8	2	4	8

inf	1	2	3	6
1	1	1	1	1
2	1	2	1	2
3	1	1	3	3
6	1	2	3	6

inf	1	2	3	4	12
1	1	1	1	1	1
2	1	2	1	2	2
3	1	1	3	1	3
4	1	2	1	4	4
12	1	2	3	4	12

[解 8] (1) $\mathscr{P}(U) = \{\{\}, \{a\}, \{b\}, \{c\}, \{a,b\}, \{a,c\}, \{a,b,c\}\}$

(2), (3) では, 部分集合を, たとえば {a,b} を ab などと表す. ∅ は空集合 {} である.

(2) ハッセ図: abc を頂点として ab, ac, bc, さらに a, b, c, 最下段 ∅

(3)

sup(+)	∅	a	b	c	ab	ac	bc	abc
∅	∅	a	b	c	ab	ac	bc	abc
a	a	a	ab	ac	ab	ac	abc	abc
b	b	ab	b	bc	ab	abc	bc	abc
c	c	ac	bc	c	abc	ac	bc	abc
ab	ab	ab	ab	abc	ab	abc	abc	abc
ac	ac	ac	abc	ac	abc	ac	abc	abc
bc	bc	abc	bc	bc	abc	abc	bc	abc
abc	abc	abc	abc	abc	abc	abc	abc	abc

inf(·)	∅	a	b	c	ab	ac	bc	abc
∅	∅	∅	∅	∅	∅	∅	∅	∅
a	∅	a	∅	∅	a	a	∅	a
b	∅	∅	b	∅	b	∅	b	b
c	∅	∅	∅	c	∅	c	c	c
ab	∅	a	b	∅	ab	a	b	ab
ac	∅	a	∅	c	a	ac	c	ac
bc	∅	∅	b	c	b	c	bc	bc
abc	∅	a	b	c	ab	ac	bc	abc

[解 9] ([解 8] (2), (3) と同様に, 部分集合 {a,b} を ab などと表す. ∅ は空集合.)

(1) 零元：任意の x について $x + \emptyset = \sup(x, \emptyset) = x$ だから 零元は $\emptyset$
    単位元：任意の x について $x \cdot \text{abc} = \inf(x, \{a,b,c\}) = x$ だから 単位元は abc

(2) x の補元 x' は, $x + x' = \text{abc}$, $x \cdot x' = \emptyset$ となる x' のことである. たとえば, $x = $ a のとき, $a + x' = $ abc となるのは, $x' = $ bc あるいは abc であるが, $a \cdot x' = \emptyset$ を満たすのは $x = $ bc である. 他についても同様にすると, 右の補元表が得られる.

x	x' (= x の補元)
∅	abc
a	bc
b	ac
c	ab
ab	c
ac	b
bc	a
abc	∅

[解 10] (1) 表より, $A = b + e$, $B = a + d$, $C = c + d$, $D = b$, $E = a + d + e$, $F = a + b$, $G = b + c$, $H = a + d$, $I = e$

(2) 積 ABCDE を簡単にする.

$$AD = (b+e)b = b \text{ (吸収律)}$$
$$BC = (a+d)(c+d) = a(c+d) + d(c+d) = (ac + ad) + d = ac + (ad + d) = ac + d$$
$$\quad\text{(分配律, 吸収律, 結合律)}$$
$$BCE = (ac+d)(a+d+e) = ac(a+d+e) + d(a+d+e) \text{ (分配律)}$$
$$= (ac + acd + ace) + d \text{ (分配律, 交換律, ベキ等律, 吸収律)}$$
$$= (ac + ace) + (d + acd) = ac + d \text{ (交換律, 結合律, 吸収律)}$$

となるから,

$$ABCDE = (AD)(BCE) = b(ac + d) = abc + bd \text{ (分配律, 結合律)}$$

となる. これは, $A \sim E$ をすべて含むのは, a, b, c の組合せ, あるいは, b, d の組合せであることを表す.

(3) 積 FGHI を求めればよい. 問題中の例より,
$$FG = b + ac,$$
また,
$$HI = (a+d)e = ae + de$$
であるから,
$$FGHI = (b+ac)(ae+de) = b(ae+de) + ac(ae+de) = (abe+bde) + (ace+acde) = abe + bde + ace$$
となる. これは, F〜I をすべて含むのは, a, b, e の組合せ, あるいは, b, d, e の組合せ, a, c, e の組合せであることを表す.

(4) A〜I の積を簡単化すればよい. (2), (3) より
$$\begin{aligned}ABCDEFGHI &= (abc+bd)(abe+bde+ace) = abc(abe+bde+ace) + bd(abe+bde+ace) \\ &= abce + abcde + abce + abde + bde + abcde \\ &= (abce + abce + abcde + abcde) + (abde + bde) \\ &= abce + bde\end{aligned}$$
となる. これは, a, b, c, e の組合せ, あるいは, b, d, e の組合せで A〜I をすべて含むことができることを表す.

[解 11] $n=2$: $(S_1, S_2) = (0,0)$ のとき L は消えているから $L(0,0)=0$. $(S_1, S_2)=(0,0)$ から $S_2=1$ あるいは $S_1=1$ に変わると L は点灯するから $L(0,1)=1$. $L(1,0)=1$. $(S_1, S_2)=(0,1)$ で $S_1=1$ へ変化する, あるいは $(S_1, S_2)=(1,0)$ で $S_2=1$ へ変化すると L は消えるから, $L(1,1)=0$.

以上をまとめると右の表のようになる. $n=3$: $(S_1, S_2, S_3) = (0,0,0)$ のとき $L(0,0,0) = 0$ である. $n=2$ のときと同様に考えると, 右の表が得られる.

$n=2$	S_1	S_2	L
	0	0	0
	0	1	1
	1	0	1
	1	1	0

$n=3$	S_1	S_2	S_3	L
	0	0	0	0
	0	0	1	1
	0	1	0	1
	0	1	1	0
	1	0	0	1
	1	0	1	0
	1	1	0	0
	1	1	1	1

参考図書

「離散数学」はコンピュータ分野の普及とともに広まってきたことばである．日本では「情報数学」という名称が使われていたが，現在では広く理工系に限らず文系でも使われるようになってきた．離散数学は，初心者にとっては，微分積分学などに比べると取っ付きが良いようであるが，その割に概念が抽象的であることやコンピュータの操作アルゴリズムなどの概念が含まれたりしていて，なかなかなじみにくい部分も多い分野である．

離散数学の入門用の教科書は多数あるが，他の基礎数学の諸分野（微分積分，線形代数，確率統計など）に比較するとまだ少数派である．著者もそのような教科書をいくつか上梓しているが，本書では対象をしぼってさらに入門的な記述とした．背景知識としては，高校数学の数学 I と数学 A を基礎としている．抽象性を軽減するため，それぞれの分野について具体的な例示を多数示した．しかし，1つの分野の説明には，多くの場合，他の分野の知識を必要とし，かつ，この依存関係はかなり錯綜したネットワークになっていて，単純に順を追って記述するという形にはなかなかならない．どのように構成するかで記述方法や内容も重点も異なってきてしまう．その意味で，類書といえども他の教科書を参照することは理解の助けになることが多い．ここでは，本書に関連した分野の入門的教科書を中心に，他の類書を順不同に紹介する．また，これらの図書は，本書をまとめる上で参考にさせて頂いたものでもあるので，ここでこれらの著者に謝意を表しておきたい．

[1] 松坂和夫『集合・位相入門』岩波書店 (1968)
[2] 松坂和夫『代数系入門』岩波書店 (1976)
[3] 林晋，八杉満利子『情報系の数学入門』オーム社 (1993)
[4] 野崎昭弘『離散系の数学』コンピュータサイエンス大学講座 10，近代科学社 (1980)
[5] 大山達雄『離散数学』サイエンスハウス (2002)
[6] 守屋悦朗『離散数学入門』サイエンス社 (2006)
[7] 徳山豪『工学基礎 離散数学とその応用』新・工学系の数学，数理工学社 (2003)
[8] 牛島和夫・朝廣雄一・相利民『離散数学』コンピュータサイエンス教科書シリーズ，コロナ社 (2006)
[9] 石村園子『やさしく学べる離散数学』共立出版 (2007)
[10] S. リプシュッツ，成嶋弘監訳『離散数学』マグロウヒル大学演習シリーズ，オーム社 (1995)
[11] Richard Johnsonbaugh "*Discrete Mathematics* (7th ed.)", Prentice Hall (2007)
[12] John Truss "*Discrete Mathematics for Computer Scientists* (2nd ed.)", Addison-Wesley (1998)
[13] C.L. リュー，成嶋弘・秋山仁訳『コンピュータサイエンスのための離散数学入門』オーム社 (1995)
[14] R.L. グレアム・D.E. クヌース・O.P. パタシュニク，有澤誠・安村通晃・萩野達也・石畑清訳『コ

ンピュータの数学』共立出版 (1993)

Ronald L. Graham, Donald E. Knuth, Oren Patashnik "*Concrete Mathematics: A Foundation for Computer Science* (2nd Edition)", Addison-Wesley (1994)

[15] J. マトゥシェク・J. ネシェトリル，根上生也・中本敦浩訳『離散数学への招待 上, 下』シュプリンガー・フェアラーク東京 (2002)

Jiri Matousek, Jaroslav Nesetril "*An Invitation to Discrete Mathematics*", Oxford University Press (1998)

[16] 長尾真，淵一博：『論理と意味』岩波講座 情報科学 7，岩波書店 (1983)

[17] 有澤誠『パターンの発見―離散数学―』朝倉書店 (2001)

[18] 野崎昭弘『離散数学「数え上げ理論」』（ブルーバックス） (2008)

[19] B. グロス・J. ハリス，鈴木治郎訳『数のマジック』ピアソン・エデュケーション (2005)

[20] 水上勉『チャレンジ！整数の問題 199』日本評論社 (2005)

[21] R.J. ウィルソン『グラフ理論入門』西関隆夫・西関裕子訳，近代科学社 (2001)

[22] 小淵洋一『離散情報処理とオートマトン』システム制御情報ライブラリー 18，朝倉書店 (1999)

[23] 宮川洋・岩垂好裕・今井秀樹：『符号理論』電子情報通信学会 (2001)

[24] 小倉久和『情報の基礎離散数学』近代科学社 (1999)

[25] 小倉久和『離散数学への入門』近代科学社 (2005)

[26] 小倉久和・高濱徹行『情報の論理数学入門』近代科学社 (1991)

[27] 小倉久和『形式言語と有限オートマトン入門』コロナ社 (1996)

[28] 小倉久和・小高知宏『人工知能システムの構成』近代科学社 (2001)

[1], [2] は初版の発行年は古いが，定評のある数学の入門書であり，集合や代数系についてのきちんとした理解には必要であると思う．余裕があれば初めの部分だけでも目を通しておきたい．

[3]〜[10] は日本の大学の授業で使われている入門的教科書である．本書の想定対象学生を考えると少しレベルの高い記述の教科書もあるが，内容的には本書が取り上げていない話題もたくさんあるので，余裕があればざっと目を通すことを勧めておく．選ぶときの参考のために内容を簡単に紹介しておこう．

[3], [4] は記述が著者特有の軽妙な語り口で，読み物としても非常に面白い．[3] は（集合，帰納，論理）からなり，[4] は（集合，グラフ理論，整数論，代数系）について少々レベルの高いと思われる記述である．[5] は（順列・組合せ，漸化式，代数系，数え上げ，グラフ理論，など），[6] は（数学的帰納法，関係，グラフ，論理，アルゴリズム），[7] は（集合・論理，組合せ，グラフ理論，情報論理）で，[8] は（集合論，代数系，論理，グラフ理論）で，いずれも離散数学の対象を絞って記述している．

[9] は著者による一連の入門書の 1 つで，以上の教科書に比べるとかなり易しい記述となっていて読みやすい．内容は（集合・論理，関係・写像，代数系，順序集合・束，グラフ・有限オートマトン）であるから，コンピュータサイエンスへの接続も工夫されている．[10] は演習問題を中心にしたもので，本書を例題中心の記述にするに当って参考となった．大学の専門授業でも，このような演習書が必要であると思っている．内容は（集合論，関係，関数，ベクトル・行列，グラフ理論，平面的グラフ，有向グラフ・有限オートマトン，組合せ，代数系・形式言語，順序集合・束，命題計算，ブール代数）で，広い分野をおおっている．

[11]〜[15] は外国で発行されている教科書あるいはその翻訳であるが，記述には特徴がある．日本の多くの教科書とは異なってきわめて大部である．

[11] は，800 ページ近くもあるが，語り掛けるような記述で，読んでいて大変分かりやすい．離散数学のほとんどの分野を対象としており，演習問題も多数含まれている．本書の作成でも大変参考にさせてもらった．本書で学習した後，関連する章を選んで読むと大変分かりやすいと思う．[12] も大部であるが，読みやすい記述である．

[13] と [14] は少しクセのある教科書で，ある程度の知識を必要とするので，次のステップへ進む読者に勧めておこう．なお，[14] はコンピュータプログラミングの世界で有名な D.E. クヌースらによるものである．

[15] は，離散数学への招待と謳ってはいるが本書の想定する読者には少々骨かもしれない．しかし，離散数学のなかのさまざまな興味ある話題が選ばれており，ざっと目を通すだけでも賢くなったような気がする．

残りは各論に近い教科書である．[16] は情報論理学を扱った好著で読みやすい．[17], [18] は教科書ではないが，それぞれの著者特有の語り口で興味ある話題を取り上げている．インターネットの普及につれ電子商取引などで話題となっている暗号化法は公開鍵暗号とよばれ，現在では数論と密接な関係をもって発展している．本書の第 5 章と第 7 章は，代数系への布石であるが，現代暗号理論の導入に繋がる部分でもある．[19], [20] はその参考にしたものである．非常に分かりやすく書かれている．グラフ理論は多数の教科書があるが，数学的にはなかなか分かりにくいところがある．[21] はその中でもテーマが絞られており，読みやすい入門書である．[22] は有限オートマトンを中心にした入門的教科書である．[23] は，6 章の最後のコラムで取り上げた符号理論の入門的教科書である．

[24]〜[28] は拙著の関連する教科書である．本書は [24], [25] を下案にして簡潔化を試みたもので，記述も重複する部分が多い．これらも参考にして頂けたら幸いである．[26] は（代数系，ブール代数，情報論理），[27] は（帰納法，グラフ，有限オートマトン，形式言語理論）について記述した．本書の 11 章で説明した探索木については [28] に記した．

索 引 （ページ表記：太字は主たる説明のある所，ナミ字は説明中で重要な部分の所，イタリック体は側注）

数字・英字

1 項演算（unary operator） **122**, 173, 194
1 次関数（linear function） 36, 90
1 対 1 対応（one to one correspondence） 4, **38**
2 項演算（binary operation） 78, 105, **122**, 174, 192
2 項関係（binary relation） 138
2 項組（2-tuple） 10, 138
2 項係数（binomial coefficient） 56
2 項定理（binomial theorem） 56
2 進法（binary notation） **73**, 75, 77, 107
2 部グラフ（bipartite graph） 157
2 分木（binary tree） 171
2 変数関数（2-valued function） 44
3 スクミ（trilemma） *187*
10 進位取り記法（radix 10 (base 10) positional notation） 73
10 進法（decimal notation） **73**, 81, 107
26 進法（numeral system of base 26） **82**, 83
and 演算（and operation） *22*, 30
ClosedList 176
iff 27
inf 190
Lower 190
mod 105
n 乗根（n-th root） 106
n 進木（n-ary tree） 171
n 進法（numeral system of base n） 73
n 分木（n-ary tree） 171
nand 演算（nand-operation） 30
nor 演算（nor-operation） 30
not 演算（not-operation） *21*
OpenList 176
or 演算（or-operation） *22*, 30
sup（supremum） 190
Upper 190
XOR（Exclusive OR） 23

ア

アーク（arc） *154*
アーベル群（Abelian group） *124*
後入れ先出し方式（last-in-first-out, LIFO） *176*
アトム（atom） 174
余り（remainder） 78, 80
あみだくじ（Ghost Leg） 45
アルゴリズム（algorithm） 61, 63
アレフゼロ（aleph zero） *3*
移項（transposition） 128
入口（entry, source） **156**, 170
陰関数（implicit function） 44
因数（factor） 104
上への写像（onto mapping） 38
裏（reverse） 26
枝（branch） **170**, 171, 191
エッジ（edge） *154*
エラトステネスのふるい（sieve of Eratosthenes） **80**, 82
演繹と帰納（deduction and induction） 58
演算（operation） 122
円順列（circular permutation） *43*, **55**
オイラーグラフ（Eulerian graph） 28, **161**
オイラー図（Euler's diagram） 4
オイラーの定理（Euler's theorem） 28, **161**, 162
オイラーのファイ関数（Euler's phi function (totient function)） 85
オイラー閉路（Eulerian cycle） 161
重み付きグラフ（weighted graph） 178
親節点（祖先節点）（parent node, ancestor node） **171**, 187

カ

外延的記法（denotation） 2
階乗（factorial） 55
ガウス記号（Gauss' symbol） 118
下界（lower bound） 190
可換（commutative） 123

可換群（commutative group）**124**, 127
可換律（commutative law）**123**
加群（additive group）**124**, *127*
下限（infimum）**190**, 193, 194
加算（addition）76, **78**, 122, 124
可算集合（countable set）**44**
カタラン数（Catalan number）**70**
価値評価（value evaluation）**178**
カットポイント（cut-point）**156**
合併集合（joint set）**6**
可付番集合（enumerable set）**44**
加法（addition）**6**, 60, **78**, 81, **109**, 128, **192**
環（ring）111, **129**, 130
含意（implication）**22**
関係（relation）**138**
関係行列（relation matrix）**139**, 147, 158, 187
関係グラフ（relation graph）**139**, 155, 158, 187
関心領域（domain）2, **20**
関数（function）**36**, 44, 59, 90, 122, 140, 147
完全グラフ（complete graph）**157**
完全探索木（complete search tree）**175**
環和（ring sum）**111**
偽（false）**20**
木（tree）**157**, 170, 172, 178, 191
奇偶関数（parity function）**38**
奇偶性（parity）**43**
基数（base）**73**
基数（cardinal number）**72**, 75
記数法（numeral notation system）**73**, 81
奇節点（odd node）**156**, 161
奇置換（odd permutation）**43**, 126
帰納的アルゴリズム（inductive algorithm）60, **63**, 80, 162
帰納的定義（inductive definition）**59**, 60
帰納法（induction）**58**
逆（converse）**26**
逆関係（inverse relation）**139**
逆関数（inverse function）**39**, 123
逆行列（inverse matrix）94, 95, **123**, *125*
逆元（inverse element）**123**, 125, 126
逆写像（inverse mapping）**39**, 41, 43
逆数（multiprivative inverse (reciprocal)）
　79, 106, 110, 112, 123, 128
逆置換（inverse permutation）**43**, 126
逆部分写像（inverse partial mapping）**39**
逆ポーランド記法（Reverse Polish Notation）**174**
逆有向辺（opposite pointing directed edge）**156**
吸収律（absorption law）**7**, **25**, **192**
行（row）**88**
兄弟節点（sibling node）**171**, 172

共通集合（common class）**6**
行ベクトル（row vector）**88**
行列（matrix）**88**, *110*, 122, 124, 158, 187
行列式（determinant）**92**
行列のブール積（Boolian product of matrices）**98**, **141**
行列のブール和（Boolian sum of matrices）**98**, **140**
極小元（minimal element）**190**
極大元（maximal element）**190**
距離（distance）**156**
空集合（empty set）**2**, 4, 188, 191
偶節点（even node）**156**, 161, 162
偶置換（even permutation）**43**, 126
組合せ（combination）**56**
位取り記法（positional notation）**73**, 75, 77
グラフ（graph）**154**
クラメールの公式（Cramer's formula）**96**
繰返し2乗法（exponentiation by squaring）**106**
クルスカルのアルゴリズム（Kruskal's algorithm）**178**
群（group）**124**, *146*
継承関係（inheritance relation）**172**
係数行列（coefficient matrix）**90**
径路（経路）（walk, route）**156**
ゲーム木（game tree）**175**
結合律（associative law）**7**, **25**, **78**, **91**, **95**, **123**, **192**
決定木（decision tree）**171**
結論（conclusion）**22**
元（element）**2**
検査行列（parity check matrix）**97**
減算（subtraction）**78**
原像（inverse image）**37**
減法（subtraction）**78**, 79, **91**, 95, **109**, **123**, 128
限量記号（quantifier）**21**
弧（arc）*154*
交換律（commutative law）**7**, **25**, **78**, **91**, **95**, **123**, **124**, **192**
後件（consequent）**22**
合成（composition）**40**, 90, 126, **140**, 147, 187
合成関数（composite function）**40**
合成写像（composite mapping）**40**
合成数（composite number）**80**, 111, 127
後置記法（post fix notation）65, **174**
合同（congruent）**105**, 113, 145
恒等関係（equality relation）**141**
恒等写像（identity mapping）**38**, 41, 43
恒等置換（identity permutation）**43**, 126
合同方程式（congruent equation）**113**
公倍数（common multiple）**61**, 80, 191
構文木（parse tree, syntax tree）**173**
公約数（common divisor）**61**, 80, 191

ゴール（goal）**175**
互換（transposition）**42**, 126
コスト評価（cost evaluation）**178**
子節点（child node）**171**, 174, 176, 187
小道（trail）**156**, 161
孤立点（isolated node）**156**
コンピュータ・プログラム（computer program）**63**

サ

差（集合）（difference set）**6**
再帰的（recursive）**62**
最小元（maximal（maximal element））**190**, 192, 194
最小公倍数（LCM）（least common multiple）**61**, 80, 191
最大元（minimal（minimal element））**190**, 192, 194
最大公約数（GCD）（greatest common divisor）**61**, 80, 191
最適探索（optimal search）**178**
細分（分割の）（refinement of partition）**189**, 193
先入れ先出し方式（first-in-first-out, FIFO）**176**
自己補グラフ（self-complement graph）**157**
始集合（initial set）**37**
指数（exponent）**106**
次数（order, degree）**42**, **88**, **91**, **130**, **156**, **171**
指数法則（law of exponent）**106**
始節点（initial node, start node）**154**, 171
自然数（natural number）**3**, 78
四則演算（basic arithmetic operations）**78**, 110, 128, 173
子孫（successor node）**171**
実数（real number）**3**, 72
姉妹節点（sibling node）**171**
写像（mapping）**36**, 138, 155
集合（set）**2**
集合族（family of sets）**5**
終集合（final set）**37**
終節点（final node, goal node）**154**, 171
従属変数（dependent variable（bound variable））**36**, 39, 44, 90
重複順列（multiset permutation）**55**
十分条件（sufficient condition）**27**, 162
周遊可能（transversable）**161**
主対角要素（principal diagonal element）**91**, 139, 141, 187
述語（predicate）**21**
出次数（out-degree）**156**, 171
順（direct）**26**
巡回群（cyclic group）**127**
巡回セールスマン問題（Traveling Salesman Problem）**163**
巡回置換（cyclic permutation）**42**, 127

循環小数（recurring decimal）**74**
順序関係（order relation）**186**, 188
順序木（ordered tree）**172**
順序集合（ordered set）**186**, 187, 192
順序対（ordered pair）**10**, *138*
順列（permutation）**55**
順路（path）**156**, 159, 170
上界（upper bound）**190**
上限（supremum）**190**
条件（condition）**22**
条件付き命題（conditional proposition）**22**, 25, 27, 102
乗算（multiplication）**76**, **78**, *128*
商集合（quotient set）**144**
小数（decimal）**73**
乗法（multiplication）**60**, **78**, 95, **110**, 124, 128, 192
乗法群（multiplicative group）**124**, 127
証明（proof）**28**
剰余（remainder）**78**, 80, **104**, 124, 145
剰余演算（modulo）**105**
剰余系（system of residues）**108**, 112, 124, 127
剰余類（residue class）**108**, 145, 146
除算（division）**78**, 125, 128
序数（ordinal number）**72**
除法（division）**79**, **110**, 128
除法定理（除法の原理）（division algorithm）**104**
事例（instance）**20**
真（true）**20**
診断木（diagnostic tree）**171**
シンドローム（syndrome）**97**
真部分集合（proper subset）**4**
真理値（truth value）**21**, *109*, *111*, 122, 188, 194
真理値表（truth table）**21**
推移律（transitive law）**5**, **142**, 186
数学的帰納法（mathematical induction）**58**, 115, 165
数詞（numeral（number name））**81**
スタック（stack）*176*
正（positive）**79**
整除（dividable）**104**
整数（integer）**3**, 72, 79
整数環（ring of integers）**111**, 129
生成元（generator）**127**
正則（木）（regular）**171**
正則行列（regular matrix）**94**, 122, *124*
正則グラフ（regular graph）**157**
成分（component）**88**
正方行列（square matrix）**91**, 123, 158, 187
積（product, multiplication）**40**, **42**, **78**, **110**, **140**, 159, 173, **192**
積集合（product set(intersection)）**6**, 194

積の法則（rule of product）**54**, 106
切断点（cut-point）**156**
節点（node, point, vertex）**139**, 154, 170, 187
全域木（spanning tree）**175**
全域写像（(total) mapping）**36**
漸化式（recurrence formula）**59**, 60
線形関数（linear function）**36**
線形グラフ（linear graph）**154**
線形写像（linear mapping）**90**
線形リスト（linear list）*174*
選言（disjunction）**22**, *109*, 122, 124
前件（antecedent）**22**
全射（surjection）**38**
全順序関係（totally ordered relation）**186**
全順序集合（totally ordered set）*186*
全称命題（universal proposition）**20**
全体集合（universal set）**6**, 54
全単射（bijection）**38**, 126, 155
前置記法（prefix notation）65, **174**
素因数分解（factorization in prime factors）**80**
像（image）**37**
双対原理（principle of duality）**192**
相補律　**7**, **25**
束（lattice）**192**
素数（prime number）**80**, 107, 111, 127, 128
祖先（predecessor node）**171**, 191
存在命題（existential proposition）**20**
孫氏の剰余定理（Chinese remainder theorem）**113**

タ

体（field）110, **128**, 130
対角要素（diagonal element）**91**
対偶（contraposition）**26**
ダイクストラのアルゴリズム（Dijkstra's algorithm）**178**
ダイクストラ法（Dijkstra method）**178**
ダイグラフ（digraph）**154**
対合律（involution law）**7**, 21, 25
対称行列（symmetric matrix）**91**, 142, 158, 160
対称群（symmetric group）**126**
対称差（symmetric difference）**12**
対称律（symmetric law）**142**
代数系（algebraic system）**122**
対等（equal）**44**
代表元（representative）108, **144**
互いに素（集合）（mutually disjoint）**6**, 145
互いに素（数）（coprime relatively prime）**61**, 112
多価関数（many-valued function）**39**
高さ（根付き木）（height）**171**

多項式環（polynomial ring）**130**
多項定理（polynomial theorem）**57**
多重グラフ（multiple graph）**154**, 160
多重集合（multiple set, multiset）**3**, 154, 189
縦型探索（depth-first search）**176**
多変数関数（many-valued function）**44**
単位行列（unit matrix）**91**, 95, 123, 141
単位元（identity element）**78**, 110, 123, 128, 192
単位的可換環（unitary commutative ring）*129*
単項演算（unary operator）**122**
探索木（search tree）**175**
単射（injection）**38**, 145
単純グラフ（simple graph）**154**
単純閉路（simple cycle）**156**
端点（endpoint）**170**
値域（range）**36**, 37
置換（permutation）**38**, 42, 126
置換群（permutation group）**126**
中国人剰余定理（Chinese remainder theorem）**113**
抽象代数系（abstract algebla）**131**
中置記法（infix notation）65, *122*, **138**, 174
稠密（dense）**3**, 72
頂点（vertex）*154*
直積（direct product）**10**, 138
直和（direct sum）**9**
直和分割（pertition of set）**9**, 54, 108, 145, 189
直径（グラフ）（diameter (of graph)）**156**
定義域（domain）36, **37**, *44*
出口（exit, sink）**156**, 170
転置行列（transposed matrix）**88**, 139
同型（isomorphic）**155**, 170
同型グラフ（isomorphic graph）**155**
同型写像（isomorphic mapping）**155**
等差数列（arithmetical progression）**58**
等式（equality）**125**, 128
同値（equivalent）**23**, 27
同値関係（equivalent relation）**143**, 146
同値類（equivalent class）**144**, *146*
等比数列（geometic(al) sequence）**58**
特性関数（characteristic function）**11**
独立変数（independent variable (free variable)）36, **44**, 90
ドメイン（domain）**2**, 20
ド・モルガン律（De Morgan's laws）**7**, 24

ナ

内包的記法（connotation）**2**
長さ（length (of graph)）**156**, 171

中への写像（into-mapping）　38
二重否定（double negation）　7, 21
ニセがねパズル（balance puzzle (counterfeit coin problem)）　181
入次数（in-degree）　**156**, 170
根（root）　170
根付き木（rooted tree）　157, **170**, 191
濃度（potency, power）　3, 44
ノード（node）　154

ハ

葉（leaf node (terminal node)）　170
バーテックス（vertex）　154
媒介変数（parameter）　44
倍数（multiple）　80, 104
排他的選言（exclusive disjnction）　**23**, *111*
排他的論理和（exclusive or）　*23*, 111
排中律（law of excluded middle）　7, 25
背理法（reductio ad absurdum）　**28**, 102
橋（bridge）　156
パスカルの三角形（Pascal's triangle）　56
バックトラック（back tracking）　176
ハッセ図（Hasse diagram）　187
ハノイの塔（Tower of Hanoi puzzle）　62
幅優先探索（breadth-first search）　176
ハミルトングラフ（Hamiltonian graph）　163
ハミルトン閉路（Hamiltonian cycle）　163
ハミング符号（Hamming code）　97
パラメータ（parameter）　44
パリティ（parity）　*38*, 43
反射律（reflexive law）　5, 142, 186, *188*, 192
半順序関係（semiorder relation, partially ordered relation）　186
半順序集合（partially ordered set, semiordered set）　186
反対称律（asymmetric law）　5, **143**, 186
反例（counter example）　20, 24, 26
非可換（non-commutative）　40, 42, 91, 95, *123*, 124, 126
比較不能（incomparable）　186
引数（arity）　21, 36
左分配律（left-distributive law）　**91**, 95
必要十分条件（necessary and sufficient condition）　**27**, 161
必要条件（necessary condition）　**27**, 162
否定（negation）　21, **194**
一筆書き（unicursal）　161
評価（evaluation）　173, **178**
負（negative）　79
フィボナッチ数列（Fibonacci numbers）　**59**, 65
ブール演算（Boolian operation）　194

ブール積（Boolian product）　141, 158, **194**
ブール束（Boolian lattice）　194
ブール代数（Boolean algebra）　131, 193, **194**
ブール和（Boolean sum）　140, 158, **194**
フェルマーの小定理（Fermat's little theorem）　107
深さ（depth）　**171**
深さ優先探索（depth-first search）　176
複合命題（compound proposition）　22
複素数（complex number）　82, *106*, 107, **128**
符号替え（inverse sign (additive inverse)）　79, **91**, 95, 109, 123
部分木（partial tree）　**171**
部分群（subgroup）　124
部分写像（partial mapping）　36
部分集合（subset）　4, 54
ブリッジ（bridge）　156
分割（partition）　144, **189**, 191, 193
分岐節点（branch node）　170
分配束（distributive lattice）　193
分配律（distributive law）　7, 25, 78, 91, 95, 110, 193
閉路（cycle）　**156**, 161
ベキ指数（exponent）　106
ベキ集合（power set）　5, 188
ベキ乗（power）　106
ベキ乗根（power root）　106
ベキ等律（idempotent law）　7, **25**, 192
ベキ表現（powers of base number）　73
辺（edge, arc, line）　**154**, 170, 187
変域（range）　**36**, 44
変換群（transformation group）　126
ベン図（Venn diagram）　4
法（modulo）　105
包括的選言（inclusive disjunction）　23
包含（inclusion）　4, 188
包除原理（inclusion-exclusion principle）　8, 11, 54
補演算（complement operation）　6, **194**
ポーランド記法（Polish Notation）　174
補グラフ（complement graph）　157
補元（complement）　193
補集合（complementary set. complement）　6, *21*, 25, **194**

マ

枚挙法（enumeration）　*2*
待ち行列（queue）　*176*
右分配律（right-distributive law）　**91**, 95
無限集合（infinite set）　3, 44
無限小数（infinite decimal）　74
無向木（undirected tree）　157, **170**

無向グラフ（undirected graph） **154**
無向辺（edge） **154**
矛盾律（law of contradiction） **7**, 25
無理数（irrational number） **3**, **72**
命題（proposition） **20**, 58, *186*
モノイド（monoid） **131**

ヤ

約数（division） **80**, 104, 188
約分（abbreviation, reduction） **128**
優越（superiority） **188**
ユークリッドの互除法（Euclidean algorithm） **61**, **80**, 112
有限環（finite ring） **111**
有限グラフ（finite tree） **154**
有限集合（finite set） **2**, 54, 122, 139, 154, 192
有限小数（finite decimal） **74**
有限体（finite field） **110**, **128**
有向木（directed tree） **170**
有向グラフ（directed graph, digraph） **154**, 170
有向径路（directed walk） **156**
有向辺（directed edge） **139**, 154, 170, 187
有理数（rational number） **3**, **72**, *78*
有理数体（rational number field） **110**, **128**
余因子（cofactor） **93**
余因子展開（cofactor expansion） **93**
余因数（cofactor） **93**
陽関数（explicit function） **44**
要素（element） **2**, 88
横型探索（breadth-first search） **176**

ラ

離散グラフ（discrete graph） *139*, **154**, 175
離散集合（discrete set） **3**, 122, 138
離散的（discrete） **72**
リスト（list） **174**, 176
隣接行列（adjacency matrix） **158**
隣接点（adjacent node） **154**
累乗（power） **106**
累乗根（power root） **106**
累積帰納法（course of values induction） **58**
ルート（root） **170**
ループ（loop） **139**, **154**, 187
零（zero） **73**
零因子（nil-factor） **111**
零行列（zero matrix） **91**, 95
零元（zero element） **79**, **109**, **123**, **128**, **192**
列（column） **88**
列挙法（enumeration） *2*
列ベクトル（column vector） **88**
連結（connected） **156**, 159, 170
連言（conjunction） **22**
連続性（continuity?） **3**, 72
論理記号（logical symbol） **24**
論理式（logical formula） **24**

ワ

和（addition, sum） **78**, 89, 130, 140, 158, 173, 192
和集合（union） **6**
和の法則（rule of sum） **54**, 106

著者略歴

小倉　久和（おぐら　ひさかず）

1969 年　京都大学理学部物理学科卒業
1977 年　京都大学大学院理学研究科博士課程修了
1979 年　高知医科大学（医学情報センター）
1988 年　福井大学工学部情報工学科
1999 年　福井大学工学部知能システム工学科
2006 年　福井大学大学院工学研究科
現　在　福井大学名誉教授（理学博士）

主要著書

『情報の論理数学入門』（近代科学社，共著）
『情報科学の基礎論への招待』（近代科学社）
『形式言語と有限オートマトン入門』（コロナ社）
『人工知能システムの構成』（近代科学社，共著）
『情報の基礎離散数学』（近代科学社）
『離散数学への入門』（近代科学社）
『技術系の数学』（近代科学社）
『文理融合 データサイエンス入門』（共立出版，共著）

はじめての 離散数学

ⓒ 2011 Hisakazu Ogura　　　Printed in Japan

2011 年 3 月 30 日　初　版　発　行
2024 年 8 月 31 日　初版第 15 刷発行

著　者　小　倉　久　和
発行者　大　塚　浩　昭
発行所　株式会社 近代科学社
〒101–0051　東京都千代田区神田神保町 1-105
https://www.kindaikagaku.co.jp

藤原印刷　　　ISBN978-4-7649-1054-6

定価はカバーに表示してあります。